Hochschultext

Ulrich Zanke

Grundlagen der Sedimentbewegung

Mit 188 Abbildungen und 13 Tabellen

Springer-Verlag
Berlin Heidelberg New York 1982

Priv. Doz. Dr.-Ing. Dr.-Ing. habil. ULRICH ZANKE
Franzius-Institut für Wasserbau und Küsteningenieurwesen
der Universität Hannover
Nienburger Straße 4
3000 Hannover 1

ISBN-13:978-3-540-11672-1 e-ISBN-13:978-3-642-68660-3
DOI: 10.1007/978-3-642-68660-3

CIP-Kurztitelaufnahme der Deutschen Bibliothek
Zanke, Ulrich:
Grundlagen der Sedimentbewegung
Ulrich Zanke. – Berlin; Heidelberg; New York: Springer, 1982.
(Hochschultext)
ISBN-13:978-3-540-11672-1

2132/3130-543210

VORWORT

An dieser Stelle danke ich der Deutschen Forschungsgemeinschaft, durch deren finanzielle Unterstützung über den Sonderforschungsbereich 79 "Wasserforschung im Küstenbereich" der Universität Hannover diese Arbeit entstehen konnte.

Mein besonderer Dank gilt dem Direktor des Franzius-Instituts für Wasserbau und Küsteningenieurwesen, Herrn Professor Dr.-Ing. Dr.phys. H.W. Partenscky, für seine tatkräftige Unterstützung in fachlicher Hinsicht und bei der Fertigstellung der Arbeit.

Herzlicher Dank gilt weiterhin Herrn Professor Dr.-Ing. H. Vollmers von der Hochschule der Bundeswehr in München, Herrn Professor Dr.-Ing. A. Führböter vom Leichtweiß-Institut der Technischen Universität Braunschweig und Herrn Professor Dr.-Ing. W. Gehrig von der Bundesanstalt für Wasserbau in Karlsruhe, für viele wertvolle Anregungen, Hinweise und Gespräche.

Schließlich danke ich Frau G. Greven vom Franzius-Institut und Frau E. Feuerherd vom Sonderforschungsbereich 79, die diese Arbeit mit viel Sorgfalt und persönlichem Einsatz geschrieben haben. Frau G. Greven sei darüber hinaus ein besonderer Dank für ihre vielen Hinweise zur Gestaltung in redaktioneller Hinsicht gesagt.

Hannover, im Februar 1982 U. Zanke

I n h a l t

Seite

EINFÜHRUNG

Erforschung der Sedimentbewegung - wozu?

Wenn ein strömendes Medium, also ein Gas oder eine Flüssigkeit, an einem anderen Medium entlangfließt, so wird zwischen den beiden Stoffen eine Schubkraft übertragen.

Die Ursache für die Kraftübertragung ist zum einen in der Eigenschaft der meisten Flüssigkeiten, nämlich an festen Wänden zu haften, begründet. Zum anderen rufen Unregelmäßigkeiten der Wandfläche Druckunterschiede hervor, deren Resultierende ebenfalls zum Erzeugen des Schubes beiträgt.

Die Folge ist eine Veränderung der Strömung in der Nähe der Grenzfläche: Sie verliert diejenige Energie, die zur Erzeugung des Grenzflächenschubes führt. Wenn die Grenzfläche aus einem beweglichen Material - z.B. Sand - besteht, so kann dieses Material bei ausreichendem Schub in Bewegung geraten.

Schematisch ist dieses Geschehen auf der folgenden Abbildung veranschaulicht.

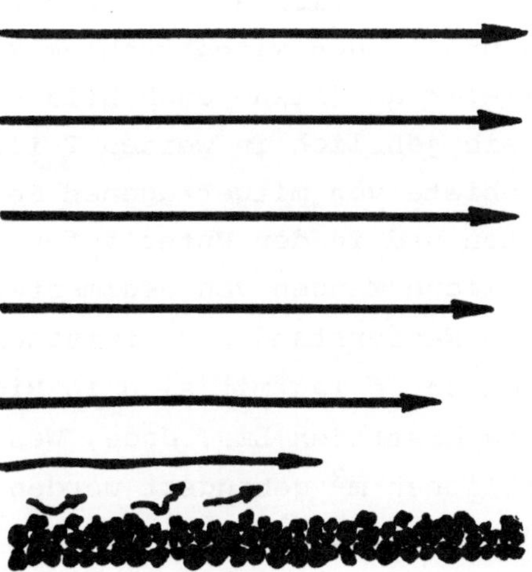

Bild 1

Strömung im Nahbereich einer Begrenzung

Dieser Vorgang findet auf der Erde statt, solange es Strömungsbewegungen von Luft und Wasser sowie von den Strömungen bewegbares Material gibt, also schon seit Milliarden von Jahren.

Im wesentlichen haben drei Faktoren den Werdegang der Erdoberfläche von den zerklüfteten vulkanischen Anfängen bis heute bestimmt, wobei das Phänomen der Bewegung fester Körper durch Strömungen maßgebend beteiligt ist:

1. Die Verwitterung und Zerkleinerung festen Gesteins an der Erdoberfläche (physikalisch durch Frost, chemisch durch Agression, biologisch durch Sprengwirkung).

2. Die Umlagerung der unter Strömungseinfluß beweglichen Verwitterungsprodukte (Sedimentbewegung).

3. Seit Beginn des biologischen Zeitalters örtliche Behinderung des Umlagerungsgeschehens durch Bewuchs.

Somit sind der Abtrag von Gebirgen und der Aufbau ganzer Tiefebenen eine Folge des Phänomens "Sedimentbewegung".

Sedimente gelangen über die Flußläufe von den Gebirgen bis in die Meere. Die natürlichen Flußläufe verlagern dabei ständig ihr Bett (man nennt das Mäandrieren), nehmen an den beanspruchten Außenkurven neues Sediment auf und landen mitgebrachtes Material an den seichten Innenkurven wieder an (siehe auch Bild 6, Seite 14). Bei Überschwemmungen, wie sie jährlich in weiten Teilen der Welt auftreten, werden große Gebiete von mitgetragenen Sedimenten der Flüsse bedeckt. An den Küsten und in den Unterläufen der großen Flüsse und Ströme werden erhebliche Mengen von Sedimenten verfrachtet. Der Rio Grande nimmt je nach Wasserstand z.B. zwischen etwa 10.000 Tonnen und über 100.000 Tonnen je Tag mit sich in Richtung Meer. In den norddeutschen Seewasserstraßen Ems, Jade, Weser und Elbe müssen jährlich rd. 30 Millionen m^3 gebaggert werden, nur um die erforderlichen Tiefen für die Schiffahrt zu halten.

Ganze Inselketten werden von bewegtem Sediment aufgebaut oder von Wind und Wasserströmungen wieder abgetragen und andernorts angelagert. Ein großer Teil der Aufgaben des Küstenschutzes besteht beispielsweise darin, unerwünschte Erosionen oder Auflandungen zu verhindern.

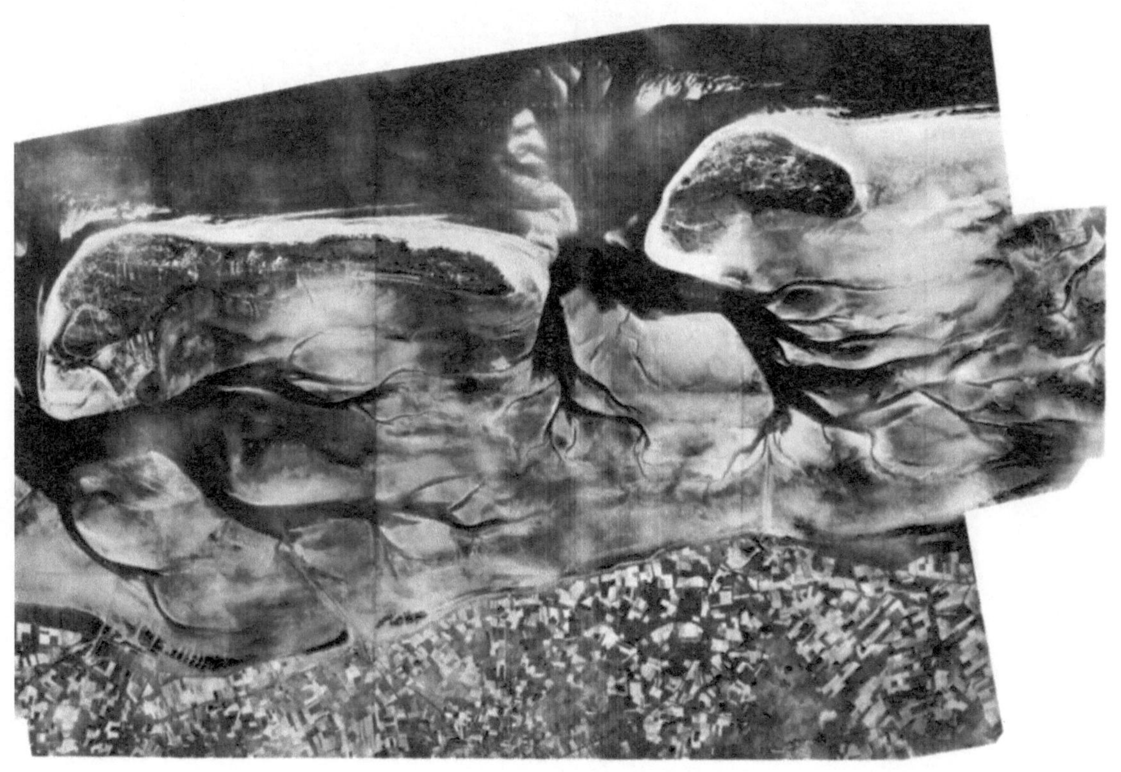

Bild 2

Ostfriesische Inseln: Ein Produkt des Sedimenttransportes, Langeoog und Spiekeroog um 1950. Aufnahme der Hansa Luftbild GmbH (Freigabe: Civil Aviation Board 1951)

Aber nicht nur Flußniederungen und Küstenräume, sondern auch weite Inlandgebiete werden von bewegtem Sediment geprägt. Ein besonders eindruckvolles Beispiel hierfür sind die Wüstengebiete. Die folgende Abbildung zeigt eine Satellitenaufnahme des Großen Erg aus 250 km Höhe. Die Abstände der Dünenketten betragen etwa 5 - 10 km. Dabei haben die Dünen Höhen zwischen 40 und 150 m.

Bild 3
Dünen im Großen Erg (Algerien) aus 250 km Höhe
(BODECHTEL/GIERLOFF - EMDEN 1969)
(Satellitenaufnahme)

Große Dünen und auch kleine Rippelmarken sind auch schon im Erdmittelalter gewandert. Versteinerungen sind in vielfältiger Form erhalten. Dünen formen den Boden der Tiefsee in weiten Teilen (siehe z.B. REINECK und SINGH 1973). Auch in Nordeuropa hat der Wind in erdgeschichtlich jüngster Zeit hohe Dünen aufgeweht. An der deutschen Nordseeküste haben diese Dünen Höhen bis zu rd. 30 m, an der pommerschen und an der ostpreußischen Küste findet man um 60 m hohe Dünen (EXNER 1931).

Inzwischen bewachsene Inlanddünen aus der Nacheiszeit zeugen auch in unseren Breiten noch heute von großen Sedimentbewegungen.

Die Geschichte der Menschen wird seit den Anfängen der frühen Hochkulturen von der Konfrontation mit den Folgen der Sedimentbewegung mitbestimmt. GRAF hat 1971 in seinem Buch "Hydraulics of Sediment Transport" über die Arbeiten der frühen "Wasserbauer" des Zweistromlandes, von Ägypten, Persien, Indien, China, Rom und Griechenland, Mexiko und Peru geschrieben, die mehrere Tausend Jahre alt sind. GRAF zeigt, daß die damaligen "Ingenieure" Kenntnisse über das Transportgeschehen der Sedimente gehabt haben müssen und diese Kenntnisse anzuwenden wußten. Ausgeklügelte Be- und Entwässerungssysteme und Kanalbauten, die oft jahrhundertelang betrieben wurden, sind ein Zeugnis hierfür. Erfahrungen mit anderen Problemen der Sedimentbewegung wurden schon in der "vorwissenschaftlichen Zeit" in der Landwirtschaft gesammelt.

Für Bewässerungssysteme ist es außerordentlich wichtig, daß aus dem Spenderfluß möglichst fruchtbare Schwebstoffe mit abgeleitet werden, unfruchtbare Sande jedoch ferngehalten werden.

In vielen Teilen der Erde sind die beackerten Felder in bergiger Landschaft terassenförmig angelegt oder heute durch das sogenannte "Konturenpflügen" (parallel zu den Höhenlinien) abgestuft, damit die Erosion wertvollen Ackerbodens gering bleibt. Auf dem flachen Lande sind seit langer Zeit Windschutzbepflanzungen üblich, um dem Wind die Kraft zu nehmen, damit der Ackerboden nicht verweht wird. Die Erosion von Ackerböden führte besonders früher zur Verarmung ganzer Landstriche.

Die frühen Erkenntnisse waren reine Erfahrungswerte, die von einer Generation an die folgende weitergegeben wurden.

Heute beschäftigen sich, bei der Vielfalt der Probleme nicht anders zu erwarten, mehrere Forschungsdisziplinen mit dem Phänomen "Sedimentbewegung"; Bauingenieurwesen (vornehmlich Wasserbau und Strömungsmechanik), Geologie, Ingenieurgeologie, Geomorphologie, Geophysik sowie Meteorologie. Weiterhin sind Kenntnisse über die Sandbewegung in Teilgebieten der Agrarforschung und der Meeresbiologie erforderlich. FÜHRBÖTER (1979) berichtet z.B., daß aus der Meeresbiologie bekannt ist, "daß Heringe in der Mitte der südlichen Nordsee laichen, wobei die Eier am Boden abgesetzt werden. Wenige

Wochen später treten aber die (fast bewegungslosen) Larven im friesischen Wattenmeer auf. Es muß also ein passiver küstenwärtiger Transport am Seeboden vor sich gegangen sein (DIETRICH 1969)."

Die Interessenschwerpunkte können etwa wie folgt aufgeteilt werden:

Wasserbau-Praxis

- Sedimentumlagerungen an Bauwerken und infolge Baumaßnahmen (z.B. Kolkungen an Pfeilern, Verlandungen von Wasserstraßen, Häfen, Stauräumen oder Kanalnetzen,
- Küstenschutz,
- Anlage von Be- und Entwässerungssystemen / Vorflutern im Landwirtschaftlichen Wasserbau,
- Anlage von Sandfängen im Flußbau und in der Siedlungswasserwirtschaft (Kläranlagen)
- Darüber hinaus entstehen durch winderzeugte Sandbewegungen verschiedenste Probleme, die in ihren Ingenieuraspekten vom Wasserbau mitbehandelt werden.

Strömungsmechanik / Wasserbau-Theorie

Erforschung der Physik des Zusammenspiels von Strömung und Sedimentbewegung.

Geowissenschaften

Arbeiten über Entstehung und Entwicklung der obersten Schichten der Erdkruste durch Sedimentumlagerungen.

Die Übergänge zwischen den einzelnen Fachdisziplinen sind fließend. Die Arbeiten überschneiden sich z.T. erheblich.

Einige ausgewählte Bilder sollen die Vielfalt der Aspekte der Sedimentforschung veranschaulichen.

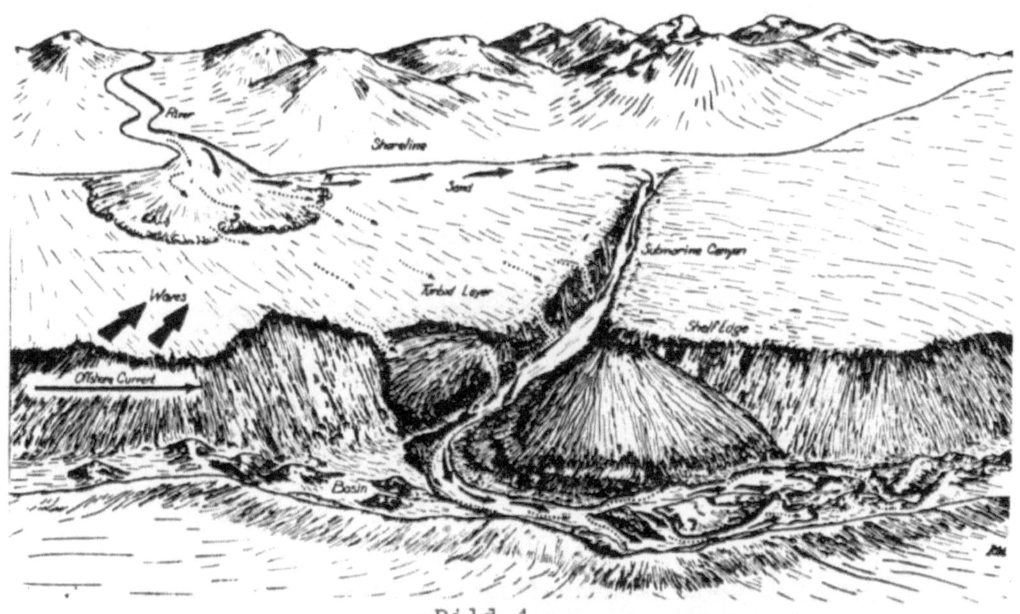

Bild 4

Wasserbauliches und Geomorphologisches Interessengebiet KÜSTE
Sandtransport vom Fluß über die Mündung und das Schelf bis in die Tiefsee
(Abb. nach MOORE 1969)

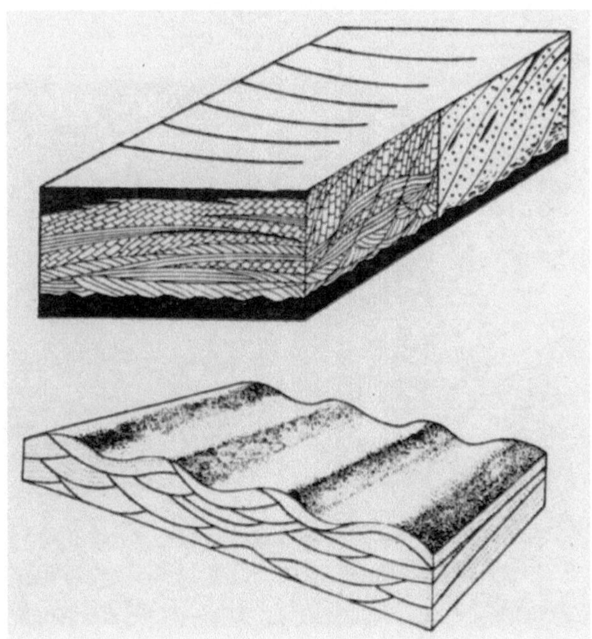

Bild 5

Geowissenschaftlich/Wasserbauliches Interessengebiet:
Schichtungen im Untergrund lassen auf frühere Strömungsbedingungen, wie Richtung, Stärke, Dauer und evtl. Wassertiefe, schließen
(aus REINECK/SINGH 1973 und READING 1978)

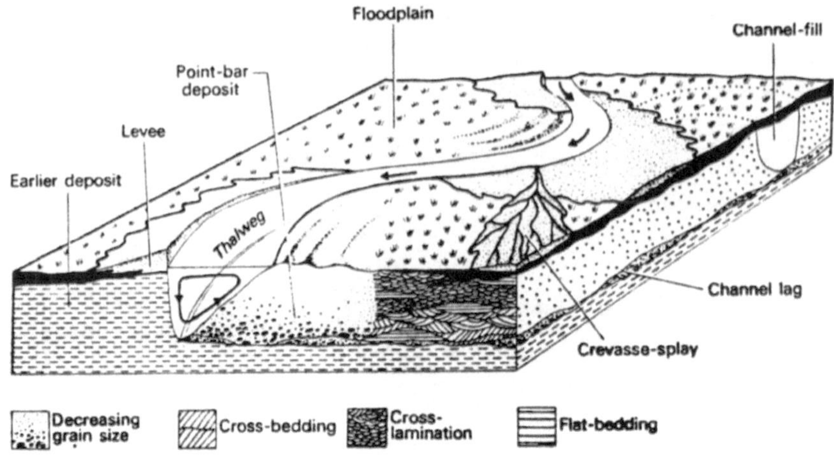

Bild 6

Wasserbauliches/Geowissenschaftliches Interessengebiet: Natürliche Flußbettentwicklung (nach ALLEN 1979, bei READING 1978)

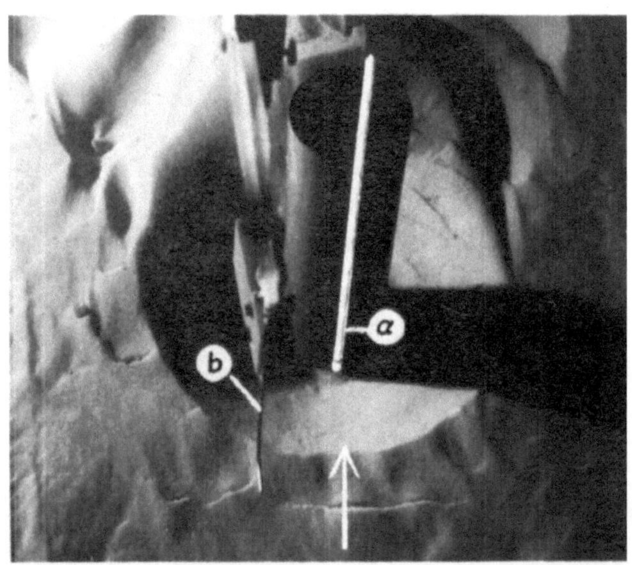

Bild 7

Wasserbauliches/Meerestechnisches Interessengebiet: Kolkbildungen an Bauwerken

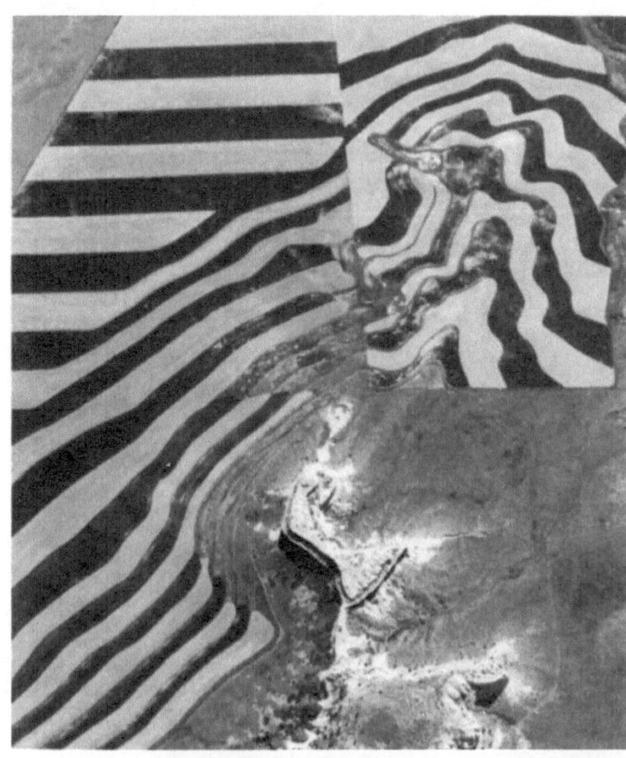

Bild 8

Landwirtschaftliches Problem:
Zum Schutz gegen Erosion
konturengepflügte Äcker
(Aufn. G.GERSTER,
Zumikon/Zürich)

Bild 9

Sandwanderung in Wüsten
und Wüstenrandgebieten mit
Folgen bis hin zur Vernichtung
ganzer Siedlungen
Ingenieur-/Geowissenschaftl.
Problem
(Aufn. U.GEORGE,
GEO-Magazin, April 1977)

Bild 10
Ingenieurwissenschaftliches/Landwirtschaftliches Interessengebiet:
Zusammenhang zwischen Bewuchs und Sedimentbewegung;
Behinderung von Erosion, Förderung von Auflandungen
(aus "Wattenmeer", Verlag Wachholtz, Neumünster, 1977)
Liz. Landelijke Vereniging tot Behoud van de Waddenzee, Harlingen

Schließlich können Erkenntnisse aus der Sedimentforschung auch bei archäologischen Untersuchungen von Wert sein, wenn z.B. Ausgrabungen auf strömungserzeugte Schichten stoßen: Haben hier Überschwemmungen stattgefunden? War hier ein Fluß oder ein See? Wie schnell floß das Wasser, welche Richtung hatte es, wie tief war es?

Strömungsverhältnisse können mit Kenntnissen der Sedimentbewegung auch für entfernte Planeten geschätzt werden, wenn die physikalischen Eigenschaften der dortigen Sedimente und Fluide einigermaßen bekannt sind. Satellitenfotos vom Mars zeugen von dortigen Sandbewegungen und Dünen.

Die Lösungsansätze zu den verschiedenen Problemen der Sedimentbewegung, meist Fragen nach Erosion und Verlandung, wurden früher rein nach im Laufe der Zeit gewonnenen Erfahrungswerten vorgenommen und das oft nicht erfolglos. So haben z.B. die Bewässerungssysteme der frühen Hochkulturen lange Zeit gut gearbeitet, so wußten die Gouchos Amerikas ohne Kenntnisse über Turbulenz und Schubspannung, wie man Bauwerke bedrohende Wanderdünen zerstören kann (nämlich mit Reisig und Geröll auf dem Luvhang >> erhöhte Turbulenz, vermehrte Aufwirbelung und Abtransport in Suspension, siehe auch KAUFMANN, 1929).

Bild 11

Künstliche Zerstörung einer Wanderdüne

Auch hatten die Einwohner der Wüstenrandgebiete überlieferte Kenntnisse darüber, wie ihre Siedlungen angelegt werden müssen, damit möglichst wenig Sand in den Gassen liegen bleibt und das Dorf nicht versandet. Daß dies allerdings bei starker Sandwanderung nicht immer gelingt, zeigt das folgende Bild.

Bild 12
Von Wanderdünen verwehtes Dorf
(Aufn.: Georg GERSTER, Zumikon/Zürich)

Es sind jedoch auch andere Versuche bekannt, der Sandwanderung Herr zu werden: Die Ägypter gaben den Toten hilfreiche Geister mit ins Grab, sogenannte Uschebtis. Diese hatten u.a. dafür zu sorgen, daß der Wind den Sand nicht aus der nahen Wüste in die Dörfer weht*.

*) Persönliche Mitteilung von Prof. MUNRO, Kestner-Museum, Hannover

Bild 13

Uschebtis, mythische Hilfe gegen Versandung der Dörfer
(aus "Echnaton,Nofretete,Tutanchamun", Roemer-Pelizaeus-Museum, Hildesheim, 1976)

Heute beschäftigen sich, wie schon gesagt, mehrere Forschungsrichtungen mit der Bewegung der Sedimente. Die modernen Anfänge liegen im 18. Jahrhundert mit den noch rein empirischen Arbeiten von DU BUAT (1786), gefolgt von HÜBBE (1861) und DU BOYS (1879). In den ersten Jahrzehnten dieses Jahrhunderts erschien bereits eine größere Anzahl von mehr oder weniger empirischen Arbeiten, meist über Ingenieur- und ingenieurgeologische Aspekte.

Mit den Arbeiten von SHIELDS, PRANDTL, von KARMAN und NIKURADSE aus den 20er und 30er Jahren dieses Jahrhunderts wurden die Anfänge theoretisch begründeter Untersuchungen über das Zusammenwirken von Strömung und Sedimenttransport gegeben. Diese Arbeiten, die zum großen Teil auch in spätere strömungsmechanische Standardwerke, wie die Bücher von SCHLICHTING oder ROUSE einfließen, sind auch heute noch in vieler Hinsicht maßgebend.

Die Gesamtheit der heute vorliegenden und neu erscheinenden Veröffentlichungen zum Themenkreis "Sandtransport" ist derart umfangreich, daß sie auch für den Fachmann kaum noch überschaubar ist. Dies liegt zum einen an den vielschichtigen praktischen Einzelproblemen, die durch die Milliarden Tonnen von jährlich auf der Erde verfrachteten Sandmengen entstehen. Andererseits ist die Physik dieser Vorgänge derart kompliziert, daß sie auch heute bei weitem nicht als in ihrer Gesamtheit gelöst angesehen werden darf. Die Fortschritte sind i.a. klein und sehr speziell. Auch ist die meßtechnische Erfassung, die zum Absichern theoretischer Ansätze über den quantitativen Transport dringend erforderlich ist, äußerst schwierig. Dadurch ist man oft nicht einmal in der Lage sicher festzustellen, ob Abweichungen auf Kosten einer Messung oder auf Kosten eines fehlerhaften Ansatzes gehen. Abweichungen zwischen Meßergebnis und Berechnung der bewegten Sedimentmengen mit Fehlern von 100 % und mehr müssen hingenommen werden. Zahlenmäßige Aussagen zur Sedimentbewegung haben daher generell den Charakter von Schätzwerten.

Ziel dieser Arbeit

Das Ziel dieser Arbeit ist es, eine zusammenfassende Einführung in die Grundlagen der Mechanik der Sedimentbewegung zu geben. Die Arbeit soll dem besseren Verständnis der Grundzusammenhänge dienen und hilfreicher Ausgangspunkt für weitere spezielle Untersuchungen sein. Im einzelnen werden die folgenden Themen behandelt:

Abschnitt 1:	Grundlagen des Strömungsgeschehens
Abschnitt 2:	Grundlagen der Beschreibung der Sedimente
Abschnitt 3:	Dimensionsanalytische Betrachtungen über Grundzusammenhänge zwischen Strömung und Sediment
Abschnitt 4:	Spezifisches Verhalten von Sediment in einer Strömung
Abschnitt 5:	Quantitativer Sedimenttransport
Abschnitt 6:	Verteilung fliegend (in Suspension) transportierten Sediments
Abschnitt 7:	Formen von beweglichen Sohlen-Riffel/Dünen
Abschnitt 8:	Behandlung des Sedimenttransports im wasserbaulichen Modell

Abschnitt 9: Stabile Flüsse und Kanäle

Abschnitt 10: Kolke und Kolkschutz

Eine Zuordnung der einzelnen Abschnitte und ihr Stellenwert in Bezug auf das Gesamtproblem "Sedimentbewegung" ist schematisch auf dem folgenden Bild 14 dargestellt.

Die Kenntnis der Eigenschaften der am Transportvorgang beteiligten Materialien Sediment und Fluid ist Voraussetzung für die Bestimmung von Fallverhalten (wichtig für Transport in Schwebe) und Bewegungsbeginn. Die zugehörigen Parameter Sinkgeschwindigkeit w, Bewegungsbeginn an der Sohle u_c oder u_{*c} und Aufwirbelungsbeginn u_ℓ oder $u_{*\ell}$ sind Festgrößen für gegebene Kombinationen von Sediment und Fluid. Ihre Kenntnis ist Voraussetzung für die Bearbeitung der Problemkreise "Stabile Gerinne" und "Erosionsschutz" ebenso für die Berechnung der verfrachteten Sedimentmengen. Bei bestimmten Kombinationen von Sediment, Fluid und Strömungsgeschwindigkeit bilden sich an der Sohle sogenannte Transportkörper (Riffel und Dünen) aus. Diese Sohlenformen ändern die Rauhigkeit der Sohle und haben damit wesentlichen Einfluß auf den Abflußvorgang und die Sedimentbewegung.

Die Berechenbarkeit örtlicher Transportraten wiederum ist zusammen mit der Kenntnis des Strömungsfeldes in einem Gerinne Voraussetzung für die Ermittlung morphologischer Prozesse.

Die Untersuchungen gelten, wenn nichts anderes angemerkt ist, stets für den sogenannten zweidimensionalen Fall (kein merkbarer Einfluß für Gerinnebreite) und für stationäre ($du/dt = 0$) sowie gleichförmige ($du/dx = 0$) Strömung. Die speziellen Probleme des Transportvorganges unter instationärer/ungleichförmiger Strömung werden angesprochen, aber bis auf das Problem des Transportbeginns nicht näher behandelt. Literaturhinweise zu den entsprechenden Themenkreisen werden jedoch gegeben.

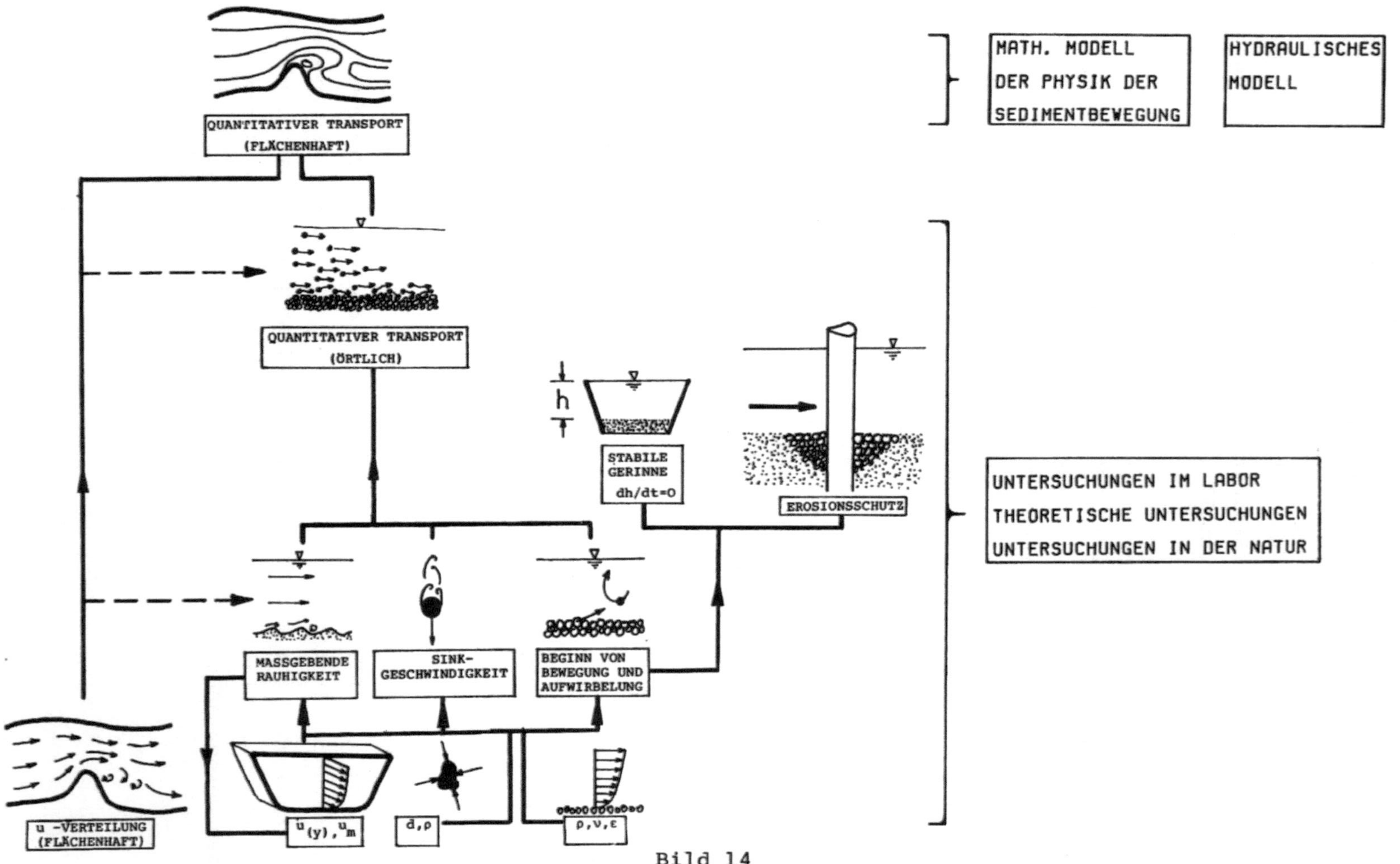

Bild 14

Themenschwerpunkte und deren Einordnung in den Gesamtkomplex *Sedimentbewegung*

1. DAS TRANSPORTIERENDE MEDIUM (FLUID)

1.1 Vorbemerkung

Die Wechselwirkung zwischen Strömung und Gewässersohle ist eines der grundlegenden Probleme bei der Behandlung des Feststofftransports. Die Strömung kann einerseits bei ausreichender Größe eine Bewegung des Sediments erzwingen. Sie wird auf der anderen Seite aber auch selbst von den Sedimenten (Korngröße → Rauhigkeit, Suspensionskonzentration → Änderung der Flüssigkeitseigenschaften und anderen Einflüssen) verändert.

Im folgenden Abschnitt werden die aus dem Schrifttum bekannten Beziehungen für die mechanischen Eigenschaften des strömenden Mediums in kurzer Form wiedergegeben. Ihre Anwendbarkeit und die möglichen Ungenauigkeiten werden besprochen. Ausführliche Ableitungen findet man z.B. bei PRANDTL / OSWATITSCH / WIEGHARD (1969), SCHLICHTING (1958) oder YALIN (1972). Die folgenden Ableitungen beziehen sich auf den stationären, gleichförmigen Abfluß in einem zweidimensionalen Gerinne. Unter einem zweidimensionalen Gerinne wird hier ein Gerinne verstanden, dessen Breite soviel größer als seine Tiefe ist, daß Randeinflüsse von den Seiten vernachlässigbar sind.

1.2 Schubspannungsverteilung (NEWTONsche Flüssigkeiten)

Infolge der Grenzflächenreibung und der Grenzflächenwiderstände überträgt eine Strömung auf die Grenzfläche (Gewässersohle) eine Schubspannung. In einem Gerinne mit freier Oberfläche hat die Schubspannung τ an der Oberfläche den Wert Null und ist an der Sohle am größten. τ ändert sich linear mit der Wassertiefe nach der Funktion

$$\tau_{(y)} = \rho\, g\, h\, J\, \left(1 - \frac{y}{h}\right) \qquad (1.2\text{-}1)$$

(siehe Abb. 1.2-1).

Die Schubspannung τ_o an der Sohle ($y = 0$) ist

$$\tau_o = \rho\, g\, h\, J \qquad (1.2\text{-}2)$$

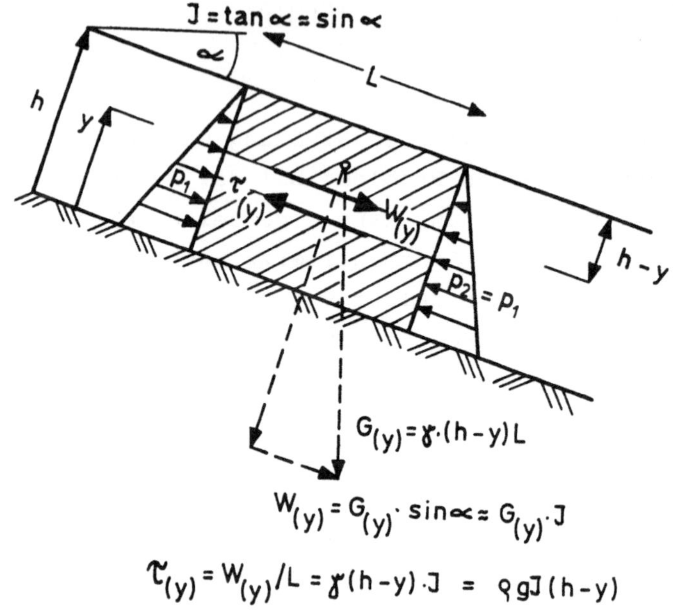

Abb. 1.2/1
Zur Bestimmung der Schubspannungsverteilung

Man drückt Gl. (1.2-1) daher auch oft in der Form

$$\tau_{(y)} = \tau_o \left(1 - \frac{y}{h}\right) \qquad (1.2\text{-}3)$$

aus.

Der Quotient τ_o/ρ ist definiert als

$$\frac{\tau_o}{\rho} = u_*^2 = g\,h\,J \qquad (1.2\text{-}4)$$

worin u_* die Schubspannungsgeschwindigkeit genannt wird.

1.3 Strömungsvorgänge an der Grenze zwischen Flüssigkeit und Wandung

1.3.1 Vorbemerkung

Die Strömungsvorgänge in den wandnächsten Schichten sind von bedeutendem Einfluß sowohl auf die Ausbildung des Geschwindigkeitsprofils in weiter Entfernung von der Wand als auch auf die für den Sedimenttransport wesentliche Kraftübertragung auf die Wand (Sohle).

Die Theorie der physikalischen Vorgänge in der Grenzschicht wurde vor allem von PRANDTL und SCHLICHTING vorangetrieben. Die Grenzschichttheorie ist heute bereits sehr umfassend, so daß hier nur die wesentlichen Grundzüge soweit wiedergegeben werden, wie es für das Verständnis dieser Arbeit erforderlich ist. Für ein tiefergehendes Studium wird auf die ausführlichen Arbeiten PRANDTL/OSWATITSCH/WIEGHARD (1969) und SCHLICHTING (1958) verwiesen.

1.3.2 Definition der Grenzschicht

In einer idealen Flüssigkeit (reibungsfrei) können nur Normalkräfte übertragen werden. In einer realen Flüssigkeit hingegen ist die Geschwindigkeit an begrenzenden Wänden stets Null, da die wandnahen Moleküle der Flüssigkeit an der Wand haften. Dabei erfolgt der Übergang von der Strömungsgeschwindigkeit $u = o$ zur weit von der Wand entfernten, praktisch ungestörten Außenströmung u_∞ in einer wandnahen Schicht. Diese Übergangsschicht wurde von PRANDTL als *G r e n z s c h i c h t* definiert. Ihre Dicke bezeichnet man allgemein mit δ.
Da die Grenzschichtströmung theoretisch asymptotisch in die Außenströmung übergeht, hat man für δ per Definition angesetzt, daß die Geschwindigkeit außerhalb der Grenzschicht um maximal 1 % infolge Wandverlusten verzögert wird (vgl. Abb. 1.3.2/1).

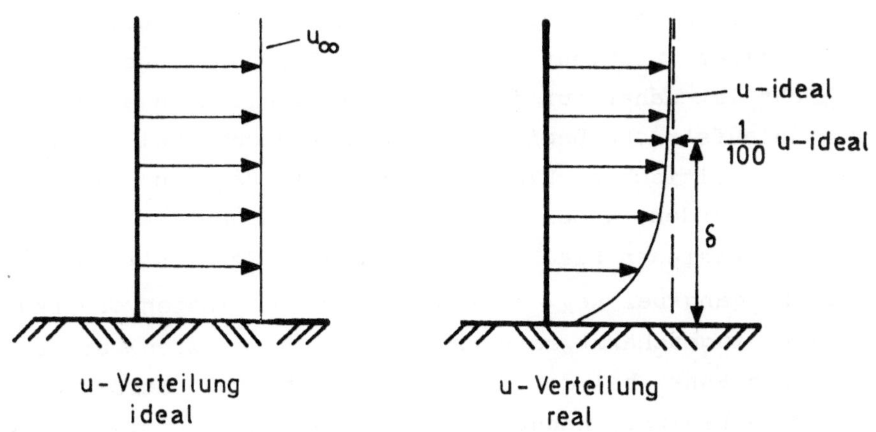

Abb. 1.3.2/1
Zur Definition der Grenzschichtdicke δ

Längs einer benetzten Fläche nimmt die Grenzschichtdicke vom Anfangspunkt an zu und nähert sich dann einer Endgröße. Im folgenden wird die Entwicklung der Grenzschicht am Beispiel der Plattengrenzschicht beschrieben.

1.3.3 Plattengrenzschicht

Wird eine ebene Platte parallel zur Platte angeströmt, so ist die Geschwindigkeit am Staupunkt S (Plattenanfang) gleich Null (Abb. 1.3.3/1).

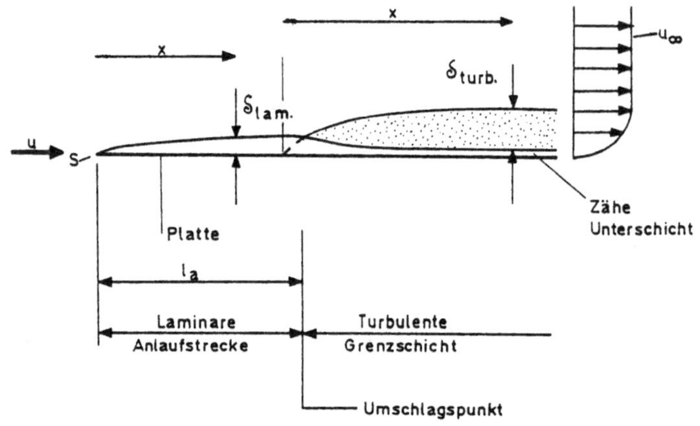

Abb. 1.3.3/1

Grenzschichtentwicklung längs einer ebenen Platte

Jede Turbulenz bzw. Mischbewegung der Strömungsteilchen beim Staupunkt ist daher ausgeschlossen, auch wenn die Gesamtströmung selber turbulent ist. Die vom Staupunkt ausgehende Grenzschicht ist daher auf jeden Fall laminar. Nach einer laminaren Anlaufstrecke beginnt die Grenzschicht, bei einer sogenannten kritischen REYNOLDSschen Zahl, $Re_x = u \cdot l_a/\nu$, turbulent zu werden, wobei allerdings eine dünne laminare Unterschicht bestehen bleibt. Bei laminarer Gesamtströmung erfolgt der Übergang bei $Re_x = 3{,}2 \cdot 10^5$. Wird die Plattenvorderkante schlank zugeschärft, so verschiebt sich der Grenzwert bis etwa 10^6. Den Punkt, bei dem die Grenzschicht ihre Strömungsform zu wechseln beginnt, nennt man "Umschlagspunkt". Mit wachsender REYNDOLDSscher Zahl sowie zunehmender Turbulenz der Gesamtströmung wandert der Umschlagspunkt immer mehr nach vorn (Abb. 1.3.3.1).

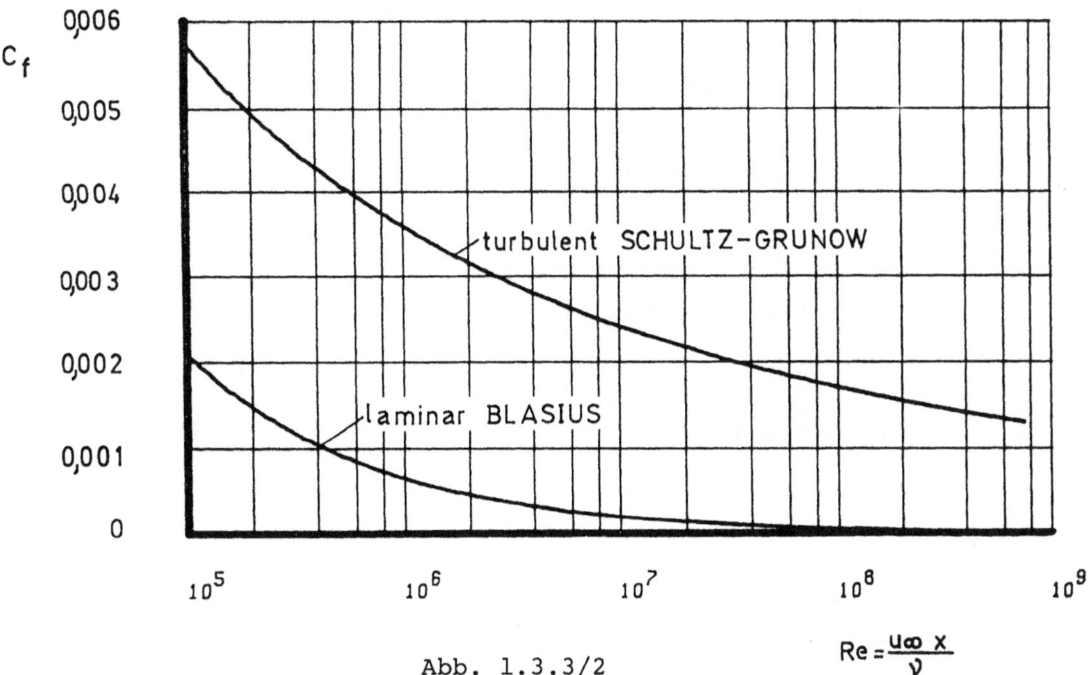

Abb. 1.3.3/2
Widerstandsbeiwert einer ebenen Platte als Funktion der REYNOLDSschen Zahlen

Nachstehend wird an dieser Stelle auf das Phänomen des Grenzschicht-Umschlages kurz eingegangen. Bereits LORD RAYLEIGH wie auch REYNOLDS hatten vermutet, daß der Umschlag auf eine *Instabilität* der Laminarströmung zurückzuführen sei. Neuere Untersuchungen haben diese Vermutung bestätigt. - Während bei großen REYNOLDSschen Zahlen die Massenkräfte den Strömungszustand bestimmen, dominieren bei kleineren Re-Zahlen die Zähigkeitskräfte. Letztere sind bei kleineren Re-Zahlen in der Lage, kleine Störbewegungen der Flüssigkeitsteilchen unabhängig von der Frequenz, zu *dämpfen*. Sie sorgen auf diese Weise dafür, daß die Grenzschicht laminar bleibt. Nach der Stabilitätstheorie gibt es bei höheren REYNOLDS-Zahlen zwei diskrete Frequenzen, die indifferent sind oder nicht gedämpft werden können und deshalb den Umschlag der Grenzschicht verursachen. (Für weitere Betrachtungen über den laminar-turbulenten Umschlag siehe Abschnitt 1.3.4).

Mit den Definitionen des Widerstandes bzw. des Widerstandsbeiwertes

$$\tau_o = (u_*/u_\infty)^2 \rho u_\infty^2 = \frac{1}{2} c_f \rho u_\infty^2$$

$$c_f = \frac{2\tau_o}{\rho u_\infty^2} = 2 \left(\frac{u_*}{u_\infty}\right)^2 \qquad (1.3.3\text{-}1)$$

wurde von BLASIUS (bei SCHLICHTING) für den örtlichen Widerstand bei *laminarer Strömung* das Gesetz

$$c_f = 0{,}664 \left(\frac{u_\infty \cdot x}{\nu}\right)^{-\frac{1}{2}} \qquad (1.3.3\text{-}2)$$

entwickelt.

Für den Widerstand entlang einer ebenen glatten Platte bei turbulenter Außenströmung sind mehrere Ansätze bekannt (siehe z.B. SCHLICHTING). Nach SCHULTZ-GRUNOW (bei SCHLICHTING) läßt sich der örtliche Widerstand z.B. mit guter Nährung durch

$$c_f = 0{,}37 \left(\log \frac{u_\infty x}{\nu}\right)^{-2{,}584} \qquad (1.3.3\text{-}3)$$

beschreiben. Dabei wird der Anfangspunkt der Lauflänge x gemäß Abb. 1.3.3/1 so definiert, als sei die Grenzschicht von Anfang an turbulent.

Abb. 1.3.3/2 zeigt, daß der Widerstand bei sonst gleichen Bedingungen bei turbulenter Grenzschicht vergleichsweise größer ist, als bei laminarer Grenzschicht. Man kann diese Tatsache damit erklären, daß die turbulente Grenzschicht im Gegensatz zur laminaren Grenzschicht die Fähigkeit besitzt, von der Außenströmung her kinetische Energie aufzunehmen und sie durch die Querbewegung der Strömungsteilchen zur Körperwand zu transportieren. Damit steigt dann die Geschwindigkeit in Wandnähe (vgl. Abb. 1.3.3/3).

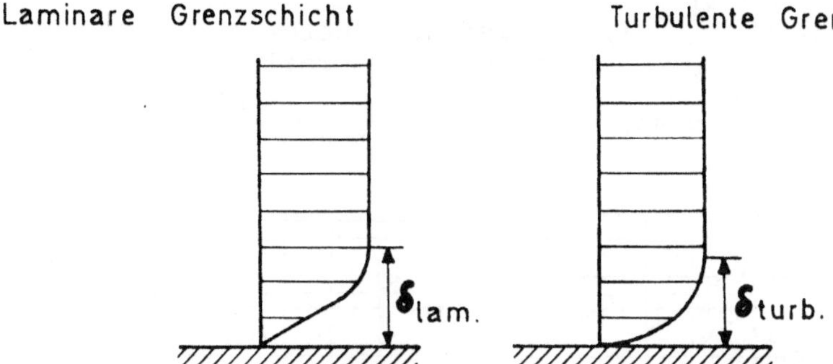

Abb. 1.3.3/3
Laminare und turbulente Grenzschicht

Ist die absolute Rauhigkeit an der Platte in einer Größenordnung, daß sie von der laminaren Unterschicht nicht mehr vollkommen eingedeckt (und damit wirkungslos) wird, gelten andere als die obigen Gesetzmäßigkeiten. Man hat nun zusätzlich den Einfluß der Rauhigkeit zu berücksichtigen, und es gilt nach SCHLICHTING für den *vollkommen rauhen Bereich mit* $u_\infty\, k_s/\nu > 1500$

$$c_f = \left(2{,}87 + 1{,}58 \log \frac{x}{k_s}\right)^{-2{,}5} \qquad (1.3.3\text{-}4)$$

mit k_s = wirksame Rauhigkeitshöhe

Zwischen den Gültigkeitsbereichen der glatten und der rauhen Plattengrenzschicht liegt ein Übergangsbereich. Unter Vorgriff auf die Untersuchungen über die Widerstände im Übergangsbereich (Abschnitt 1.4.7) kann der örtliche Plattenwiderstand über das Verhältnis der Ersatzrauhigkeit k_s' (s. Abschnitt 1.4.7) zur Rauhigkeit k_s berechnet werden:

1. Für $\frac{k_s'}{k_s} > 1$, das ist der glatte Teil

$$c_f = c_{f\ glatt} \qquad (1.3.3\text{-}3a)$$

Aus einer von SCHLICHTING angegebenen Tafel kann für $c_{f\ glatt}$ eine weitere Gleichung ermittelt werden, die den Verlauf der "Glattkurve" auf Abb. 1.3.3/5 besser wiedergibt:

$$c_f = 1{,}55\ (\ln Re_x)^{-2{,}29} \qquad Re_x = \frac{u_\infty x}{\nu} \qquad (1.3.3\text{-}3a)$$

$$\frac{k_s'}{k_s} = \frac{x}{k_s}\, e^{-(1{,}223\ (\ln Re_x)^{0{,}916} - 4{,}182)} \qquad (1.3.3\text{-}5)$$

2. Für $\frac{k_s'}{k_s} < 1$, das ist der Übergangsbereich und der rauhe Teil

$$c_f = c_{f\ glatt} \cdot \frac{k_s'}{k_s}\ c_{f\ rauh} \cdot \left(1 - \frac{k_s'}{k_s}\right) \qquad (1.3.3\text{-}6)$$

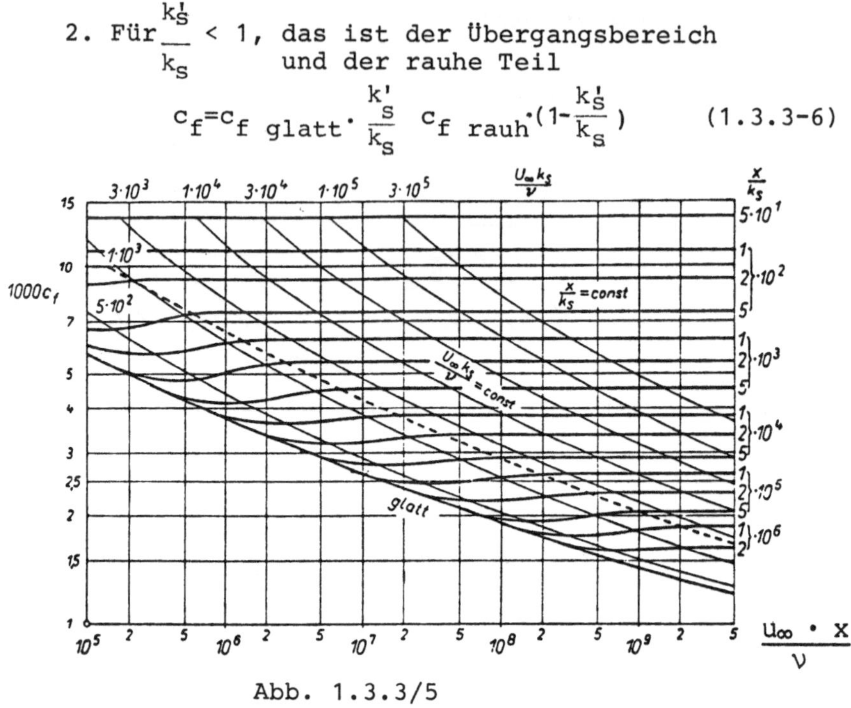

Abb. 1.3.3/5

Widerstandsgesetz der sandrauhen Platte; *örtlicher* Widerstandsbeiwert (nach SCHLICHTING)

Auf Abb. 1.3.3/5 sind die Widerstandsbeiwerte c_f für die glatte und die rauhe Platte bei turbulenter Grenzschicht graphisch dargestellt.

Vergleichsrechnungen der Gleichungen (1.3.3-3a) und Gleichung (1.3.3-6) gegenüber den Werten nach Abb. 1.3.3/5 zeigen die sehr gute Anwendbarkeit dieses Ansatzes (Abb. 1.3.3/6).

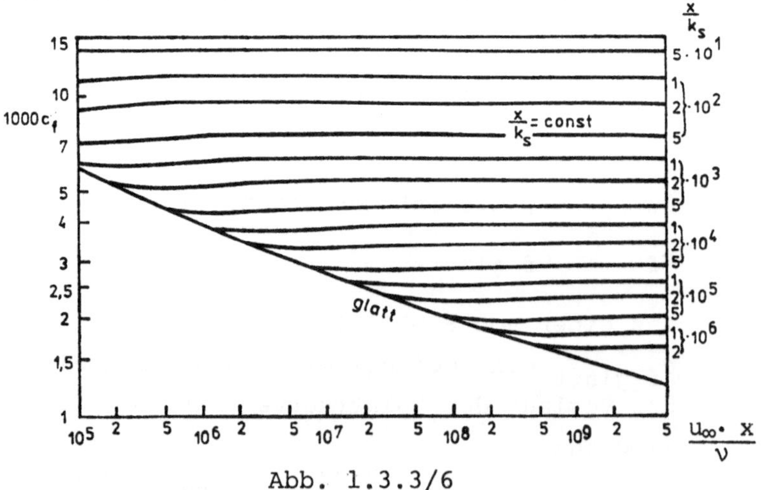

Abb. 1.3.3/6

cf nach Gleichung (1.3.3-3a) und Gleichung (1.3.3-6) (sandrauhe Platte, örtlicher Widerstand)

Beispiel 1.3.3

Berechnung des örtlichen Widerstandes an einer längsangeströmten ebenen Platte

Beispiel 1

gegeben: Strömungsgeschwindigkeit $u_\infty = 50$ cm/s
Plattenrauhheit $k_s = 0{,}001$ cm
kin. Zähigkeit $\nu = 0{,}01$ cm²/s
Dichte $\rho = 1$ g/cm³

gesucht: der örtliche Plattenwiderstand an einer Plattenseite an der Stelle
$x = 100$ cm
vom Plattenanfang

Nach Gl. (1.3.3-5) ist mit

$$Re_x = \frac{50 \cdot 100}{0{,}01} = 5 \cdot 10^5$$

$$\frac{k'_s}{k_s} = \frac{100}{0{,}001}\, e^{-(1{,}223\,(\ln 5\cdot 10^5)^{0{,}916} - 4{,}18)}$$

$$\frac{k'_s}{k_s} = 10^5\, e^{-8{,}746} = 15{,}91$$

also
$$\underline{\underline{\frac{k'_s}{k_s} > 1}}$$

Wegen $k'_s/k_s > 1$ liegt die Stelle x = 100 voll im glatten Bereich. Es folgt somit aus Gl. (1.3.3-3a)

$$c_f = 1{,}55\,(\ln Re_x)^{-2{,}29}$$

$$\underline{\underline{c_f = 4{,}27 \cdot 10^{-3} = \text{örtlicher Widerstandsbeiwert}}}$$

Mit Gl. (1.3.3-1) folgt für die Schubspannung τ_o an der Stelle x = 100 cm

$$\tau_o = 0{,}5 \cdot 4{,}27 \cdot 10^{-3} \cdot 1 \cdot 50^2$$

$$\tau_o = 5{,}33 \text{ g/cm s}^2 = 0{,}533 \text{ N/m}^2$$

Die örtliche Schubspannung beträgt

$$\underline{\underline{\tau_o = 0{,}533 \text{ N/m}^2}}$$

Für die Plattenbreite von 1 m beträgt der einseitige Plattenwiderstand im Bereich 99,5 cm < x < 100,5 cm

$$\underline{\underline{W = \text{rd. } 0{,}00533 \text{ N}}}$$

Beispiel 2

gegeben:	Strömungsgeschwindigkeit	u_∞	= 50 cm/s
	Plattenrauhheit	k_s	= 0,1 cm
	kin. Zähigkeit	ν	= 0,01 cm^2/s
	Dichte	ρ	= 1 g/cm^3

Berechnet werden soll die örtliche Schubspannung für die Stelle x = 100 cm vom Plattenanfang.

Es ergeben sich folgende Zahlenwerte:

$$Re_x = 5 \cdot 10^5$$

$$\frac{k_s'}{k_s} = 10^3 \cdot e^{-8{,}746} = 0{,}1591$$

Wegen $k_s'/k_s < 1$ liegt die Stelle x = 100 cm nicht mehr im glatten Bereich. Die Widerstandsberechnung wird daher über Gl. (1.3.3-6) ausgeführt:

$$c_f = c_{f_{glatt}} \frac{k_s'}{k_s} + c_{f_{rauh}} \left(1 - \frac{k_s'}{k_s}\right)$$

$$c_{f_{glatt}} = 4,27 \cdot 10^{-3}$$

$$c_{f_{rauh}} = \left(2,87 + 1,58 \log \frac{x}{k_s}\right)^{-2,5}$$

$$c_{f_{rauh}} = (2,87 + 4,74)^{-2,5}$$

$$c_{f_{rauh}} = 6,26 \cdot 10^{-3}$$

$$c_f = 4,27 \cdot 10^{-3} \cdot 0,159 + 6,26 \cdot (1 - 0,159) \cdot 10^{-3}$$

$$\underline{\underline{c_f = 5,94 \cdot 10^{-3}}}$$

$$\tau_o = 0,5 \cdot 5,94 \cdot 10^{-3} \cdot 1 \cdot 50^2$$

$$\tau_o = 7,43 \text{ g/cm s}^2 = 0,743 \text{ N/m}^2$$

Die örtliche Schubspannung beträgt

$$\tau_o = 0,743 \text{ N/m}^2$$

Für eine Plattenbreite von 1 m beträgt der einseitige Plattenwiderstand im Bereich x = 99,5 bis x = 100,5 cm

$$\underline{\underline{W = \text{rd. } 0,00743 \text{ N}}}$$

1.3.4 Die Entstehung der Turbulenz (Stabilitätstheorie) *

Ob eine Grenzschicht turbulent oder laminar ist, hängt wesentlich ab von den Parametern Re-Zahl, Druckverlauf in der Außenströmung, Wandrauhigkeit und Turbulenzgrad der Außenströmung. Im vorderen Bereich einer ebenen, parallel angeströmten Platte ist die Grenzschicht noch laminar, weiter stromabwärts wird sie dann meist turbulent.

Erst um das Jahr 1930 herum gelang die theoretische Behandlung des laminar-turbulenten Umschlags. Man ging dabei von der Vorstellung aus, daß der Anstoß zum Umschlag von kleinen Unregelmäßigkeiten der Wandoberfläche ausgeht. Es entstehen Störschwingungen, die entsprechend den vorherrschenden Strömungsbedingungen entweder angefacht oder gedämpft werden, je nachdem ob die Energiezuführung von außen größer oder kleiner ist als die Dissipation in der Grenzschicht. Die Frage läuft also darauf hinaus, ob eine laminare Grenzschicht stabil bleibt oder nicht. Man spricht daher auch von der Stabilitätstheorie.

Zur rechnerischen Lösung des Problems läßt man nur solche Störbewegungen zu, die mit den hydrodynamischen Bewegungsgleichungen in Einklang stehen. Ihren Verlauf kann man dann mit dieser Gleichung verfolgen. Dieses Verfahren heißt "Methode der kleinen Schwingungen". Es ist verhältnismäßig aufwendig und mathematisch anspruchsvoll. Nachfolgend werden hier nur die wesentlichen Grundzüge wiedergegeben.

Der Grundgedanke ist folgender: Der Strömung in der x-Richtung mit der Geschwindigkeit $u_{(y)}$ wird eine Störbewegung aus Potentialschwingungen überlagert, die in x-Richtung fortschreiten. Das wird als Stromfunktion ausgedrückt in der Form

$$\psi(x,y,t) = \varphi(y)\ e^{i(\alpha x - \beta t)}$$

---

* STEHR (1975) hat die aus dem Schrifttum bekannten Grundlagen der Entstehung der Turbulenz sehr anschaulich zusammengefaßt. Diese Zusammenfassung wird in diesem Abschnitt im wesentlichen - mit einigen Ergänzungen - wiedergegeben.

Hierin ist α rein reell und bestimmt die Wellenlänge der Störung $\lambda = 2\pi/\alpha$. Die Größe β ist komplex, d.h. $\beta = \beta_r + i\beta_i$. Darin bedeutet β_r die Kreisfrequenz der Potentialschwingung, und β_i ist das Anfachungsmaß. Wenn $\beta_i < 0$ ist, wird die Schwingung gedämpft. Derartige Störungen klingen automatisch ab, und die Grenzschicht bleibt demzufolge laminar. Falls $\beta_i > 0$ ist, wächst die Störung aus sich heraus, d.h. es entsteht Turbulenz.

Durch Einführen der Störungskomponenten in die NAVIER-STOKESschen Gleichungen erhält man eine gewöhnliche Differentialgleichung 4. Ordnung als Ausgangspunkt der Stabilitätstheorie. Das Ergebnis einer derartigen Stabilitätsrechnung ist eine Kurve, die sog. Indifferenzkurve, die den Bereich der stabilen von den instabilen Störungen trennt. Dies Verfahren wurde von TOLLMIEN (1929) angegeben. Seine Indifferenzkurve ist in Abb. 1.3.4/1 dargestellt.

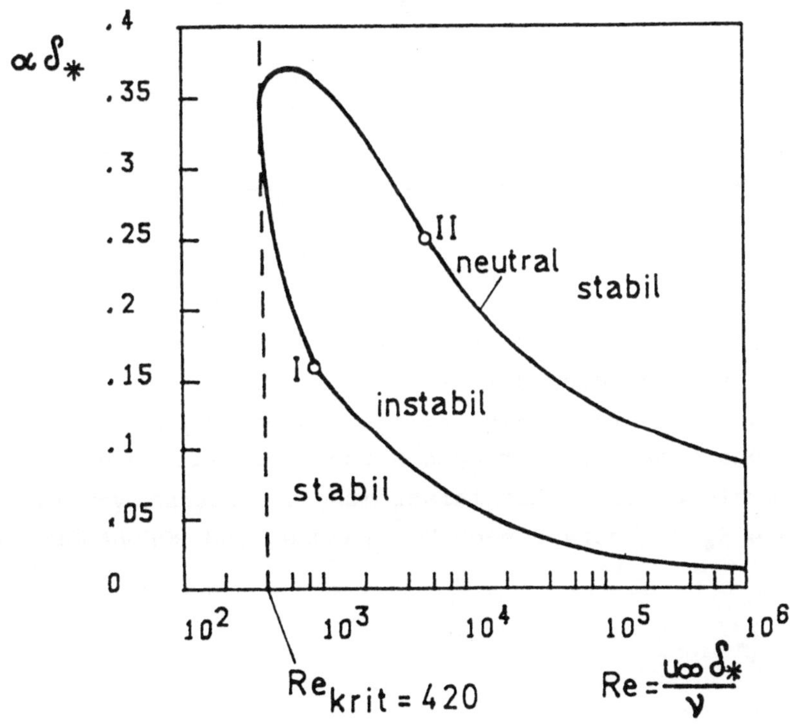

Abb. 1.3.4/1

Indifferenzkurve für die Grenzschicht an der längsangeströmten ebenen Platte nach TOLLMIEN (1929)

Die Größe δ_* auf Abb. 1.3.4/1 ist die sogenannte Verdrängungsdicke (vgl. Abb. 1.3.4/2).

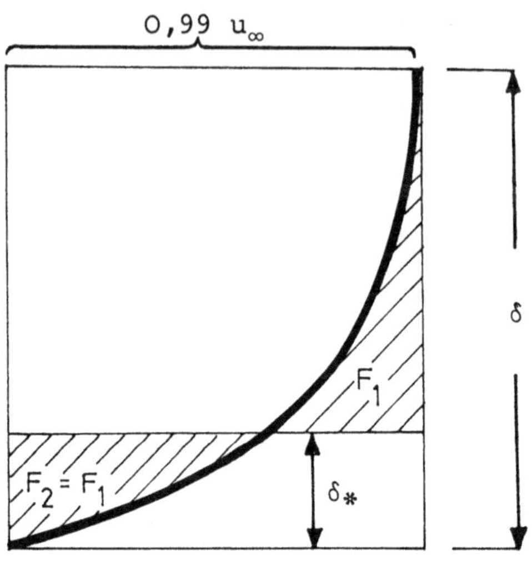

Abb. 1.3.4/2

Zur Definition der Verdrängungsdicke

deren Größe denjenigen Betrag beschreibt, um den die Stromlinien der Potentialströmung wegen der Existenz der Grenzschicht nach außen verdrängt werden. Anders gesagt ist δ_* dasjenige Maß, um das die Flüssigkeitshöhe wegen der geringen Geschwindigkeit in der Grenzschicht im Vergleich zur Potentialströmung theoretisch vermindert wird. Das Verhältnis δ_* / δ beträgt nach VON KARMAN und POHLHAUSEN (bei SCHLICHTING)

$$\frac{\delta_*}{\delta} = \frac{3}{10} - \frac{\Lambda}{120} \qquad (1.3.4\text{-}1)$$

Darin ist

$$\Lambda = \frac{\delta^2}{\nu} \frac{du_\infty}{dx} \qquad (1.3.4\text{-}2)$$

Werte $\Lambda > 0$ erhält man bei Druckanstieg (Querschnittserweiterung), während $\Lambda < 0$ bei Druckabfall (Querschnittseinengung) auftritt. Im Fall der längsangeströmten ebenen Platte ist $\Lambda = 0$.

Die Tagente an die Indifferenzkurve Abb. 1.3.4/1 parallel zur $\alpha\delta_*$ -Achse gibt diejenige Re-Zahl an, unterhalb der jede Störungsschwingung automatisch wieder abklingt. Oberhalb dieser Re-Zahl können einige Störungsgrößen zur Anfachung, d.h. zur Turbulenz führen, und zwar geschieht das immer dann, wenn das $\alpha\delta_*$/Re-Wertepaar innerhalb der Kurve liegt. Für alle Wertepaare, die auf der Kurve liegen, ergeben sich sog. neutrale Schwingungen. Für Wertepaare außerhalb der Kurve ist die Grenzschicht stabil.

Die kleinste Re-Zahl, für die noch eine neutrale Schwingung existieren kann, ist nach Abb. 1.3.4/1

$$\left(\frac{u_\infty \delta_*}{\nu}\right)_{krit} = Re_{krit} = 420 \text{ (Indifferenzpunkt)}$$

Der zugehörige Wert von $\alpha\ \delta_*$ ist 0,36. Das entspricht der Störungswellenlänge

$$\lambda_{min} = \frac{2\pi}{\alpha}\ \delta_* = 17{,}5\ \delta_* \approx 6\delta$$

Im Verhältnis zur Grenzschichtdicke ist die kleinste neutrale Störungswelle also recht lang.

Diejenige Re-Zahl, bei der sich eine Störung durch turbulent werden der Grenzschicht bemerkbar macht, liegt nach Beobachtungen jedoch stets bei einer höheren Re-Zahl als der theoretischen, also stets stromab der Stelle, an der Re = 420 ist. Dort wird die laminare Grenzschicht zuerst instabil. Für eine Grenzschicht-Strömung längs einer ebenen Wand bestimmt $Re_{krit} = 420$ diejenige Stelle der Wand, von wo aus stromabwärts gewisse Störungen angefacht werden können. Dabei dauert es natürlich eine gewisse Zeit, bis aus der ersten Anfachung vollentwickelte Turbulenz geworden ist. In dieser Zeit wandert die Störung aber mit der Strömung abwärts. Die theoretische Zahl von

Re_{krit} fällt dementsprechend kleiner aus als die experimentell festgestellte. Zur Unterscheidung nennt man erstere den *Indifferenzpunkt* und letztere den *Umschlagpunkt*.

Bei Druckabfall und Druckanstieg, d.h. für Grenzschichten an gewölbten Wänden, ändert sich die Form der Indifferenzkurven. In Abb. 1.3.4/3 sind derartige Kurven wiedergegeben. Sie wurden von SCHLICHTING/ULRICH (1942) berechnet.

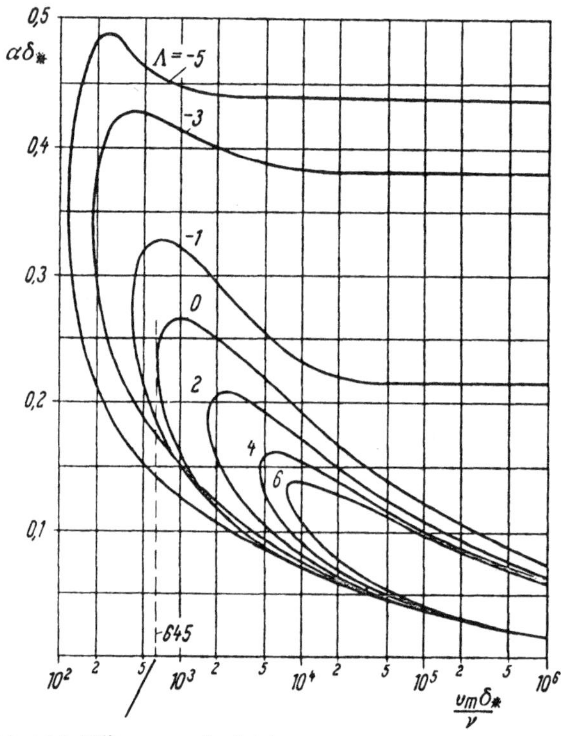

gerechnet aus Näherungsfunktion

Abb. 1.3.4/3

Indifferenzkurven für Grenzschichtprofile mit Druckabfall $(\Lambda > 0)$ und Druckanstieg $(\Lambda < 0)$ nach SCHLICHTING/ULRICH (1942)

Dargestellt sind die Kurven für die Formparameter $\Lambda = (\delta^2/\nu)\,(dU/dx)$ von -5 bis +6. Dabei stehen, wie schon weiter oben gesagt, die Formparameter $\Lambda > 0$ für Geschwindigkeitsprofile im Druckabfallgebiet, also bei kleiner werdenden Querschnitten. Entsprechend bedeutet $\Lambda < 0$, der Druck steigt an bzw. der Querschnitt nimmt entlang des Weges zu. $\Lambda = 0$ steht also für die Plattengrenzschicht.

SCHLICHTING (1958) hat für einige neutrale Schwingungen die Stromlinienbilder der gestörten Strömung berechnet. In Abb. 1.3.4/4 ist eines dieser Bilder einschießlich der Geschwindigkeitsprofile in der Grenzschicht wiedergegeben.

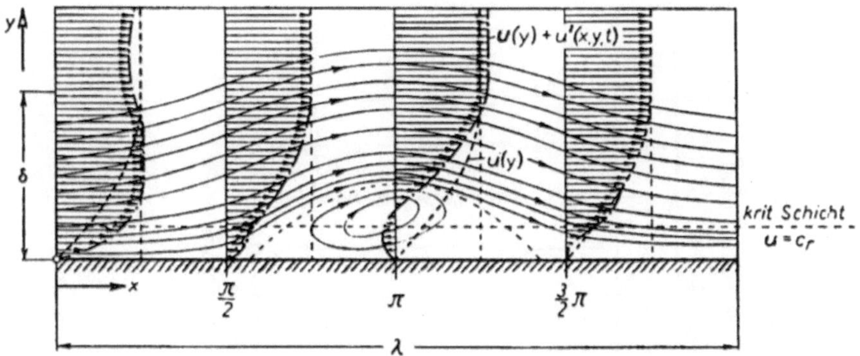

Abb. 1.3.4/4

Stromlinienbild und Geschwindigkeitsverteilung für eine neutrale Schwingung in der Grenzschicht (Störung I in Abb. 1.3.4/1 nach SCHLICHTING (1958))

Der experimentelle Nachweis dieser Störungsschwingungen gelang SCHUBAUER und SKRAMSTAD (1947) mit einem erheblichen Meßaufwand. Dabei ergab sich, daß als Vorstufe des Umschlags sinusförmige Schwingungen in der Grenzschicht auftreten, die auf natürlichem Wege entstehen, also keiner künstlichen Anregung bedürfen. Diese Schwingungen brechen mit wachsender Re-Zahl plötzlich zusammen und zerfallen in hochfrequente Schwankungen, eine typische Erscheinungsform der Turbulenz.

Auf den in Abb. 1.3.4/5 wiedergegebenen Oszillogrammen kann man die Entwicklung dieser Schwingungen gut erkennen. Man sieht aber auch, daß ein Druckabfall von 10% die Schwankungen auslöscht, während der nachfolgende Druckanstieg von nur 5% die Schwankungen derart stark anfacht, daß die Grenzschicht praktisch sofort turbulent wird. (Man beachte, daß der Höhenmaßstab der beiden letzten Diagramme verkleinert ist!)

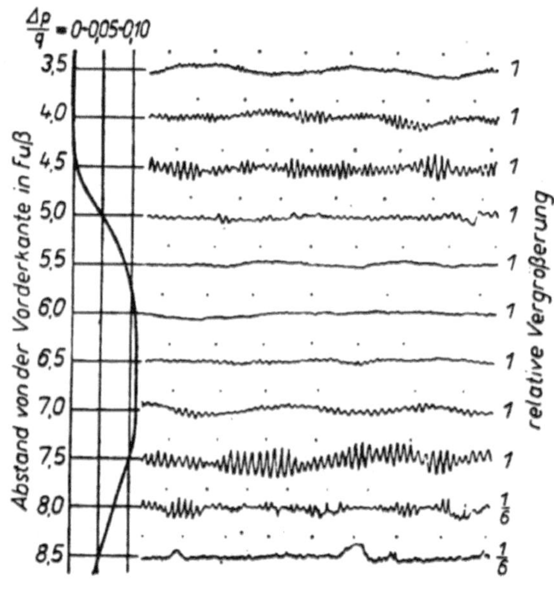

Abb. 1.3.4/5

Oszillogramm der Geschwindigkeitsschwankungen in einer Grenzschicht mit Druckgradient nach SCHUBAUER und SKRAMSTAD (1947)

Die Versuchsergebnisse von SCHUBAUER und SKRAMSTAD wurden inzwischen durch weitere Untersuchungen bestätigt, so daß die Stabilitätstheorie heute als gesichert angesehen werden darf. Durch die neueren Forschungen hat sich darüber hinaus ergeben, daß die Anfachung instabiler Wellen zu einer dreidimensionalen Struktur der Strömung führen kann. In der Grenzschicht entstehen dann Wirbel mit längsgerichteter Achse, sog. GÖRTLER-Wirbel.

1.4 Das universelle Geschwindigkeitsverteilungsgesetz *)

1.4.1 Zähigkeitsströmungen

Jede reale Flüssigkeit besitzt eine Zähigkeit, welche sich bei Formänderungen als innere Reibung äußert. Das Wirken der Zähigkeit läßt sich am folgenden Beispiel zeigen (s. auch Abb. 1.4.1/1)

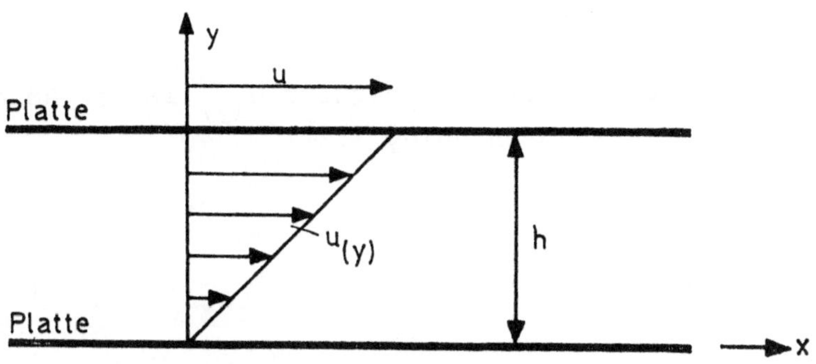

Abb. 1.4.1/1
Zur Geschwindigkeitsverteilung einer Zähigkeitsströmung

An festen Körpern (im obigen Beispiel an den beiden Platten) haften stets die wandnahen Flüssigkeitsteilchen. Bewegt man eine der beiden Platten mit der Geschwindigkeit u in x-Richtung, so werden die jeweils benachbarten Schichten infolge der Zähigkeit mitgenommen. Dabei ist die örtliche Geschwindigkeit $u_{(y)}$ proportional zur Geschwindigkeitsdifferenz u der Platten und proportional dem relativen Wandabstand y/h.

$$u_{(y)} = u\,\frac{y}{h} \qquad (1.4.1\text{-}1)$$

Die beim Gegeneinandergleiten der gedachten Schichten hervorgerufene Schubspannung ist

$$\tau_L = \mu\frac{du}{dy} \qquad (\text{"L" steht für "laminar"}) \qquad (1.4.1\text{-}2)$$

---

*) Alle nachfolgend für die turbulente Strömung aufgeführten Ableitungen gründen sich auf Modellvorstellungen für die Effekte der turbulenzbedingten Mischbewegung innerhalb des Flüssigkeitskörpers. Auch wenn man mit diesen Ansätzen weitgehend sinnvolle Berechnung ausführen kann, darf dieser Abschnitt nicht als abgeschlossen gelten. Beispielsweise vollkommen unbekannt sind noch die Vorgänge in unmittelbarer Wandnähe einer rauhen Platte.

Gleichung (1.4.1-2) ist das NEWTONsche Zähigkeitsgesetz. Hierbei beschreibt μ die innere Reibung oder Zähigkeit. Die Verteilung der Strömungsgeschwindigkeiten $u_{(y)}$ über die Gerinnetiefe erhält man bei Abfluß mit freier Oberfläche aus Gleichung (1.2-3), (1.2-4) und (1.4.1-2) über

$$\tau_{(y)} = u_*^2 \cdot \rho \cdot (1 - \frac{y}{h}) = \mu \cdot \frac{du}{dy} \qquad (1.4.1\text{-}3)$$

Daraus erhält man für die Geschwindigkeit $u_{(y)}$ in der Höhe y über der Sohle durch Auflösen nach du/dy

$$u_{(y)} = \frac{u_*^2}{\nu} \cdot \int_0^y (1 - \frac{y}{h}) \, dy \qquad (1.4.1\text{-}4)$$

und daraus schließlich durch Integration

$$\frac{u_{(y)}}{u_*} = \frac{u_* y}{\nu} (1 - \frac{1}{2} \frac{y}{h}) \qquad (1.4.1\text{-}5)$$

Die maximale Geschwindigkeit erhält man an der Oberfläche (y=h) aus Gleichung (1.4.1-5) zu

$$\frac{u_{max}}{u_*} = \frac{1}{2} \frac{u_* h}{\nu} = \frac{1}{2} Re_* \qquad (1.4.1\text{-}6)$$

und durch Integration über die Wassertiefe die mittlere Geschwindigkeit zu

$$\frac{u_m}{u_*} = \frac{1}{3} Re_* \qquad (1.4.1\text{-}7)$$

1.4.2 Turbulente Strömungen

Im praktischen Anwendungsfall für Sedimente transportierende Strömungen ist die Strömung zunächst abgesehen von der nächsten Wandnähe nicht laminar, sondern turbulent. Die Zähigkeit der laminaren Bewegung μ wird hier gegenüber der sogenannten Wirbelviskosität oder scheinbaren Viskosität ε verschwindend klein. Die zugehörigen Schubspannungen τ (die sog. scheinbaren Schubspannungen) werden von den Geschwindigkeitsschwankungen der turbulenten Mischbewegung verursacht

$$\tau_T = - \rho \overline{u'w'} \qquad (1.4.2\text{-}1)$$

Mit u', w' = mittlere Geschwindigkeitsschwankungen

Der Index "T" steht für "turbulent"

oder

$$\tau_T = \rho \kappa^2 y^2 \left(\frac{du}{dy}\right)^2 \qquad (1.4.2\text{-}2)$$

mit $\kappa y = \ell$ = Mischungsweg nach PRANDTL und $\kappa = 0{,}4$ = KARMAN-Konstante.

Gleichung (1.4.2-2) wird im Schrifttum als Mischungsweggleichung bezeichnet

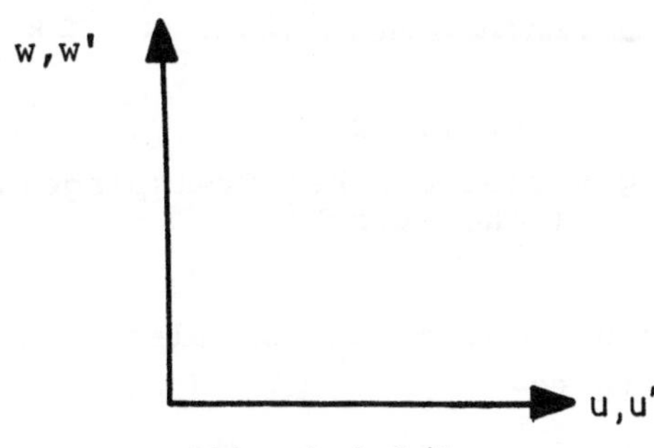

Abb. 1.4.2/1
Definition der Geschwindigkeitsvektoren

Damit wird τ allgemein zu

$$\tau = \mu \frac{du}{dy} + \rho \kappa^2 y^2 \left(\frac{du}{dy}\right)^2 \qquad (1.4.2\text{-}3)$$

In allernächster Nähe von undurchlässigen Wänden wird die Turbulenzbewegung behindert, so daß hier die Schwankungen verschwinden. Die wandnahe Flüssigkeit haftet an der Wand und bildet eine Schicht, die sich wie eine den Zähigkeitskräften unterworfene Schichtströmung verhält. Je nachdem, ob diese "zähe Unterschicht" mit der Stärke δ deutlich größer als die Rauhigkeitserhebungen der Wand ist, spricht man von einer hydraulisch glatten oder hydraulisch rauhen Wandströmung.

Abb. 1.4.2/2 gibt die Schubspannungsverteilung der Anteile τ_Z und τ_T entlang der Tiefe am Beispiel der turbulenten Strömung mit laminarer Untersicht ($\delta > k_s$) wieder (Index Z für Bereich der Zähigkeitsströmung).

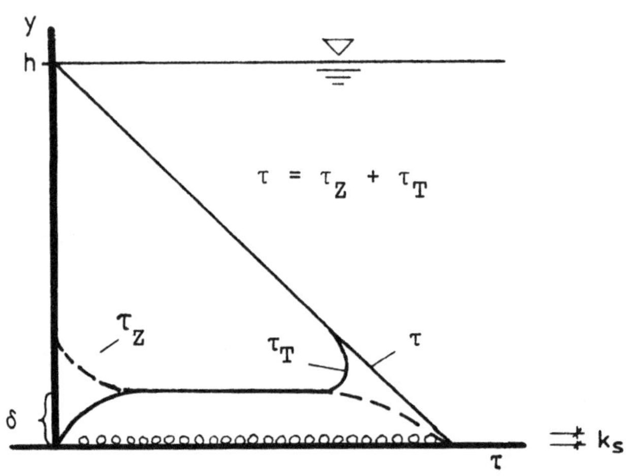

Abb. 1.4.2/2

Zur Schubspannungsverteilung bei Freispiegelabfluß (schematisch)

Unter der Voraussetzung, daß $\delta > k_s$ ist (der Fall $\delta < k_s$ wird später behandelt) gilt für

$$\delta < y < h \rightarrow \tau_Z \approx 0$$

und für

$$k_s < y < \delta \rightarrow \tau_T \approx 0$$

1.4.3 Geschwindigkeitsverteilung in der zähen Unterschicht

Wenn die Rauhigkeitserhebungen nicht aus der zähen Unterschicht herausragen, spricht man von einer hydraulisch glatten Sohle. Die Größe der Rauhigkeit spielt dann keine Rolle für die auf die Sohle aufgebrachte Schubspannung, da die Elemente der Sohle vollkommen von dieser Schicht zugedeckt werden.

Im Bereich $k_s < y < \delta$ ist die Schubspannung (vgl. Abb. 1.4.2/2)

$$\tau \approx \tau_Z = \mu \frac{du}{dy} \tag{1.4.3-1}$$

Mit $\tau = \rho u_*^2$ folgt nach Integration

$$\frac{u_{(y)}}{u_*} = \frac{u_* y}{\nu} + c_1 \tag{1.4.3-2}$$

Durch die Randbedingung $u/u_* = 0$ bei $y = 0$ wird $c_1 = 0$

1.4.4 Geschwindigkeitsverteilung in der turbulenten Außenströmung

Außerhalb der zähen Unterschicht wird

$$\tau \approx \tau_T = \rho \kappa^2 y^2 \left(\frac{du}{dy}\right)^2 \tag{1.4.4-1}$$

(vergl. Abb. 1.4.2/2)

was nach Integration zu

$$\frac{u_{(y)}}{u_*} = \frac{1}{\kappa} \ln y + c \tag{1.4.4-2}$$

oder

$$\frac{u_{(y)}}{u_*} = \frac{1}{\kappa} \ln \frac{y}{k_s} + c_1 \tag{1.4.4-3}$$

mit

$$c_1 = c + \frac{1}{\kappa} \ln k_s \tag{1.4.4-4}$$

wird. (Diese Gleichungen sind als PRANDTL/KARMANsches Geschwindigkeitsverlustgesetz bekannt.)

Diese Gleichung kann man auch in der Form

$$\frac{u_{(y)}}{u_*} = \frac{1}{\kappa} \ln \frac{u_* y}{\nu} + c_2 \tag{1.4.4-5}$$

mit

$$c_2 = \frac{1}{\kappa} \ln \frac{\nu}{u_*} + c \qquad (1.4.4\text{-}6)$$

und

$$c_1 = c_2 + \frac{1}{\kappa} \ln \frac{u_* k_s}{\nu} \qquad (1.4.4\text{-}7)$$

schreiben.

Die Abhängigkeit der Integrationskonstanten c_1 dieser universellen Geschwindigkeitsfunktion wurde auf dem Versuchswege für Sandrauhigkeit von NIKURADSE ermittelt (Abb. 1.4.4/1).

Aus Abb. 1.4.4/1 läßt sich folgern

$$c_1 = \frac{1}{\kappa} \ln \frac{u_* k_s}{\nu} + 5{,}5 \qquad \text{für } \frac{u_* k_s}{\nu} < \text{rd. } 5 \qquad (1.4.4\text{-}8)$$

und

$$c_1 = 8{,}5 \qquad \text{für } \frac{u_* k_s}{\nu} > \text{rd. } 70 \qquad (1.4.4\text{-}9)$$

Zwischen den Bereichen "Zähe Unterschicht" und "Turbulente Außenschicht" liegt ein Übergangsbereich.

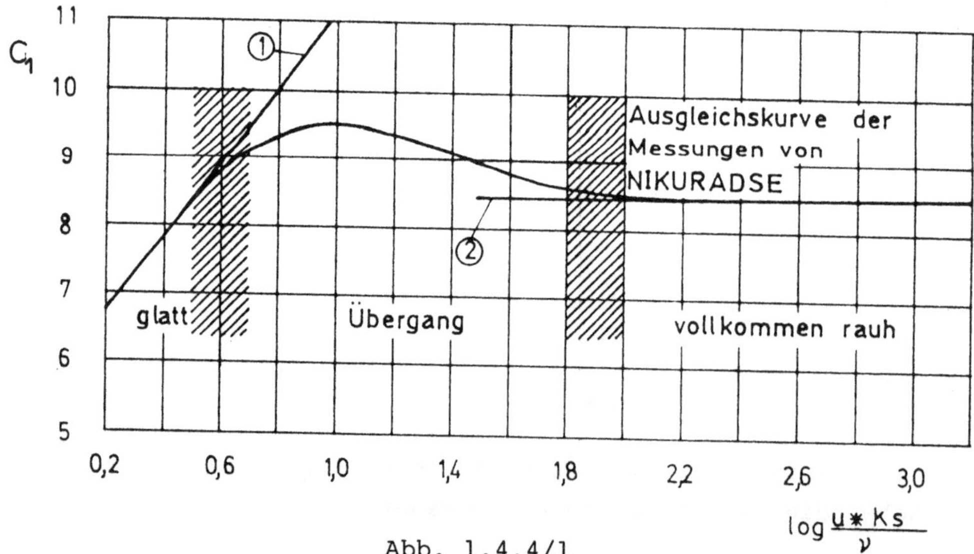

Abb. 1.4.4/1

Abhängigkeit der Integrationskonstanten c_1 nach NIKURADSE (bei SCHLICHTING 1958)

1.4.5 Turbulente Strömung mit hydraulisch glatter Sohle

Eine turbulente Strömung wird als "hydraulisch glatt" bezeichnet, wenn die laminare Unterschicht der Grenzschicht so dick ist, daß die Rauhigkeitserhebungen der Wandungen vollkommen von dieser Schicht überdeckt werden.Das Geschwindigkeitsgesetz erhält man für die Strömung mit hydraulisch glatter Sohle aus Gleichung (1.4.4-3) und Gl.(1.4.4-8):

$$\frac{u_{(y)}}{u_*} = 5,5 + \frac{1}{\kappa} \ln \frac{u_* y}{\nu} \qquad (1.4.5\text{-}1)$$

oder

$$\frac{u_{(y)}}{u_*} = \frac{1}{\kappa} \ln e^{5,5\kappa} \frac{u_* y}{\nu} \qquad (1.4.5\text{-}2)$$

oder

$$\frac{u_{(y)}}{u_*} = 2,5 \ln 9,0 \frac{u_* y}{\nu} \qquad (1.4.5\text{-}2)$$

Die mittlere Geschwindigkeit über die Tiefe h ergibt sich dann zu

$$u_m = \frac{1}{h-\delta} \int_{\delta}^{h} u_{(y)} dy \qquad (1.4.5\text{-}3)$$

und daraus durch Integration

$$\frac{u_m}{u_*} = \frac{1}{\kappa} \ln e^{5,5\kappa-1} \frac{u_* h}{\nu} \qquad (1.4.5\text{-}4)$$

oder

$$\frac{u_m}{u_*} = 2,5 \ln 3,32 \frac{u_* h}{\nu} \qquad (1.4.5\text{-}4)$$

wenn δ/h als infinitesimal klein betrachtet wird.

Es fällt auf, daß k_s in dieser Beziehung nicht enthalten ist. Das bedeutet, das $u_{(y)}$ nicht von der Größe der Sohlenrauhigkeit abhängt. Die Sohle verhält sich, als sei $k_s = 0$: daher der Name "hydraulisch glatt" (Abb. 1.4.5/1).

Die Stärke δ der zähen Unterschicht läßt sich ermitteln, indem Gleichung (1.4.3-2) und Gleichung (1.4.5-2) gleich gesetzt werden. Das heißt, man definiert δ als die Höhe über der Sohle, bei der die

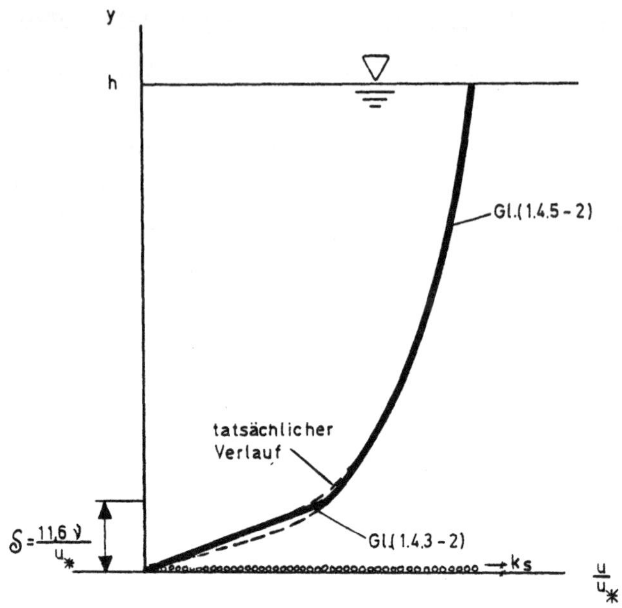

Abb. 1.4.5/1
Geschwindigkeitsverteilung bei
hydraulisch glatter Sohle
(schematisch)

Gültigkeit der für Laminarstörmung anzuwendenden Gleichung (1.4.3-2) endet. Für δ findet man somit

$$\delta = \frac{11{,}63\ \nu}{u_*} \tag{1.4.5-5}$$

*)

1.4.6 Turbulente Strömung mit hydraulisch rauher Sohle

Eine Strömung mit $u_*\ k_s/\nu$ > rd.70 wird als "hydraulisch rauhe" Strömung bezeichnet. Die Sohlenströmung ist dabei vollkommen turbulent. Die Rauhigkeitselemente sind der Strömung voll ausgesetzt. Die Stärke der zähen Unterschicht ist verschwindend klein. Neben dem (sehr geringen) Anteil der zähen Schubspannungen werden nun hauptsächlich Tangentialkräfte

---

*) In Wirklichkeit findet der Übergang von der laminaren Strömung in der Unterschicht zur turbulenten Strömung nicht abrupt, sondern in einer Übergangsschicht statt.

auf die Sohle übertragen, die von den Flüssigkeitsdrücken auf die Rauhigkeitselemente herrühren. Die Turbulenzbewegung der Flüssigkeit wirkt bis zwischen die Rauhigkeitsteilchen. Daher auch der Name "vollkommen entwickelte turbulente Strömung". Über die gesamte Wassertiefe gilt nun $\tau \approx \tau_T$. Den funktionalen Zusammenhang für die Geschwindigkeitsverteilung im hydraulisch rauhen Zustand erhält man aus Kombination von Gl. (1.4.4-3) und Gl. (1.4.4-9)

$$\frac{u_{(y)}}{u_*} = \frac{1}{\kappa} \ln \left(e^{8,5\kappa} \frac{y}{k_s}\right) \qquad (1.4.6\text{-}1)$$

oder

$$\frac{u_{(y)}}{u_*} = 2,5 \ln 30 \frac{y}{k_s} \qquad (1.4.6\text{-}1)$$

Die über die Wassertiefe h gemittelte Geschwindigkeit u_m erhält man aus

$$u_m = \frac{1}{h - k_s} \int_{k_s}^{h} u_{(y)} dy \qquad (1.4.6\text{-}2)$$

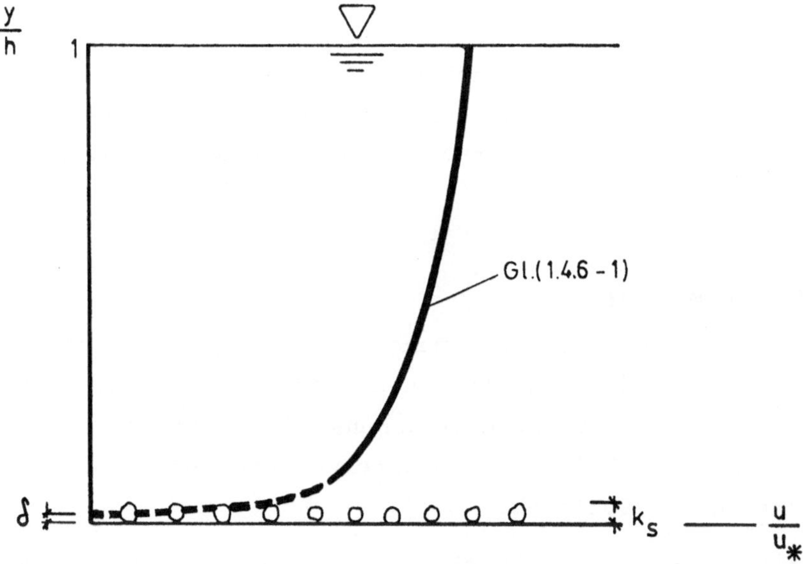

Abb. 1.4.6/1
Hydraulisch rauhe Strömung

durch Integration zu

$$\frac{u_m}{u_*} = \frac{1}{\kappa} \ln \left(e^{8,5 \cdot \kappa - 1} \frac{h}{k_s}\right) \qquad (1.4.6\text{-}3)$$

oder

$$\frac{u_m}{u_*} = 2,5 \ln 11 \frac{h}{k_s} \qquad (1.4.6\text{-}4)$$

wobei k_s/h als sehr klein angesehen wird.

Formrauhigkeit (Riffel/Dünen)

Definiert man die Wassertiefe in Abweichung zu Abb.1.4.6/1 als über den Rauhigkeitselementen beginnend, was z.B. bei Ansatz der Transportkörper als Rauhigkeit sinnvoll sein kann, so gilt Gleichung (1.4.6-4) auch für kleine Werte h/k_s.

Tatsächlich lassen sich die Werte u_m/u_* über Transportkörpern gut durch Gleichung (1.4.6-4) annähern, wenn man für h die lichte Wassertiefe und für k_s die Transportkörperhöhe ansetzt. Dieser Ansatz kann jedoch nur als erste Näherung betrachtet werden, da die Rauhigkeitswirkung der Transportkörper auch von deren Höhe-Längenverhältnis abhängt. Der Anteil der Kornrauhigkeit an der Gesamtrauhigkeit wird im allgemeinen vernachlässigbar klein, wenn die Sohle mit Riffeln oder Dünen bedeckt ist. Lediglich bei gegen die Wassertiefe und/oder Riffelhöhe "großen" Körnern sind beide Anteile zu berücksichtigen.

1.4.7 Übergangsbereich

Bei der turbulenten Strömung mit hydraulisch glatter Sohle wird die Kornrauhigkeit von der zähen Unterschicht vollkommen überdeckt. Die turbulente Außenströmung gibt ihre Energie über die den Zähigkeitskräften unterworfene Unterschicht nur indirekt an die Sohle ab.

Reicht die turbulente Strömung bis zwischen die Rauhigkeitselemente, so bewirken diese selbst das Umsetzen der Energie an der Sohle.

Ein entsprechender Vergleich der zu den beiden genannten Fällen gehörigen Gleichungen zeigt, daß die Dicke δ der zähen Unterschicht auch als eine "Rauhigkeit" in Bezug auf die Energieabgabe aus dem darüberliegenden turbulenten Bereich angesehen werden kann: Die Gleichung für die turbulente Strömung über laminarer Unterschicht

$$u_m = 2{,}5\ u_* \ln 3{,}32 \frac{u_* h}{\nu} \qquad (1.4.5\text{-}4)$$

ist mit derjenigen für die turbulente Strömung ohne zähe Unterschicht

$$u_m = 2{,}5\ u_* \ln 11 \frac{h}{k_s} \qquad (1.4.6\text{-}4)$$

identisch, wenn in Gl. (1.4.5-4) eine Ersatzrauhigkeit

$$k_s' = 3{,}32 \frac{\nu}{u_*} \qquad (1.4.7\text{-}1)$$

definiert wird. Mit der Dicke δ der laminaren Unterschicht

$$\delta = 11{,}63 \frac{\nu}{u_*} \qquad (1.4.5\text{-}5)$$

beträgt die Größe dieser "Ersatzrauhigkeit"

$$k_s' = \frac{1}{3{,}5}\ \delta \qquad (1.4.7\text{-}2)$$

Aufgrund dieser Betrachtung ist es sinnvoll die obere Grenze der hydraulisch glatten Sohle nicht wie oft im Schrifttum zu finden, bei $u_*\ k_s/\nu \approx 5$ zu definieren- was nur ein willkürlicher Wert ist- sondern bei $u_*\ k_s/\nu = 3{,}32$. Bei dieser Re_*-Zahl ist nämlich die Kornrauhigkeit k_s gleich der wirksamen Ersatzrauhigkeit k_s'. Praktisch ist es jedoch kaum ein Unterschied, ob man $Re_* = 5$ oder $Re_* = 3{,}32$ als Grenze des hydraulisch glatten Bereichs ansieht (vgl. Abb. 1.4.7/1).

Mit dieser Umformung kann für die Geschwindigkeitsverteilung der Strömung mit laminarer Grenzschicht anstelle Gl. (1.4.5-4) geschrieben werden

$$\frac{u_m}{u_*} = 2{,}5 \ln 11 \frac{h}{k_s'} \qquad (1.4.7\text{-}3)$$

Im Übergangsbereich teilen sich die übertragenen Schubspannungen anteilig zu den zugehörigen Rauhigkeiten auf:

zähe Schubspannungen anteilig zu k_s'
turbulente Schubspannungen anteilig zu k_s

Mithin gilt die Gleichung für den glatten Bereich bis $Re_* = 3{,}32$.

Im anschließenden *Übergangsbereich und im rauhen Bereich* erhält man die Integrationskonstante c_1 der allgemeinen Geschwindigkeitsgleichung

$$\frac{u_{(y)}}{u_*} = \frac{1}{\kappa} \ln \frac{y}{k_s} + c_1 \qquad (1.4.4\text{-}3)$$

oder aus dem Integral von Gl. (1.4.4-3)

$$\frac{u_m}{u_*} = \frac{1}{\kappa}\left[\left(\ln \frac{h}{k_s}\right) - 1\right] + c_1 \qquad (1.4.4\text{-}3a)$$

Die Berechnung der Integrationskonstanten c_1 müßte für den Fall, daß die maßgebende Rauhigkeitshöhe zum einen Teil zähen Schubspannungen und zum anderen Teil Schubspannungen aus Staudruck ausgesetzt ist, auf dem Wege über die anteiligen Widerstände berechnet werden.

Für den Bereich der Strömung in Kornhöhe und zwischen den Körnern sind jedoch die vorstehenden Gleichungen für die Verteilung der Strömungsgeschwindigkeiten nicht mehr gültig. Diese gelten nur für die Außenströmung in einer Mindestentfernung vom Mehrfachen des Korndurchmessers. Entsprechende Beziehungen, die die Strömungsberechnung zwischen den Körnern der obersten Sohlenschicht ermöglichen, sind nicht bekannt. Physikalisch läßt sich das Problem daher bislang nicht lösen.

Nachstehend wird ein Näherungsansatz für c_1 gegeben. Die Integrationskonstanten des glatten (zähen) und des rauhen (turbulenten) Bereiches werden rechnerisch anteilig zu ihren zugehörigen Rauhigkeitshöhen k_s' und $(k_s - k_s')$ aufgeteilt und zu einem gesamten c_1 zusammengefaßt.

Für den Bereich von $Re_* > 3,32$ treten beide genannten Effekte zusammen auf. Dies ist der Übergangsbereich für große Re_*-Werte, wenn k'_s sehr klein gegen k_s wird, hat man dann praktisch nur noch turbulente Schubspannungen zu berücksichtigen. Den Gesamtbereich $Re_* > 3,32$ deckt die folgende Näherung ab (s. auch Abb. 1.4.7/1).

$$c_1 = c_{glatt} \frac{k'_s}{k_s} + c_{rauh} \left(1 - \frac{k'_s}{k_s}\right) \tag{1.4.7-4}$$

wobei

$$\frac{k'_s}{k_s} = 3,32 \frac{\nu}{u_* k_s} = \frac{3,32}{Re_*} \tag{1.4.7-5}$$

ist. Als einfacher Lösungsansatz kann für c_1 geschrieben werden:

$$c_1 = \left(\frac{1}{\kappa} \ln \frac{u_* k_s}{\nu} + 5,5\right) 3,32 \frac{\nu}{u_* k_s} + 8,5 \left(1 - 3,32 \frac{\nu}{u_* k_s}\right)$$

oder

$$c_1 = \frac{3,32}{\kappa \, Re_*} \ln Re_* - \frac{9,96}{Re_*} + 8,5 \tag{1.4.7-6}$$

(c_1 nach Gl. (1.4.7-6) nur für $Re_* > 3,32$; sonst Gl. (1.4.4-8))

Das Ergebnis dieser Gleichung (1.4.7-6) ist den Messungen von NIKURADSE auf Abb. (1.4.7/1) vergleichend gegenübergestellt. Die Übereinstimmung zwischen den Messergebnissen von NIKURADSE und den Rechenergebnissen der Gleichung ist sowohl zahlenmäßig als auch in den Tendenzen sehr gut. Daraus darf man schließen, daß der vorstehende Ansatz die wesentlichen physikalischen Abhängigkeiten der Konstanten c_1 wiedergibt.

Gl. (1.4.7-6) in Gl. (1.4.4.-3) bzw. Gl. (1.4.4.-3a) eingesetz, führt auf direkt berechenbare Werte $u_{(y)}/u_*$ oder u_m/u_*. (Iterativ schnell zu lösen, wenn für ein gegebenes u z.B. der Wert $u_* = 1$ geschätzt wird und das erste Ergebnis u_* für den zweiten Rechengang als Schätzwert eingesetzt wird. Nach wenigen Rechendurchläufen ist u_* ermittelt.)

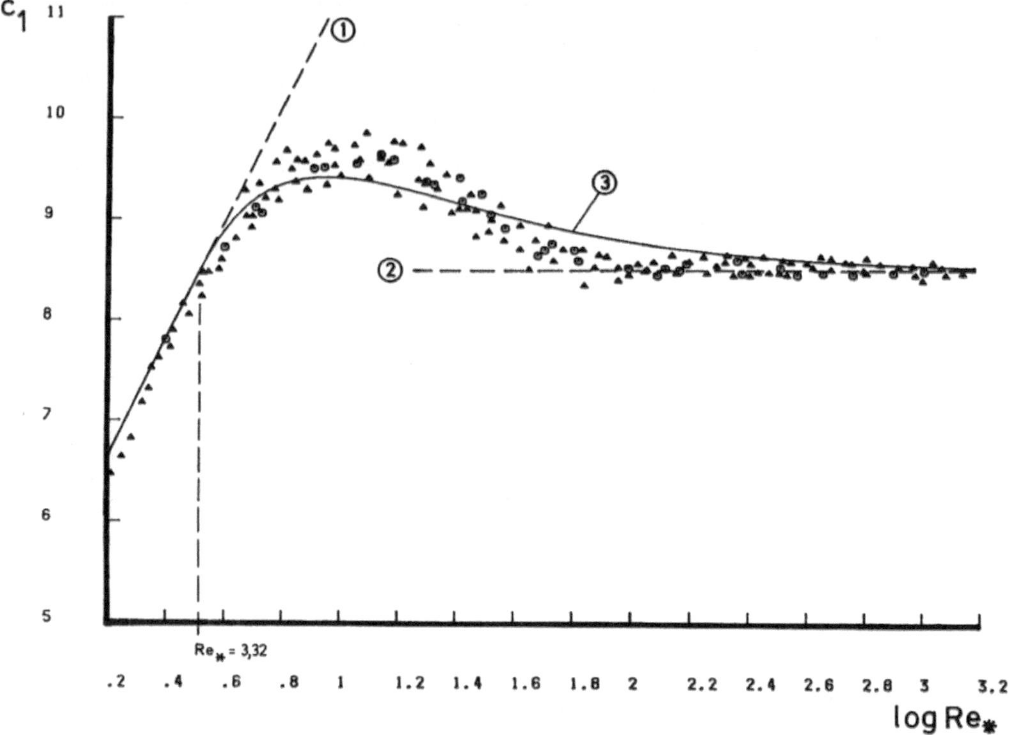

Abb. 1.4.7/1

Rauhigkeitsfunktion c_1 in Abhängigkeit von $u_* k_s/\nu$ für die NIKURADSEsche Sandrauhigkeit
Kurve (1) hydraulisch glatt, Gl. (1.4.4-8);
Kurve (2), $c_1 = 8{,}5$; vollkommen rauh
Kurve (3), Gl. (1.4.7-6)

1.4.7.1 Widerstandsbeiwert λ für sandrauhe Rohre

SCHLICHTING (1958) gibt für den Widerstandsbeiwert λ bei sandrauhen Rohren die Gleichung

$$\lambda = 8\,\frac{u_*^2}{u_m^2} = \frac{8}{\left(c_1 - 3{,}75 + 2{,}5\,\ln\frac{r}{k_s}\right)^2} \qquad (1.4.7.1\text{-}1)$$

(r = Rohrradius)

an.

Dabei ist

$$\frac{u_* k_s}{\nu} = \frac{u_m D}{\nu} \cdot \frac{\sqrt{\lambda}}{4\sqrt{2}} \frac{k_s}{r} = Re_D \sqrt{\lambda/2}\, \frac{k_s}{4r}$$

Setzt man hier c_1 nach Gl.(1.4.7-6) ein, so erhält man eine recht gute Näherung für λ. Nahezu gleiche Ergebnisse erhält man ohne Iteration, wenn man durch Gleichsetzen der Gleichung für glatte und rauhe Rohre analog zum Vorgehen bei der ebenen Platte für das glatte Rohr eine Ersatzrauhigkeit k_s' ermittelt.

Mit der Gleichung von BLASIUS (bei SCHLICHTING)

$$\lambda = \frac{0,3164}{(u_m\, D/\nu)^{0,25}} = \frac{0,3164}{Re_D^{0,25}} \qquad (1.4.7.1\text{-}2)$$

(D= Rohrdurchmesser)
für den glatten Bereich und

$$\lambda = (2 \log \frac{r}{k_s} + 1,74)^{-2} \qquad (1.4.7.1\text{-}3)$$

für den rauhen Bereich (Ableitung siehe z.B. PRANDTL/OSWATITSCH) ergibt sich (siehe Bestimmung von k_s' bei der ebenen Platte)

$$k_s' = r \cdot 10^{(0,87 - 0,89\, Re_D^{0,125})} \qquad (1.4.7.1\text{-}4)$$

Damit wird für $\frac{k_s'}{k_s} < 1$ (nicht glatter Bereich)

$$\lambda = \frac{0,3164}{Re_D^{0,25}} \cdot \frac{k_s'}{k_s} + \frac{1 - \frac{k_s'}{k_s}}{(2 \log r/k_s + 1,74)^2} \qquad (1.4.7.1\text{-}5)$$

Im Vergleich mit Messungen (Abb. 1.4.7.1/1) zeigt sich, daß der genannte Ansatz den Widerstand sandrauher Rohre gut beschreibt.

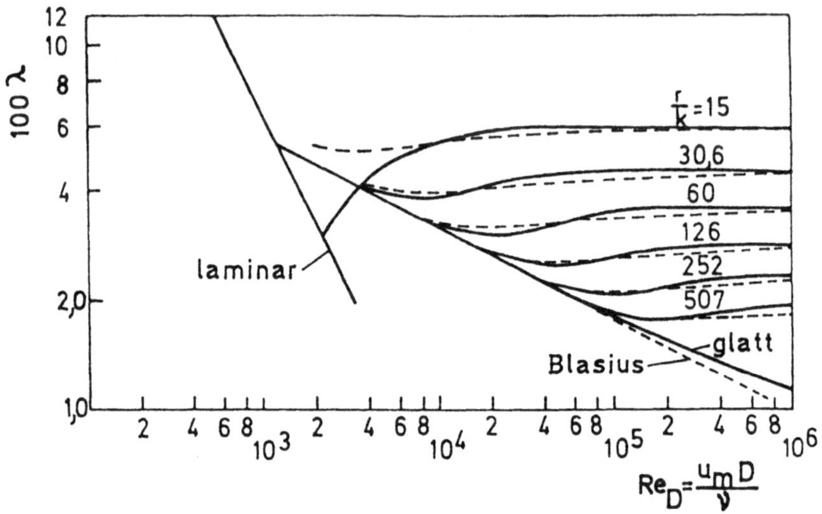

Abb. 1.4.7.1/1

Widerstandszahl λ von rauhen Rohren; abhängig von der REYNOLDSschen Zahl, nach NIKURADSE (ausgezogen) und Gl. (1.4.7.1-5) (gestrichelt)

Ein entsprechender Berechnungsgang für λ kann natürlich auch auf der Grundlage anderer Gleichungen für den hydraulisch rauhen bzw. glatten Bereich durchgeführt werden.

Rechnet man anstelle der BLASIUS-Gleichung (1.4.7.1-2) im glatten Bereich nach PRANDTL mit

$$\lambda = \left(2 \log \frac{Re \sqrt{\lambda}}{2,51}\right)^{-2} \qquad (1.4.7.1\text{-}6)$$

so wird

$$\frac{k_s'}{k_s} = 3,29 \frac{\nu}{u_* k_s} \qquad (1.4.7.1\text{-}7)$$

und c_1 analog zu Gleichung (1.4.7-6)

$$c_1 = \frac{3,29}{\kappa\ Re_*} \ln Re_* - \frac{9,87}{Re_*} + 8,5 \qquad (1.4.7.1\text{-}8)$$

mit $Re_* = Re_D \sqrt{\lambda/2}\, k_s/4r$

Es ergeben sich nun aus Gl. (1.4.7.1-1) die gesuchten Widerstandbeiwerte.

*) (siehe auch Fußnote)

1.4.8 Lage der mittleren Geschwindigkeit

1.4.8.1 Laminare Strömung

Für die Laminarströmung gilt einerseits

$$\frac{u_{(y)}}{u_*} = \frac{u_* y}{\nu} \left(1 - \frac{1}{2} \frac{y}{h}\right) \qquad (1.4.1\text{-}5)$$

und andererseits

$$\frac{u_m}{u_*} = \frac{1}{3} Re_* \qquad (1.4.1\text{-}7)$$

Durch Gleichsetzen von Gl. (1.4.1-5) mit Gl. (1.4.1-7) ergibt sich diejenige Höhe y/h, in welcher $u_{(y)} = u_m$ ist. Man erhält dabei eine quadratische Gleichung, deren Lösung

$$\left(\frac{y}{h}\right)_{u_m} = 1 \pm 0,58$$

lautet.

---

*) Die Gleichungen (1.4.7.1-6) für das hydraulisch glatte Rohr und (1.4.5-4) für das hydraulisch glatte offene Gerinne lassen sich übrigens auf einheitliche Form umschreiben, wenn man berücksichtigt, daß der hydraulische Radius beim breiten Gerinne $R \simeq h$ und im Rohr $R = \frac{r}{2}$ ist. Man hat dann prinzipiell identische Gleichungen für beide Fälle, wobei sich lediglich die Konstanten geringfügig unterscheiden. Entsprechendes gilt auch für die Gleichungen der hydraulisch rauhen Sohle in Rohr und offenem Gerinne.
Der Vollständigkeit halber sei erwähnt, daß die Sandrauhigkeit zwar beim Sedimenttransport der Normalfall ist. In der Technik, besonders bei der Strömung in rauhen Rohren, ist hingegen die sogenannte "technische Rauheit" der Normalfall. Der Übergang von der glatten zur technisch rauhen Sohle findet ohne das charakteristische Maximum auf Abb. 1.4.4/1 statt. Eine Übergangslösung für diesen Rauhigkeitstyp wird von COLEBROOK-WHITE angegeben (siehe z.B. bei SCHLICHTING).

Die einzig sinnvolle Lösung ergibt, daß die mittlere Geschwindigkeit in der Höhe

$$y = 0{,}42\ h$$

liegt.

1.4.8.2 Turbulente Strömung mit zäher Unterschicht

Für die turbulente Strömung mit laminarer Unterschicht gilt einerseits

$$\frac{u(y)}{u_*} = \frac{1}{\kappa} \ln \left(e^{5{,}5\kappa} \frac{u_* y}{\nu}\right) \qquad (1.4.5\text{-}2)$$

und andererseits

$$\frac{u_m}{u_*} = \frac{1}{\kappa} \ln \left(e^{5{,}5\kappa - 1} \frac{u_* h}{\nu}\right) \qquad (1.4.5\text{-}4)$$

Durch Gleichsetzen der beiden Gleichungen ergibt sich wiederum die Höhe, in welcher $u_{(y)} = u_m$ ist. Man erhält dabei als Lösung

$$\left(\frac{y}{h}\right)_{u_m} = \frac{1}{e} = 0{,}368$$

Man findet also die mittlere Geschwindigkeit in der Höhe

$$y = 0{,}368\ h$$

1.4.8.3 Vollkommen turbulente Strömung

Analog zum Vorgehen in Abschnitt 1.4.8.3 führt die Kombination von Gl. (1.4.6-1) und Gl. (1.4.6-3) auf

$$\left(\frac{y}{h}\right)_{u_m} = \frac{1}{e} = 0{,}368$$

Man findet die mittlere Geschwindigkeit also in der Höhe

$$y = 0{,}368\ h$$

1.4.9 Geschwindigkeitsverteilungen bei Sedimenttransport

Die Ableitungen aus dem vorangegangenen Abschnitt zur Verteilung der Strömungsgeschwindigkeiten zwischen der Sohle und der Oberfläche können für natürliche Verhältnisse nur als erste (grobe) Näherung dienen. Die getroffenen Vereinfachungen und Annahmen ergeben, abgesehen von idealen Laborverhältnissen, oft deutliche Abweichungen zwischen Theorie und Wirklichkeit.

In den genannten Ableitungen sind wesentliche Einflüsse nicht erfaßt:

1. Bei Sedimenttransport sind die Sohlenrauhigkeiten nicht fest, sondern in Bewegung. Die bewegten Körner der obersten Schicht setzen der Strömung weniger Widerstand entgegen als gleich große feste Rauhigkeitselemente. Man stelle sich hierzu vereinfacht eine ebene Gewässersohle vor, die sich mit der gleichen Geschwindigkeit wie der gesamte Wasserkörper mit diesem mitbewegt. Ein Geschwindigkeitsabfall zur Sohle findet dann nicht mehr statt. Je schneller sich also die obere Sohlenschicht bewegt, desto geringer ist der Geschwindigkeitsverlust an der Sohle. Der Abfall der Geschwindigkeit auf u=0 erfolgt dann erst in der bewegten Sedimentschicht selbst (siehe auch Abb. 1.4.9/1).

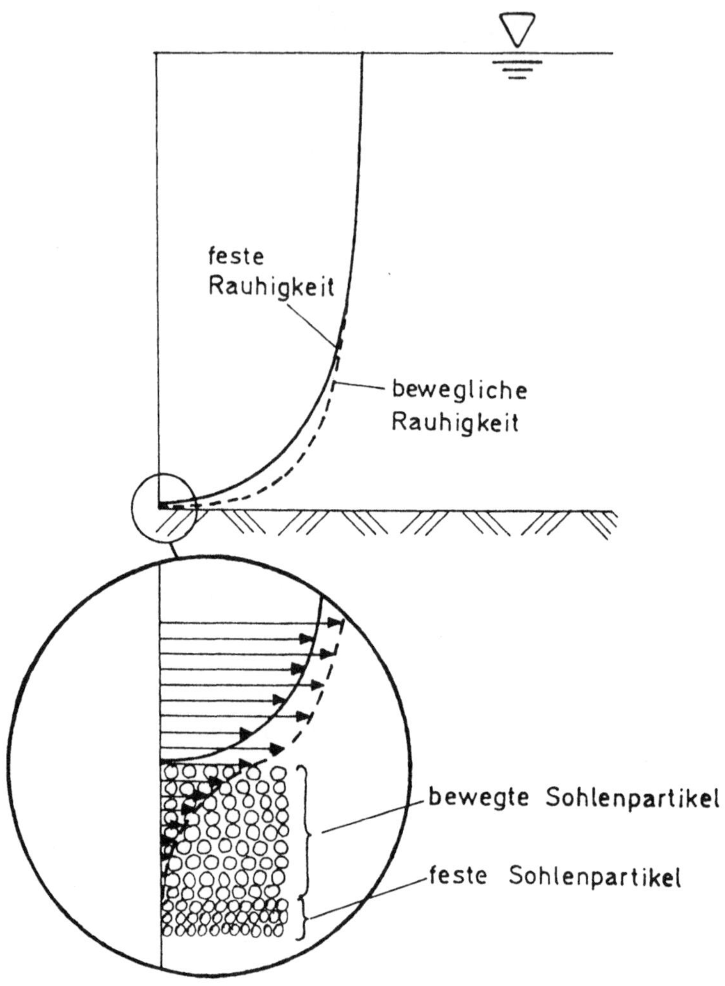

Abb. 1.4.9/1

Sohlennahe Geschwindigkeitsverteilung bei Sedimentbewegung (schematisch)

2. Bei größeren Strömungsgeschwindigkeiten geraten besonders feine Sedimentanteile in starkem Maße in höhere Schichten über der Sohle. Sie beeinflussen dabei die mechanischen Eigenschaften der Flüssigkeit. Eine Untersuchung von ELATA und IPPEN (1961) mit verschiedenen Suspensionskonzentrationen hatte das in der folgenden

Abb. 1.4.9/2 zusammengefaßte Ergebnis:
Je höher die Konzentration, desto kleiner wird die KARMANsche κ-Konstante. Genau gesagt ist κ also nur bei Reinwasser als Festwert κ =0,4 ansetzbar.
Ein weiteres Beispiel über den Einfluß hoher Suspensionskonzentrationen gibt Abb. 1.4.9/3

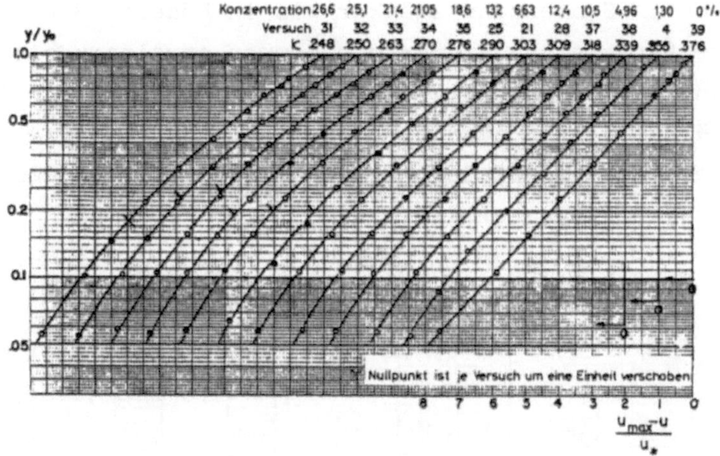

Abb. 1.4.9/2

Geschwindigkeitsprofile bei unterschiedlichen Konzentrationen (ELATA/IPPEN (1961))

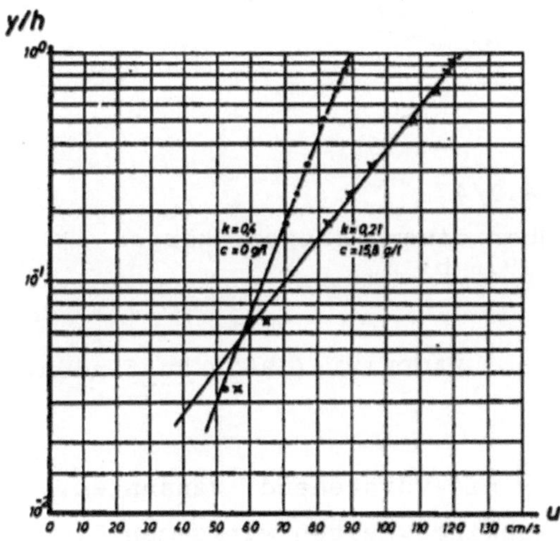

Abb. 1.4.9/3

Geschwindigkeitsverteilung in Reinwasser und mit starker Suspensionskonzentration (VANONI 1977)

3. Im allgemeinen ist die Gewässersohle nicht eben, sondern in irgendeiner Form gewellt. In den Flachlandgewässern ist die Sohle in der Regel von Transportkörpern bedeckt, jenen dünenartigen Gebilden, die in ständiger Umlagerung langsam mit der Strömung fortschreiten.
   An den flach geneigten Luvhängen dieser Transportkörper engt sich der Querschnitt zunehmend ein. Die Strömungsgeschwindigkeiten steigen, jedoch in Sohlennähe stärker als in höheren Schichten. Das Profil verformt sich. Hinter den Kämmen erweitert sich der Querschnitt und die Geschwindigkeiten vermindern sich, an der Sohle wiederum stärker als in höheren Lagen. Auf Abb. 1.4.9/4 ist diese ständige Wandlung der Geschwindigkeitsverteilung als Ergebnis von Messungen dargestellt.

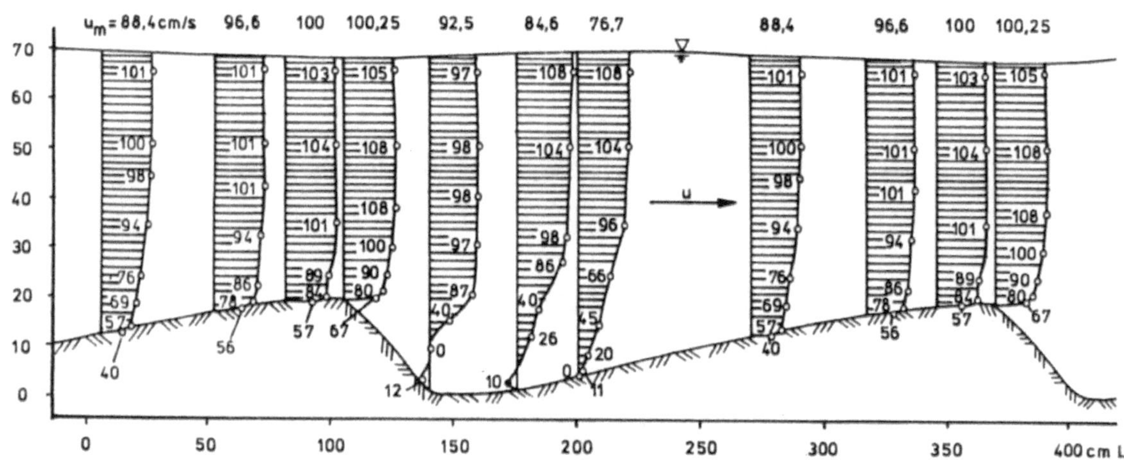

Abb. 1.4.9/4
Geschwindigkeitsprofile über einem Transportkörper
(ZANKE 1976 b)

Ein ähnliches Beispiel ist bei RAUDKIVI (1967) zu finden.

4. In übertragener Weise gelten die vorstehend genannten, für die Verteilung der Strömungsgeschwindigkeiten wirksamen Einflüsse auch für die Verteilung der Schubspannungen über die Tiefe.

Entsprechende Betrachtungen führte YALIN (1972) aus:*)

Die Gesamtschubspannung τ_o an der Sohle setzt sich aus den Anteilen

τ_o', τ_o'' und τ_o''' zu

$$\tau_o = \tau_o' + \tau_o'' + \tau_o'''$$

zusammen.

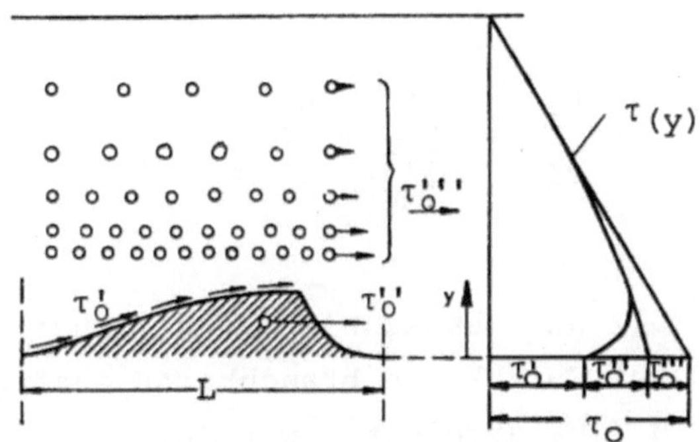

Abb. 1.4.9/5

Schubspannungsverteilung über einer welligen Sohle mit Suspensionstransport (YALIN (1972))

τ_o' ist die Schubspannung infolge Kornrauhigkeit

τ_o'' ist die Schubspannung infolge Sohlenunebenheiten

τ_o''' ist die Schubspannung infolge suspendierter Feststoffe

---

*) Oberflächlich betrachtet, scheint der Gedanke naheliegend, daß nur τ_o' (aus der Kornrauhigkeit) in die Transportbeziehungen eingeht. Dieser Ansatz ist bei Riffelsohlen mit Sicherheit nicht richtig. Die Formrauhigkeit der Riffel trägt stark zur Turbulenzproduktion bei und diese wiederum ist direkt auf den quantitativen Transport wirksam. Nach eigenen Feststellungen des Verfassers ist es näherungsweise richtiger, die Gesamtschubspannung zur Transportberechnung heranzuziehen.

Ermittelt man τ_o über das Gefälle

$$\tau_o = \rho g h I$$

so wird

$$\tau'_o = \rho g h I'$$

$$\tau''_o = \rho g h I$$

$$\tau'''_o = \rho g h I$$

mit I = I' + I''+ I'''
oder

$$\frac{u_m^2}{u_*^2} = \frac{u_m^2}{u_*'^2} + \frac{u_m^2}{u_*''^2} + \frac{u_m^2}{u_*'''^2}$$

Für u_m/ u_*'' und u_m/ u_*''' ebenso wie für die Energieverluste I'' und I''' gibt es zur Zeit keine brauchbaren Ansätze wie sie weiter oben für u_m/ u_*' abgeleitet wurden.

5. COLBY (1964) hat aus gemessenen Geschwindigkeitsprofilen über Dünen und allgemein unebenen Sohlen aus amerikanischen Flüssen in Nebraska κ-Werte bis zu etwa κ = 4 errechnet. Die Mehrzahl der errechneten Werte lag dabei zwischen κ = 0,4 und 1.

   Das gleiche Ergebnis ähnlich hoher κ-Werte ergaben mehrere Messungen der Geschwindigkeitsverteilung über Transportkörpern in einer hydraulischen Rinne des FRANZIUS-INSTITUTS (vgl. Abb. 1.4.9/6). Da die Geschwindigkeitsverteilungen im wesentlichen einem logarithmischen Verlauf folgen, kann κ aus den Meßergebnissen über

$$\kappa = \ln \frac{y}{h} \frac{u_*}{u_y - u_{max}} \qquad (1.4.9\text{-}1)$$

   berechnet werden.

Aus Abb. 1.4.9/6 zeigt sich deutlich, daß der weiter oben beschriebene, die κ-Werte vermindernde Einfluß von suspendiertem Material von den Einflüssen der Sohlenunebenheit überdeckt wird, solange die Suspensionskonzentration nicht zu groß wird.

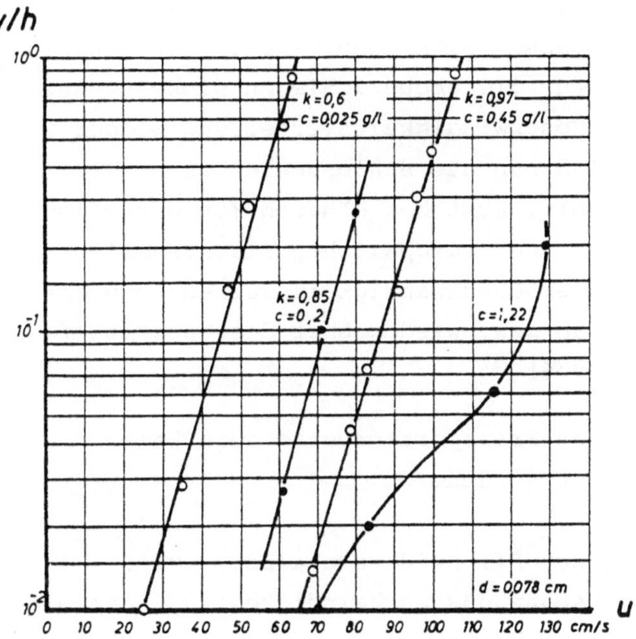

Abb. 1.4.9/6

Geschwindigkeitsverteilung und κ-Werte im Kammbereich von Transportkörpern (Dünen) (Wassertiefe zwischen 35 cm und 70 cm) (ZANKE 1979 a)

1.4.10 Schlußfolgerungen

Es wurde gezeigt, daß die für die Strömung über einer unbeweglichen ebenen Sohle eines unendlich breiten Gerinnes entworfenen Beziehungen für die Geschwindigkeitsverteilung in der lotrechten im praktischen Anwendungsfall des Sedimenttransports nicht unverändert gültig sind:

1. Höhere Suspensionskonzentrationen bewirken eine Abminderung des in den Gleichungen enthaltenen κ-Wertes.

2. Unebene Sohlen bewirken einen Anstieg von κ über den theoretischen Wert hinaus.

Aus den Messungen der Geschwindigkeitsverteilung über den Kammbereichen von Transportkörpern ergab sich, daß auch dort zumindest in den maßgebenden unteren Wasserschichten ein Profil vorliegt, welches sich im halblogarithmischen Netz als Gerade abbildet. Daraus lassen sich dann κ-Werte errechnen, bei deren Verwendung der für die ebene Sohle entwickelte Ansatz für eine logarithmische Geschwindigkeitsverteilung wieder Gültigkeit behält. Jedoch sind nun die Sohlenunebenheiten (RIFFEL) die maßgebende Rauhigkeit. Erst bei höheren Konzentrationen, wie sie im allgemeinen in den europäischen Flachlandflüssen nicht auftreten, weicht der Geschwindigkeitsverlauf von der logarithmischen Funktion ab bzw. wird κ über die Wassertiefe variabel (vgl. Abb. 1.4.9/6).*)

Über ausgereiften Transportkörperfeldern kann κ näherungsweise 0,8 bis 1 gesetzt werden.

3. Die Bestimmung der Fließwiderstandsbeiwerte $f = 4\,c_f = 8\,\frac{u_*^2}{u_m^2}$ und der Gesamtschubspannungsgeschwindigkeit u_* kann mit hinreichender Genauigkeit bei einer Sohle mit Riffeln/Dünen aus

$$\frac{u_m}{u_*} = 2{,}5 \ln 11 \frac{h}{H} \qquad (1.4.6\text{-}4)$$

mit h = Wassertiefe über den Kämmen
H = Riffelhöhe

vorgenommen werden (vgl. Abschnitt 1.4.6). **)

---

*) Es ist theoretisch alternativ auch möglich, die Größe von κ in jedem Falle mit $\kappa = 0{,}4$ anzusetzen und für die zusätzlichen Einflüsse bei nicht ebener fester Sohle weitere Glieder in die Widerstandsbeziehung einzubauen.

**) Den vorstehenden Ausführungen folgend, müßte im Falle von Riffeln als Rauhigkeit in Gl.(1.4.6-4) mit anderen κ-Werten als $\kappa = 0{,}4$ gerechnet werden. Zahlenmäßig ergibt sich für Riffelrauhigkeiten aus der Hauptform von Gl. (1.4.6-4), nämlich aus Gl. (1.4.6-3), nur ein Unterschied im Bereich weniger Prozente, wenn man z.B. mit $\kappa = 0{,}8$ anstelle von $\kappa = 0{,}4$ arbeitet. Diese Abweichungen dürfen für praktische Anwendungen in Kauf genommen werden, da alle Berechnungen zur Wechselwirkung Strömung/Sohle nach dem heutigen Stand des Wissens nur für in der Natur selten anzutreffende Idealfälle gelten. Daher haben die Rechenergebnisse ohnehin nur den Charakter von Schätzwerten.

4. Die Bestimmung der wirksamen Rauhigkeitshöhe k_s ist bis heute nicht eindeutig gelungen. (Es ist k_s diejenige rechnerische Rauhigkeitshöhe, für die die in diesem Kapitel abgeleiteten Gleichungen für die Geschwindigkeitsverteilung mit Messungen übereinstimmen.) Die Größe von k_s ist z.B. nicht nur von der Höhe der Rauhigkeitselemente abhängig, sondern wird auch von deren Form und Anordnung bestimmt. Einige Beispiele gemessener Werte k_s/d findet man bei z.B. SCHLICHTING (1958), BAYAZIT (1976) und KAMPHUIS (1974).

   Für Kugeln dichtester Lagerung findet man bei SCHLICHTING rd. $k_s/d = 0{,}63$, hingegen bei BAYAZIT und KAMPHUIS rd. $k_s/d = 4$ bis 5.

   In der Natur sind die Körner niemals so exakt gelagert wie in entsprechenden Laborversuchen. Außerdem sind die rechnerischen Unterschiede u/u_* für kleine Korngrößen und große Wassertiefen wenig von der angesetzten Rauhigkeitshöhe abhängig.

   Es ist aus allen vorstehend genannten Gründen darum für praktische Belange voll ausreichend, die Größe k_s etwa gleich der Korngröße zu setzen.

5. In einem alluvialen Gerinne wird das Widerstandsproblem erheblich komplizierter, da hier oft nicht mehr näherungsweise von einer Zweidimensionalität der Strömung ausgegangen werden kann.

6. Alle bekannten Ansätze behandeln die Strömung über einer festen Sohle. Ansätze für die Geschwindigkeitsverteilung und die Widerstände über bewegter Sohle stehen noch aus.

<u>Beispiel 1.4</u>

1. gegeben: Gefälle $J = 0{,}06\ ^{o}/oo = 6 \cdot 10^{-5}$

Wassertiefe $h = 500$ cm

gesucht: τ_o, u_*

Lösung:

$\tau_o = \rho\, g\, h\, J$ $\qquad u_* = \sqrt{g\, h\, J}$

$\tau_o = 29{,}4 \frac{g}{cm\ s^2}$ $\qquad u_* = \sqrt{981 \cdot 500 \cdot 6 \cdot 10^{-5}}$

$\tau_o = 2{,}94\ N/m^2$ $\qquad u_* = 5{,}42$ cm/s

2. gegeben: ebene Sohle*)

Korngröße $d = 0{,}08$ cm

Zähigkeit $\nu = 0{,}01$ cm/s ($\approx 20^oC$)

gesucht: theoretische u-Verteilung

u_m, u_{max}

Lösung:

$$Re_* = \frac{u_* \cdot d}{\nu} = \frac{5{,}42 \cdot 0{,}08}{0{,}01} = 43{,}36$$

$$\frac{k_s'}{k_s} = \frac{3{,}32}{43{,}36} = 7{,}66 \cdot 10^{-2} \qquad (1.4.7\text{-}5)$$

$$c_1 = \frac{3{,}32}{\kappa\, Re_*} \ln Re_* - \frac{9{,}96}{Re_*} + 8{,}5 \qquad (1.4.7\text{-}6)$$

$$c_1 = 0{,}722 - 0{,}23 + 8{,}5$$

$$c_1 = 8{,}99$$

$$u_{(y)} = u_* \left(2{,}5 \ln \frac{y}{d} + 8{,}99\right) \qquad (1.4.4\text{-}3)$$

---

*) Unter den gegebenen Voraussetzungen hinsichtlich Korngröße und Strömungsgeschwindigkeit ist der Zustand "ebene Sohle" instabil. Er kann nur künstlich oder für unbewegliche Rauhigkeit existieren. Nach Abschnitt 7 (z.B. Abb. 7.1.2.2/2) entstehen im vorliegenden Fall Dünen.

$$u_{max} = u_* \ (2{,}5 \ \ln \frac{h}{d} + 8{,}99)$$

$$u_{max} = 5{,}42 \ (2{,}5 \ \ln \frac{500}{0{,}08} + 8{,}99)$$

$$u_{max} = 5{,}42 \cdot 30{,}8 = 167 \text{ cm/s}$$
==============================

$$u_m = u_* \left[2{,}5 \ (\ln \frac{h}{d} - 1) + c_1\right] \qquad (1.4.4\text{-}3a)$$

$$u_m = 5{,}42 \ \left[2{,}5 \ (8{,}74 - 1) + 8{,}99\right]$$

$$u_m = 154 \text{ cm/s}$$
=============

3. gegeben: Sohle mit Dünen*)

Gefälle	$J = 6 \cdot 10^{-5}$
Korngröße	$d = 0{,}08$ cm
Zähigkeit	$\nu = 0{,}01$ cm/s ($\approx$ 20°C)
Dünenhöhe	$H = 0{,}25 \ h = 125$ cm

gesucht: u_m

Lösung:

$$u_m = u_* \cdot 2{,}5 \ \ln 11 \ \frac{h}{H} \qquad (1.4.6\text{-}4)$$

$$u_m = 5{,}42 \cdot 2{,}5 \ \ln 44$$

$$u_m \quad 51 \text{ cm/s}$$
============

Bei einer Sohle mit Dünen wird das gleiche Gefälle wie über einer ebenen Sohle schon bei erheblich geringerer Geschwindigkeit erreicht.

4. gegeben: Dünensohle

$H = 100$ cm

$h = 1000$ cm

$u_m = 90$ cm/s

gesucht: Gefälle J

Lösung:

$$\frac{u_m}{u_*} = 2{,}5 \ln 11 \frac{h}{H} \qquad (1.4.6\text{-}4)$$

$$u_* = \frac{90}{2{,}5 \cdot 4{,}7} = 7{,}66 \text{ cm/s}$$

$$J = u_*^2 / (g\, h) \qquad (1.2\text{-}4)$$

$$J \approx 6 \cdot 10^{-5}$$

1.5 Geschwindigkeitsverteilung von Luftströmungen mit freier Oberfläche

1.5.1 Ältere Untersuchungen

BAGNOLD (1954), ZINGG (1951 a, b) und andere Forscher untersuchten Windprofile über bewegten Sandsohlen. Übereinstimmend wurden dabei charakteristische Abweichungen gegenüber dem PRANDTLschen Geschwindigkeitsprofil (vgl. Abschnitt 1) festgestellt. Und zwar gibt der PRANDTLsche Verlauf *nach diesen Untersuchungen* nur die Profile bei $u_* <= u_{*c}$ richtig wieder. Die Abweichungen werden um so stärker, je größer u_* gegen u_{*c} wird. Dabei verlaufen die Geschwindigkeitsprofile zunehmend flacher als nach den PRANDTLschen Gleichungen auf der Grundlage von d als Rauhigkeit berechnet wird. Nach BAGNOLD soll die Geschwindigkeitsverteilung der Form

$$u_{(y)} = 2{,}5\, u_* \ln \frac{y}{k'} + u_t \qquad (1.5.1\text{-}1)$$

mit

$$u_t = 295\, d^{1/2} \ln \frac{30}{d} \qquad (1.5.1\text{-}2)$$

gehorchen.

Einschränkend zur Aussagekraft der vorstehend genannten Untersuchungen ist jedoch festzustellen, daß sie das Profil nur in relativ geringen Abständen vom Boden betrachten und daß sie i.a. in Windkanälen durchgeführt wurden, also mit einer nicht natürlichen Begrenzung der Oberfläche gewonnen wurden. Dabei bilden sich mit großer Wahrscheinlichkeit andere Wirbelsysteme aus, als in der Natur.

Abb. 1.5.1/1 gibt das Ergebnis der Untersuchungen von BAGNOLD (1954) wieder. Wie man sieht, weichen die gemessenen Geschwindigkeitsprofile bei $u_* > u_{*c}$ und beweglicher Sohle tatsächlich deutlich von den aus der PRANDTL-Gleichung berechneten Werten ab, wenn man als Rauhigkeitshöhe die Kornrauhigkeit ansetzt.

Die tatsächlich gemessenen Profile über bewegter Sandflächen laufen alle etwa durch einen Punkt in der Höhe k' (s. Abb. 1.5.1/1).

Unterhalb dieses Punktes ist die Geschwindigkeit also um so geringer je größer sie in höheren Schichten ist.

Für eine unveränderte Höhenlage der Sohle ist dies unmöglich, müßte doch dann die Geschwindigkeit an der Sohle kleiner und kleiner werden, wenn die Windgeschwindigkeit steigt.

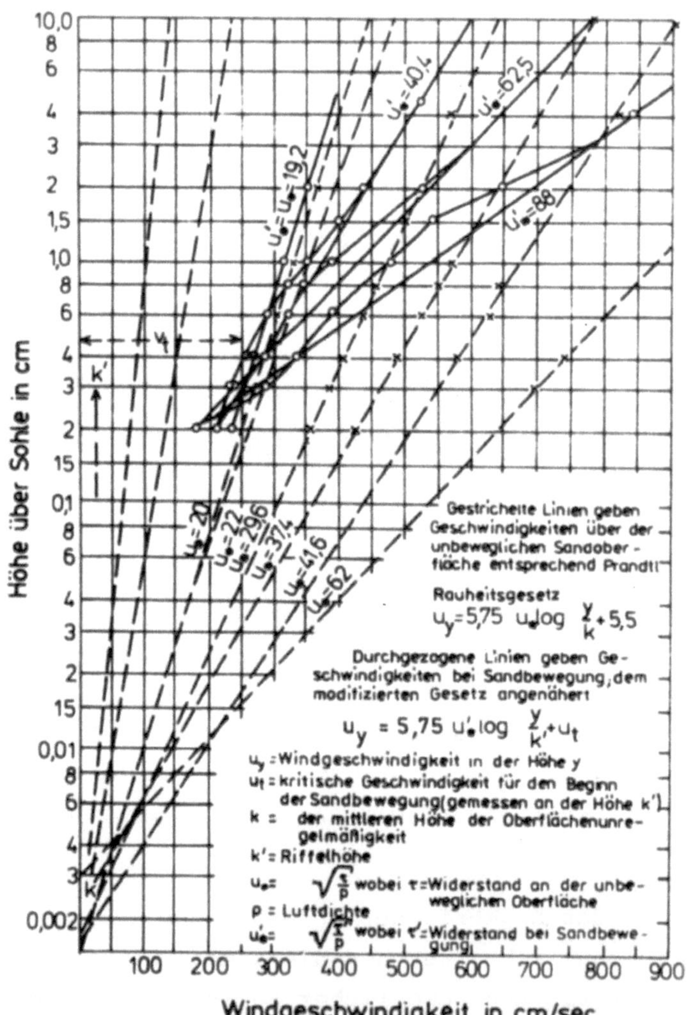

Abb. 1.5.1/1

Geschwindigkeitsverteilungen nach BAGNOLD (1954)

1.5.2 Ansatz von ZANKE

1.5.2.1 Messungen am Nordoststrand von Spiekeroog

Zur Geschwindigkeitsverteilung in den bodennahen Luftschichten wurden insgesamt rd. 15 Wochen lang Dauermessungen am Nordoststrand der Insel Spiekeroog durchgeführt. Die Meßstelle ist im Lageplan von Spiekeroog (Abb.1.5.2.1/1) durch ein Kreuz markiert. Für die an der Nordsee vorherschenden westlichen Winde betrug die von höheren Bodenunebenheiten, Dünen oder Gebäuden freie Anlaufstrecke bis zur Meßstelle mehrere Kilometer.

Bei Starkwindlagen wurde der Strand wegen des damit verbundenen Windstaus mehrmals in der Meßzeit überflutet, und die Sohle dabei eingeebnet. In den anschließenden Trocknungsphasen konnte daher zunächst die Windgeschwindigkeit über fester Sohle und später über beweglicher Sohle untersucht werden.

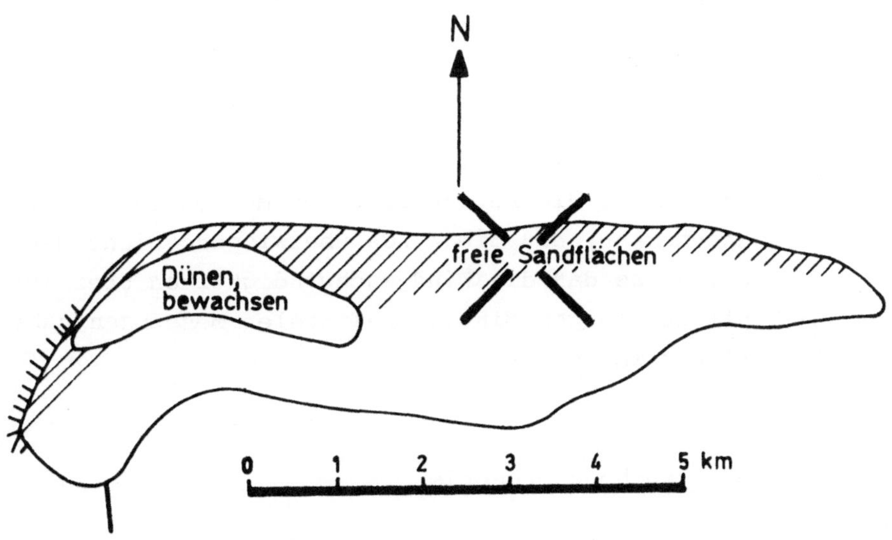

Abb. 1.5.2.1/1
Lageplan der Meßstation auf Spiekeroog

Wenn die oberste Sandschicht genügend ausgetrocknet war, setzte bei ausreichenden Geschwindigkeiten Sandbewegung, Riffelbildung und Dünenbildung ein. Die maximal erreichten Dünengrößen lagen bei rd. H = 30 cm und L = 5 bis 10m.

1.5.2.2 Meßverfahren

Die Windgeschwindigkeiten wurden an einem 10m hohen Mast mit 5 Schalenkreuzgebern gemessen. Die Geber waren in den Höhen 10, 30, 100, 300 und 1000 cm an etwa 1 m langen Armen angebracht.

Die aufgenommenen Meßsignale wurden in einer rd. 30 m vom Mast entfernten Zwischenstation verstärkt und dann 150 m weiter an einen Kleincomputer übergeben. Von diesem Rechner wurden die Meßergebnisse auf Magnetplatte gespeichert und gleichzeitig auf einem Sichtschirm im halblogarithmischen Netz dargestellt. Durch dieses Verfahren war es möglich, das Windprofil direkt sichtbar zu machen. Schon dabei stellte sich als erstes wichtiges Ergebnis heraus, daß die Windgeschwindigkeiten um einen logarithmischen Verlauf herum schwanken. (Die Größe der Abweichungen einer Einzelprofilmessung hängt von deren Dauer ab. Die einzelnen Messungen eines Profils wurden über 20 sec. bis 20 min. gemittelt.)
Es ist für die Beurteilung der Messungen noch wesentlich anzumerken, daß die Winde überwiegend nicht sehr böig waren, so daß die Windgeschwindigkeiten über Intervalle bis zu einigen Minuten bei vielen Messungen nahezu stationär waren.

1.5.2.3 Untersuchungsergebnis

Zur Auswertung lagen mehrere Tausend Messungen einzelner Geschwindigkeitsprofile vor. Die wesentlichen Ergebnisse sind nachfolgend erläutert:

1. Prinzipieller Verlauf der Geschwindigkeitsverteilung

Für die gemesssenen Geschwindigkeitsverteilungen über die Höhe wurde eine Korrelationsrechnung durchgeführt. Dabei wurde für jedes Profil ein Ausgleich für eine Gerade im halblogarithmischen Netz berechnet. Die sich dabei ergebenden Korrelationskoeffizienten R sind auf Abb. 1.5.2.3/1 über der Windgeschwindigkeit in 10 m Höhe aufgetragen. Für $u_{1000} \gtrsim 5$m/s gehorchen die Verteilungen der Windgeschwindigkeit nach den Messungen sehr gut einer logarithmischen Funktion.

Bei kleineren Geschwindigkeiten treten zum Teil erhebliche Abweichungen auf. Diese Abweichungen sind den gleichzeitigen Wetterbeobachtungen zufolge zumindestens großenteils durch das Kleinklima bedingt - Wechsel von Sonne und Wolken, Temperaturschwankungsbedingte Böigkeit u.ä.

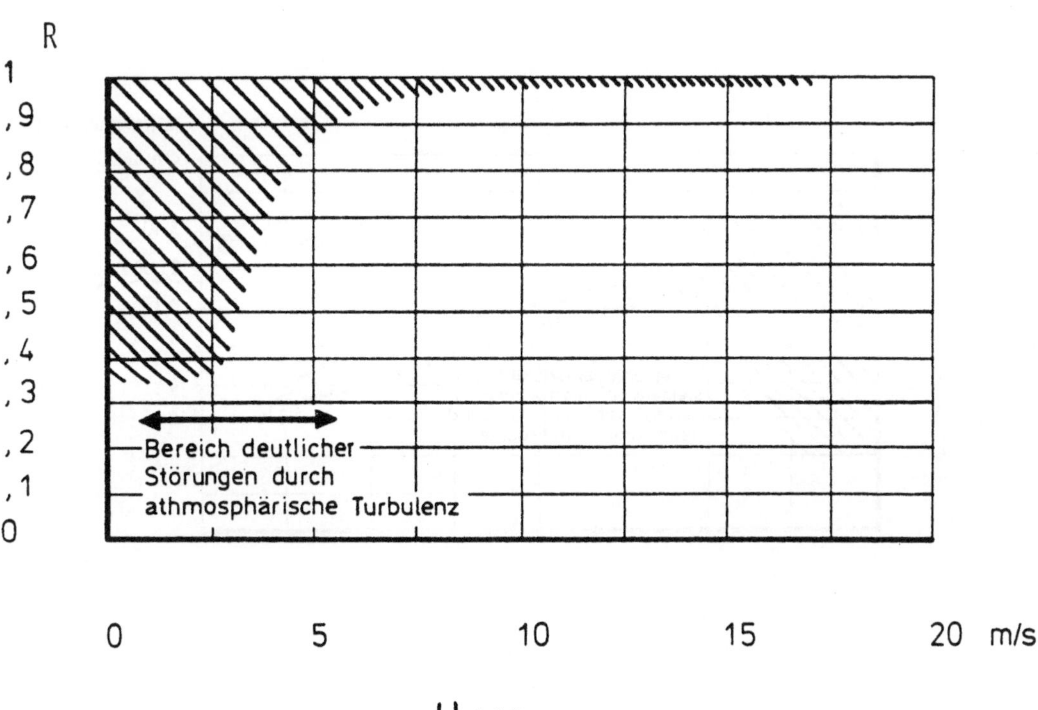

Abb. 1.5.2.3/1

Korrelationskoeffizient R für Lage der Geschwindigkeitsmessungen an den 5 Gebern in Bezug auf eine Gerade im halblogarithmischen Netz

2. *Gradient der Geschwindigkeitsverteilung*

Nachdem festgestellt ist, daß die Geschwindigkeitsverteilung für u_{1000} > rd. 5 m/s der Form

$$u_{(y)} = a \ln b \qquad (1.4.6\text{-}1)$$

gehorcht, kann die Neigung der Profile im halblogarithmischen Netz auf einfache Art untereinander verglichen werden, z.B. durch das Verhältnis $u_{(y_1)} / u_{(y_2)}$, wobei y_1 und y_2 zwei verschiedene Höhen über der Sohle sind. Abb. 1.5.2.3/2 gibt das Ergebnis einer entsprechenden Untersuchung für das Verhältnis der Geschwindigkeiten in 10 cm und 10 m Höhe wieder.

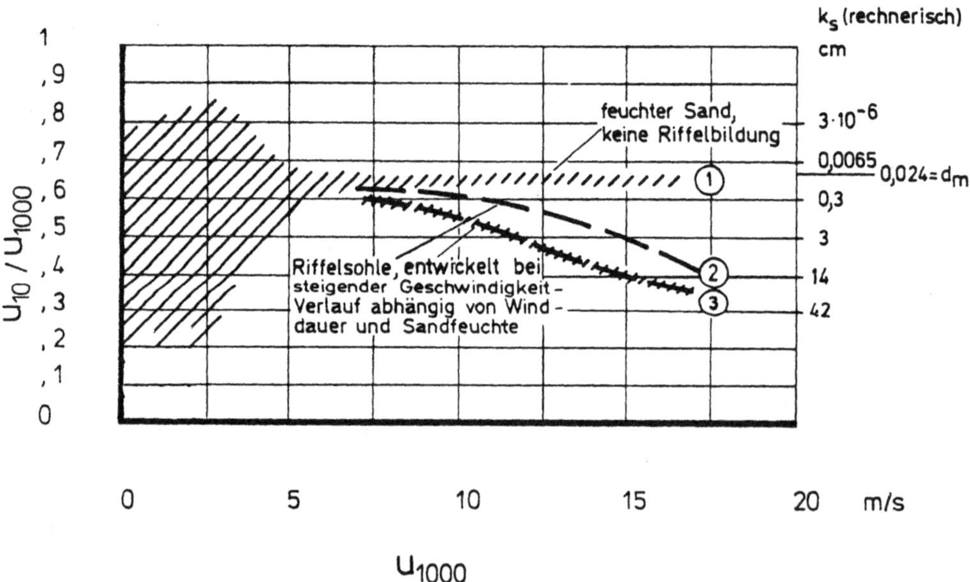

Abb. 1.5.2.3/2

Verhältnis u_{10}/u_{1000} für verschiedene Sohlenformen sowie rückgerechnete Rauhigkeit der Sohle nach der rauhen PRANDTL-Formel in Abhängigkeit von der Windgeschwindigkeit in 10 m Höhe über dem Strand

Dabei ergibt sich, daß unterhalb rd. u_{1000} = 5 m/s keine einheitliche Tendenz festzustellen ist. Für größere Windgeschwindigkeiten hingegen beträgt das Verhältnis der Geschwindigkeiten u_{10}/u_{1000} bei fester, relativ ebener Sohle rd. 0,65 bis 0,7.

Bei trockenem und beweglichem Sand bilden sich Riffel aus der anfangs ebenen Sohle. Dabei nimmt das Geschwindigkeitsverhältnis u_{10}/u_{1000} mit zunehmender Riffelhöhe ab.

Aufgrund der Tatsache, daß die gemessenen Geschwindigkeitsverteilungen prinzipiell der Form (1.4.6-1) gehorchen, die der des PRANDTLschen Profils gleicht, wurden aus dem PRANDTL-Profil

$$u_{(y)} = 2{,}5\, u_* \ln 30 \frac{y}{k} \qquad (1.4.6\text{-}1)$$

die zu den gemessenen Geschwindigkeitsgradienten gehörenden Rauhigkeiten k rückgerechnet. Sie sind in Abb. 1.5.2.3/2 ebenfalls angegeben und entsprechen etwa den beobachteten Riffelhöhen.

Die Geschwindigkeitsverteilungen, wie sie sich nach den Messungen ergeben, sind auf den folgenden Abbildungen 1.5.2.3/3 und 1.5.2.3/4 für die Fälle der festen Sohle und der beweglichen Sohle dargestellt. Im Fall der beweglichen Sohle war mit steigender Windgeschwindigkeit ein Wachstum der Riffelhöhe H verbunden. Der daraus resultierende Unterschied in der Geschwindigkeitsverteilung wird im Vergleich der beiden Abbildungen deutlich.

Die Ergebnisse auf den beiden Abbildungen sind im Prinzip identisch mit den Meßergebnissen von BAGNOLD (vgl. Abb. 1.5.1/1).

Man darf also aufgrund der vorstehenden Ergebnisse und Überlegungen annehmen, daß das PRANDTL-Gesetz auch für Luftströmungen bei bewegtem Sand anwendbar ist. Jedoch ist als Rauhigkeit die Größe der Makrorauhigkeitserhebungen (Riffel) anzusetzen, wenn diese vorhanden sind. Unter diesem Ansatz ergeben sich die von BAGNOLD gemessenen Geschwindigkeitsverteilungen *auch* nach dem PRANDTL-Gesetz, wenn die Rauhigkeitshöhen nach Abb. 1.5.2.3/5 in Ansatz gebracht werden.

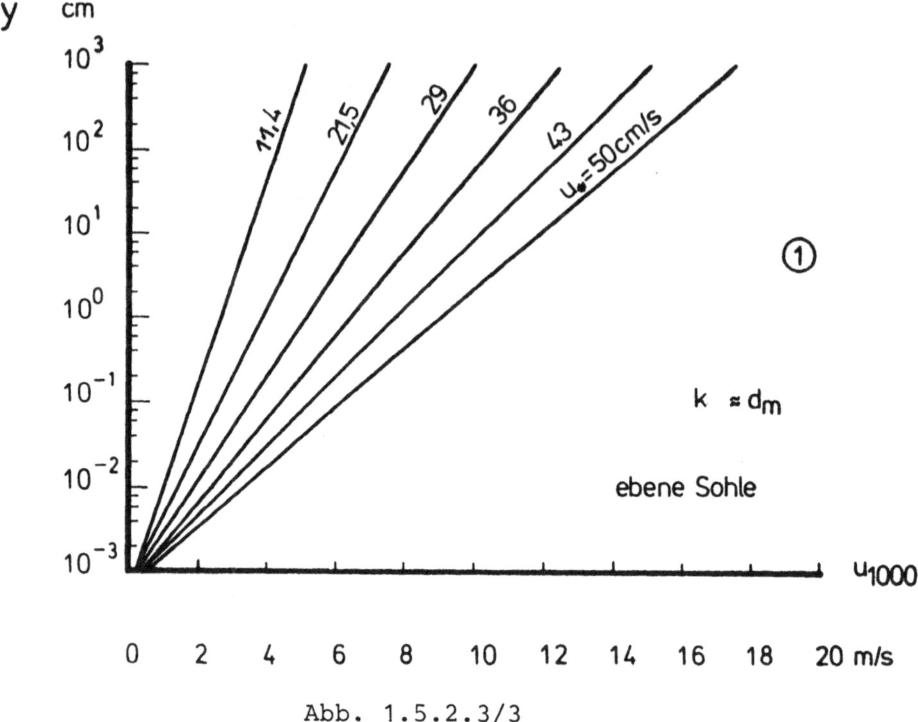

Abb. 1.5.2.3/3

Geschwindigkeitsverteilung bis in 10 m Höhe über dem Strand bei unbeweglichem Sand

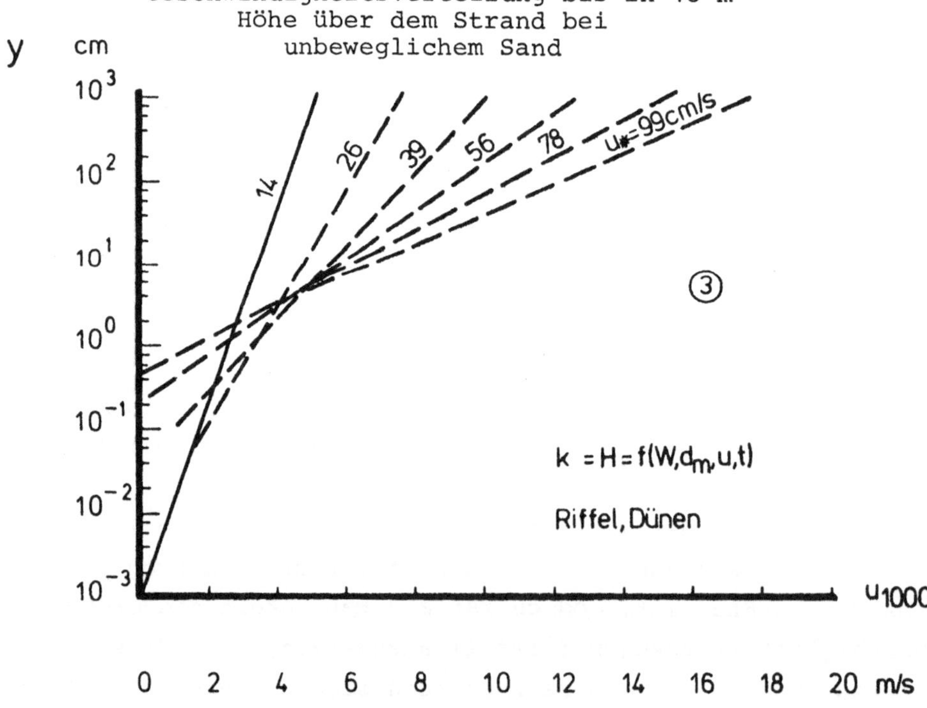

Abb. 1.5.2.3/4

Geschwindigkeitsverteilung bis in 10 m Höhe über dem Strand bei beweglichem Sand und Riffelbildung

Man kann somit annehmen, daß die Gleichungen für die Geschwindigkeitsverteilung nach BAGNOLD die Riffelentwicklung implizit enthalten.

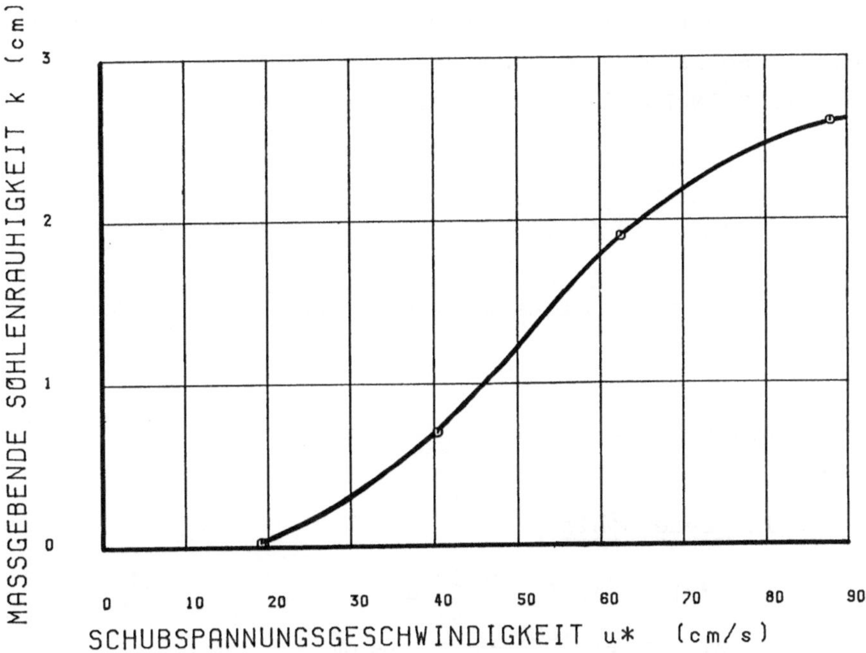

Abb. 1.5.2.3/5

Rauhigkeitshöhen k , für die die PRANDTL-Gleichung (1.4.6-2) die Meßergebnisse von BAGNOLD (Abb. 1.5.1/1) wiedergibt.

Wenn diese Annahme zutrifft, ist die Gleichung von BAGNOLD nur für den Fall gültig, daß die Makro-Rauhigkeit der Sohle derjenige Endzustand ist, der sich bei der betrachteten Windgeschwindigkeit $u_{(y)}$ einstellt. D.h. , die BAGNOLD-Gleichung sollte von der Messung abweichende Ergebnisse liefern, wenn die Verteilung kleiner Windgeschwindigkeiten über Riffeln berechnet werden, die bei größeren Geschwindigkeiten entstanden sind, deren Abmessungen also einem anderen dynamischen Gleichgewicht zugehörig sind.

Zur sicheren Überprüfung dieser letzgenannten Annahme lagen nicht ausreichend geeignete Meßergebnisse vor, da die Riffel während der Feldmessung stets bei Starkwindlagen entstanden, denen eine

Überflutung und Einebnung des Strandes nachfolgte. Nach dem hier vorgelegten Ansatz müßten sich nämlich mit der PRANDTL-Gleichung und der Riffelhöhe als Rauhigkeitshöhe noch flachere Geschwindigkeitsprofile ergeben, als BAGNOLD angibt, wenn die Luftgeschwindigkeit deutlich geringer ist als diejenige, unter deren Wirkung die Riffel der Sohle entstanden sind. (Die Sohle ist dann rauher, als sie in der BAGNOLD-Gleichung angesetzt wird).

Beispiel 1.5

gegeben: Windgeschwindigkeit in 10 m Höhe $u_{1000} = 1600$ cm/s

$d = 0{,}03$ mm

gesucht: u_*, u_{10}

Lösung: 1. ebene Sohle

$$u_{(y)} = u_* \, 2{,}5 \ln 30 \frac{y}{d} \qquad (1.4.6\text{-}2)$$

$$u_* = \frac{1600}{2{,}5 \cdot 13{,}8} = 46{,}4 \text{ cm/s}$$

$$\frac{u_{(y_1)}}{u_{(y_2)}} = \frac{\ln 30 \frac{y_1}{d}}{\ln 30 \frac{y_2}{d}}$$

$$u_{10} = u_{1000} \frac{\ln \frac{30 \cdot 10}{0{,}03}}{\ln \frac{30 \cdot 1000}{0{,}03}}$$

$$u_{10} = 1600 \cdot 0{,}667 = 1067 \text{ cm/s} = 10{,}7 \text{ m/s}$$

2. Sohle mit Riffeln

$H = 15$ cm

$u_{1000} = 1600$ cm/s

$$u_* = \frac{1600}{2{,}5 \ln 30 \frac{1000}{15}} = 84{,}2 \text{ cm/s}$$

$$u_{10} = 1600 \cdot \frac{\ln \frac{30 \cdot 10}{15}}{\ln \frac{30 \cdot 1000}{15}}$$

$$u_{10} \approx 631 \text{ cm/s}$$

1.6 Ungleichförmige Strömungen

Der Regelfall des natürlichen Abflusses ist stets ein mehr oder weniger instationärer ($du/dt \neq 0$) und ungleichförmiger ($du/dx \neq 0$) Fließvorgang. Für die ohnehin schon komplizierten Berechnungen der Sedimentbewegung ist es aber in vielen Fällen möglich, dennoch vereinfachend von quasistationären und quasigleichförmigen Strömungen auszugehen, z.B. wenn die Änderungen relativ langsam vorsichgehen.

Wo diese Vereinfachung nicht mehr zulässig ist, muß den Berechnungen der Schubspannungen entsprechend Rechnung getragen werden. WITTMANN und VOLLMERS haben 1962 einen Impulsansatz für ungleichförmige Strömungen berechnet (Abb. 1.6/1). Die Autoren kamen dabei zu dem Ergebnis, daß die Schubspannungen bei verzögertem Abfluß größer und bei beschleunigtem Abfluß kleiner werden. Das gleiche Ergebnis erzielten SMERDON und BEASLEY (1959).

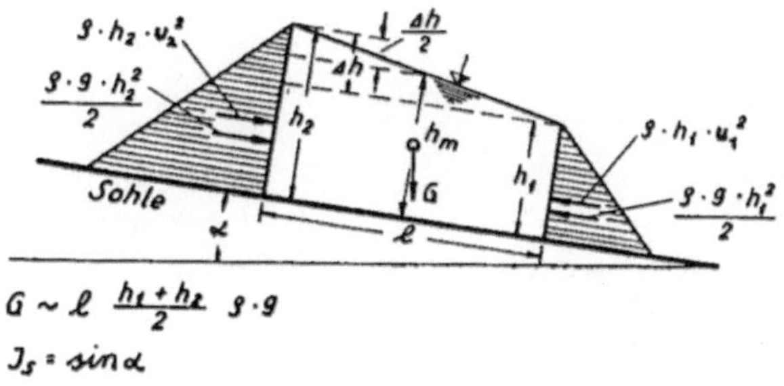

$$\tau = \rho g h_m (I_{Sohle} + I_{Spiegel}) - I_{Spiegel}\, \rho u_m^2$$

Abb. 1.6/1

Schleppspannung bei ungleichförmigem Abfluß nach WITTMANN/VOLLMERS (VOLLMERS/PERNECKER 1967)

Bezüglich der Sedimentbewegung sind allerdings außer dem Impulsanteil noch weitere Einflüsse zu berücksichtigen. Wie etliche Meßergebnisse zeigen, nimmt der quantitative Transport sowohl bei verzögertem als auch bei beschleunigtem Abfluß zu. Die Ursache hierfür sind vermutlich Effekte der Grenzschicht und der Turbulenz, die der reine Impulsansatz nicht erfaßt.

Bei verzögerter Strömung ist der Turbulenzgrad stets höher als bei einem vergleichbaren Zustand mit gleichförmiger Strömung (Nachlaufturbulenz). Des weiteren bewirkt eine Beschleunigung eine Verdünnung der Grenzschicht, wodurch mehr Schub auf die Sohle übertragen werden dürfte.

Diese Fragen sind heute noch weitgehend ungeklärt.

2. DAS TRANSPORTIERTE MEDIUM (SEDIMENT)

2.1 Vorbemerkung

Die wichtigsten Eigenschaften eines Sediments sind:

1. die Dichte der Einzelteilchen
2. die Form der Teilchen
3. die Größe der Teilchen

Die *Dichte* ist vergleichsweise leicht zu bestimmen (für Näheres siehe z.B MUHS (1957)).

Die *Formen* der Sedimentteilchen reichen von rund und glatt über kantig und kugelförmig bis hin zu flachen Teilchen. Ihr Einfluß auf das Verhalten der Teilchen in einer Strömung ist schwer erfaßbar.

Die *Größe* der Teilchen ist bei natürlichen Sedimenten stets uneinheitlich und kann einen Streubereich von mehr als einer Zehnerpotenz einnehmen. Die für den Sedimenttransport wichtigsten Aspekte der Beschreibung eines Sediments, wie Kornform und besonders Korngröße, werden im folgenden Abschnitt behandelt.

2.1.1 Darstellung von Korngrößenverteilungen

Die Korngrößenverteilung eines Korngemisches beschreibt den Anteil der einzelnen Korngrößen an der Zusammensetzung der Gesamtheit.

Diese Anteile kann man, wie WALGER (1964) ausführte, durch verschiedene Maße ausdrücken, wie z.B. Anzahl, Oberfläche, Volumen oder Gewicht der Körner. Als mögliche Verteilungen lassen sich demnach

Korngrößen - Kornzahl -Verteilungen
Korngrößen - Oberflächen -Verteilungen
Korngrößen - Volumen -Verteilungen
Korngrößen - Gewichts- -Verteilungen

darstellen.

Im allgemeinen wird im Ingenieurwesen nur mit der Gewichts-Verteilung gearbeitet, da die anderen genannten Verteilungen nur unter wesentlich größerem Arbeitsaufwand ermittelt werden können.
Die Korngrößenverteilungen können ungeachtet dessen, welche der o.g. Verteilungen gewählt wird, grundsätzlich auf zwei Weisen dargestellt werden:

1. als Häufigkeitsverteilung
2. als Summenkurve

Die Summenkurve ist das Integral der Häufigkeitsverteilung, letztere umgekehrt die 1. Ableitung der Summenkurve (Abb. 2.1.1/1)

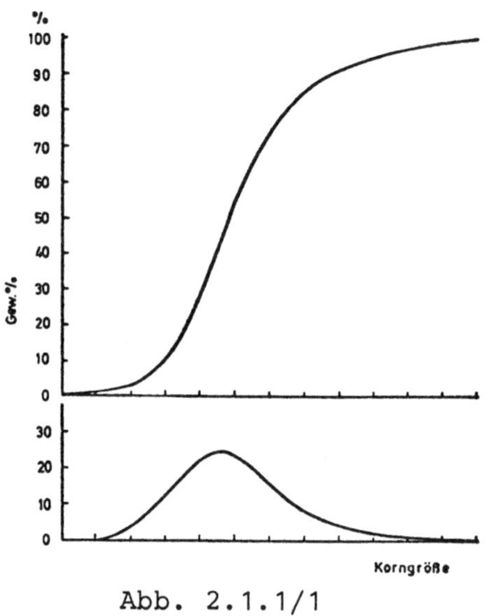

Abb. 2.1.1/1

Häufigkeits- und Summenkurve eines Korngemisches

Ermittelt man mit dem üblichen Siebverfahren die Korngrößen-Gewichtsverteilung, so erhält man keine glatte, sondern eine sprunghafte Häufigkeitsverteilung: das Histogramm oder die Treppenkurve. Die Klassenbreiten entsprechen dabei den Sprüngen in der Maschenweite der aufeinander folgenden Siebe. Oft sind in einem Korngemisch Körner vorhanden, die einen Größenspielraum von mehreren Zehnerpotenzen umfassen. Daher wird allgemein auf eine lineare Einteilung Abszisse (Korngröße) verzichtet, um nicht entweder unhandliche Papierformate oder im Feinkornbereich eine zu große Ungenauigkeit in Kauf zu nehmen. Man hilft sich darum mit dem Kunstgriff, die Abszisse logarithmisch zu teilen.

Der Vorteil, daß es dadurch möglich ist, einen sehr breit gestreuten Korngrößenbereich einfach darzustellen wird allerdings mit einem Nachteil erkauft: man kann nun aus der Summenkurve nicht mehr direkt durch zeichnerisches Differenzieren die Häufigkeitskurve ermitteln. Der Maßstab auf der Korngrößenachse ist nämlich an jeder Stelle ein anderer.

Würde man statt der Korngröße selbst, den von KRUMBEIN (bei WALGER 1964) vorgeschlagenen Zeta-Grad (ζ^0)

$$\zeta^0 = -\lg \frac{d}{d_o}$$

($d_o = 2$ mm, d in mm)

auf der Abszisse antragen, so könnte man wieder mit einer linearen Skala arbeiten und die Verteilungskurven auf Millimeterpapier darstellen. Obwohl, wie WALGER bemerkt, sogar die Siebsätze nach DIN 4188 in ganzen Zehnteln von Zeta-Graden abgestuft sind, hat sich die Anwendung dieser Teilung, die sie im Grunde wünschenswert ist, bislang nicht durchgesetzt. (Im Gegensatz zum Ingenieurwesen wird in der Geologie häufig mit ζ-Graden gearbeitet.) Die Gründe dürften nicht zuletzt darin liegen, daß man eben erst nach einer gewissen Einarbeitungszeit mit einem bestimmten Zeta-Grad die zugehörige Korngröße gefühlsmäßig verbinden kann. Außerdem sind die Zeta-Grade für $d < 2$ mm negativ, während sie für gröbere Sedimente positiv sind.

Der Inhalt einer Korngrößenfraktion Δp ist vom Abstand der Fraktionsgrenzen $\Delta d_i = d_{i+1} - d_i$ abhängig. Daher trägt man Δp üblicherweise als Rechteckfläche über dem Intervall Δd_i auf. Eine glatte Häufigkeitsverteilung läßt sich aus einer Treppenkurve durch grafische Interpolation zeichnen (Abb. 2.1.1/2).

WALGER (1964) setzt sich weiterhin mit den Deutungsmöglichkeiten und -fehlern beim Erstellen und "Lesen" einer Kornverteilungsaufzeichnung auseinander.

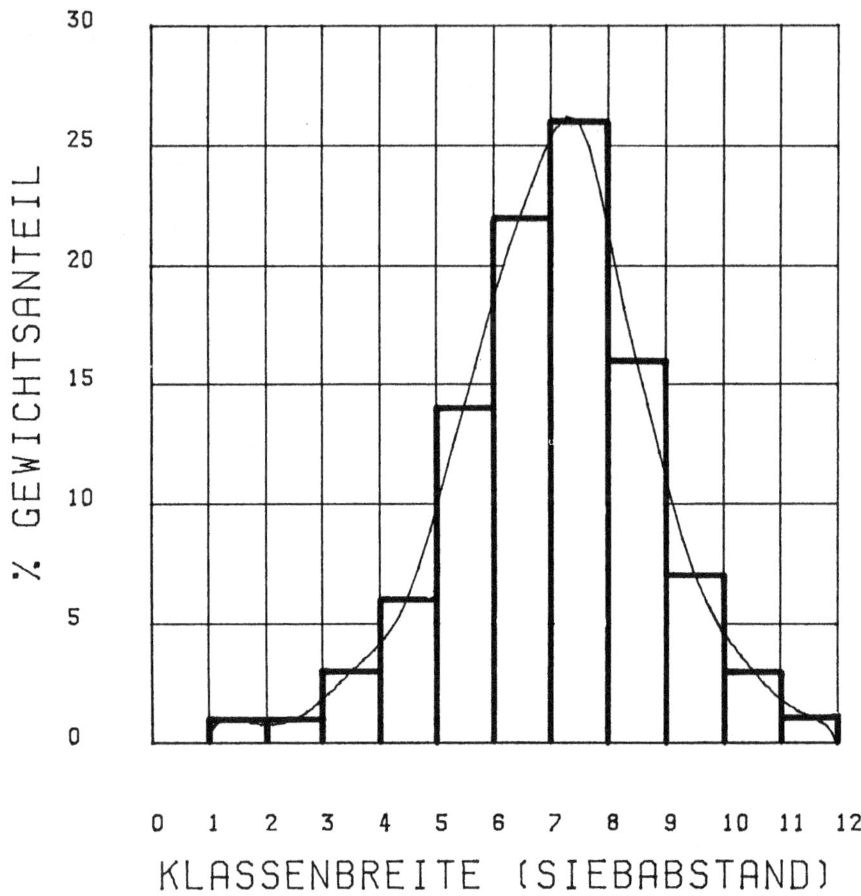

Abb. 2.1.1/2

Histogramm eines Sedimentgemisches

Die Bilder IB, IIB und IIIB der Abb. 2.1.1/3 zeigen, daß allein eine mehr oder weniger starke Streckung der logarithmisch geteilten Abzisse eine optisch scheinbar völlig geänderte Kornzusammensetzung vortäuschen kann. Man erkennt, daß die Interpretation der Kornverteilung auf der Grundlage von $\zeta°$ sicherer und eindeutiger sein kann, als bei Darstellung über linear oder logarithmisch geteilter Abszisse.

Eine Auftragung auf Wahrscheinlichkeitspapier ermöglicht die Feststellung, ob ein gegebenes Korngemisch aus einem oder mehreren normalverteilten Grundgemischen besteht.

WALGER setzt sich in einer 1961 erschienenen Arbeit über "Die Korngrößenverteilung von Einzellagen sandiger Sedimente und ihre genetische Bedeutung" mit den Problemen der Sedimentation auseinander. Er kommt zu der wesentlichen Aussage, daß die Korngrößen der Einzellagen meist aus drei lognormalen Anteilen bestehen. Zu der offenen Frage, warum dies so ist, nimmt WALGER an: Die drei Normalverteilungen sind den Transportarten Rollen, Springen, Schweben zuzuordnen.

Diese Arbeitshypothese ist bislang nicht widerlegt.
Auf Abb. 2.1.1/3 ist die optische Wirkung der Darstellungsweise einer Kornverteilung auf lognormalem Papier gut erkennbar.

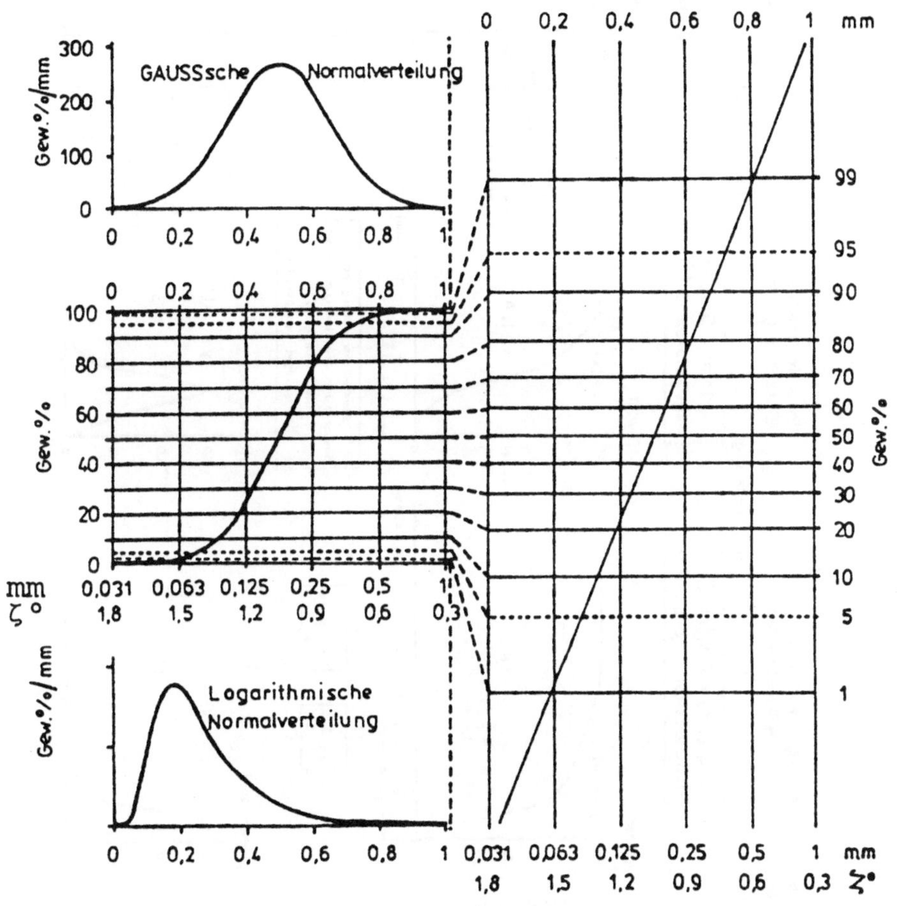

Abb. 2.1.1/3

Korngrößendarstellung mit einfacher und lognormal geteilter Abszisse
(nach WALGER 1961)

Die drei Möglichkeiten, eine Kornverteilung darzustellen (lineare Abszisse, logarithmische Abszisse, in ζ-Graden geteilte Abszisse) sind auf Abb. 2.1.1/4 sowohl für die Häufigkeits-als auch für die Summenkurven noch einmal nebeneinander dargestellt.

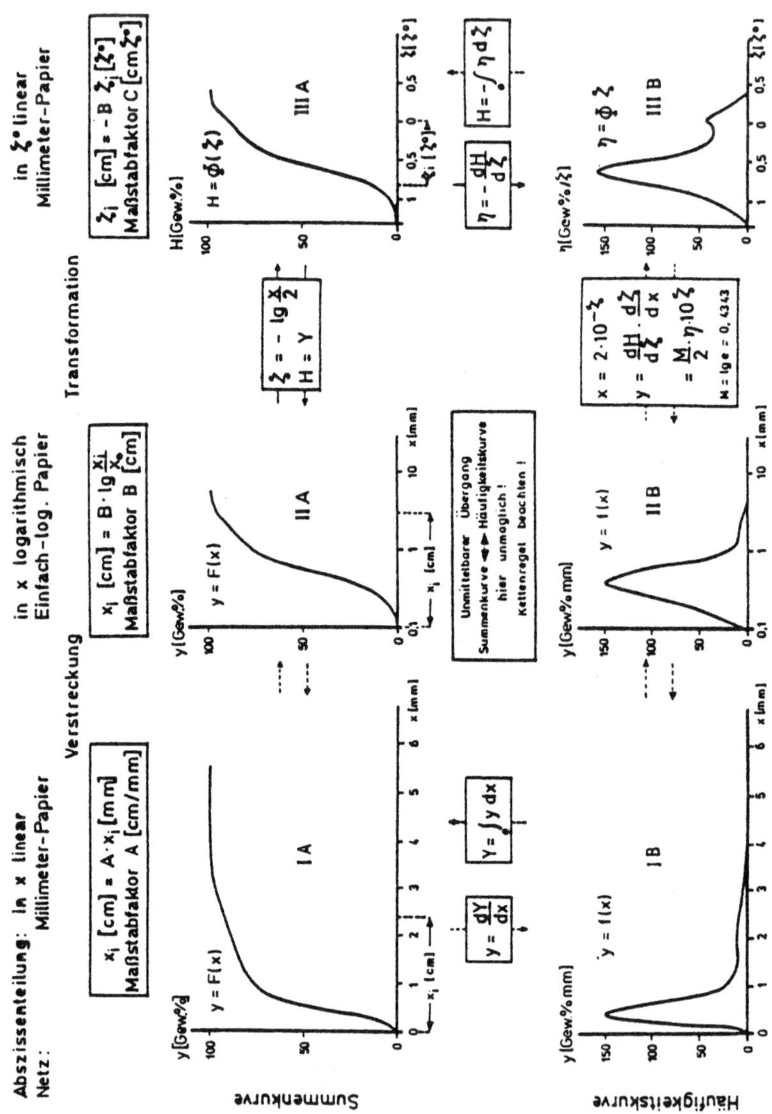

Abb. 2.1.1/4

Einige Möglichkeiten der Darstellung von Kornverteilungen (nach WALGER 1964)

2.1.2 Klassifikation der Sedimente

In Deutschland ist die gebräuchliche Einteilung der Sedimente durch die DIN 4022 bestimmt.

Klassenbezeichnung	Millimeter ϕ
Ton	0 bis 0,002
Fein-Schluff	0,002 bis 0,006
Mittel-Schluff	0,006 bis 0,02
Grob-Schluff	0,02 bis 0,06
Fein-Sand	0,06 bis 0,2
Mittel-Sand	0,2 bis 0,6
Grob-Sand	0,6 bis 2,0
Fein-Kies	2,0 bis 6,0
Mittel-Kies	6,0 bis 20,0
Grob-Kies	20,0 bis 60,0
Steine	>60,0

Abb. 2.1.2/1

Klassifikation nach DIN 4022

Im amerikanischen Schrifttum findet man abweichende Einteilungen. Auf Abb. 2.1.2/2 ist ein Vorschlag für eine Klassifikation des SUBCOMMITTEE ON SEDIMENT TECHNOLOGIE der AMERICAN GEOPHYSICAL UNION (in ASCE 1962) wiedergegeben.

Nomenclature	Millimetres	Microns
Very large boulders	4,000–2,000	
Large boulders	2,000–1,000	
Medium boulders	1,000– 500	
Small boulders	500– 250	
Large debris	250– 130	
Small debris	130– 64	
Very coarse gravel	64– 32	
Coarse gravel	32– 16	
Medium gravel	16– 8	
Fine gravel	8– 4	
Very fine gravel	4– 2	
Very coarse sand	2.00 –1.00	2,000–1,000
Coarse sand	1.00 –0.50	1,000– 500
Medium sand	0.50 –0.25	500– 250
Fine sand	0.25 –0.125	250– 125
Very fine sand	0.125 –0.062	125– 62
Coarse silt	0.062 –0.031	62– 31
Medium silt	0.031 –0.016	31– 16
Fine silt	0.016 –0.008	16– 8
Very fine silt	0.008 –0.004	8– 4
Coarse clay	0.004 –0.0020	4– 2
Medium clay	0.0020–0.0010	2– 1
Fine clay	0.0010–0.0005	1– 0.5
Very fine clay	0.0005–0.00024	0.5– 0.24

Abb. 2.1.2 /2

Klassifikation nach ASCE (1962)

2.1.3 Methoden zur Ermittlung der Korngrößen

In der folgenden Tafel sind einige der möglichen Verfahren zur Bestimmung der Korngrößen des Sediments zusammengestellt.

Verfahren	kleinste analysierbare Korngröße in mm
Siebanalyse	$4 \cdot 10^{-2}$ (DIN 4188)
Sedimentationsanalyse mit selbstregistrierender Waage	$\approx 5 \cdot 10^{-2}$
Schlämmanalyse	$\approx 10^{-3}$
Korntrennung mit Zentrifuge	$\approx 2 \cdot 10^{-3}$
Messung mit Mikroskop	$\approx 2 \cdot 10^{-3}$
Messung mit Elektronenmikroskop	$\approx 10^{-4}$

In der Praxis kommen nur die ersten drei Methoden zur Anwendung.
Die Siebanalyse und die Sedimentationsanalyse eignen sich nur für rolliges Material.
Die *Siebanalyse* ist etwas umständlicher und liefert entsprechend dem Siebabstand (DIN 4188) unstetige Häufigkeitsverteilungen, welche erst zeichnerisch geglättet werden müssen.

Die Analyse in einer *Sedimentationssäule* mit Feinwaage und Selbstregistrierung ist bequemer auszuführen. Als Untersuchungsergebnis erhält man bereits fertige Häufigkeits- und Summenkurven. Allerdings sind solche Geräte wesentlich teurer als Siebmaschinen.

Das Arbeitsprinzip einer Sedimentationssäule ist das folgende:

Eine Sedimentprobe wird am oberen Ende der Säule auf eine Jalousie gegeben. Ein angeschlossener Rechner öffnet die Jalousie und berechnet aus der Fallzeit bis auf die etwa 2 m tiefer angebrachte Waage Korngrößen und zugehörige Gewichtsanteile. Außerdem kann - als eigentliches Meßergebnis - eine Sinkgeschwindigkeits-Gewichts-Verteilung angegeben werden.

Die *Schlämmanalyse* wird bei Sohlenmaterial unter d≈0,1mm angewendet, Die Untersuchung basiert auf dem Fallgesetz von STOKES. Die bekannten Schlämmverfahren unterscheiden sich dadurch, daß die Bodenteilchen entweder in einem mit verschiedener Geschwindigkeit aufsteigendem Wasserstrom nach ihrer Größe getrennt werden (Spülverfahren) oder, daß ihre Korngröße nach der Zeit ermittelt wird, welche sie benötigen,um sich abzusetzen (Absetzverfahren).
Am gebräuchlichsten ist die Aräometer-Methode. Bei diesem Verfahren wird die Bodenprobe durch Schütteln in Suspension gebracht. Danach wird in immer größeren Zeitschritten mit einem Aräometer (Dichtemesser) über dessen Eintauchtiefe in die Suspension die Dichte der Suspension gemessen. Schließlich werden diese Meßwerte so umgerechnet, daß man als Ergebnis wie bei den vorgenannten Analysen zu bestimmten Korngrößen die Gewichtsanteile angeben kann.

Für näheres zu den einzelnen Verfahren (außer Sedimentationssäule) siehe z.B. MUHS (1957), BATEL (1960).

2.1.4 Natürliche Korngemische

2.1.4.1 Entstehung eines alluvialen Korngemisches

Die Sedimente an den Gewässersohlen sind niemals so beschaffen, daß ein Korn wie das andere ist. Stets gibt es eine mehr oder weniger starke Streuung verschiedener Korngrößen.
Theoretisch wäre scheinbar jede beliebige Zusammensetzung von verschiedenen Korngrößen denkbar. Praktisch ist jedoch, wie die Bodenproben aus den Flüssen und Randmeeren zeigen, dort nur eine begrenzte Streuung möglich. Hierfür sind verschiedene Gründe maßgebend:

Die Sedimente - in den Oberläufen der Flüsse, meist grobe Gerölle - werden bei ihrem Weg zu Tal vieltausendfach gegeneinander geschlagen. Kleine Stücke springen dabei ab. Diese können unter den vorhandenen Strömungsgeschwindigkeiten sehr schnell weiter stromab befördert werden. Ihr Transport verlangsamt sich erst dort, wo der Fluß infolge der stetigen Querschnittsvergrößerung entsprechend träger geworden ist und die Schleppkraft wieder in eine Relation zu den Sedimentbruchstücken gekommen ist, bei der ein großräumiger Transport unmöglich wird.

Dieser Vorgang findet ständig an jeder Stelle eines Gerinnes statt. Damit müßte also die Korngröße von der Quelle bis zum Meer hin mit größer werdenden Querschnitten kontinuierlich abnehmen.

Diese Überlegung fände in der Natur ihre volle Bestätigung, wenn der Fluß stets im gleichen Bett fließen würde. Durch den natürlichen Vorgang des Mäandrierens ändert jedes natürliche Gerinne aber ständig- wenn auch sehr langsam- sein Bett. Dabei wird der an den Uferbereichen anstehende Boden mit in die Sedimente des Flusses aufgenommen. Durch diesen Vorgang findet man dann in einem großräumigen Längsschnitt durch die Gerinneachse eine Abnahme der Korngröße zum Meer hin, die von mehr oder weniger unregelmäßigen Abweichungen von dieser Grundtendenz überlagert ist.*
In den von Seeschiffen befahrenen Unterläufen der Flüsse können Vertiefungsbaggerungen dazu führen, daß die Sohle streckenweise zumindest über längere Zeiträume von einem Material gebildet wird, das vom üblichen Bild abweicht, weil es nicht zu den vom Fluß gebildeten Sedimenten gehört.
Durch den weiter oben beschriebenen Sortierungsvorgang bildet sich ohne weitere Störung mit der Zeit wieder eine Sedimentlage an der Sohle, welche den hydraulischen Randbedingungen entspricht. Beschleunigt wird diese "Normalisierung" der Sedimentzusammensetzung meistens durch Eintrieb von Feststoffen aus den benachbarten, ungestörten Gerinneabschnitten.
Am Beispiel der Mittel- und Unterelbe zeigt Abb. 2.1.4.1/1 die Änderung der vorherrschenden Korngröße mit dem Weg zu Tal.

---

* Neben der hier angedeuteten generellen und großräumigen Tendenz im Wechsel der Sedimentgrößen gibt es zahlreiche Arbeiten, die sich mit der Sedimentcharakteristik im Kleinmaßstab auseinander setzen. Leser, die an den besonderen Fragestellungen der Sedimentologie (Transportsonderung, Ursachen und Deutungsmöglichkeiten von bestimmten Sedimentmerkmalen und Verwandtem) interessiert sind, finden z.B. in der bereits angesprochenen Arbeit von WALGER (1961) einen Einstieg und weitere Schrifttumshinweise zu diesem Themenkreis. In den Unterläufen der Tideflüsse kann das Flußsediment auch durch die Sedimente des Meeres mitbestimmt werden.

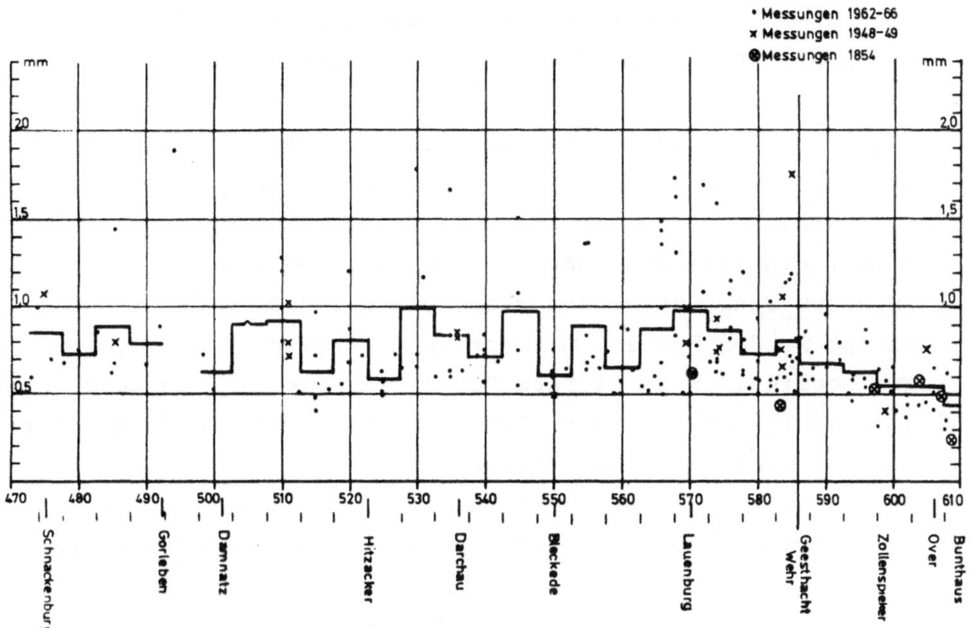

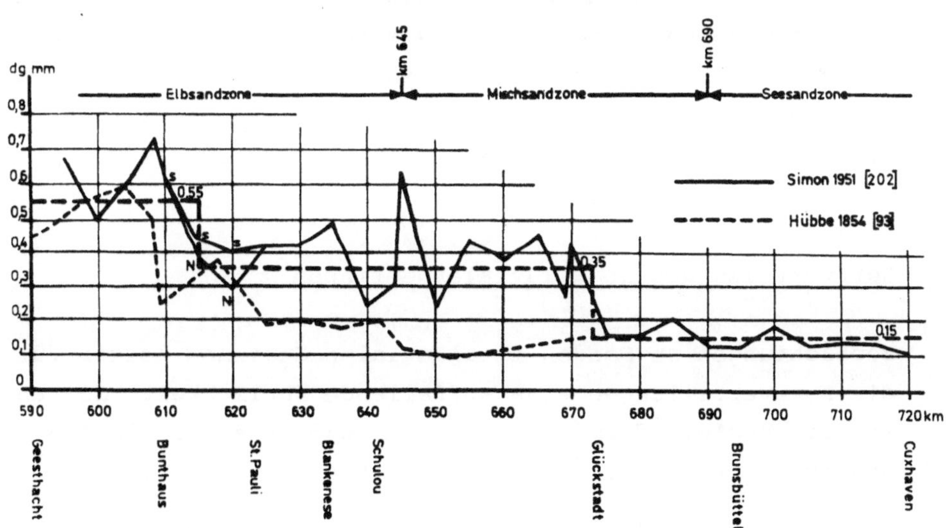

Abb. 2.1.4.1/1

Korngrößen in der Elbe zwischen Schnackenburg und Cuxhaven (nach RHODE (1971))

Bedingt durch das begrenzte "Angebot" an Sedimentteilchen die unter den jeweiligen Strömungsbedingungen eines betrachteten Flußabschnittes nur noch kleinräumig transportiert werden können und somit vorwiegend die Sohle bilden, ergibt sich in der Natur für die Sedimente eine Zusammensetzung, bei der das Verhältnis vom kleinsten zum größten Teilchen, das noch am örtlichen Transportgeschehen teilnimmt, ein gewisses Maß nicht übersteigen kann.
In einem Sandbett werden große Steine, die selbst nicht bewegt werden können, mit der Zeit eingespült und gelangen schließlich in tiefere Schichten, die am Transportvorgang wenig Anteil haben. Sehr feines Sediment wird andererseits leicht wegtransportiert.
Eine Ausnahme von diesem Verhalten findet man lediglich bei einem ausreichend großen Angebot von Kiesanteilen in einem Sand. Dort kommt es bei Strömungsgeschwindigkeiten, bei denen die Grobanteile noch in Ruhe bleiben, zur sogenannten Abpflästerung oder Panzerung der Sohle. Dabei werden die feineren, erodierbaren Körner der obersten Sohlenschicht fortgetragen, bis die nicht erodierbaren Fraktionen die Sohle gegen weiteren Abtrag schützen. Die unter der Deckschicht liegenden feineren Materialien können so nicht mehr am Transportgeschehen teilnehmen. (Näheres zur Abpflästerung siehe z.B. GESSLER (1965/ 1970).

2.1.4.2 Kornverteilungen in alluvialen Gerinnen

Beobachtungen an Sanden in alluvialen Gerinnen zeigen für die Kornverteilungen eine auffallende Ähnlichkeit. Selten ist die Ungleichförmigkeit $U = d_{90}/d_{10}$ kleiner als 1,5 und größer als 4,5. (vgl. Abb. 2.1.4.2/1 bis 2.1.4.2/6).

Ein ebenfalls häufig benutzes Maß für die Ungleichförmigkeit eines Korngemisches ist die Größe σ. Sie ist definiert als

$$\sigma = (d_{84,1}/d_{15,9})^{1/2} . \qquad (2.1.4.2\text{-}1)$$

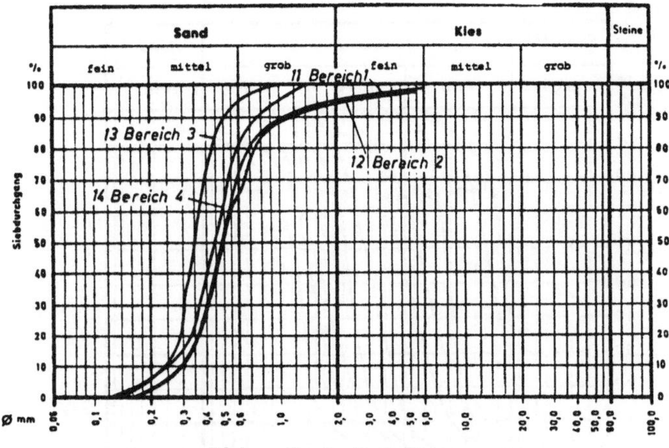

Abb. 2.1.4.2/1
Kornverteilungskurven in den Weserbereichen 1 bis 4
(NASNER, 1974)
(vgl. auch Abb. 2.1.4.2/5)

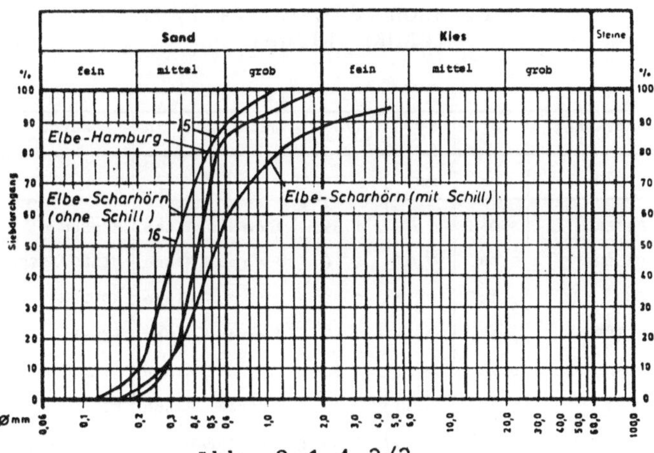

Abb. 2.1.4.2/2

Kornverteilungskurven in der Elbe
(NASNER, 1974)
(vgl. auch Abb. 2.1.4.2/5)

Schluff
Sand
fein
mittel
grob
fein
mittel
grob
%
Siebdurchgang
ELBE-Sande
Ø mm
0,002 0,003 0,004 0,005 0,006 0,01 0,02 0,03 0,04 0,05 0,06 0,1 0,2 0,3 0,4 0,5 0,6 1,0 2,0

Abb. 2.1.4.2/3
Kornverteilungsband der Unterelbe
(nach SIMON 1958)

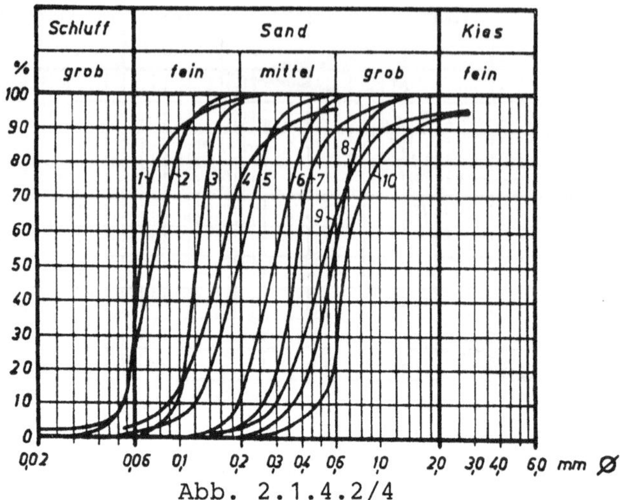

Abb. 2.1.4.2/4

Kornverteilungskurven der Sande 1 bis 10
(vgl. auch Abb. 2.1.4.2/5)
(ZANKE 1976a)

Nr.	Herkunft	d_m	d_{50}	d_{90}/d_{10}	untersucht in	Autor
		mm	mm			
1	EIDER	0,068	0,06	1,89	hydraul.Rinne	HENSEN
2	EIDER	0,08	0,07	2,16	hydraul.Rinne	DILLO/BOSSELMANN
3	EMS	0,125	0,12	1,56	hydraul.Rinne	KOLLER
4	WESER	0,17	0,16	3,67	hydraul.Rinne	HENSEN
5	NORDERNEY	0,20	0,20	2,50	hydraul.Rinne	DILLO
6	SYLT	0,30	0,30	2,23	hydraul.Rinne	DILLO
7	RIO PARANÁ	0,39	0,38	2,35	RIO PARANÁ	STÜCKRATH
8	VESTYRON[x]	0,59	0,58	2,31	hydraul.Rinne	BODE
9	WESER FARGE II	0,57	0,55	3,47	hydraul.Rinne	ZANKE
10	WESER FARGE I	0,78	0,67	3,02	hydraul.Rinne	ZANKE
11	WESER 1	0,54	0,48	3,04	WESER	NASNER
12	WESER 2	0,55	0,49	3,48	WESER	NASNER
13	WESER 3	0,36	0,35	2,08	WESER	NASNER
14	WESER 4	0,47	0,45	3,04	WESER	NASNER
15	ELBE HAMBURG	0,46	0,42	2,89	ELBE	NASNER
16	AUSSENELBE SCHARHÖRN ohne Schill	0,35	0,32	3,10	ELBE	NASNER

Abb. 2.1.4.2/5

Maßgebende Kenngrößen einiger
untersuchter Sande
(ZANKE 1976a)

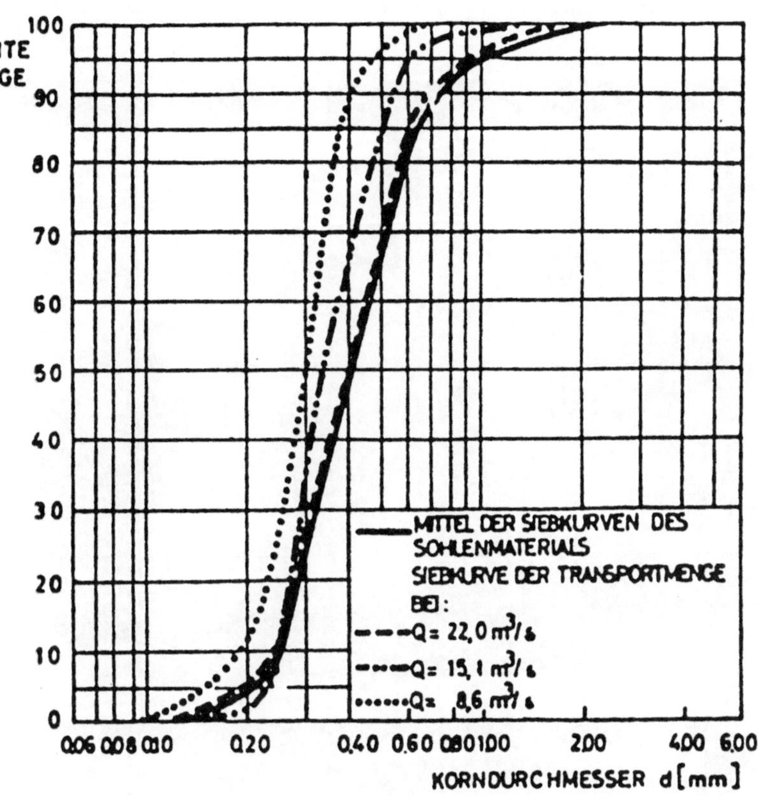

Abb. 2.1.4.2/6

Kornverteilungskurven bei partieller und totaler Bewegung des Sohlenmaterials in der Oker nach Messungen des Leichtweiß-Instituts (aus ERKEK,1967)

Könnte man eine repräsentative photografische Aufnahme der Körner von einem der auf Abb. 2.1.4.2/1 bis 2.1.4.2/4 und 2.1.4.2/6 dargestellten Sande herstellen, so würde eine entsprechende Vergrößerung oder Verkleinerung mit guter Nährung für jeden der anderen Sande repräsentativ sein. Eine Ausnahme würden lediglich die Randbereiche mit Durchmessern größer als etwa d_{90} und kleiner als etwa d_{10} bilden (vgl. Abb. 2.1.4.2/7).

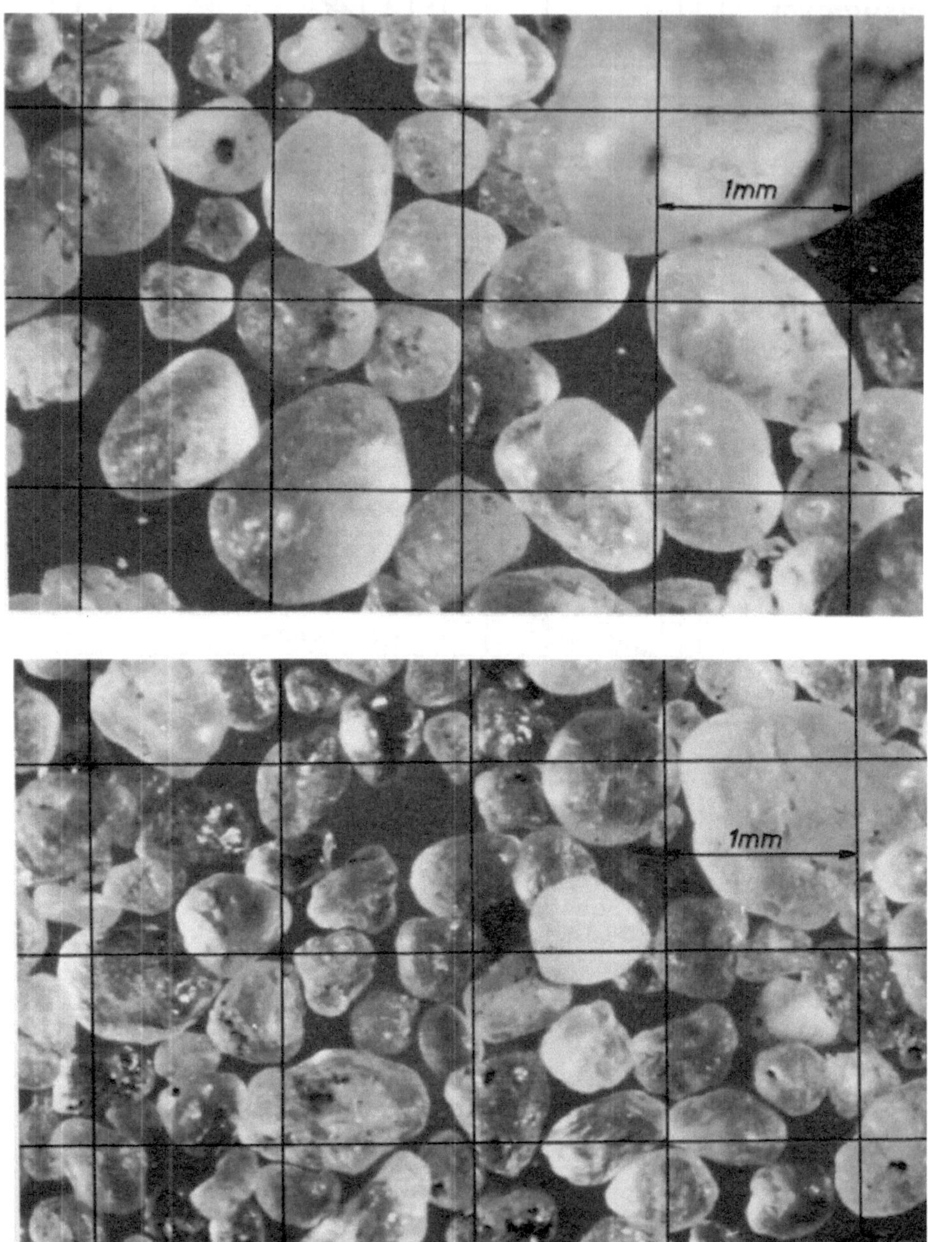

Abb. 2.1.4.2/7

Vergrößerte Aufnahme zweier Flußsande
(WESER-Farge I und II)
(ZANKE 1976 a)

2.1.4.3 Lagerungsdichte natürlicher Korngemische

Die lockerste überhaupt mögliche Lagerung hat ein Haufwerk aus gleich großen Kugeln, wenn diese wie auf Abb. 2.1.4.3/1, Bild 1 angeordnet sind.
Das Porenvolumen macht bei dieser Anordnung 47,6 % des Gesamtvolumens aus.
Durch Erschütterungen kann man diese labile Lagerung zerstören. Es stellt sich dann die auf Bild 2 dargestellte Lage ein. Jetzt ist der Anteil des Porenvolumens noch 25,95 % .
Korngemische haben eine noch dichtere Lagerung. Die jeweils kleineren Körner können die Hohlräume zwischen den größeren Körner ausfüllen.
Die größte überhaupt mögliche Dichte wird erreicht, wenn der Kornaufbau der Gleichung für die sogenannte FULLER-Kurve folgt, die für die Zusammensetzung der Zuschlagstoffe für Beton entwickelt wurde.

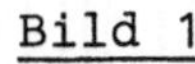

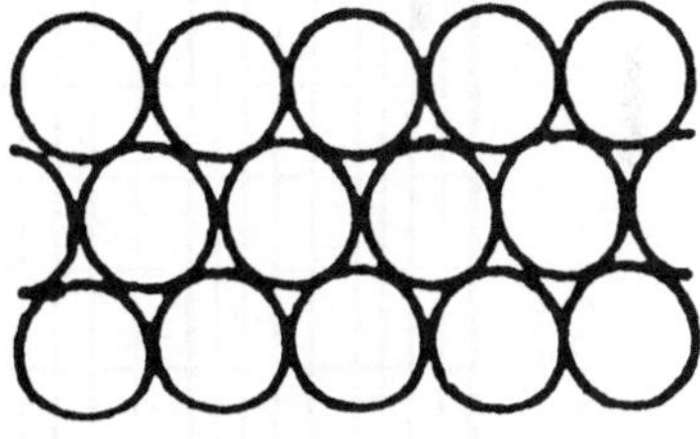

Bild 1

Bild 2

Abb. 2.1.4.3/1

Lockerste und dichteste Lagerung gleichgroßer Kugeln

Nach FULLER und THOMPSON (1907) kann die größtmögliche Dichte eines Gemisches nach der Gleichung

$$\text{\% Durchgang durch das Sieb X} = 100 \left(\frac{dx}{d_{100}}\right)^{0,5}$$

berechnet werden. Es bedeuten

dx = Maschenweite des Siebes x

d_{100} = Korngröße des größten Kornanteils

Ein Vergleich mit den Verteilungskurven der natürlichen Sedimente (siehe Abb. 2.1.4.2/1 bis 6) zeigt, daß die Kornzusammensetzungen in der Natur i.a. eine vergleichsweise geringe Lagerungsdichte aufweisen. In der folgenden Abb. 2.1.4.3/2 ist beispielsweise der Sand des RIO PARANA (Nr. 7 auf Abb. 2.1.4.2/4) einer FULLER-Kurve mit gleichem d_{50} gegenübergestellt.

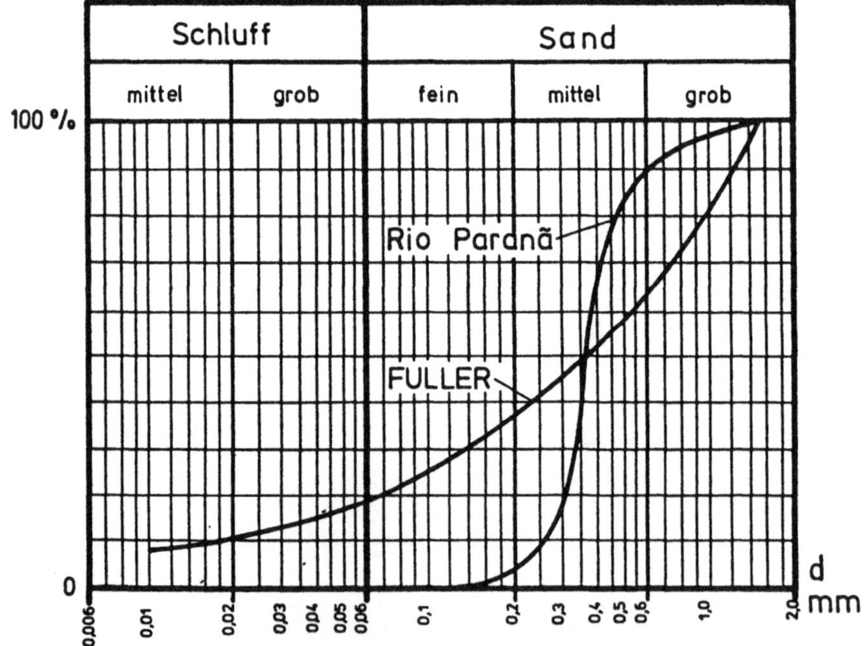

Abb. 2.1.4.3/2

Vergleich eines natürlichen Flußsandes mit einer FULLER-Kurve bei gleichem d_{50}

2.1.4.4 Maßgebende Korngröße eines beliebigen Korngemisches

Bei einem nur aus gleich großen Körner bestehenden Einkornsand bereitet es keine Schwierigkeiten, den maßgebenden Korndurchmesser zu nennen. Es ist eben der einzig vorhandene Durchmesser. Anders ist es bei Gemischen.
Wie später noch ausgeführt wird, kann man das in Suspension transportierte Sediment bei der rechnerischen Behandlung in Einzelfraktionen aufspalten und so praktisch mit Einkornsedimenten arbeiten. Beim Geschiebe- das ist das in überwiegendem Kontakt mit der Sohle bewegte Material- ist das nicht möglich. Man kann im letzteren Fall kein Korn isoliert von den Nachbarkörnern betrachten. Zumindest beim Geschiebetransport muß daher für jede Berechnung, sei es die der kritischen Geschwindigkeit für den Beginn der Feststoffbewegung, sei es die des quantitativen Sedimenttransports oder Modellumrechnungen stets *ein Korndurchmesser* angesetzt werden, der für das Verhalten des gesamten Gemisches unter Strömungseinfluß *repräsentativ* ist.
Es ist nicht zu erwarten, daß ein solcher Korndurchmesser für jedes beliebige Gemisch und bei jeder beliebigen Strömungsgeschwindigkeit definierbar ist (z.B. bei höheren Geschwindigkeiten, wenn zunehmend Feinanteile in Suspension gehen oder bei kleinen Geschwindigkeiten, wenn noch nicht alles Material bewegt wird).
Entsprechend der Unsicherheit, mit der dieses Problem heute beantwortet werden kann, findet man im Schrifttum verschiedene Ansätze für maßgebende Korndurchmesser die z.T. zu sehr unterschiedlichen maßgebenden Korngrößen bei ein-und demselben Gemisch führen können:

1. *Der mittlere Korndurchmesser aus n Messungen*

$$\bar{d} = \frac{\sum_{i=1}^{n} d_i}{n} \qquad (2.1.4.4\text{-}1)$$

Der Durchmesser eines Einzelkornes ist d_i.

2. *Der arithmetisch gemittelte Korndurchmesser* aus

n_1 bis n_N Teilchen mit Durchmessern d_1 bis d_N

$$d_{ag} = \frac{\sum_{i=1}^{N} n_i \, d_i}{N} \qquad (2.1.4.4\text{-}2)$$

3. *Der maßgebende Korndurchmesser nach MEYER-PETER und MÜLLER (1949)*

$$d_m = \frac{\sum_{p=0}^{p=100\,\%} (\overline{d_i} \, \Delta p)}{\sum_{p=0\,\%}^{p=100\,\%} \Delta p} \qquad (2.1.4.4\text{-}3)$$

mit $\overline{d_i} = \frac{1}{2} \cdot (d_i + d_{i+1})$ = mittlere Korngröße aus dem Bereich zwischen Fraktionen i und i+1 und Δp = prozentualer Anteil von d_i an der Gesamtmenge

4. *Der maßgebende Korndurchmesser nach FÜHRBÖTER (1961)*

$$d_m = \frac{d_{10} + d_{20} + d_{30} + \dots + d_{90}}{9} \qquad (2.1.4.4\text{-}4)$$

5. *Der maßgebende Korndurchmesser nach SAUTER* (bei WIEDENROTH 1967)

$$d_m = \frac{\Sigma \, \Delta p}{\Sigma \, \Delta p / d_i} \qquad (2.1.4.4\text{-}5)$$

6. *Der maßgebende Korndurchmesser nach HAZEN*

ermöglicht eine Ermittlung des maßgebenden Korndurchmessers nur auf grafischem Wege:

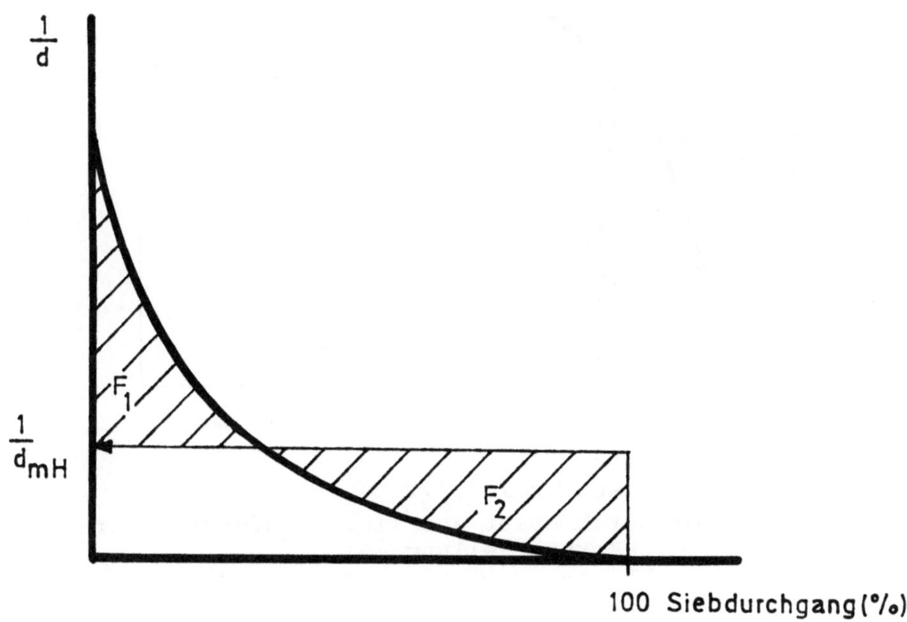

Abb. 2.1.4.4/1

Man geht zur Ermittlung von d_m nach HAZEN so vor, daß man die reziproken Werte der Korndurchmesser über dem zugehörigen prozentualen Anteil des Siebdurchganges aufträgt. Die so entstehende Fläche wird in zwei gleiche Teile geteilt. Der zugehörige Ordinatenwert ist dann gleich dem umgekehrten Wert des maßgebenden Korndurchmessers nach HAZEN.

7. *Ermittlung eines maßgebenden Korndurchmessers aus einer linear aufgetragenen Kornverteilung*

Nach diesem Verfahren werden die Korndurchmesser linear gegen die zugehörigen Siebdurchgänge aufgetragen.

Den maßgebenden Korndurchmesser findet man bei demjenigen Abszissenwert, über dem eine Parallele zur Ordinate die Summenkurve in zwei gleiche Flächenteile F_1 und F_2 teilt (Abb. 2.1.4.4/2).

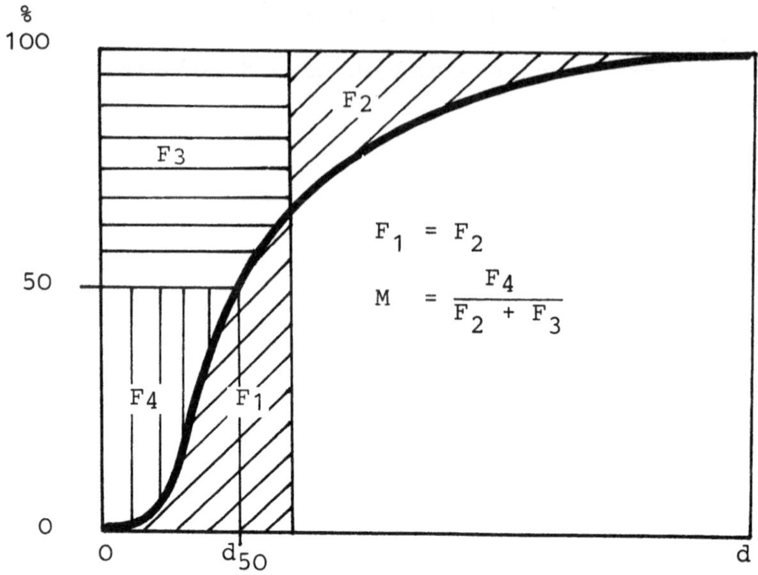

Abb. 2.1.4.4/2
Maßgebender Korndurchmesser aus linear aufgetragener Kornverteilung

8. *Andere kennzeichnende Korngrößen*

Über diese Verfahren zum Bestimmen eines das gesamte Gemisch charakterisierenden Korndurchmessers hinaus, finden sich im Schrifttum als beschreibende Korngrößen auch d_{35}, d_{50}, d_{65}, d_{75}, d_{85} und d_{90}.

Die bisher genannten Verfahren zur Bestimmung eines maßgebenden Korndurchmessers berücksichtigen die Form der Körner nicht. Die beiden folgend genannten Ansätze sind ein Versuch, auch Abweichungen von der Kugelform mit in den maßgebenden Korndurchmesser einzurechnen.

9. *Der äquivalente Sedimentationsdurchmesser*

$$d_{ä} = f\ (\text{Sinkgeschwindigkeit}) \qquad (2.1.4.4\text{-}6)$$

ist der Durchmesser einer Kugel, die unter sonst gleichen Bedingungen (Dichten, Zähigkeit) die gleiche Sinkgeschwindigkeit wie das betrachtete Partikel hat.

10. Der nominale Korndurchmesser

$$d_N = \left(\frac{6V_k}{\Pi}\right)^{1/3} \qquad (2.1.4.4\text{-}7)$$

ist der Durchmesser einer Kugel, die das gleiche Volumen wie das betrachtete Teilchen hat. Das Kugelvolumen ist

$$V_k = \frac{\Pi}{6}\,d_k^{\,3}; \quad d_k = \text{Kugeldurchmesser}$$

2.1.4.5 Maßgebende Korngröße eines natürlichen Sedimentes

Wie bereits früher dargelegt wurde, sind die Sedimente, die denjenigen Teil der Flußsohle bilden, der von den Strömungen bewegt wird, in ihrer Verteilung einander sehr ähnlich (örtliche Ausnahmen durch externe Störungen wie Baggerungen sind hiervon natürlich ausgenommen).

Bereits 1949 bemerkten MEYER-PETER und MÜLLER:

"Grundsätzlich sind unzählige Mischungen der verschiedenen zwischen Null und d_{max} liegenden Korngrößen denkbar. Die vielen zur Verfügung stehenden Kornanalysen zeigen aber, daß sie als Summenlinien der Gewichts-%-Anteile der Kornfraktionen dargestellt, mit einiger Annäherung affine Kornverteilungskurven ergeben. Die natürlichen Mischungen können also durch einen einzigen Parameter näherungsweise charakterisiert werden. Nach verschiedenen Vergleichsrechnungen wird als maßgebender Korndurchmesser gewählt:

$$d_m = \frac{\Sigma d \Delta p}{100}$$

(Zitat Ende)

Diese Feststellung von MEYER-PETER und MÜLLER trifft, wie die Kornkurven auf der Abb. 2.1.4.5/1 zeigen, für die von ihnen untersuchten voralpinen Flüsse zu.

Die Flachlandflüsse haben eine abweichende, aber untereinander ebenfalls affine Kornverteilung (Abb. 2.1.4.5/2).

Größere Abweichungen findet man hier lediglich in den Randbereichen $d < d_{10}$ und $d > d_{90}$.

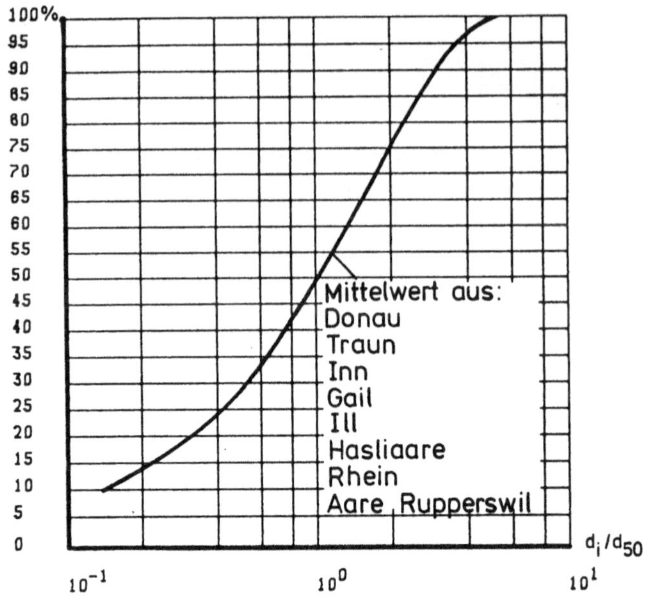

Abb. 2.1.4.5/1

Affine Kornverteilungen in voralpinen Flüssen
(nach MEYER-PETER/MÜLLER)

Aus den vorstehend genannten Gründen wird der maßgebende Korndurchmesser natürlicher Sedimente daher für die Ausführungen in den folgenden Kapiteln mit einer modifizierten Form der Gleichung von MEYER-PETER und MÜLLER bestimmt. Die Randbereiche $d < d_{10}$ und $d > d_{90}$ bleiben bei der Berechnung unberücksichtigt.

Der maßgebende Korndurchmesser, der im folgenden in dieser Arbeit angesetzt wird, lautet:

$$d_m = \frac{\sum_{p=10\,\%}^{p=90\,\%} (d_i \; \Delta p)}{\sum_{p=10\,\%}^{p=90\,\%} \Delta p} \qquad (2.1.4.5\text{-}1)$$

Die gegenseitige Abweichung der maßgebenden Korndurchmesser nach der einen oder anderen Gleichung fällt und wächst mit der Ungleichförmigkeit des Sedimentes. Bei den vergleichsweise geringen Ungleichförmigkeiten der Sedimente aus alluvialen Flüssen sind die Unterschiede noch nicht sehr groß.

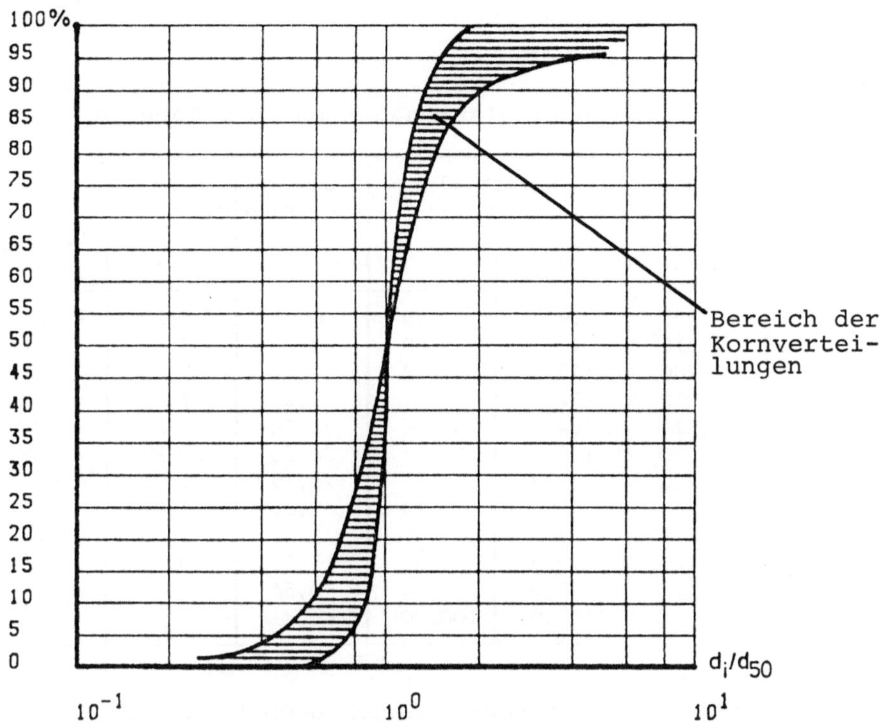

Abb. 2.1.4.5/2
Affine Kornverteilung in Flachlandflüssen

2.1.4.6 Repräsentative Bodenproben

Einzelproben aus einem alluvialen Gerinne können erhebliche Abweichungen von dem Grundtyp der Kornverteilungszusammensetzung, wie es sich in Abb. 2.1.4.5/2 dargestellt, ergeben. Eine repräsentative Aussage über das Korngemisch in einem Flußabschnitt erhält man nur dadurch, daß über eine nicht zu kleine Fläche (einige 100 m Flußlänge) viele Proben genommen werden, aus denen dann das Mittel gebildet wird. Dies ist daher zu empfehlen, weil die meistens die Flußsohle bildenden Transportkörper an ihren Kämmen feines Material und in den Tälern grobes Material ansammeln (siehe auch Abschnitt 8). Eine Einzelprobe kann daher erheblich vom Mittelwert eines Untersuchungsgebiet abweichende Korngrößen und -Verteilung vortäuschen.

Beispiel 2.

gegeben: Siebungsergebnis laut nachstehender Tabelle.

Sieb Maschen-weite d mm	Rückstand auf dem Sieb g	Rückstand auf dem Sieb %	Summe Rückstand %	Summe Durchgang %	Zeta-Grad $\log \frac{d}{2\ mm}$
				100	
0,355	19,8	1,79	100,00	98,20	- 0,75
0,315	40,6	3,68	98,20	94,52	- 0,80
0,280	79,8	7,24	94,52	87,28	- 0,85
0,250	172,1	15,62	87,28	71,66	- 0,90
0,224	364,3	33,06	71,66	38,60	- 0,95
0,200	136,8	12,41	38,60	26,19	- 1,00
0,180	189,3	17,18	26,19	9,01	- 1,05
0,160	56,6	5,14	9,01	3,87	- 1,10
0,140	27,8	2,52	3,87	1,35	- 1,15
0,125	8,9	0,81	1,35	0,54	- 1,20
$<$0,125	5,9	0,54	0,54		
	1101,9	100,00			

gesucht: maßgebender Korndurchmesser nach FÜHRBÖTER, MEYER-PETER/MÜLLER, Gl. (2.1.4.5-1), d_{50}, σ, d_{90}/d_{10}

Lösung:

1) Auftragung der Häufigkeitsverteilung (Siebrückstände) und der Summenkurve (Siebdurchgänge).

   (Zum Vergleich Auftragung über der Korngröße und über Zeta-Graden. Bei Abszisse in Zeta-Graden erhält man gleiche Klassenbreiten.)

2) $d_{10} = 0,182$ mm
   $d_{15,9} = 0,190$
   $d_{20} = 0,195$
   $d_{30} = 0,205$
   $d_{40} = 0,228$
   $d_{50} = 0,236$
   $d_{60} = 0,242$
   $d_{70} = 0,250$
   $d_{80} = 0,265$
   $d_{84,1} = 0,270$
   $d_{90} = 0,290$

   $d_{50} = 0,236$ mm
   $d_{m_{FÜHRBÖTER}} = 0,233$ mm (Gl.(2.1.4.4-4))
   $d_{m_{MPM}} = 0,221$ mm (Gl.(2.1.4.4-3))

d_m = 0,221 mm (Gl.(2.1.4.5-1)

$\sigma = (d_{84,1}/d_{15,9})^{1/2}$ = 1,19

$U = d_{90}/d_{10}$ = 1,59

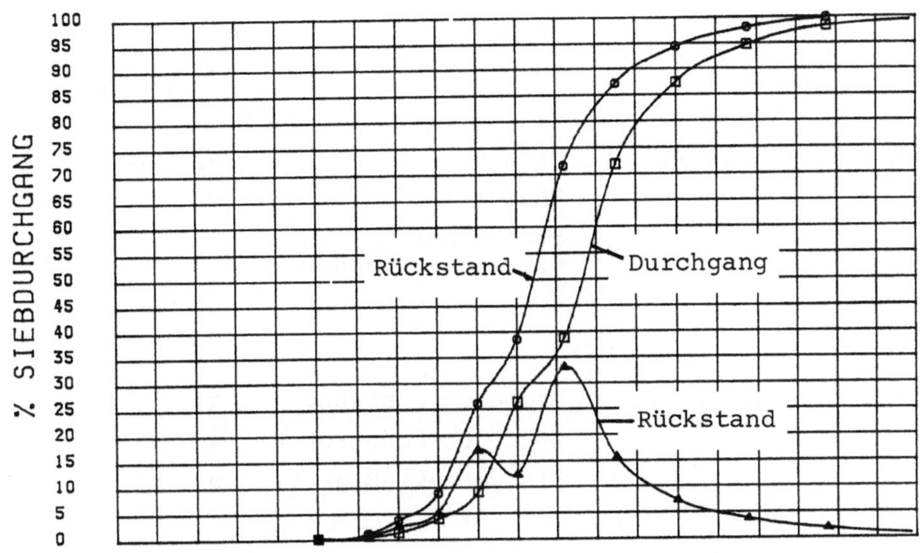

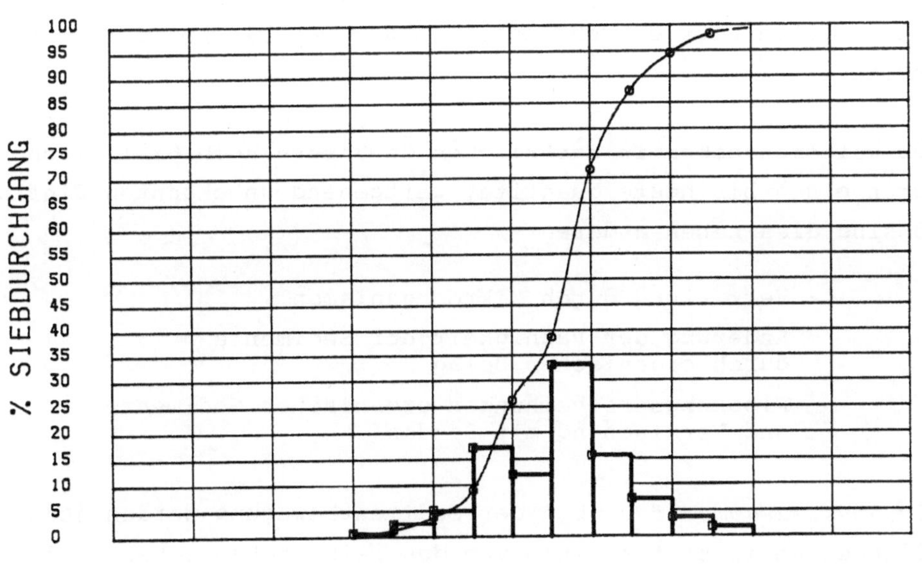

3. DIMENSIONSLOSE PARAMETER DER SEDIMENTBEWEGUNG

Eine Vielzahl von physikalischen Größen bestimmt die mechanischen Vorgänge bei der Sedimentbewegung. Es sind dies in erster Linie

Sediment	Dichte	ρ_S
	Korngröße	d
Fluid	Dichte	ρ_F
	Zähigkeit	ν
	Stärke der Flüssigkeitsschicht	h
	Bewegungsgröße	u, u_*
Sediment und Fluid	Erdbeschleunigung	g
	krit. Bewegungsgröße	u_c, u_{*c}
	Sinkgeschwindigkeit	w

Diese Haupteinflußgrößen sind vergleichsweise sicher bestimmbar.

Einige weitere Größen, wie z.B. die Kornform oder die Ungleichförmigkeit des Sediments, sind in zweiter Linie maßgebend. Für diese Größen gibt es mehr oder weniger empirische Bestimmungsansätze.

Des weiteren haben in natürlichen Gewässern noch biologische Faktoren einen bis heute quantitav weitgehend unbekannten Einfluß. Es sind dies neben anderen

- Verkittung durch Mikroorganismen
- Änderung der Rauhigkeit der Sedimente durch organischen Belag
- Flockungserscheinungen organischer Sedimente und Vermischung mit Sanden.

Die *Grundzusammenhänge* bei der Sedimentbewegung werden jedoch im allgemeinen in erster Linie von den rein mechanischen Einflüssen bestimmt.

Ein geeignetes Verfahren, um zwischen diesen Einflußgrößen bestehende gegenseitige Abhängigkeiten aufzudecken, ist die Dimensionsanalyse, deren wesentliche Grundzüge KNAPP (1960) anschaulich zusammengefaßt hat. Die nachfolgenden Betrachtungen zur Dimensionsanalyse sind im wesentlichen ein Auszug aus dem Buch von KNAPP.

Allgemeines

Man spricht von den Abmessungen eines Gebäudes und drückt damit einen Begriff von physikalischer Größe aus. Das Gebäude mißt so und so viele Meter in den drei Richtungen Länge, Breite und Höhe. Dieser Begriff der Größe ist in der Umgangssprache mit dem Wort Maß oder Dimension gemeint.

Unter dem Wort Maß steckt jedoch ein grundlegender und viel weiter reichender Begriff. Man spricht z.B. von einer Fläche und stellt sich ein Produkt von zwei Längen vor; man spricht ebenso von der Geschwindigkeit und denkt an eine gewisse Entfernung, die in einer bestimmten Zeit durchlaufen wird.

Im physikalischen und technischen Denkbereich ist das Maß einer Fläche eine zum Quadrat erhobene Länge und die Geschwindigkeit eine Länge, geteilt durch die Zeit. Dieser Begriff des Maßes ist für die Technik wichtig.

Der zahlenmäßige Wert einer physikalischen Größe hängt von der Größe der Maßeinheit ab. Eine Fläche kann z.B. ausgedrückt werden in Quadratmetern, Quadratfuß, Morgen oder in Tonnen Land wie in den skandinavischen Ländern. Diese Einheiten mußten, durch die Entwicklung bedingt, den genauen und feststehenden geometrischen Maßen weichen. In allen vier Fällen gilt als Vergleichsmaß eine Einheit der Fläche; jedoch ist die physikalische Größe dieser Einheiten verschieden.

Grundeinheiten im Maßsystem

Im technischen Maßsystem können sämtliche physikalischen Größen wie z.B. Dichte eines Körpers, sekundlicher Abfluß, Energie, Elastizitätsmodul usw. mit den drei Grundeinheiten Masse, Zeit und Länge ausgedrückt werden. Diese drei Maß- oder Grundeinheiten, eigentlich willkürlich gewählt, aber durch Erfahrung und Zweckmäßigkeiten bedingt, sind vollständig unabhängig voneinander und sollen durch die großen Buchstaben M, T und L dargestellt werden.

Abgeleitete Einheiten

Abgeleitete Einheiten hängen von den Grundeinheiten ab. Die Größe einer Fläche z.B. ist verhältnisgleich dem Produkt zweier Längen, die mit derselben Grundeinheit der Länge L gemessen werden. Also

$$|\text{Fläche}| = |L \cdot L| = |L^2|$$

wobei |Fläche| die Dimension einer Fläche ausdrückt.

Geschwindigkeit ist die Ableitung des Weges nach der Zeit. Daraus

$$|\text{Geschwindigkeit}| = |\frac{L}{T}| = |L \cdot T^{-1}|.$$

Beschleunigung ist der Differentialquotient der Geschwindigkeit nach der Zeit und daraus

$$|\text{Beschleunigung}| = \frac{|L/T|}{|T|} = |L \cdot T^{-2}|.$$

Zähigkeit ist diejenige Eigenschaft einer Flüssigkeit, die einer Verschiebung der einzelnen Teilchen gegeneinander einen mehr oder weniger großen Widerstand entgegensetzt. In Gleichungsform heißt dies

$$F = \mu \cdot A \cdot \frac{du}{dy},$$

wobei F die Kraft, μ den Beiwert der Zähigkeit oder kurz Zähigkeit, v die Geschwindigkeit und y den Abstand der Flüssigkeitsschichten voneinander darstellt. Die Zähigkeit beträgt deshalb

$$\mu = \frac{F}{A} \cdot \frac{dy}{du}$$

und hat daher die Dimension

$$|\text{Zähigkeit}| = \frac{|\text{Kraft}| \cdot |\text{Länge}|}{|\text{Fläche}| \cdot |\text{Geschwindigkeit}|}$$

oder

$$|\text{Zähigkeit}| = \frac{|F \cdot L|}{|L^2 \cdot L \cdot T^{-1}|} = \frac{|F \cdot T|}{|L^2|} = |F \cdot T \cdot L^{-2}|.$$

Die Dimensionen anderer physikalischer Größen werden auf dieselbe Weise erhalten und wurden nach KNAPP in der Abb. 3/1 zusammengestellt.

Zwei physikalische Größen, die dieselben Dimensionen besitzen, müssen notgedrungenerweise nicht gleich sein. Drehmoment z.B. ist grundverschieden von Energie und Arbeit; das Widerstandsmoment besitzt die Dimension $|L^3|$, stellt aber keinen Inhalt oder kein Volumen dar. Andererseits ist Arbeit und Energie grundsätzlich dasselbe, und der Elastizitätsmodul ist ein Druck auf die Flächeneinheit, also dasselbe wie die Beanspruchung.

Anwendung von Dimensionsbetrachtungen

Da abgeleitete Einheiten nur in physikalischen Gesetzen auftreten, so steckt in den Maßeinheiten umgekehrt auch das physikalische Gesetz. Diese Tatsache macht es nun verständlich (worauf DZUNG und MELDAHL (bei KNAPP) hinweisen), wieso aus den Maßeinheiten das physikalische Gesetz gefunden werden kann, denn "es wird im Grunde nur herausgeholt, was vorher hineingesteckt wurde".

Eine weitere Anwendung von Dimensionsbetrachtungen betrifft die Prüfung von physikalischen oder empirisch entwickelten Gleichungen. Eine solche Gleichung drückt die Beziehung zwischen verschiedenen physikalischen Größen aus und muß deshalb homogen sein, d.h. jedes Glied der Gleichung muß dieselbe Maßeinheit besitzen.

Bezeichnung	Grunddimension	Abgeleit. Dimension	
Länge	(L)		
Fläche		(L^2)	
Inhalt		(L^3)	
Zeit	(T)		
Geschwindigkeit		$(L \cdot T^{-1})$	
Beschleunigung		$(L \cdot T^{-2})$	
Kinematische Viskosität		$(L^2 \cdot T^{-1})$	
Wassermenge		$(L^3 \cdot T^{-1})$	
Masse	(M)		
Kraft, Gewicht		$F = Mg$	ML/T^2
Arbeit, Energie, Drehmoment		(FL)	ML^2/T^2
Oberflächenspannung		(FL^{-1})	M/T^2
Druck, Elastizitätsmodul		(FL^{-2})	$M/L/T^2$
Spezifisches Gewicht		(FL^{-3})	$M/L^2/T^2$
Bewegungsgröße		(FT)	ML/T
Leistung		(FLT^{-1})	ML^2/T^3
Absolute Viskosität		$(FL^{-2}T)$	$M/L/T$
Dichte		$(FL^{-4}T^2)$	M/L^3

Abb. 3/1

Dimensionen physikalischer Größen

Ist eine solche Gleichung homogen, so ist damit noch nicht der Beweis der Richtigkeit erbracht; wird aber von einer homogenen Gleichung ausgegangen und durch mathematische Umformung eine Schlußgleichung entwickelt, die nicht homogen ist, so liegt in der Ableitung ein Fehler vor.

Andererseits beweist die Homogenität der Dimensionen einer empirisch entwickelten Gleichung noch nicht, daß dieselbe richtig ist. Es ist dann nur und ausschließlich bewiesen, daß eine grundlegende Bedingung erfüllt wurde. Die Richtigkeit der Gleichung selbst muß noch bewiesen werden, und zwar mit Hilfe der Erfahrung, versuchstechnisch oder auf physikalischer Grundlage.

Schließlich dienen Dimensionsbetrachtungen dazu, physikalische Größen von einem Maßsystem in ein anderes umzurechnen.

Dimensionsechte Gleichungen sind unabhängig von dem Maßsystem, in dem sie ausgerechnet werden.

Das π-Theorem von BUCKINGHAM

BUCKINGHAM benutzt die Tatsache, daß physikalische Gleichungen in ihrer einfachsten Form bezüglich ihrer Dimensionen homogen sein müssen, um die Form von empirischen Gleichungen zu finden.

Ist eine physikalische Größe q_1 abhängig von n - 1 anderen und unabhängigen physikalischen Größen q_2, q_3, ... q_n, so gilt die Gleichung allgemeinster Form

$$f\ (q_1,\ q_2,\ q_3,\ \ldots\ q_n) = 0$$

Besitzen nun diese n physikalischen Größen K Grundeinheiten, also z.B. Maßsystem Masse, Länge und Zeit, so beweist BUCKINGHAM, daß obige Gleichung auf die Form

$$\Phi\ (\pi_1,\ \pi_2,\ \pi_3,\ \ldots\ \pi_{n-K}) = 0$$

zurückgeführt werden kann, wobei jeder einzelne π-Wert eine unabhängige, dimensionslose monomische Funktion der q Größen darstellt und aus nicht mehr als (K + 1) Gliedern der Größen q besteht.

π-Werte können beliebig miteinander verknüpft werden, potenziert werden und mit numerischen Konstanten versehen werden.

Die Anwendung dieses Verfahrens ist bei KNAPP im einzelnen anschaulich beschrieben.

Anwendung auf die Sedimentbewegung

Aus den eingangs genannten wesentlichen, mechanisch definierbaren Parametern ergibt sich mithin

$$f(\rho_F, \nu, h, \rho_S, d, u, u_*, u_c, u_{*c}, w, g, q) = 0 \qquad (3\text{-}1)$$

(q = transportiertes Sedimentvolumen je Zeit und Breiteneinheit)

Es lassen sich mehrere dimensionslose Ausdrücke herleiten. Diese müssen dann Grundbestandteile von Gleichungen, die die Sedimentbewegung beschreiben, sein. Dabei ist die richtige Kombination jedoch unbekannt und auch aus der Dimensionsanalyse nicht zu erhalten. Dennoch hat sich gezeigt, daß diese Parameter oft schon für sich allein als im wesentlichen beschreibend angesetzt werden können. Beispielsweise läßt sich der Beginn der Sedimentbewegung durch die Kombination der dimensionslosen Größen

$$Fr_* = f(Re_*) \qquad \text{(s. Abb. 4.2.2.1/1)}$$

oder

$$D^* = f(Re_*) \qquad \text{(s. Abb. 4.2.2.1/2)}$$

darstellen.

Viele grafisch dargestellte Untersuchungsergebnisse im Schrifttum basieren auf dimensionslosen Ausdrücken. Der Vorteil, den eine solche Darstellung gegenüber einer dimensionsbehafteten hat, ist der einer weitreichenderen Gültigkeit. (Es sind z.B. bei der Darstellung $Fr_{*c} = f(Re_{*c})$ mehr Parameter und damit mehr Information gegeben als bei einer entsprechenden Darstellung $u_c = f(d)$.) Man nimmt bei dimensionslosen Darstellungen andererseits jedoch in Kauf, daß ihre Aussage nicht, wie die dimensionsbehaftete, auf einen Blick durchschaubar ist (vgl. Abb. 3/2).

Das obere Bild der Abb. 3/2 beinhaltet als maßgebende Parameter für den Bewegungsbeginn

$$u_*, d, g, \nu, \rho_S, \rho_F, h$$

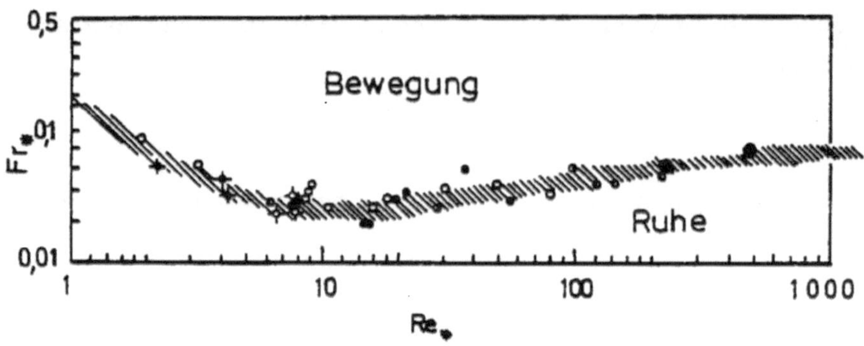

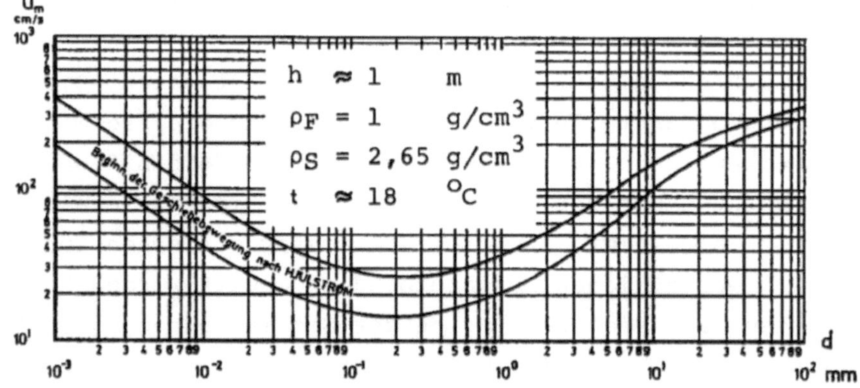

Abb. 3/2

Dimensionslose und dimensionsbehaftete Darstellung des Bewegungsbeginns

Das untere Bild hingegen berücksichtigt nur

$$u_m \text{ und } d$$

wobei ρ_S, ρ_F, g, ν, h als Festwerte bekannt sind. Für jede Änderung an diesen Parametern erhält man einen anderen Kurvenverlauf des unteren Bildes. Das obere Bild hingegen gilt stets.

Dimensionslose Größen zum Beschreiben der Sedimentbewegung

Von den 12 Kenngrößen in Gl. (3-1) haben jeweils

$$\rho_S,\ \rho_F$$
$$\nu,\ q$$
$$h,\ d$$
$$u,\ u_*,\ u_c,\ u_{*c},\ w$$

gleiche Dimensionen. Faßt man diese Größen zu den allgemeinen Ersatzgrößen

$$m$$
$$n$$
$$l$$
$$v$$

zusammen, so bleibt für Gl. (3-1)

$$f(m,\ n,\ l,\ v,\ g) = 0 \tag{3-2}$$

Aus den Größen mit gleicher Dimension erhält man u.a. bereits folgende, häufig benutzte dimensionslose Größen

$$\rho' = \frac{\rho_S - \rho_F}{\rho_F}; \qquad \frac{\rho_S - \rho_F}{\rho_S}; \qquad \frac{\rho_S}{\rho_F}$$

$$\frac{\nu}{q}$$

$$\frac{h}{d} \tag{3-3}$$

$$\frac{u}{u_*}; \quad \frac{u}{u_c}; \quad \frac{u_*}{u_{*c}}; \quad \frac{u}{w}; \quad \frac{u_*}{w}$$

In dem System (3-2) bleiben weitere fünf Größen mit 3 Grundeinheiten, woraus sich 5-3 = 2 dimensionslose Ausdrücke entwickeln lassen.

Nach der Erfahrung sind am Strömungs- und Transportvorgang zwei Bereiche zu unterscheiden, bei denen entweder die Schwere- oder die Zähigkeitswirkung überwiegt. Mit diesem Ansatz erhält man

$$\Pi_1 = \frac{v\ l}{n} = Re$$

$$\Pi_2 = \frac{v^2}{g\ l} = Fr.$$

Aus Π_1 ergeben sich, je nach dem welche Größen für v, l, n in Ansatz gebracht werden (nachfolgend sind nur die gebräuchlichsten genannt):

$$Re = \frac{u\ h}{\nu}$$

$$Re_* = \frac{u_* h}{\nu} \tag{3-4}$$

$$Re_* = \frac{u_* d}{\nu}; \quad Re_{*c} = \frac{u_{*c} d}{\nu}$$

$$Re_w = \frac{w\, d}{\nu} \qquad (3\text{-}4)$$

$$\frac{1}{g_*} = \frac{u_* d}{q}$$

$$C = \frac{u\, h}{q}$$

Aus Π_2 folgt entsprechend

$$Fr = \frac{u}{\sqrt{gh}} \quad (\text{oft auch } Fr = \frac{u^2}{gh})$$

$$Fr_* = \frac{u_*^{\,2}}{\rho' gd} \qquad (3\text{-}5)$$

(Die zusätzliche dimensionslose Größe ρ' sagt aus, daß in dieser Fr-Zahl, die ja grundsätzlich als das Verhältnis von Trägheits- zur Schwerewirkung aufgefaßt werden kann, die Schwerewirkung des Sediments ausgedrückt wird).

Als Kombinationen der o.g. dimensionslosen Kenngrößen werden häufig benutzt

$$D^* = (Re_*^{\,2}/Fr_*)^{1/3} \qquad (3\text{-}6)$$

als dimensionslose Kennzahl für die Korngröße und

$$G^* = g_*/Fr_* \qquad (3\text{-}7)$$

als dimensionslose Kennzahl für den quantitativen Transport.

Darüber hinaus lassen sich natürlich noch weitere Kombinationen von dimensionslosen Kennzahlen herstellen.

4. CHARAKTERISTISCHE EIGENSCHAFTEN VON SEDIMENT IN EINER STRÖMUNG

Außer den charakteristischen Merkmalen wie Korngrößenverteilung, maßgebende Korngröße und Kornform hat jedes Sediment bestimmte Eigenwerte, die sein Verhalten in einer Strömung in einem beliebigen Fluid kennzeichnen. Es sind dies:

1. Diejenige Geschwindigkeit, mit der die Teilchen infolge der Gravitation durch die Flüssigkeit zu Boden fallen
   - Sinkgeschwindigkeit w -

2. Diejenige Geschwindigkeit der Strömung, bei der sich die Sedimentteilchen in Bewegung setzen
   - kritische Geschwindigkeit u_c -

4.1 SINKGESCHWINDIGKEIT

4.1.1 Vorbemerkung

Läßt man einen Körper in einem realen Fluid von einem gegebenen Punkt aus infolge der Schwerkraft zu Boden fallen, so ist diese Fallbewegung zunächst beschleunigt. Mit steigender Fallgeschwindigkeit nehmen die Widerstände, die das Fluid dem fallenden Körper entgegensetzt, zu. Nach einer bestimmten Fallstrecke stellt sich zwischen diesen Widerständen und dem Gewicht des Körpers ein Gleichgewicht ein. Der Körper fällt nun mit konstanter Geschwindigkeit. Diese End-Sinkgeschwindigkeit stellt sich bei den relativ feinen Partikeln eines Sediments schon nach sehr kurzer Fallstrecke ein, so daß die maßgebende Einflußgröße beim Sedimenttransport die End-Sinkgeschwindigkeit ist. Im folgenden ist mit "Sinkgeschwindigkeit" stets die Endsinkgeschwindigkeit gemeint.

4.1.2 Bewegung in idealer Flüssigkeit

Eine ideale Flüssigkeit ist frei von Reibungskräften und Zähigkeitskräften. Die ideale Flüssigkeit umströmt den Körper turbulenzfrei in einer Weise, wie es sich mit der Potential-Theorie beschreiben läßt. Ablösungen der Strömung treten nicht auf.

Die Bewegung eines Körpers in einer solchen Flüssigkeit ruft keine resultierenden Widerstände hervor. Eine Berechnung der Druckkräfte zeigt, daß diese sich vor und hinter dem Körper gegenseitig aufheben, wenn die Strömung sich nicht ablöst (siehe Abb. 4.1.2/1)

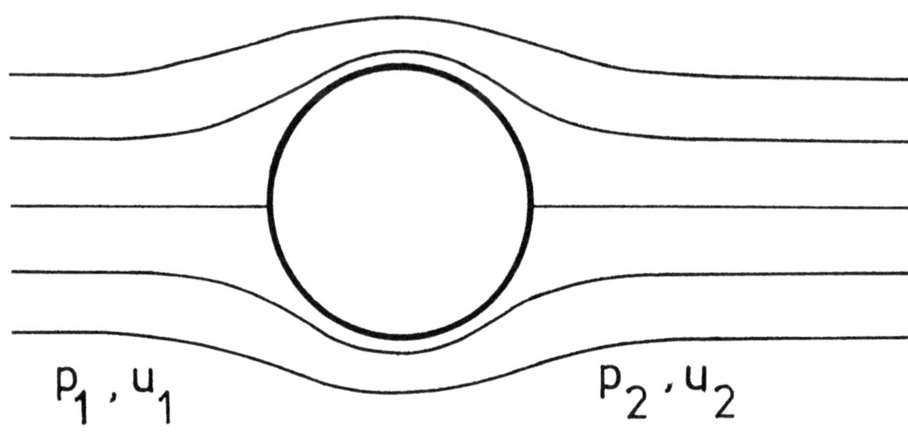

Abb. 4.1.2/1
Wirbelfrei umströmter Körper

Dieser (theoretische) Effekt ist als das EULER-D'ALEMBERTsche Paradoxon bekannt.

4.1.3 Bewegung in realer Flüssigkeit

4.1.3.1 Widerstand eines Einzelkörpers

Wie sich am EULER-D'ALEMBERTschen Paradoxon zeigt, kann die (Fall)-Bewegung eines Körpers in einer Flüssigkeit nicht ohne Berücksichtigung der Reibung und der Eigenschaft der zähen Flüssigkeiten, an Wänden zu haften, angestrebt werden.

Auf einen Körper, der sich in einer Flüssigkeit bewegt, wirken zwei Arten von Kräften, die durch die Umströmung hervorgerufen werden:

1. Druckkräfte
2. Reibungskräfte

Die Resultierende der Druckkräfte bildet den Druckwiderstand, entsprechend die Resultierende der einzelnen Reibungskomponenten den Reibungswiderstand.

Der Druckwiderstand ist dem Staudruck proportional. Dieser läßt sich aus der Gleichung von BERNOULLI berechnen, indem man gemäß Abb. 4.1.3.1/1 die Drücke und Geschwindigkeiten zum einen im Staupunkt des Körpers und zum anderen in einer Entfernung vom Körper ansetzt, in der die Strömung durch diesen noch nicht gestört wird.

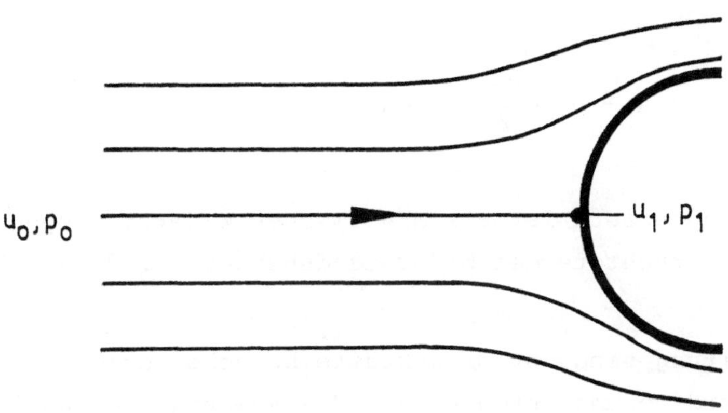

Abb. 4.1.3.1/1
Anströmung eines Körpers

Man erhält dann

$$\frac{p_o}{\rho_F} + \frac{u_o^2}{2} = \frac{p_1}{\rho_F} + 0 \qquad (4.1.3.1\text{-}1)$$

und damit für den Staudruck

$$\Delta p = p_1 - p_o = \frac{\rho_F}{2}\, u^2 \qquad (4.1.3.1\text{-}2)$$

Weiterhin ist der Druckwiderstand W noch der angeströmten Querschnittsfläche A proportional.

$$W \sim \Delta p \cdot A = \frac{\rho_F}{2} u^2 \cdot A \tag{4.1.3.1-3}$$

Der Proportionalitätsfaktor c_D hängt im wesentlichen von der Form des Körpers ab. Es folgt für den Druckwiderstand des Körpers gegen die Strömung damit

$$W = c_D \cdot \frac{\rho_F}{2} \cdot u^2 \cdot A \tag{4.1.3.1-4}$$

Dieses Widerstandsgesetz ist als NEWTONsches Widerstandsgesetz bekannt. NEWTON betrachtete den Widerstandsbeiwert c_D dabei als Konstante.

In dieser Ableitung sind nur Druckkräfte berücksichtigt, während die Zähigkeitskräfte und deren Folge, die Reibung, vernachlässigt wurden. Gl. (4.1.3.1-4) behält also nur solange ihre Gültigkeit, wie die Druckkräfte die Zähigkeitskräfte deutlich überwiegen.

Bei sehr kleinen Re-Zahlen treten die Trägheitskräfte (Druckkräfte) gegen die Zähigkeitskräfte zurück. Für diesen Fall fand STOKES für den Widerstand von Kugeln

$$W = 3 \pi d u \rho_F \nu \tag{4.1.3.1-5}$$

oder wenn man Gl. (4.1.2.1-4) für die Widerstandsberechnung ansetzt

$$c_D = \frac{\mathrm{const}}{Re} \tag{4.1.3.1-6}$$

Zwischen diesen beiden Sonderfällen liegt ein Übergangsbereich, für den noch keine allgemeingültige Lösung gefunden wurde.

4.1.3.2 Grenzschichten am umströmten Körper

Analog zu den Untersuchungen über die Entwicklung der Grenzschicht an der ebenen Platte (Abschnitt 1.3.3) kann die Grenzschicht an einer umströmten Kugel als Grenzschicht an einer Platte mit veränderlichem Druckgradienten betrachtet werden.

Laminare Grenzschicht

Bei Re-Zahlen, welche klein gegen 1 sind, ist der Widerstandskörper allseitig von einem mitwandernden "Kloß" (so genannt bei PRANDTL-OSWATITSCH (1969)) der zähen Flüssigkeit umgeben (vlg. Abb. 4.1.3.2/1). Daher überwiegen die durch die Zähigkeit der Flüssigkeit bedingten Reibungswiderstände die Druckwiderstände. W ist hier nach STOKES abhängig von der ersten Potenz der geriebenen Länge (ausgedrückt durch den Kugeldurchmesser), von der Geschwindigkeit und der Zähigkeit der Flüssigkeit

$$W = 3\,\pi\,\rho_F\,d\,u\,\nu$$

In der Schreibweise des Widerstandsgesetzes nach Gleichung 4.1.3.1-4) ist der Widerstandsbeiwert für Kugeln

$$c_D = \frac{24}{Re} \quad \text{STOKESsches Gesetz} \tag{4.1.3.2-1}$$

Der Druckwiderstand ist dem Reibungswiderstand für Re < 1 proportional und beträgt nach GRAF (1971) nur noch ein Drittel des Gesamtwiderstandes.

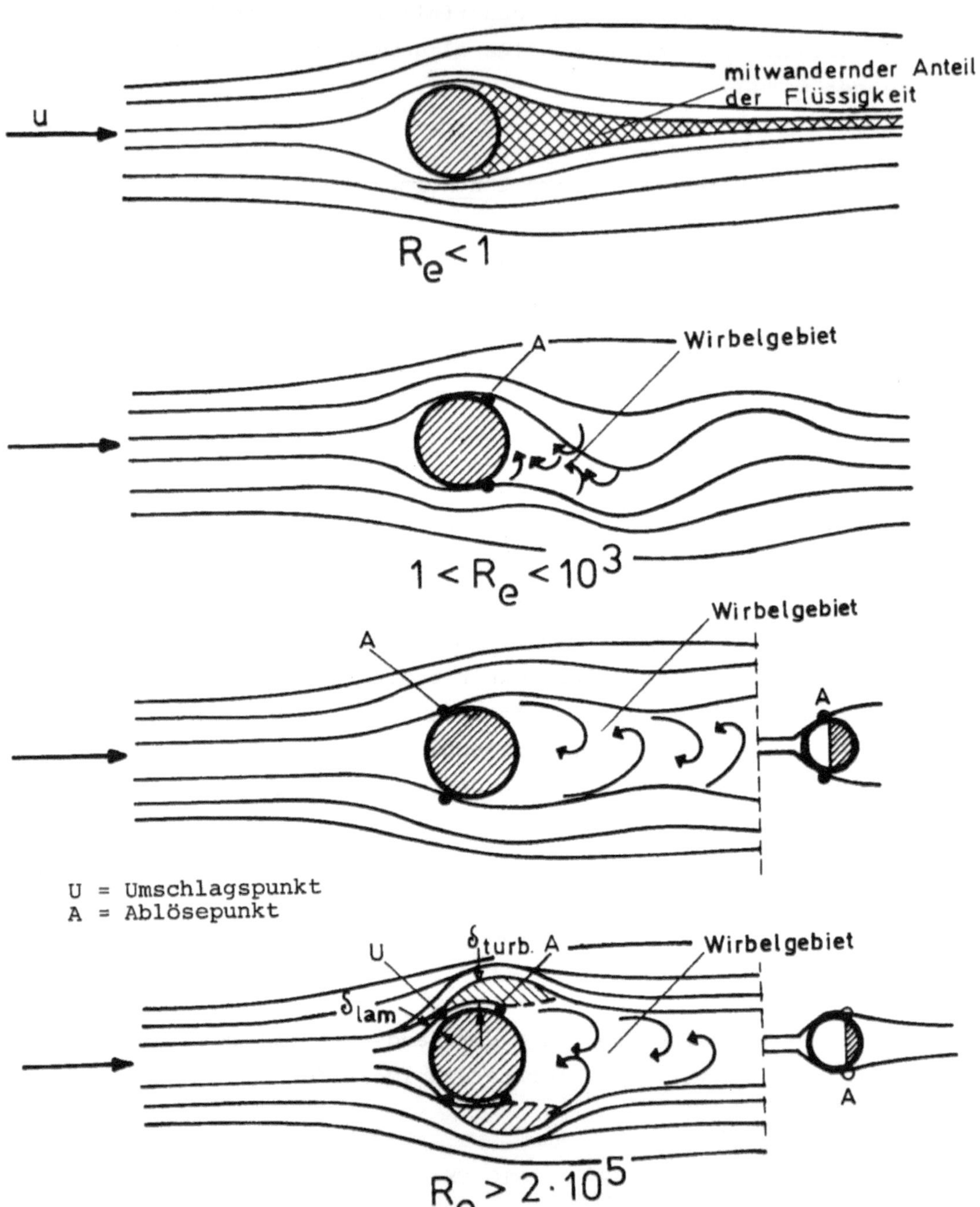

Abb. 4.1.3.2/2

Grenzschichten am umströmten Körper
(nach DUBS 1966)

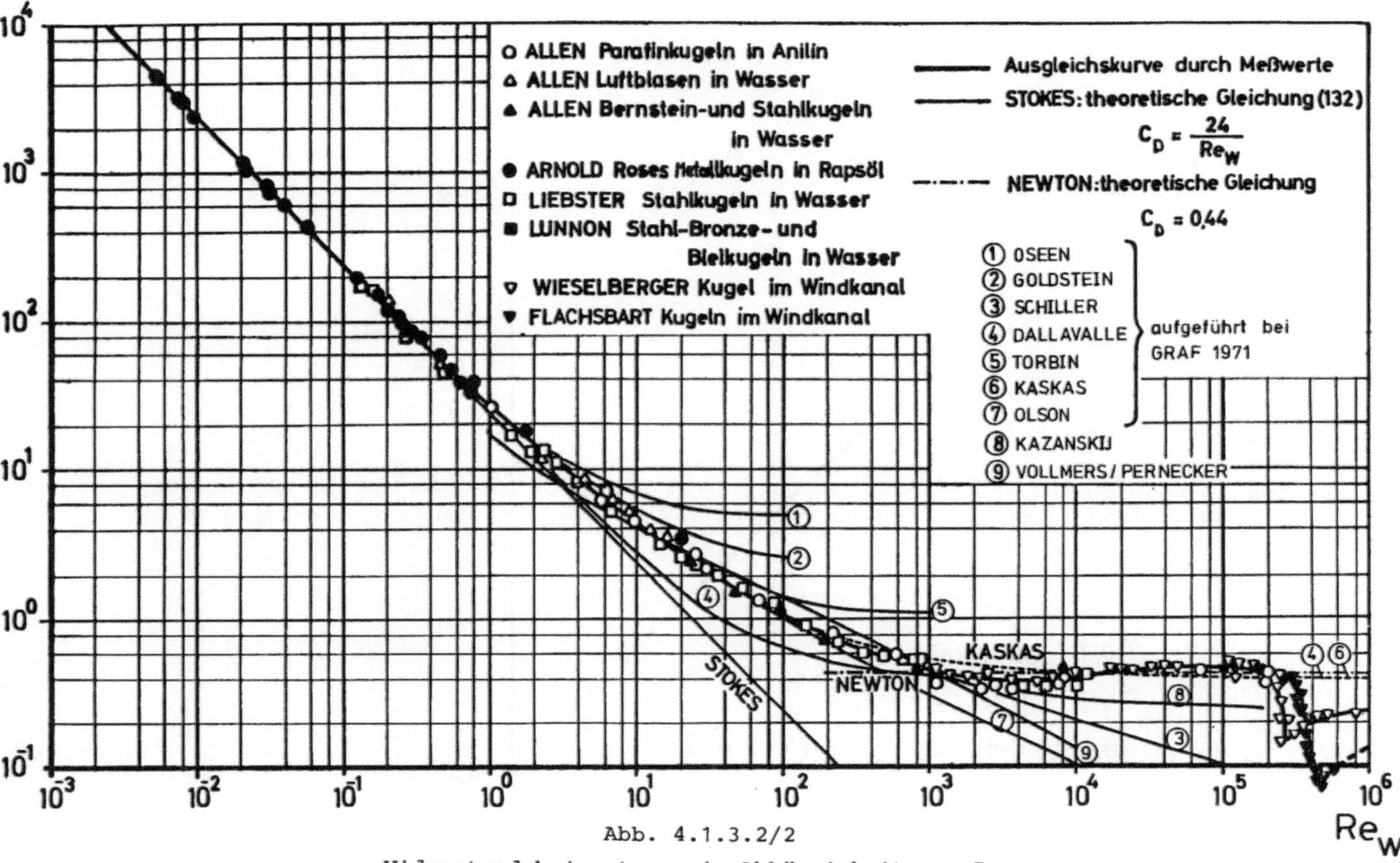

Abb. 4.1.3.2/2

Widerstandsbeiwerte c_D in Abhängigkeit von Re_w

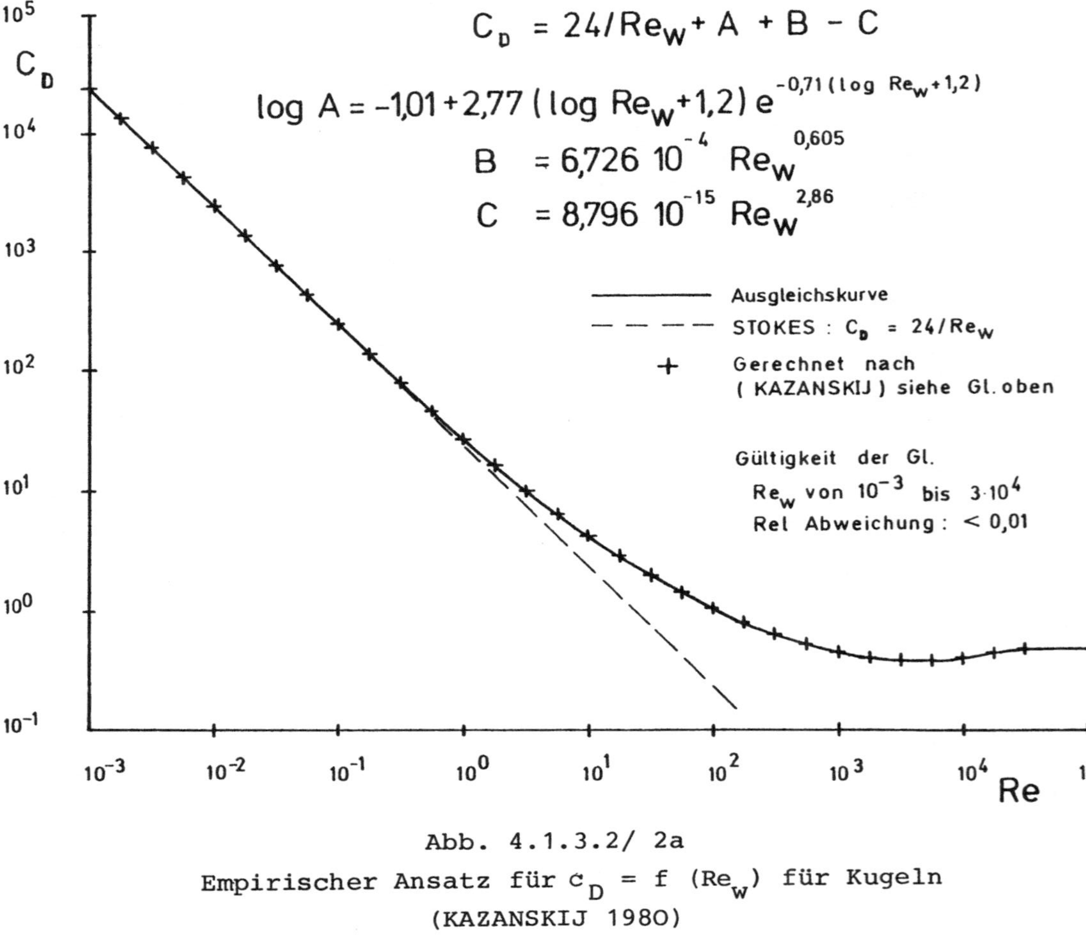

Abb. 4.1.3.2/ 2a
Empirischer Ansatz für $c_D = f\ (Re_W)$ für Kugeln
(KAZANSKIJ 1980)

Teilweise abgerissene Strömung

Mit steigender Re-Zahl beginnt die laminare Grenzschicht im Bereich hinter dem Körper instabil zu werden. Es bildet sich zunächst ein stationärer Ringwirbel hinter der Kugel aus. Bei Re≃ 500 wird der Wirbel instationär.* Die Strömung pendelt hin und her und fängt an der Rückseite des Körpers an abzureißen. In dieser Abrißzone entsteht eine turbulente Mischbewegung. Der sogenannte Ablösepunkt A wandert mit steigender Re-Zahl weiter zu den vorderen Bereichen des Körpers. Nach Untersuchungen von TOROBIN und GAUVIN sowie von GARNER, JENSON und KEEY (zusammengefaßt bei BRAUER (1971) überwiegt der Reibungswiderstand, wenn Re < 250 ist. Bei größeren Re-Zahlen dominiert der Druckwiderstand. Die laminare Anlaufstrecke wird kürzer und der Bereich der abgerissenen Strömung größer. Anders ausgedrückt werden also die Reibungswiderstände gegenüber den Druckwiderständen immer geringer, während letztere anwachsen. Besonders wichtig ist es im Zusammenhang mit wasserbaulichen Fragen, an dieser Stelle festzuhalten, daß das Auftreten der Wirbelschleppe keineswegs an Turbulenz der Außenströmung gebunden ist.
Aber, wie BRAUER bemerkt, beeinflußt der Turbulenzgrad der Flüssigkeit den Kugelwiderstand in ganz entscheidender Weise, ohne daß eine befriedigende Aufklärung bisher erzielt werden konnte.
Für diesen laminar-turbulenten Übergangsbereich wurde eine größere Anzahl von Näherungslösungen für umströmte Kugeln entwickelt. Einige sollen im folgenden genannt werden (vgl. auch Abb. 4.1.3.2/2).

1. Theoretische Ansätze

Autor	c_D	Gültigkeitsbereich
OSEEN	$\frac{24}{Re}\ (1 + \frac{3}{16}\ Re)$	Re < 2
GOLDSTEIN	$\frac{24}{Re}\ (1 + \frac{3}{16} Re - \frac{19}{1280} Re^2 + \frac{71}{20480} Re^3 \ldots)$	Re < 2

* Für Re gilt in diesem Abschnitt Re= ud/ν oder wd/ν

2. Empirische Ansätze

SCHILLER	$\frac{24}{Re}(1 + 0{,}15\ Re^{0,687})$	Re < 800
DALLAVALLE	$\frac{24{,}4}{Re} + 0{,}4$	
TOROBIN	$\frac{24}{Re}(1 + 0{,}197\ Re^{0,63} + 0{,}0026\ Re^{1,38})$	1 < Re < 100
KASKAS	$\frac{24}{Re} + \frac{4}{Re^{0,5}} + 0{,}4$	
OLSON	$\frac{24}{Re}(1 + \frac{3}{16} Re)^{0,5}$	Re < 100
* KAZANSKIJ	$\frac{24}{Re} + \frac{5{,}6}{Re^{0,5}} + 0{,}25$	$Re < 4{,}3 \cdot 10^3$
VOLLMERS/ PERNECKER	$\frac{14{,}2}{Re^{0,5}}$	1 < Re < 2000

Vollkommen abgerissene Strömung $Re > 10^3$

Die laminare Anlaufstrecke ist bei Re-Zahlen größer als etwa 1000 nur noch sehr kurz. Die Strömung löst sich schon im vorderen Drittel der Kugel ab. Die Reibungswiderstände sind klein gegen die Druckwiderstände. Der Widerstandsbeiwert ist nun, wie bereits genannt, nahezu konstant = 0,4. Der Widerstand W wird damit

$$W = 0{,}05\ \pi\ u^2\ d^2\ \rho_F \tag{4.1.3.2-2}$$

Steigt die Re-Zahl über etwa $2 \cdot 10^5$ (für Kugeln) an, so zeigen Experimente (vgl. Abb. 4.1.3.2/2) einen fast plötzlichen Abfall des Widerstandsbeiwertes. Bei diesen sogenannten kritischen Re-Zahlen legt sich die laminar abgerissene Grenzschicht z.T. turbulent wieder an. (Abb. 4.1.3.2/1) Die turbulente Grenzschicht ist durch ihren verstärkten Impulstransport und höheren Energiegehalt im verstärktem Maße in der Lage, gegen den Druckanstieg auf der Kugelrückseite anzuwirken. Die Folge ist eine starke Verkleinerung des

---

* Abb. 4.1.3.2/2a zeigt einen neuen Ansatz von KAZANSKIJ. Die empirisch gewonnene Gleichung gibt den Verlauf von c_D über Re_W mit sehr geringen Abweichungen wieder.

Wirbelfeldes und somit des Druckwiderstandes hinter der Kugel. Diese Effekte treten bei fallenden Quarzkugeln in Wasser von 2o^{o}C erst bei Durchmessern von etwa d= 10 cm auf. Sie spielen daher für sedimentologische Fragen praktisch keine Rolle.

4.1.3.3 Praktische Berechnung der Sinkgeschwindigkeit

Bei der Bearbeitung von Problemen, die mit der Sedimentbewegung an der Fluß- oder an der Meeressohle im Zusammenhang stehen, ist oftmals die Kenntnis der Sinkgeschwindigkeit der Sedimentkörner erforderlich. Die benötigten Werte für die Sinkgeschwindigkeit sollen einerseits zwar möglichst genau ermittelt werden, zum anderen ist aber besonders bei variierenden Randbedingungen wie z.B. Dichten, Temperaturen und Korngrößen eine nicht zu aufwendige Berechnungsmethode wünschenswert, die ohne den Umweg über Hilfskurven oder Iterationsrechnungen allgemein anwendbar ist. Diese Gleichung soll auch den Einfluß der Kornform auf die Sinkgeschwindigkeit berücksichtigen, soweit dies erforderlich ist.
Der Hauptanteil der Veröffentlichungen über den Strömungswiderstandsbeiwert bezieht sich auf fallende Einzelkugeln in ruhender Flüssigkeit. Die Berechnung der Sinkgeschwindigkeit eines natürlichen Sedimentes unter natürlichen Verhältnissen wirft zusätzlich noch die bislang ungeklärte Frage auf, welche Korngröße des Korngemisches für einen fallenden Schwarm die maßgebende ist. Das heißt, daß das Maß "Sinkgeschwindigkeit" für natürliche Verhältnisse heute ohnehin nur angenähert ermittelt werden kann, auch wenn man sich exakt an die Strömungswiderstandsbeiwerte hält, die aus dem Schriftum z.B. für frei fallende Partikel bei idealen Laborverhältnissen recht genau bekannt sind.

Es ist daher am sinnvollsten für den praktischen Anwendungsfall, eine Berechnungsmethode für die Sinkgeschwindigkeit von natürlich geformten Sedimentkörnern zu finden, die einerseits für wasserbauliche Untersuchungen genau genug ist, und andererseits leicht in geschlossener Form berechnet werden kann.

Sinkgeschwindigkeit w von Kugeln

Die stationäre End-Sinkgeschwindigkeit ist erreicht, wenn der Strömungswiderstand der Kugel gleich dem um den Auftrieb verringerten Gewicht der Kugel ist:

$$W - G = 0$$

$$W = c_D \frac{\rho_F}{2} w^2 d^2 \cdot \frac{\pi}{4} = G = (\rho_S - \rho_F)\, g\, d^3 \frac{\pi}{6} \qquad (4.1.3.3\text{-}1)$$

$$W = \left(\frac{4}{3} \frac{\rho' g d}{c_D}\right)^{1/2} \qquad (4.1.3.3\text{-}2)$$

Für den STOKES-Bereich $Re_w < 1$ folgt mit

$$c_D = \frac{24}{Re_W} \qquad (4.1.3.2\text{-}1)$$

$$w = \frac{\rho' g d^2}{18\, \nu} \qquad (4.1.3.3\text{-}3)$$

Für den NEWTON-Bereich $Re_w > 10^3$ folgt mit

$$c_D \simeq 0{,}4 \qquad (4.1.3.2\text{-}2)$$

$$w = 1{,}83\, (\rho' g d)^{1/2} \qquad (4.1.3.3\text{-}4)$$

Als Näherungslösung für beliebige Re-Zahlen $< 2 \cdot 10^5$ ergibt sich mit dem wenig komplizierten Ansatz

$$c_D = \frac{24}{Re} + 0{,}4$$

der praktisch dem Ansatz von DALLAVALLE gleichkommt die Möglichkeit, w in geschlossener Form für den gesamten Bereich $Re < 2 \cdot 10^5$ zu ermitteln. Für einzeln fallende Kugeln ergeben sich mit diesem Ansatz im STOKESschen Bereich und im NEWTONschen Bereich sehr gute Ergebnisse, während im Übergangsbereich etwas zu große Sinkgeschwindigkeiten ermittelt werden.

Setzt man für c_D in Gl. (4.1.3.3-1) die o.g. Abhängigkeit ein und löst nach der Geschwindigkeit auf, so erhält man *für Kugeln* nach ZANKE (1977 a)

$$w = \frac{30\, \nu}{d} \left(\sqrt{1 + (0{,}155\, D^*)^{3}} - 1\right) \qquad (4.1.3.3\text{-}5)$$

Sinkgeschwindigkeiten natürlicher Sedimente

Die in der Natur vorkommenden Sedimente haben Kornformen, die stets mehr oder weniger von der Kugelform abweichen. Die Formen sind selten durch mathematische Ausdrücke zu beschreiben, wie z.B. Ellipsoide, sondern von unregelmäßigem Äußeren. Für solche Formen ist der von Mc NOWN (bei Graf) vorgeschlagene Formfaktor

$$FF = \frac{c}{\sqrt{a \cdot b}}$$

gut brauchbar. Es sind a, b und c die Längen der längsten, mittleren und kürzesten Achse, wobei die Achsen aufeinander senkrecht stehen.

Für natürliche Sedimente egibt sich nach ASCE (1962) ein Formfaktor $FF \simeq 0{,}7$

ALBERTSON (bei GRAF 1971) und ALGER und SIMONS (1968) untersuchten die Widerstandsbeiwerte für verschiedene Kornformen. Aus diesen Messungen und den Ergebnissen von Untersuchungen mit natürlichen Sanden von WIEDENROTH (1967) und eigenen Messungen des Verfassers kann mit guter Näherung für $Re < 2 \cdot 10^5$

$$c_D = \frac{24}{Re} + 2{,}7 - 2{,}3\, FF \qquad (4.1.3.3\text{-}6)$$

gesetzt werden.
Mit diesem Widerstandsbeiwert ergibt sich für die Sinkgeschwindigkeit von Körnern mit beliebiger Form

$$w = \frac{12\,\nu}{d\,(2{,}7 - 2{,}3\,FF)} \left(\sqrt{1 + (0{,}21\,D^*)^3 \cdot (2{,}7 - 2{,}3\,FF)} - 1\right) \qquad (4.1.3.3\text{-}7)$$

In Gl. (4.1.3.3-7) ist für d stets der durch Siebung ermittelte Wert anzusetzen.

Die Abweichung zwischen obiger Gleichung und den unter Idealbedingungen ermittelten Sinkgeschwindigkeiten von Quarzkörnern (ASCE 1962) hat bei Körnern mit einem Formbeiwert $FF = 0{,}7$ für $d \simeq 0{,}3$ mm mit rd 8% ihren Höchstwert. Für $d < 0{,}1$ mm und $d > 1$ mm ergeben sich praktisch keine Unterschiede zu den wirklichen Werten.

Für natürliche Sedimente mit FF ≃ 0,7 vereinfacht sich Gl. (4.1.3.3-7) zu

$$w = \frac{11\,\nu}{d}\left(\sqrt{1 + 0{,}01\ D^{*3}} - 1\right) \qquad (4.1.3.3\text{-}8)$$

Für in Wasser von 20°C fallende Sandkörner mit FF = 0,7 vereinfacht sich die Gleichung (4.1.3.3-7) weiter zu

$$w = \frac{1}{9d}\left(\sqrt{1 + 1{,}57 \cdot 10^5\ d^3} - 1\right) \qquad (4.1.3.3.\text{-}9)$$

wobei d in cm einzusetzen ist und sich w in cm/s ergibt. In dieser Form stimmt Gl. (4.1.3.3-7) praktisch mit der von WIEDENROTH (1967) empirisch gefundenen Lösung überein.

Der Vollständigkeit halber werden im folgenden noch Näherungslösungen für die Berechnung der kinematischen Zähigkeiten von Wasser und Luft sowie der Dichte von Luft angegeben (ZANKE 1977a) :

$$\nu_W = \frac{0{,}0178}{(1 + 0{,}0337\,t + 0{,}00022\ t^2)\ \rho_W} \quad \text{für Wasser } (cm^2/s) \qquad (4.1.3.3\text{-}10)$$

(ν_W nach HELMHOLTZ ; t = Temperatur in °C)

$$\nu_L = 0{,}12297 + 0{,}000906\ (t + 11^\circ) \quad \text{für Luft } (cm^2/s) \qquad (4.1.3.3\text{-}11)$$

$$\rho_L = \rho_o \cdot e^{-0{,}125\ h} \quad \text{für Luft } (g/cm^3) \qquad (4.1.3.3\text{-}12)$$

mit h = Höhe über NN in km und

$$\rho_o = f(p) \cdot e^{-0{,}003557\ (t + 11^\circ)} \quad (g/cm^3) \qquad (4.1.3.3\text{-}13)$$

f(p) ist abhängig vom wetterbedingten Luftdruck. Es ist

$$f(p) = 0{,}00136\ \frac{p}{p_o} \qquad (4.1.3.3\text{-}14)$$

Hierin ist p_o der mittlere Luftdruck (in Meereshöhe z.B. p_o=760 Torr) Der Luftdruck p ist der zur herrschenden Wetterlage (Hochdruck oder Tiefdruck) gehörende.

Der sehr geringe Einfluß der Luftfeuchte auf die Luftdichte wird nicht berücksichtigt.

Die Näherungslösung für ν_w entwickelte HELMHOLTZ 1860 (entnommen aus KOZENY (1953)). Die Näherungen für ν_L und ρ_L wurden durch Ausgleichsrechnungen der in MEYERS TABELLENBUCH 1967 aufgelisteten Werte gewonnen. Sie gelten für Temperaturen t > - 10°C.

Abb. (4.1.3.3/1) gibt das Ergebnis von Gl. (4.1.3.3-8) grafisch wieder.

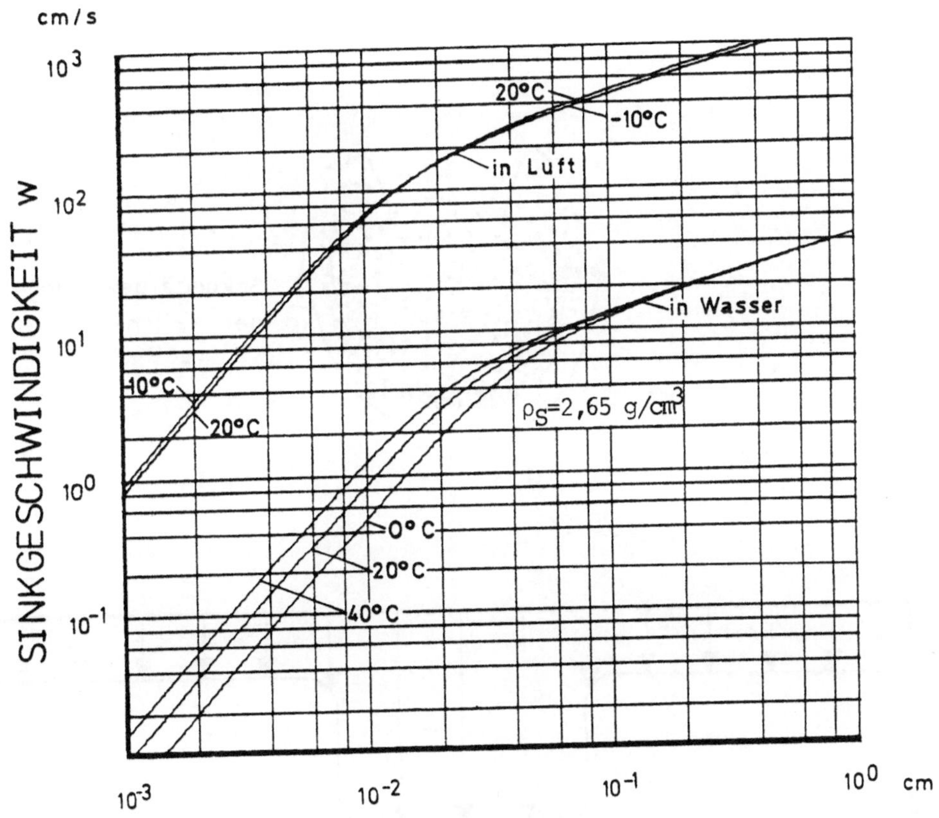

Abb. 4.1.3.3/1

Sinkgeschwindigkeit von Sedimentteilchen mit FF ≅ 0,7 in Wasser und in Luft (gerechnet nach Gl. (4.1.3.3-8))

4.1.3.4 Sinkgeschwindigkeit von Korngruppen

Im praktischen Anwendungsfall werden die Gegebenheiten niemals so vorgefunden werden wie sie als Annahmen in den Betrachtungen zur Ermittlung der Sinkgeschwindigkeit angesetzt wurden.Die Teilchen fallen nicht einzeln, sondern in Schwärmen wobei auch ein Impulsaustausch zwischen den Teilchen möglich ist. Außerdem ist die Flüssigkeit nicht ruhend, sondern turbulent. Das heißt also, daß die wirkliche Sinkgeschwindigkeit des Einzelkorns in einer Gruppe besonders momentan erheblich vom theoretischen Wert abweichen kann.

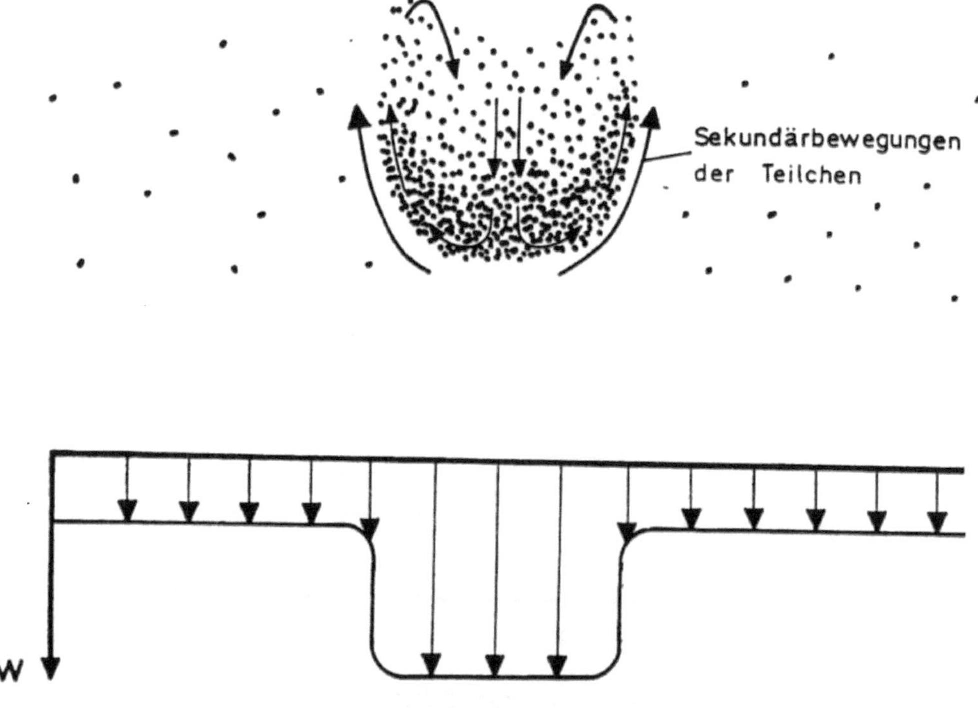

Abb. 4.1.3.4/1

Fallvorgang einer Korngruppe im Vergleich zu Einzelteilchen (schematisch)

Wie in mehreren Arbeiten darüber hinaus festgestellt wurde (genannt bei GRAF (1971)) steigt die mittlere Fallgeschwindigkeit bei schwachen Konzentrationen und verringert sich wieder bei hohen Konzentrationen.

In Abb. (4.1.3.4/1) wird das Verhalten einer Suspensionswolke höherer Konzentration innerhalb einer Umgebung mit niederer Konzentration schematisch dargestellt. Eine solche Wolke fällt schneller als die Einzelkörner, wenn sie so dicht wird, daß das Wasser zwischen den Partikeln der Wolken nicht mehr frei fließen kann. Sie verhält sich dann wie ein in Vergleich zu den Einzelpartikeln wesentlich größerer Körper, der allerdings eine Dichte hat, die kleiner als die des Feststoffs ist. Diese scheinbare Dichteverminderung hat jedoch einen schwächeren Einfluß als die beiden erstgenannten Effekte, so daß die Wolke wesentlich schneller fallen kann als die Einzelteilchen fallen würden. Die Teilchen der Wolke führen außerdem eine Sekundärbewegung aus, deren Effekt dem einer mitlaufenden Wand ähnelt (Abb. 4.1.3.4/1). Dieser Vorgang bewirkt ebenfalls eine höhere Fallgeschwindigkeit (kleinerer Widerstand). Von praktischer Bedeutung ist dieser Effekt beim Verklappen von Baggergut mit hohem Gehalt an Feinststoffen. Beim Klappvorgang z.B. fällt der Inhalt einer Schute in einer konzentrierten Wolke rasch zu Boden, obwohl die Fallgeschwindigkeit des Einzelkorns an sich sehr gering ist.

Beispiel 4.1

gegeben:	Korngröße	d	=	0,78 mm
	Dichte	ρ_S	=	2,65 g/cm³
	Formbeiwert	FF	=	0,7
	Fluid		=	Wasser bzw. Luft
	Temperatur		=	20°C

gesucht: Sinkgeschwindigkeit in Wasser und in Luft

<u>Lösung:</u> für Fluid Wasser

$$\nu = \frac{0{,}0178}{(1 + 0{,}0337 \cdot 20 + 0{,}00022 \cdot 20^2) \cdot 1} \qquad (4.1.3.3\text{-}10)$$

$$\nu = 0{,}0106 \ \text{cm}^2/\text{s}$$

$$\rho' = \frac{2{,}65 - 1}{1} = 1{,}65 \qquad (3\text{-}3)$$

$$D^* = \left(\frac{1{,}65 \cdot 981}{0{,}0106^2}\right)^{1/3} 0{,}078 = 18{,}94 \qquad (3\text{-}6)$$

$$W = \frac{11 \cdot 0{,}0106}{0{,}078} \left(\sqrt{1 + 0{,}01 \cdot 18{,}94^3} - 1\right)$$

$$W = 10{,}9 \ \text{cm/s}$$

<u>Lösung:</u> für Luft als Fluid

<u>zusätzlich gegeben:</u>

Luftdruck 765 Torr

Ortshöhe 0 m NN

$$\nu = 0{,}12297 + 0{,}000906\,(20 + 11) \qquad (4.1.3.3\text{-}11)$$

$$\nu = 0{,}151 \ \text{cm}^2/\text{s}$$

$$\rho_L = \rho_o \cdot e^0 \qquad (4.1.3.3\text{-}12)$$

$$\rho_o = 0{,}00136 \cdot \frac{765}{760} \cdot e^{-0{,}003557 \cdot (31)} \qquad (4.1.3.3\text{-}13)$$

$$\rho_L = \rho_o = 1{,}226 \cdot 10^{-3} \ \text{g/cm}^3$$

$$\rho' = \frac{2{,}65 - 1{,}226 \cdot 10^{-3}}{1{,}226 \cdot 10^{-3}} \qquad (3\text{-}3)$$

$$\rho' = 2160{,}5$$

$$D^* = \left(\frac{2160,5 \cdot 981}{0,151^2}\right)^{1/3} \cdot 0,078 \tag{3-6}$$

$$D^* = 35,33$$

$$W = \frac{11 \cdot 0,151}{0,078} \left(\sqrt{1 + 0,01 \cdot 35,33^3} - 1\right)$$

$$\underline{\underline{W = 426,4 \text{ cm/s}}}$$

Stellen Sie Gleichung (4.1.3.3-8) in dimensionsloser Form dar.

<u>Lösung:</u> $Re_W = 11 \left(\left(1 + 0,01 D^{*3}\right)^{\frac{1}{2}} - 1\right)$

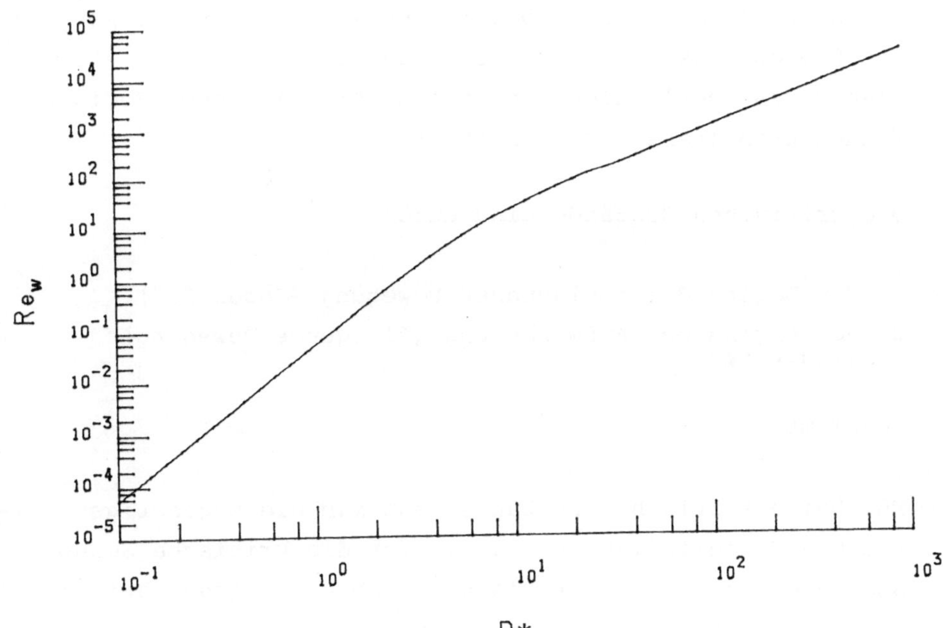

4.2 BEGINN DER SEDIMENTBEWEGUNG

4.2.1 Einleitung

Die Bewegung der Sedimente an den Gewässersohlen setzt nicht bei jeder beliebig kleinen Strömungsgeschwindigkeit ein. Vielmehr existiert für jedes Sediment ein sogenannter kritischer Zustand.

Dieser kritische Zustand ist eines der zentralen Probleme für Fragen der Sedimentbewegung.

Bei Fragen der Sohlenerosion oder beim Entwurf von Bewässerungssystemen, in denen kein Feststoff transportiert werden soll, muß der planende Ingenieur diese kritische Geschwindigkeit kennen.

Gleiches gilt für die Absetzvorgänge in Sandfängen oder Stauhaltungen.

Die Berechnung des Kolkschutzes an Bauwerken aus Schüttmaterial oder Blockmaterial ist ebenfalls eine Frage der kritischen Strömungsbedingungen für den Bewegungsbeginn der Sohlenteilchen (oder -blöcke). Schließlich ist die Kenntnis des Bewegungsbeginns für die Berechnung des quantitativen Transports unerläßlich. Unterhalb der kritischen Bedingungen findet kein Transport mehr statt.

Die kritischen Zustände sind durch

1. den Beginn der sohlennahen Bewegung (Index "c")
2. den Beginn der Aufwirbelung (fliegende Bewegung) (Index "ℓ")

bestimmt.

Für beide kritischen Zustände kann man die zugehörigen kritischen Geschwindigkeiten $u_{c,\ell}$ oder die kritische Schubspannungen $\tau_{c,\ell}$ oder kritische Schubspannungsgeschwindigkeiten $u_{*c,\ell}$ als maßgebend ansetzen.

Die Vorteile und Nachteile der Bestimmung des Bewegungsbeginns über u, u_* oder τ wird in den folgenden Abschnitten besprochen.

Die kritischen Bedingungen für den Beginn der Sedimentbewegung können grundsätzlich auf zwei verschiedene Weisen angegeben werden:

1. auf der Grundlage einer Strömungsgeschwindigkeit $u_{(y)}$ oder u_m oder durch dimensionslose Kombinationen mit $u_{(y)}$ oder u_m
2. auf der Grundlage der Schubspannung τ oder der Schubspannungsgeschwindigkeit u_* oder durch dimensionslose Kombinationen, die u_* oder τ enthalten.

Die Schubspannungsgeschwindigkeit u_* enthält im Gegensatz zur mittleren Geschwindigkeit u_m den Einfluß der Turbulenz und der Rauhigkeit der Sohle sowie die Wassertiefe. Das Verhältnis u_m/u_* ist darum im allgemeinen veränderlich. Bei gleichem u_m kann die Schubspannung an der Sohle z.B. durch künstliche Dämpfung oder Erhöhung der Turbulenz deutlich verändert werden.

Bei gegebener Kornrauhigkeit und ebener Sohle gilt mit Gl. (1.4.5-2) und Gl. (1.4.5-4) im Fall hydraulich glatter Strömung

$$\frac{u_{(y)}}{u_*} = 2,5 \ln 9 \frac{u_* y}{\nu} \qquad (1.4.5\text{-}2)$$

$$\frac{u_m}{u_*} = 2,5 \ln 3,32 \frac{u_* h}{\nu} \qquad (1.4.5\text{-}4)$$

und im hydraulisch rauhen Fall mit Gl.(1.4.6-1) und Gl. (1.4.6-4)

$$\frac{u_{(y)}}{u_*} = 2,5 \ln 30 \frac{y}{d} \qquad (1.4.6\text{-}1)$$

$$\frac{u_m}{u_*} = 2,5 \ln 11 \frac{h}{d} \qquad (1.4.6\text{-}4)$$

Die Gleichungen zeigen, daß die mittlere Geschwindigkeit bei logarithmischer Geschwindigkeitsverteilung eine Funktion der Wassertiefe ist. Bei gleicher Sohlengeschwindigkeit $u_{(y)c}$ nimmt u_{mc} mit Steigerung von h zu.

D.h. die Angabe einer kritischen Geschwindigkeit $u_{(y)c}$ mit Angabe von der Bezugshöhe y ist eindeutig, die Angabe einer kritischen Geschwindigkeit u_{mc} ohne Angabe der Wassertiefe ist jedoch nur eine erste Näherung.

Die Bestimmung des kritischen Zustandes ist daher im allgemeinen auf der Grundlage der Schubspannung als unabhängiger Variabler vorzunehmen.

Über die kritische Schubspannung/Schubspannungsgeschwindigkeit kann die zugehörige kritische Geschwindigkeit $u_{(y)c}$ oder u_{mc} berechnet werden. Wie diese Umrechnung vorzunehmen ist, ist im Abschnitt 1 beschrieben.

In einigen Fällen ist das Verhältnis u/u_* etwa konstant, z.B. bei einer Riffelsohle, da dann die Riffel die maßgebende Rauhigkeit bilden. Das Verhältnis Riffelhöhe zu Wassertiefe H/h variiert nur in begrenztem Rahmen (i.a. $0{,}1 < H/h < 0{,}25$). Da u/u_* vom Logarithmus von h/H abhängt, ist u/u_* bei Transportkörpersohlen relativ konstant.Ähnliches gilt bei absoluter Rauhigkeit der Sohle (Kornrauhigkeit), wenn der Wassertiefenbereich begrenzt wird.
Zwei Beispiele sollen dies zeigen:
Beispiel 1: Sohle mit Transportkörpern
H = Transportkörperhöhe
h = Wassertiefe über den Kämmen der Transportkörper

Die relativen Bettrauhigkeiten h/H haben bei Transportkörpern eine verhältnismäßig geringe Bandbreite. Die reziproken Werte H/h liegen i.a. zwischen 0,1 und 0,25. Mit Gl. (1.4.6-4) kann der Wert u_m/u_* angenähert werden, wenn mit h = Wassertiefe *über* den Kämmen gerechnet wird.

H/h	u_m/u_*
0,1	11,75
0,15	10,74
0,2	10,02
0,25	9,46

Im Bereich $0,1 < H/h < 0,25$ schwankt u_m / u_* zwischen knapp 10 und knapp 12.

Beispiel 2: ebene Sohle, Kornrauhigkeit 0,4 mm, mittlere Geschwindigkeit 30 cm/s.

h (m)	u_m/u_*
0,5	25,8
1,0	27,5
2,5	29,4
5,0	31,1

Aus obiger Tafel ist ersichtlich, daß u_m / u_* nur schwach mit der Wassertiefe variiert und darum näherungsweise in begrenzten Bereichen als konstant angesetzt werden kann.

Allgemein sind sowohl kritische Schubspannungen als auch kritische Geschwindigkeiten im Grunde nur Schätzwerte, da die Definition des Bewegungsbeginns subjektiv von einem Beobachter anders wahrgenommen wird, als von einem anderen.

VANONI (1964)definierte einige Bewegungszustände, die den kritischen Bedingungen zugeordnet werden können:

Ruhe; vernachlässigbar;
gering; kritisch; allgemein

Jeder der genannten Zustände(bis auf "Ruhe") könnte den kritischen Zustand beschreiben. Zwischen der Einschätzung der Sedimentbewegung als "vernachlässigbar" oder "allgemein" können Geschwindigkeitsunterschiede von über 50 % liegen.

Die vorstehend genannten Beispiele zeigen, daß es für viele *praktische* Fälle ausreicht, mit der mittleren kritischen Geschwindigkeit zu arbeiten. In der Praxis sind mittlere Geschwindigkeiten wesentlich leichter zu ermitteln und zu handhaben, als Schubspannungen. Darüber hinaus lassen sich die Schubspannungen (außer im Labor) nicht direkt messen. Sie müssen erst aus anderen Meßgrößen ermittelt werden. Außer im Falle von Idealbedingungen (zweidimensionale Strömung, stationär, gleichförmig) ist die Berechnung der Schubspannungen nicht problemlos.

Zusammenfassend ist festzuhalten:

Gleichungen für den Bewegungsbeginn auf der Basis von Schubspannungen haben generelle Gültigkeit.

Gleichungen für den Bewegungsbeginn auf der Basis mittlerer Geschwindigkeiten haben im allgemeinen bereichsweise begrenzte Gültigkeit.

Die Angabe einer kritischen Bewegungsgröße ist in jedem Falle nur ein Näherungswert.

4.2.2 KRITISCHE SCHUBSPANNUNGEN

4.2.2.1 Frühere Arbeiten über kritische Schubspannungen bei rolligen Böden

Theoretische Betrachtungen über die Kräfte, die an einzelnen Körnern der Sohle wirken, sind mehrfach angestellt worden. Zwar haben sie einen gewissen physikalisch informativen Wert, sind jedoch praktisch unbrauchbar, da jede noch so geringe Lageänderung eines Kornes andere Kräftekonstellationen bewirkt. Aus diesen Gründen ist der kritische Zustand auch nicht voll theoretisch berechenbar, sondern muß sich auf die Beobachtung stützen,welche im wesentlichen das theoretisch nicht berechenbare, statistisch mittlere Kornverhalten erfaßt.

Ausführliche Betrachtungen verschiedener Kräftekonstellationen an Einzelkörnern findet man z.B. zusammengefaßt bei YALIN (1972).

Nachfolgend sind einige Gleichungen für die kritische Schubspannung aus dem Schrifttum aufgeführt.

Im Jahre 1914 veröffentlichte SCHOKLITSCH die Gleichung für die kritische Schubspannung

$$\tau_c = (0{,}201\ \gamma\ (\gamma_S - \gamma_F)\ \lambda' d^3)^{0{,}5} \qquad (4.2.2.1\text{-}1)$$

mit $\lambda' = 1$ für Kugeln und $\lambda' = 4{,}4$ für flache Teilchen.

KRAMER (1932) entwickelte auf der Grundlage eigener und fremder Daten die Gleichung

$$\tau_c = \frac{100}{6} d_g \frac{(\rho_S - \rho_F)}{M} g \qquad (4.2.2.1\text{-}2)$$

(siehe hierzu auch Abschnitt 2.1.4.4)

Die Gleichung von INDRI (1934) ist der KRAMER-Gleichung sehr ähnlich. Für $d_g < 1mm$ gilt nach INDRI

$$\tau_c = 13{,}3 \; d_g \frac{(\rho_S - \rho_F)}{M} g + 12{,}16 \qquad (4.2.2.1\text{-}3)$$

und für $d_g > 1$ mm

$$\tau_c = 54{,}85 \; d_g \frac{(\rho_S - \rho_F)}{M} g - 78{,}48 \qquad (4.2.2.1\text{-}4)$$

Aus experimentellen Untersuchungen der U.S. WATERWAYS EXPERIMENT STATION (USWES) (bei BOGARDI 1974) wurde 1935 die sogenannte modifizierte KRAMER-Gleichung entwickelt

$$\tau_c = 29 \left(\frac{d_g}{M} (\rho_S - \rho_F) \; g\right)^{1/2} \qquad (4.2.2.1\text{-}5)$$

TE-YUN LIU (bei BOGARDI) entwickelte ebenfalls in den 30iger Jahren den Ausdruck

$$\tau_c = 45{,}7 \; d_g \qquad (4.2.2.1\text{-}6)$$

wobei d_g in mm eingesetzt wird und sich τ_c in p/m^2 ergibt. Die Gleichung ist auf Sedimentkorngrößen von d_g = 1,4 bis 4,4 mm abgestimmt.

TE-YUN LIU stellte eine weitere Beziehung auf, die allerdings für einen deutlich breiteren Kornbereich gelten soll ($d_g \simeq$ 0,2 bis 6,5 mm)

$$\tau_c = 6{,}1 \left(\frac{d_g}{M} g \left(\rho_S - \rho_F\right)\right)^{1{,}5} + 21{,}34 \qquad (4.2.2.1\text{-}7)$$

SHIELDS (1936) fand bei seinen Untersuchungen in der PREUSSISCHEN VERSUCHSANSTALT FÜR WASSERBAU, ERDBAU und SCHIFFBAU, daß sich die Fr_* -Zahl des Kornes mit der Re_*-Zahl korrelieren läßt, wie auf Abb. 4.2.2.1/1 dargestellt.

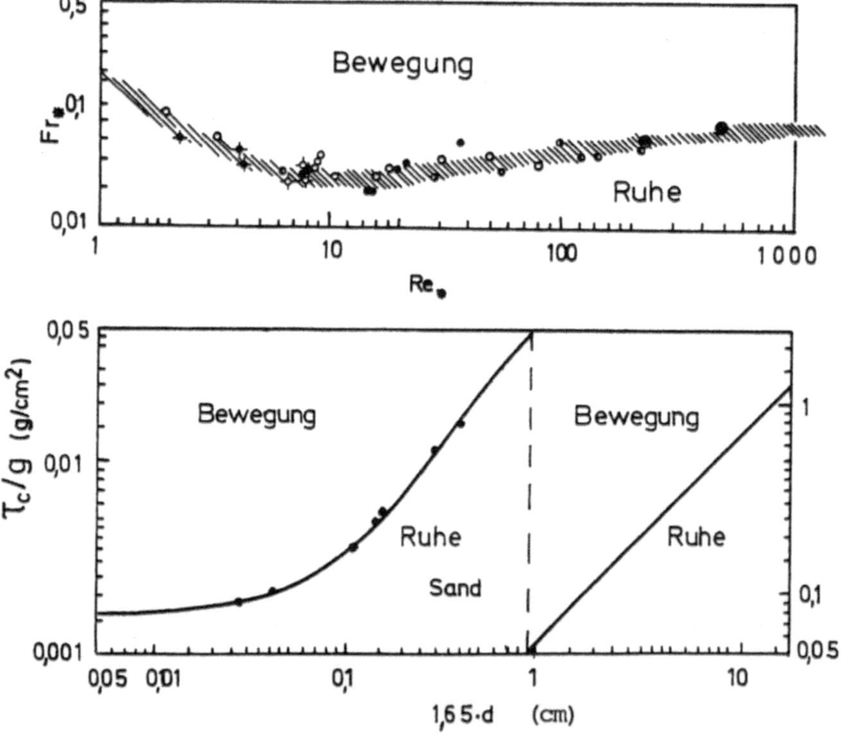

Abb. 4.2.2.1/1
Bewegungsbeginn nach SHIELDS (1936)

Die SHIELDS-Kurve ist bis heute die am meisten benutzte Grundlage für Untersuchungen zum Bewegungsbeginn von Sedimenten.

Für den hydraulisch rauhen Bereich ergibt sich für den dimensionslosen Widerstandsbeiwert Fr_* keine Abhängigkeit von Re_*. Das heißt, der Bewegungsbeginn ist in diesem Bereich nur von den Druckkräften (Trägheit und Schwere) abhängig. Im hydraulisch glatten Bereich wird

$$Fr_* \approx \frac{0{,}1}{Re_*} \qquad (4.2.2.1\text{-}8)$$

und ist somit auch den Zähigkeitskräften unterworfen. Zwischen den Bereichen hydraulisch glatt und hydraulisch rauh liegt ein Übergangsbereich (vgl. Abb. 4.2.2.1/1).

Die SHIELDSsche Darstellung hat nicht nur praktisch, sondern auch physikalisch eine wesentlich stärkere Aussagekraft als die alten Gleichungen.

Nach BOGARDI (1958) kann τ_c auch angenähert werden durch

$$\tau_c = 0{,}0774\ d \qquad (p/cm^2) \qquad (4.2.2.1\text{-}9)$$

($1\ p/cm^2 = 981\ g/(cm\ s^2) = 98{,}1\ N/m^2$)

für $d > 0{,}0145$ cm
und

$$\tau_c = 0{,}00182\ d^{0{,}118} \qquad (4.2.2.1\text{-}10)$$

für $d < 0{,}0145$ cm.

EGIAZAROFF (1965) entwickelte aus der SHIELDS-Kurve die Funktion

$$Fr_* = \frac{4}{3\ c_D\ (a_r + 5{,}75\ \lg 0{,}63\ d)^2} \qquad (4.2.2.1\text{-}11)$$

mit c_D = Wiederstandskoeffizient der Fallbewegung

$a_r \simeq 8{,}5$

Für den hydraulisch rauhen Bereich z.B. ergibt sich mit $c_D \simeq 0{,}4$ (vgl. Abb. 4.1.3.2/2) der Wert $Fr_{*c} \simeq 0{,}06$.

BONNEFILLE führte 1963 die dimensionslose Kenngröße D^* ein und zeigte, daß der Bewegungsbeginn auch in der Form $Re_* = f\ (D^*)$ dargestellt werden kann (vgl. Abb. 4.2.2.1/2).

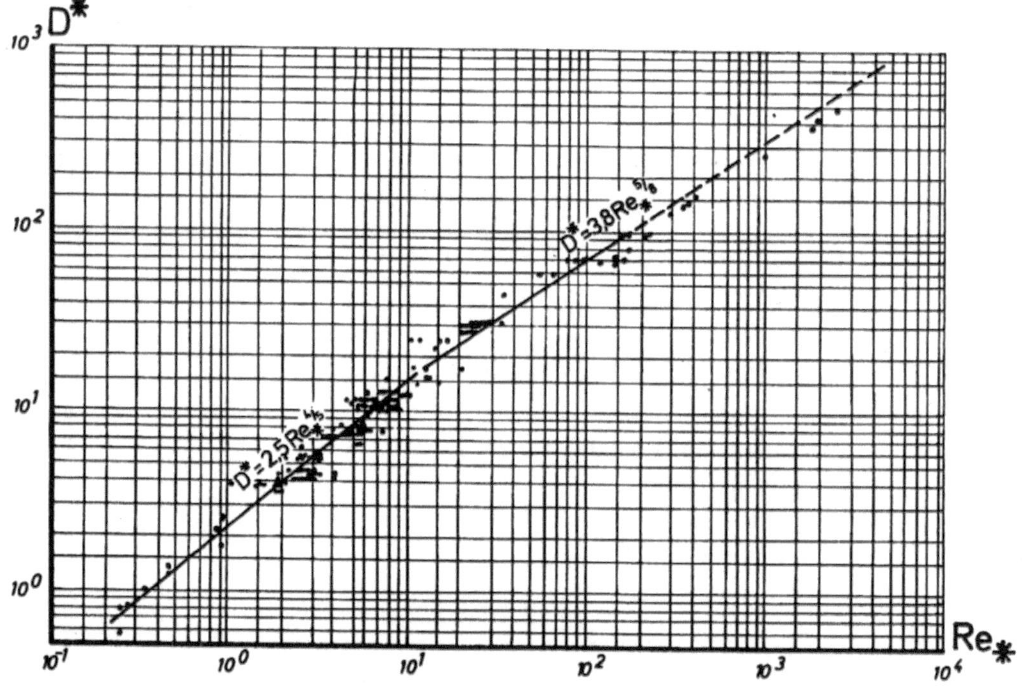

Abb. 4.2.2.1/2
Bewegungsbeginn nach BONNEFILLE (1963)

VOLLMERS und PERNECKER (1967) zeigten durch eine Zusammenstellung von Versuchsergebnissen anderer Autoren, daß sich auch feinstes Kornmaterial, welches Adhäsionseffekten unterworfen ist, im Re_*-D^* Diagramm korrelieren läßt (Abb. 4.2.2.1/3). Das betrachtete Sediment war zwar sehr fein, hatte allerdings Ungleichförmigkeitsgrade, wie sie bei natürlichen Sanden auftreten. Das Material verhält sich damit nicht wie *bindige Böden*, für deren Erosion ganz andere Abhängigkeiten gelten (Abschnitt 4.2.4). Die mit "SHIELDS" bezeichnete Kurve gilt für Sediment ohne jegliche Adhäsion oder Kohäsion.

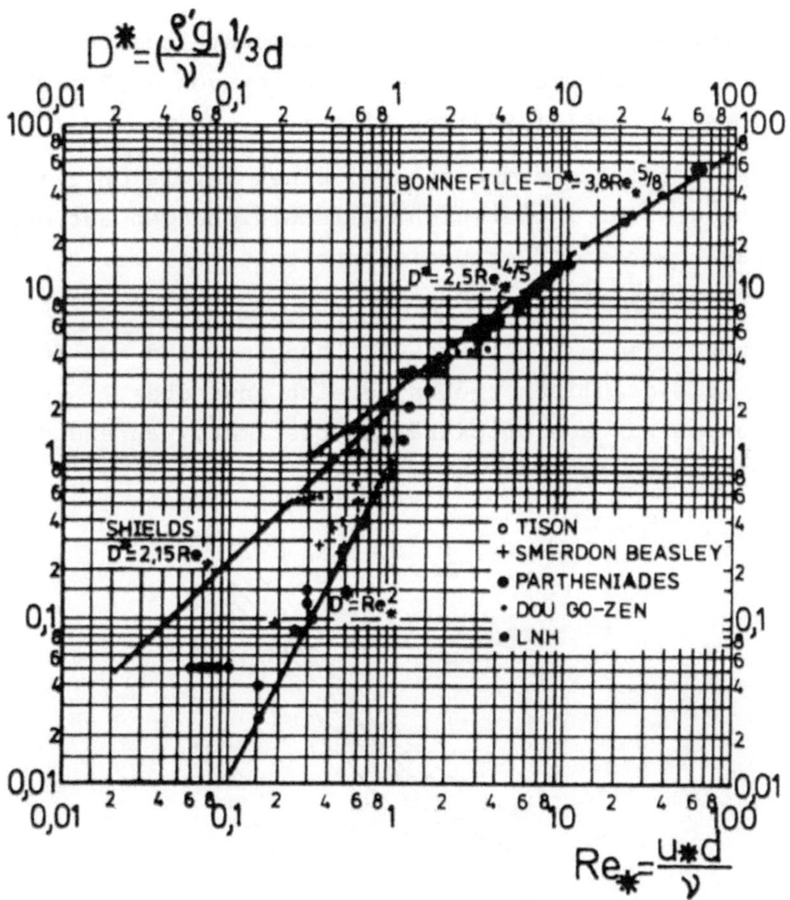

Abb. 4.2.2.1/3

BONNEFILLE-Diagramm erweitert nach VOLLMERS/PERNECKER (1967) für feinstes nicht-bindiges Sediment

Nach Beobachtungen von WHITE (1970), MANTZ (1977) und YALIN (1979) tendieren die kritischen Fr_*-Zahlen bei sehr kleinen Re_*-Zahlen zu kleineren Werten, als man sie der konventionellen SHIELDS-Kurve entnimmt. Die zugehörigen Versuche wurden allerdings in der Mehrzahl nicht mit Wasser als Fluid, sondern mit Öl oder Glyzerin ausgeführt. Außerdem tritt dieser Effekt erst bei sehr kleinen Re_*-Zahlen ($Re_* <$ rd. 0,3) auf. Er ist wasserbau-praktisch bedeutungslos, da diese Effekte somit im allgemeinen erst bei bei laminarer Strömung auftreten. Eine Erklärung für diese Beobachtungen wurde von den Autoren nicht gegeben.

Weitere Zitatstellen und besondere Gesichtspunkte zum Bewegungsbeginn sind bei den zusammenfassenden Arbeiten von GRAF (1971), YALIN (1972) oder BOGARDI (1974) zu finden.

Abb. 4.2.2.1/4 stellt zusammenfassend einen Vergleich zwischen einigen Gleichungen für τ_c her(nicht alle Gleichungen auf der Abb. sind hier genannt worden). Der Unsicherheitsbereich bei der Bestimmung von τ_c liegt in der Größenordnung von 100%.

Die meisten, vor allem die älteren Gleichungen, sind nur für grobes Sediment bzw. im hydraulisch rauhen Bereich anwendbar. τ_c wird in diesen Gleichungen nur aus Druckkräften bestimmt, während die Reibunskräfte vernachlässigt werden.

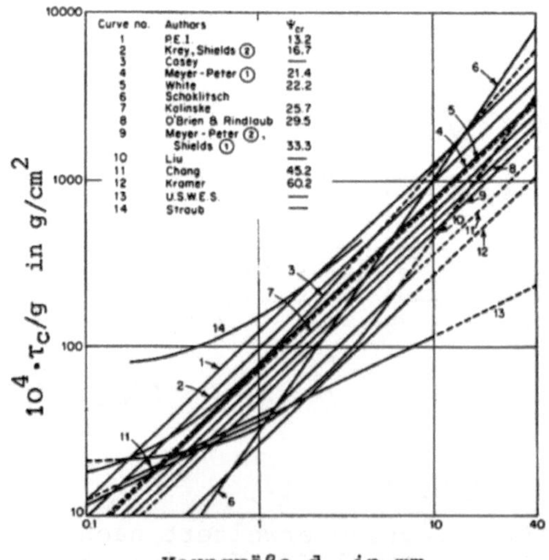

Abb. 4.2.2.1/4

Kritische Schubspannung als Abhängige des mittleren Korndurchmessers (nach NING-CHIEN 1954 aus GRAF 1971)

4.2.2.1.1 Transportbeginn unter Windeinfluß

BAGNOLD (1954) entwickelte für den Transportbeginn unter Windeinfluß die Gleichung

$$u_{*c} = A \ (\rho' g \ d)^{1/2} \qquad (4.2.2.1.1\text{-}1)$$

mit A ≈ 0,08 bis 0,1. BAGNOLD bemerkt, daß der entsprechende Wert A für Wasser etwa doppelt so groß ist. Die Ursache hierfür ist unbekannt.

Bei $Re_* \approx 3,5$ definiert BAGNOLD die Gültigkeitsgrenze für Gleichung (4.2.2.1.1-1). Bei kleineren Re_*-Zahlen als rd. 1,0 steigen die kritischen Schubspannungsgeschwindigkeiten stark an (vgl. Abb. 4.2.2.1.1/1).

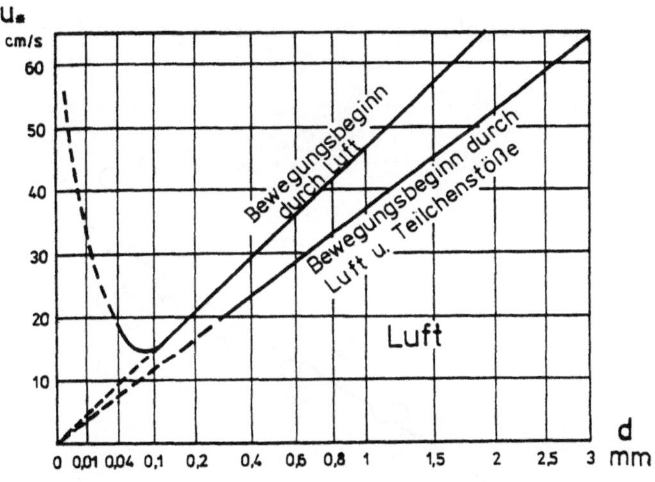

Abb. 4.2.2.1.1/1
Bewegungsbeginn nach BAGNOLD

BAGNOLD hat als erster darauf hingewiesen, daß bei der kritischen Geschwindigkeit zwei Fälle zu unterscheiden sind. Der kritische Zustand hängt nämlich davon ab, ob die Bewegung selbst durch Wind oder aber durch andere, schon bewegte Körner hervorgerufen wird.

CHEPIL, CHIGUSA, und AKIBA (aufgeführt bei GISZAS (1970)) veröffentlichten Meßergebnisse, die die Richtigkeit der BAGNOLDsche Kurve in weiten Bereichen belegen.
Nach ZINGG (bei GISZAS 1970) kann der Transportbeginn durch

$$\tau_c = 7 \cdot 10^{-3}\, d \qquad (4.2.2.1.1\text{-}2)$$

bestimmt werden, was für ρ_S = 2,65 g/cm^3 (Sand) mit BAGNOLDs Gleichung (4.2.2.1.1-1) übereinstimmt, wenn A = 0,116 ist.
KADIB (1964) untersuchte den Einfluß der Sandfeuchte auf den Bewegungsbeginn. KADIB führte dazu etliche Versuchsreihen in einem Windkanal durch. Der untersuchte Sand hatte eine natürliche Streubreite und einen mittleren Korndurchmesser von d = 0,44 mm. KADIB untersuchte sowohl den Einfluß der Luftfeuchte als auch den Einfluß der direkt erzeugten Sandfeuchte. Abb. 4.2.2.1.1/2 und Abb. 4.2.2.1.1/3 geben die Ergebnisse von KADIB für Sand d= 0,44 mm wieder.

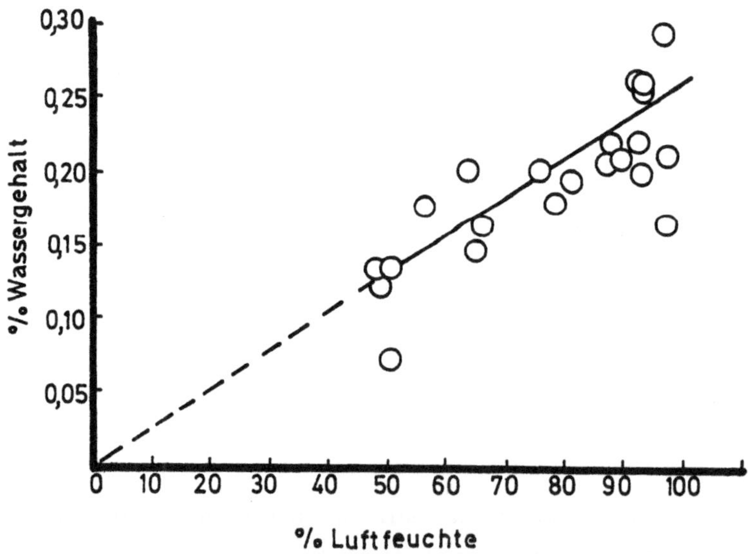

Abb. 4.2.2.1.1/2

Korrelation Wassergehalt des Sandes/
Luftfeuchte nach KADIB 1964

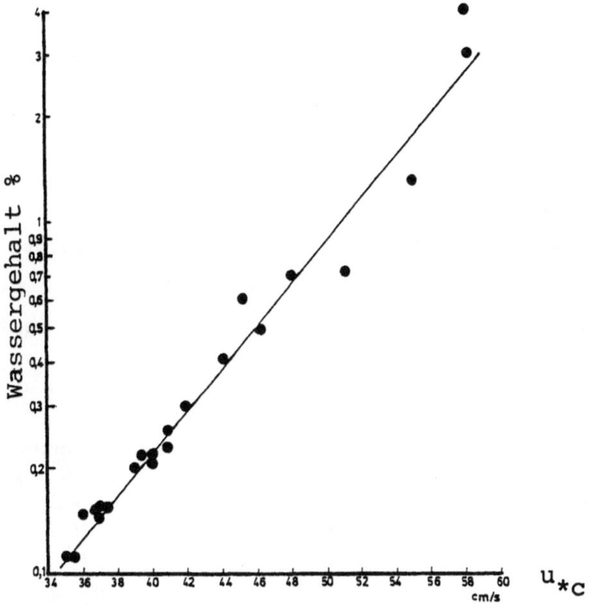

Abb. 4.2.2.1.1/3

Kritische Schubspannungsgeschwindigkeit von Sand d = 0,44 mm für verschiedene Wassergehalte nach KADIB 1964

Bereits bei relativ geringen Sandfeuchten stellte KADIB eine erhebliche Steigerung der kritischen Schubspannung fest (Abb. 4.2.2.1.1/3).

4.2.2.1.2 Transportbeginn unter Welleneinwirkung

KOMAR und MILLER (1975) entwickelten aus den bis 1975 erreichbaren Daten einen empirischen Ansatz für die kritische Orbitalgeschwindigkeit. Hierzu wurden u.a. die Arbeiten von SILVESTER und MODRIDGE (1971), BAGNOLD (1946) MANOHAR (1955), RANCE und WARREN (1968), HORIKAWA (1967) herangezogen. Allein SILVESTER und MODRIDGE haben in ihrer Arbeit 13 verschiedene Gleichungen zusammengestellt. Die Gleichungen von KOMAR/ MILLER

$$\frac{u_B^2}{\rho' \, g \, d} = 0{,}21 \left(\frac{d_o}{d}\right)^{1/2} \quad \text{für } d < 0{,}5 \text{ mm} \qquad (4.2.2.1.2\text{-}1)$$

und

$$\frac{u_B^2}{\rho' \, g \, d} = 0{,}46 \, \pi \, \left(\frac{d_o}{d}\right)^{1/4} \qquad \text{für } d > 0{,}5 \text{ mm} \qquad (4.2.2.1.2\text{-}2)$$

sind auf Abb. 4.2.2.1.2/1 grafisch dargestellt. Es ist in obigen Gleichungen u_B = maximale Orbitalgeschwindigkeit an der Sohle und d_o = Orbitaldurchmesser an der Sohle (beide Werte nach der linearen AIRY-Wellentheorie).

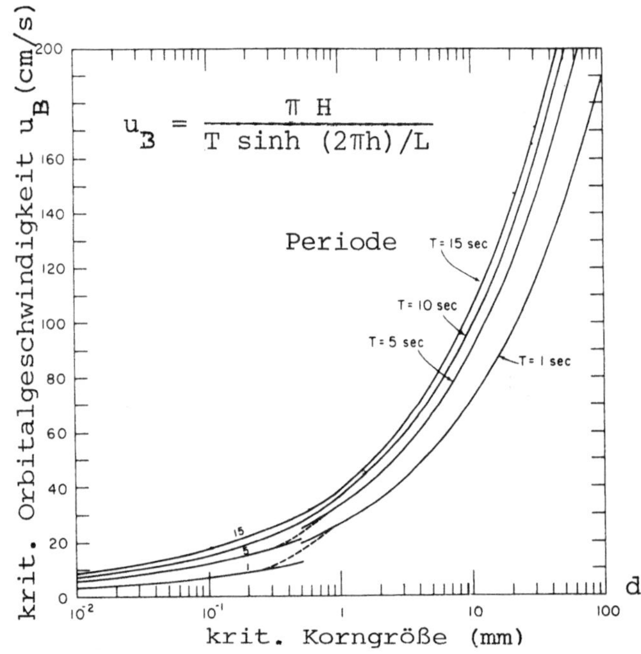

Abb. 4.2.2.1.2/1

Beginn der Sedimentbewegung durch Wellen nach KOMAR und MILLER (1976)

Durch Bestimmen der Widerstandsbeiwerte auf der Grundlage der Arbeiten von JONSSON (1967) (Abb. 4.2.2.1.2/2) verglichen KOMAR und MILLER den Transportbeginn unter Wellen mit dem Transportbeginn in richtungskonstanter gleichförmiger Strömung Dieser Vergleich ist mit Abb. 4.2.2.1.2/3 wiedergegeben, wobei die dargestellte Kurve für richtungskonstante Strömung von BAGNOLD (1963) übernommen wurde, und im Grunde den Verlauf, den SHIELDS schon 1936 festgestellt hat, wiedergibt.

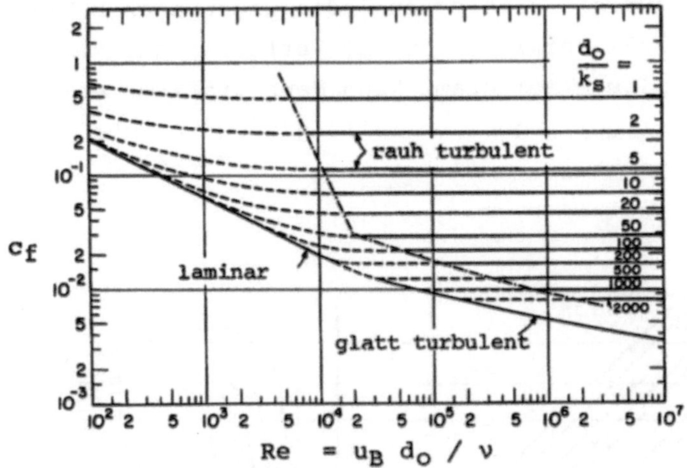

Abb. 4.2.2.1.2/2
Widerstandsbeiwerte c_f nach JONSSON (1965)

Daß die Gesetzmäßigkeit für den Bewegungsbeginn bei stationärer Strömung auch auf den Transportbeginn bei Wellen übertragen werden kann, hatten vorher bereits BONNEFILLE und PERNECKER (1966) festgestellt. Auch BONNEFILLE und PERNECKER waren von der linearen Wellentheorie ausgegangen. Mit dem Schubspannungsansatz

$$u_* = 2{,}2 \left(\frac{\nu H^2}{T^3 \, sh^2 \, 2\pi \, h/L}\right)^{1/4} \qquad (4.2.2.1.2\text{-}3)$$

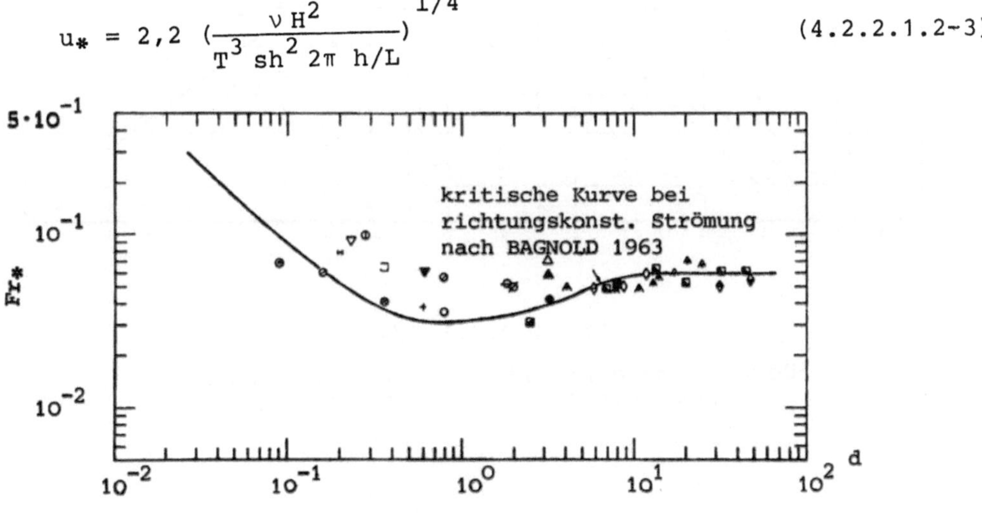

Abb. 4.2.2.1.2/3
Transportbeginn durch Wellen und durch stationäre Strömung nach KOMAR und MILLER(1976).

und dem Diagramm für die kritischen Bedingungen nach BONNEFILLE (1963 (vgl. Abb. 4.2.2.1/3) entwickelten die Verfasser das Nomogramm Abb. 4.2.2.1.2/4. Aus diesem Nomogramm kann dann grafisch ermittelt werden ob ein Kornmaterial bei gegebenen Wellengrößen in Ruhe bleibt, oder in Bewegung gerät.

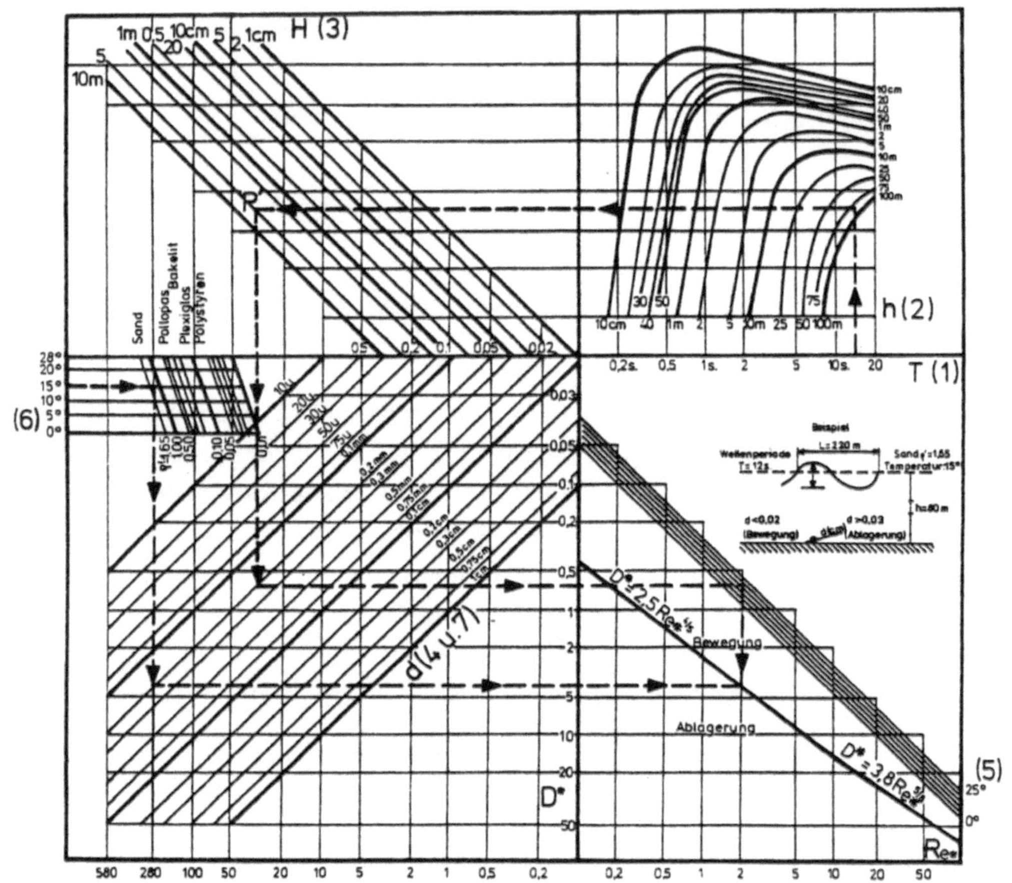

Abb. 4.2.2.1.2/4

Bewegungsbeginn unter Welleneinfluß nach BONNEFILLE und PERNECKER (1966)

4.2.2.2 Ansatz von ZANKE

4.2.2.2.1 Hydraulisch rauhe Sohle (kohäsionsloses Sediment)

Sind die Rauhigkeitselemente (Körner) groß gegenüber der Stärke der laminaren Unterschicht der Grenzschicht, so werden die Kräfte, die die Strömung auf das Korn ausübt, hauptsächlich durch die turbulente Scheinreibung bestimmt. Die Partikel der Sohle selbst setzen den Kräften infolge der An- und Umströmung ihr Eigengewicht und die Widerstände infolge Verzahnung mit Nachbarteilchen entgegen. Man hat somit für den Bewegungsbeginn folgendes Gleichgewicht

$$W = G_{eff} \cdot R \qquad (4.2.2.2.1\text{-}1)$$

Dabei ist R der Reibungsbeiwert innerhalb der oberen Sohlenschicht.
Das effektive Gewicht der Sedimentteilchen der obersten Sohlenschicht setzt sich zusammen aus dem Gewicht unter Auftrieb, der Gewichtsverminderung infolge einseitiger Umströmung (Lift Force) und der Gewichtsverminderung infolge Druckschwankungen durch die Turbulenz an der Sohle. Letztere ruft in der oberen Sohlenschicht eine Ausgleichsströmung hervor, welche im Korngerüst zeitweise aufwärts gerichtet ist.

$$G_{eff} = \frac{\pi}{6} (\rho_S - \rho_F) \, g \, d^3 - C_L \, \rho_F \, u_c^2 \, d^2 - C_A \, \rho_F \, u_c^2 \, d^2 \qquad (4.2.2.2.1\text{-}2)$$

Darin ist c_L der Auftriebsbeiwert. Die Größe von c_L ist für Teilchen, die in einem Verband von anderen Körner liegen, nicht bekannt. Das Gleiche gilt für den Widerstandsbeiwert c_A der aufwärts gerichteten Ausgleichsströmung infolge turbulenzbedingter Druckschwankungen an der Sohle. Aus Gleichung (4.2.2.2.1-1) und Gleichung (4.2.2.2.1-2) folgt mit dem quadratischen Widerstandsgesetz

$$c_D \rho_F u_{cs}^2 d^2 \sim ((\rho_S - \rho_F) g d^2 - c_L \rho_F u_c^2 d^2 - c_A \rho_F u_{cs}^2 d^2) \cdot R \tag{4.2.2.2.1-3}$$

u_{cs} = maßgebende Anströmungsgeschwindigkeit in Kornhöhe

und mit const. $= \dfrac{c_D + c_L + c_A}{R}$

$$u_{cs} = \text{const.} \quad (\rho' \; g \, d)^{0,5} \tag{4.2.2.2.1-4}$$

Eine entsprechende Gleichgewichtsbetrachtung zwischen dem auf die Sohle aufgebrachten Schub und dem Widerstand infolge Reibung führt auf

$$u_{*c} = (\text{const})_1 \; (\rho' \; g \, d)^{0,5} \tag{4.2.2.2.1-5}$$

Wegen

$$\frac{u_*^2}{u^2} = \frac{\tau}{\rho_F \; u^2} \sim \frac{u'w'}{u^2} \sim \frac{u'^2}{u^2} = Tu^2 \tag{4.2.2.2.1-6}$$

$Tu = \dfrac{\sqrt{u'^2}}{u}$ = Turbulenzgrad

kann Gl. (4.2.2.2.1-5) auch in der folgenden Form geschrieben werden

$$u'_{cs} = (\text{const})_2 \; (\rho' \; g \, d)^{0,5} \tag{4.2.2.2.1-7}$$

Mit $(\text{const})_1$ aus Messungen etwa $(\text{const})_1 \simeq (0{,}04)^{0{,}5}$ (vgl. Abb. 4.2.2.1-1) folgt

$$u_{*c} \approx 0{,}2 \; (\rho' \, g \, d)^{1/2} \qquad (4.2.2.2.1\text{-}8)$$

oder $$Fr_{*c} \approx 0{,}04 \qquad (4.2.2.2.1\text{-}8a)$$

Man kann sich diesen Zusammenhang so vorstellen, daß die turbulenten Schübe die Sohle beweglich machen und die gerichtete Strömung die Teilchen transportiert. Bei der Beobachtung des Bewegungsbeginns stellt man den Einfluß der Turbulenz stets fest: Die Körner werden örtlich wechselnd schubweise bewegt. Höherer Turbulenzgrad bewirkt kleinere kritische Geschwindigkeit.

4.2.2.2.2 Hydraulisch glatte Sohle (kohäsionsloses Sediment)

Entsprechend Abschn. (1.4.7) kann man im hydraulisch glatten Bereich $Re_* < 3{,}32$ anstelle der Kornrauhigkeit eine Ersatzrauhigkeit definieren, die eine Funktion der Schubspannungsgeschwindigkeit und der Zähigkeit ist:

$$d \approx k_s' = 3{,}32 \, \frac{\nu}{u_*} \qquad (1.4.7\text{-}1)$$

Gl. (1.4.7-1) in Gl. (4.2.2.2.1-5) eingesetzt ergibt für die kritische Schubspannung im hydraulisch glatten Bereich die Funktion

$$u_{*c} = \text{const}_3 \; (\rho' \, g \, \nu)^{1/3} \qquad (4.2.2.2.2\text{-}1)$$

$$\text{const}_3 = (\text{const}_1^2 \cdot 3{,}32)^{1/3}$$

$$\text{const}_3 \approx 0{,}51$$

oder $$Fr_{*c} = \frac{0{,}13}{Re_{*c}} \qquad (4.2.2.2.2\text{-}1a)$$

Diese Funktion ist identisch mit dem empirischen Ergebnis von SHIELDS, der lediglich die Konstante etwas geringer zu const = 0,1 bestimmte.

4.2.2.2.3 Übergangsbereich und rauher Bereich

Im Übergangsbereich zwischen hydraulisch glatter und hydraulisch rauher Sohle wird der Widerstand der Sohle, also die übertragene Kraft pro Flächeneinheit, sowohl von Zähigkeitskräften als auch von Druckkräften erzeugt. In Abschnitt 1 wurde am Beispiel des universellen Geschwindigkeitsgesetzes gezeigt, wie man sich dieses Zusammenspiel vorstellen kann. Die Kornrauhigkeit k_s bzw. d erzeugt die Widerstände, welche durch Druckkräfte hervorgerufen werden und die Ersatzrauhigkeit $k_s' = 3{,}32\ \nu/u_*$ erzeugt die Widerstände, welche durch Zähigkeitskräfte erzeugt werden.

Jeder der beiden Einzelwiderstände hat entsprechend den Verhältnisses k_s/k_s' Anteil am Gesamtwiderstand. Es gilt also mit

$$Fr_{*c} = \frac{0{,}13}{Re_{*c}} \qquad (4.2.2.2.2\text{-}1a)$$

$$Fr_{*c} \simeq 0{,}04 \qquad (4.2.2.2.1\text{-}8a)$$

für den gesamten Bereich von Re_*-Zahlen > 3,32:

$$Fr_{*c} = \frac{0{,}13}{Re_{*c}} \cdot \frac{k_s'}{k_s} + 0{,}04\ (1 - \frac{k_s'}{k_s}) \qquad (4.2.2.2.3\text{-}1)$$

also

$$Fr_{*c} = \frac{0{,}432}{Re_{*c}^2} + 0{,}04\ (1 - \frac{3{,}32}{Re_{*c}}) \qquad (4.2.2.2.3\text{-}2)$$

Während sich u_{*c} für $Re_* < 3{,}32$ aus Gl. (4.2.2.2.2-1) direkt ermitteln läßt, ist dies bei $Re_* > 3{,}32$ nur durch Iterieren möglich. Bei der Iteration ist ständig zu prüfen, ob man sich oberhalb oder unterhalb $Re_* = 3{,}32$ befindet, d.h. ob man den Gültigkeitsbereich von Gl.(4.2.2.2.3-2) verläßt und in den Bereich von Gl.(4.2.2.2.2-1) kommt.

Für praktische Belange, bei denen es nicht auf die letzte Genauigkeit ankommt, ist die folgende weitere Näherung oftmals leichter zu handhaben, als die vorgenannten. Sie hat bei relativ guten Ergebnissen (vgl. Abb. 4.2.2.2.3/1) den Vorteil, daß sie sich auch nach d auflösen läßt. Das hat den Vorzug, daß man bei bekannter Schubspannung relativ leicht die Korngröße, die sich gerade noch bewegt, abschätzen kann. Die Näherung ist über den gesamten Bereich von hydraulisch glatt bis hydraulisch rauh verwendbar. Sie lautet:

$$u_{*c} \approx u_{*1} + u_{*2} - (u_{*1} \cdot u_{*2})^{1/2} \qquad (4.2.2.2.3\text{-}3)$$

$$u_{*1} = 0{,}27\ (\rho' g\, d)^{1/2}$$

$$u_{*2} = 0{,}5\ \ (\rho' g \nu)^{1/3}$$

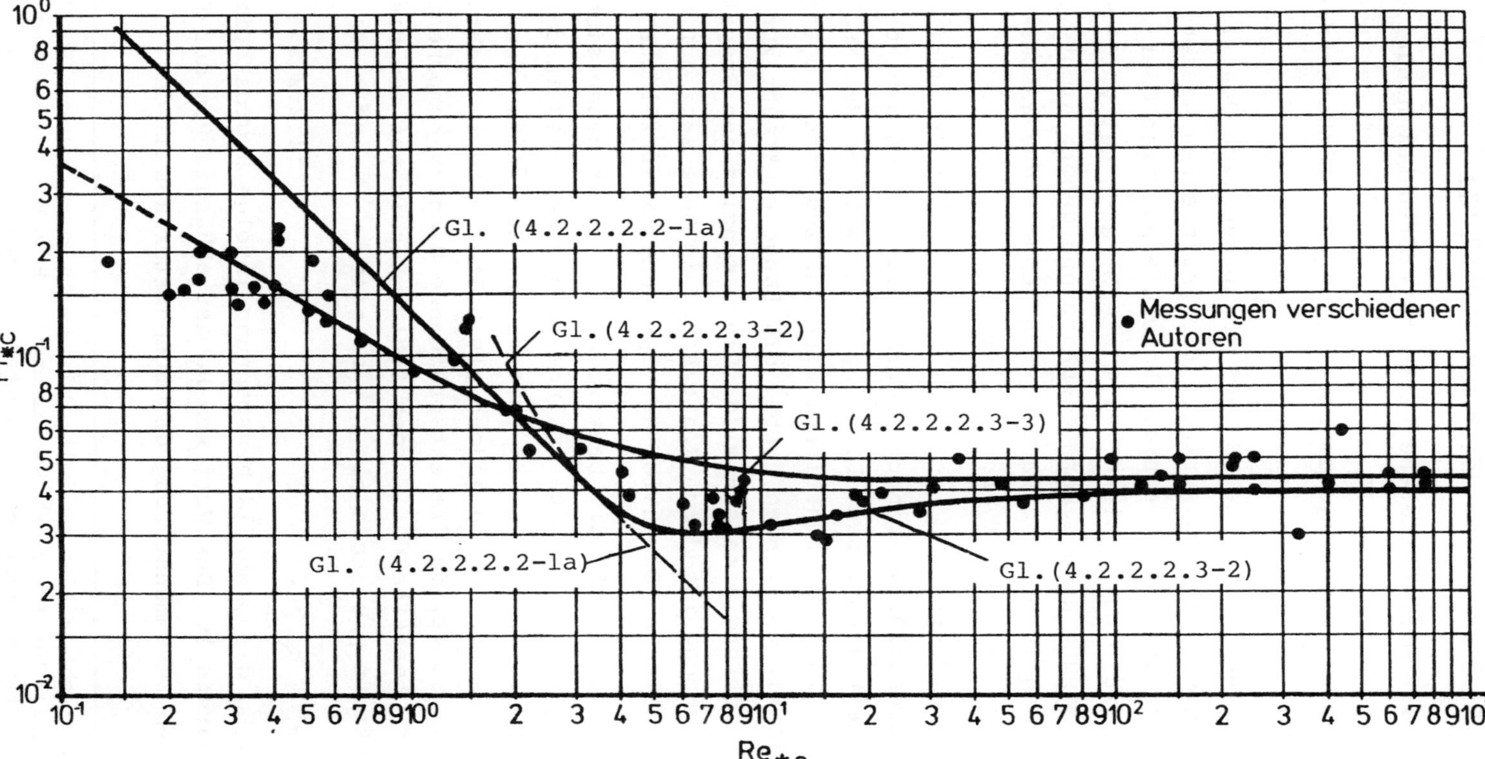

Abb. 4.2.2.2.3/1

Gegenüberstellung der Gleichungen für den Bewegungsbeginn

4.2.2.2.4 Sediment mit Einfluß von Adhäsionskräften *)

Die folgend beschriebenen Effekte treten bei natürlichen Sanden wegen der stets vorhandenen, wenn auch geringen Feinstanteile deutlicher hervor, als bei Einkornsedimenten.

Die Bestandteile eines Sandes (hauptsächlich Quarz) haben die, wenn auch geringe, Fähigkeit einen Wasserfilm von der Stärke einiger Moleküle an ihrer Oberfläche zu binden. Dieser Film bleibt auch bei völliger Durchnässung an das Korn gebunden und gehört nicht zum freibeweglichen Porenwasser. Man nennt diese Wasserbindungsfähigkeit *Hygroskopizität.*

In den Berührpunkten benachbarter Körner wirkt dabei eine Grenzflächenspannung, durch welche sich die Körner gegenseitig anziehen. Diese Spannung wird in der Mechanik als in der Berührfläche wirkende Zugkraft pro Längeneinheit verstanden, wobei die Länge senkrecht zur Kraftrichtung gemessen wird. Die Dimension der Grenzflächenspannung ist darum Kraft/Länge im Gegensatz zur sonst üblichen Dimension der Spannung Kraft/Fläche.

Bei einem vollständig benetzten Korngerüst heben sich diese Anziehungskräfte im Inneren des Gerüstes in der Summe auf. Auf die Randkörner an der Oberfläche des Sediments wirken sie jedoch als Haltekräfte in Richtung auf die Sohle, da die entsprechende Bindungskomponente an der Oberseite der Körner fehlt. Bezeichnet man diese Haltekraft pro Korn mit G', so gilt

$$G' \sim H_Y \cdot d \qquad (4.2.2.2.4\text{-}1)$$

wobei H_Y die Grenzflächenspannung infolge Hygroskopizität darstellt. Der Wert von H_Y ist abhängig von der chemischen Zusammenstezung des Bodenmaterials und des Wassers.

---

*) Die Sedimente der Flachlandflüsse enthalten stets auch einen gewissen Anteil sehr feinen Materials. Dadurch setzt die Wirkung von Bindekräften zwischen den Körnern bei natürlichen Sedimenten schon bei größeren Werten d_{50} oder d_m ein als bei entsprechenden Einkornsedimenten.

Entsprechend der scheinbaren Erhöhung des Korngewichtes G um G', läßt sich eine entsprechende scheinbare Erhöhung der Dichte ρ_S der Randkörner um den Betrag ρ_{SS} definieren:

$$\rho_{SS} = \frac{G'}{\frac{\pi}{6} d^3 \cdot g} \sim \frac{\text{const } Hy}{g \cdot d^2} \qquad (4.2.2.2.4\text{-}2)$$

Für natürliche Sandgemische ließ sich aus Versuchen bestimmen

$$\rho_{SS} \approx \frac{9 \cdot 10^{-5}}{d^2} \qquad (4.2.2.2.4\text{-}3)$$

Dabei ist d in cm einzusetzen, weil der Zahlenwert $9 \cdot 10^{-5}$ für Hy/g im cgs-System ermittelt wurde und die Einheit g/cm hat.
In den Gleichungen für den Bewegungsbeginn -Gl. (4.2.2.2.1-7), Gl. (4.2.2.2.2-1) und Gl. (4.2.2.2.3-1)- ist die Wirkung der Adhäsionskräfte mit einer entsprechenden Erhöhung der relativen Dichte ρ' zu berücksichtigen. Anstelle von ρ' tritt ρ_S' .(*)

$$\rho_S' = \frac{\rho_S - \rho_F + \rho_{SS}}{\rho_F} = \rho' + \frac{\rho_{SS}}{\rho_F} \qquad (4.2.2.2.4\text{-}4)$$

Abb. (4.2.2.4/1) gibt die Größe des scheinbaren Gewichtes G' +G im Verhältnis zum wirklichen Gewicht G von kugelförmigen Sandkörnern unter Ansatz von Gl.(4.2.2.2.4-3) wieder. Auf ein Korn an der Grenze Schluff/Sand- d ≈ 0,006 cm- wirkt danach infolge der beschriebenen Anziehungseffekte scheinbar das rd. 2,9-fache Gewicht, wenn das Korn von der Sohle gelöst wird. Diese zusätzliche Kraftwirkung besteht nur solange, wie das Korn Kontakt zur Sohle hat. Die Sinkgeschwindigkeit wird von diesen Effekten daher nicht beeinflußt. (Ein solcher Einfluß der Hydratwasserhülle kann erst bei äußerst feinen Teilchen auf die Sinkgeschwindigkeit wirksam werden, nämlich wenn das Korn gegen die Dicke der gebundenen Wasserhülle so klein wird, daß eine merkbare Änderung der wirksamen Dichte und des Durchmessers entsteht.)

---

*Ohne die hier abgeleiteten Einflußgrößen der Adhäsion verlaufen die auf Abb. 4.2.2.2.3/1 dargestellten Gleichungen für den Bewegungsbeginn so, wie auf Abb. 4.2.2.1/3 mit "SHIELDS" gekennzeichnet. Mit Einrechnung des Adhäsionseinflusses hingegen folgen die Gleichungen etwa dem auf Abb.4.2.2.1/3 durch Messungen belegten Verlauf für nicht bindiges feinstes Sediment.

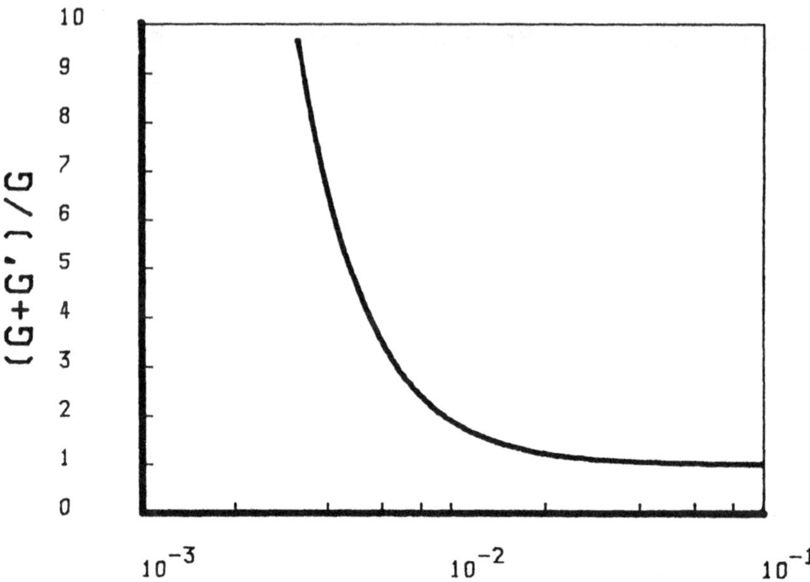

Abb. 4.2.2.2.4/1

Einfluß der Adhäsion auf das wirksame Gewicht von Sandkörnern in Wasser

4.2.2.2.5 Bewegungsbeginn infolge Wind

Völlig trockene Sedimentteilchen in einer Luftströmung sind ähnlich zu behandeln, wie völlig nasse Teilchen ohne Lufteinschlüsse unter Wasser. Aufgrund der fehlenden Feuchtigkeit sind jedoch zusätzlich Adhäsionskräfte nicht vorhanden. Lediglich die sogenannten VAN DER WAAL-Kräfte wirken. Diese Molekularkräfte sind im wesentlichen elektrischer Natur und spielen im Größenordnungsbereich von Sandkörnern gegenüber deren Eigengewicht eine verschwindend kleine Rolle. Mithin gilt für vollkommen trockenen Sand

$$\rho_{SS} \simeq 0$$

Feuchter Sand hat bekanntlich relativ große Bindungskräfte, die sogenannte scheinbare Kohäsion. Diese scheinbare Kohäsion, die eigentlich eine Auswirkung von Adhäsionskräften ist, wird durch die Oberflächen-

spannung des Wassers in den Berührpunkten der Körner hervorgerufen. Dabei ist das Verhältnis der Oberfläche, mit dem dieses Zwickelwasser an die Körner bzw. die Luft in den Poren grenzt, für die Stärke der Anziehungskräfte maßgebend.
Für die Oberflächenspannung besteht die Erklärung darin, daß sich die Moleküle im Innern der Flüssigkeit in jeder Richtung anziehen. An der freien Oberfläche wirkt diese Kraft auf die Moleküle nur von einer Seite. Wird also ein Molekül aus dem Innern an die Oberfläche gebracht, dann muß es von der Anziehung der benachbarten Moleküle befreit werden. Um die Oberfläche der Flüssigkeit zu vergrößern, also Moleküle an die Oberfläche zu bringen, ist Arbeit zu leisten. Das wirkt sich so aus, als ob die Oberfläche der Flüssigkeit unter Spannung stünde.

Die Oberfläche nimmt infolge der Oberflächenspannung eine Form ein, bei der das Verhältnis von Oberfläche zu Volumen zum Minimum wird. Darum neigen Wassertropfen zur Kugelform. Zahlenmäßige Angaben zur Oberflächenspannung des Wassers an der Luft gibt folgende Tafel

Temperatur °C	0	10	20	30	40
σ (dyn/cm)	74,16	72,79	71,32	69,75	68,18

Eine andere Erklärung ist die, daß die Tangentialkomponenten aller an einem Oberflächenmolekül angreifenden molekularen Anziehungskräfte in der Oberfläche eine Spannung hervorrufen, durch die die Flüssigkeit das Betreben bekommt, eine möglichst kleine Oberfläche zu bilden. Die Oberfläche der Flüssigkeit gleicht einer gespannten Membran, jedoch mit dem Unterschied, daß die Oberflächenspannung bei Vergrößerung oder Verkleinerung der Oberfläche dieselbe bleibt. Zur Vergrößerung der Oberfläche (A) muß Arbeit aufgewandt werden. Dabei werden weitere Moleküle gegen die ins Innere der Flüssigkeit gerichteten Kräfte an die Oberfläche gebracht. Sie gewinnen an potentieller Energie. Die Vergrößerung der Oberfläche bedeutet also Vergrößerung der Oberflächenenergie. Wird dabei ein Linienelement (ds) um dx (senkrecht zu ds) verschoben, so ist die zu verichtende Arbeit $dW = \sigma\ ds\ dx = \sigma\ dA$, so daß $\sigma = dW/dA$ wird. Die Oberflächenspannung kann also auch als die Arbeit je Flächeneinheit angesehen werden. Dies ist auch aus den Einheiten von σ ersichtlich; denn für z.B. dyn/cm kann auch dyn cm/cm^2 = erg/cm^2 geschrieben werden. Von Einfluß ist dabei aber auch die an die Flüssigkeitsoberfläche angrenzende Substanz (z.B. Luft), deren Moleküle die nach dem Innern der Flüssigkeit gerichtete Kraft entsprechend schwächen. Die Oberflächenspannung kann durch Aufbringen eines oberflächenaktiven Stoffes verringert werden, wobei sich dessen Moleküle viel weniger untereinander anziehen als die der Flüssigkeit. Die Dicke der Schicht, in der die Oberflächenspannung wirkt, liegt bei 10^{-6} bis 10^{-7} cm.

Die Folge der Ober-oder Grenzflächenspannung ist, daß sich die Körner anziehen, wobei die Größe der Anziehung von der Größe der Flächen abhängt, mit der das Zwickelwasser an die Luft im Zwickel bzw. an die Körner grenzt. Für die Grenzfälle, in denen entweder keine Feuchtigkeit oder keine Luft im Zwickel ist, werden die Bindungskräfte infolge Oberflächenspannung zu Null. Das Maximum wird erreicht, wenn die Menisken so groß sind, daß sie an die Menisken der benachbarten Berührpunkte grenzen.
Das Maximum der Adhäsionskräfte ist erreicht, wenn die Zwickel zu etwa 30% Vol Wasser enthalten, das ist bei einem natürlich gelagerten Sediment etwa ein Wassergehalt von $W_S \simeq 5\%$ wobei

$$W_S = \frac{\text{Gewicht feuchte Probe - Gewicht trockene Probe}}{\text{Gewicht trockene Probe}} \qquad (4.2.2.2.5\text{-}1)$$

Bezüglich der Bewegung des Sandes durch Wind ist es bei höheren Wassergehalten nicht sinnvoll, nur mit den zusätzlichen Effekten der Adhäsion zu arbeiten, da oberhalb von bestimmten Werten W die Menge des Zwickelwassers an der Oberfläche des Bodens verändernd auf die Rauhigkeit wirkt. Bei voller Wassersättigkeit wären die Körner der Oberfläche ganz von einem Wassermantel geschützt, z.B. dem Angriff der Strömung nur noch indirekt ausgesetzt.

Ebenso wie beim Zwei-Phasen-System unter Wasser bewirkt auch beim System Feststoff-Wasser-Luft die Kornanziehung eine scheinbare Erhöhung der Dichte der Partikel an der Oberfläche des Sediments in Bezug auf das Anheben dieser Teilchen, solange der Kontakt zur Sohle vorhanden ist:

Aus den Meßwerten von KADIB 1964 und eigenen Messungen des Verfassers konnte eine zahlenmäßige Abhängigkeit für die zusätzliche scheinbare Dichte ρ_{SS} im Drei-Phasen-System erarbeitet werden:

$$\rho_{SS} = \frac{f(W_S)}{d^2} \qquad (4.2.2.2.5\text{-}2)$$

(d in cm → ρ_{SS} in g/cm³)

mit

$$f(W_S) = 0{,}0266 + 0{,}003696 \ln W \qquad (4.2.2.2.5\text{-}3)$$

für $W_S > 0{,}0008$

oder

$$f(W_S) = 8 \cdot 10^{-3} \ln (W_L + 1) \qquad (4.2.2.2.5\text{-}4)$$

wobei W_S = Wassergehalt des Sandes laut Definition Gl.(4.2.2.2.5-1)

und W_L = rel. Luftfeuchtigkeit (maximal=1)

Die Berechnung über W_L soll nur durchgeführt werden, wenn der Sand seine Feuchtigkeit nur aus der Luft bezieht und nicht anderweitig durchfeuchtet wurde.

Zur Berechnung der kritischen Schubspannungsgeschwindigkeiten von Sanden infolge Luftströmung sind grundsätzlich die gleichen physikalischen Zusammenhänge anzunehmen, wie bei Wasserströmungen. Jedoch wurde vom Verfasser bei Untersuchungen (hauptsächlich an Stränden) die Feststellung von ZINGG und BAGNOLD (vgl. Abschnitt 4.2.2.1.1) bestätigt, daß die Konstanten andere Werte aufweisen als im Wasser.

So ist Gl.(4.2.2.2.1-8), welche u_* im hydraulich rauhen Bereich ergibt, anstelle mit const = 0,2 mit const ≃ 0,1 anzusetzen.

Gl. (4.2.2.2.3-2) für den gesamten nicht hydraulisch glatten Bereich ist mit den Messungen für u_{*c} von BAGNOLD u.a. (siehe Abschnitt 4.2.2.1.1.) in Übereinstimmung zu bringen, wenn der

Übergang von der hydraulisch glatten Strömung bereits bei $Re_* = 1$ anstelle $Re_* = 3{,}32$ beginnt.

Die in den Konstanten entsprechend modifizierte Gleichung lautet für Luftströmungen mit $u_* \, d/\nu > 1$

$$Fr_{*c} = \frac{0{,}01}{Re_{*c}^{2}} + 0{,}01 \quad \left(1 - \frac{1}{Re_{*c}}\right) \qquad (4.2.2.2.5\text{-}5)$$

Nahezu gleiche Ergebnisse liefert die folgende empirische Annäherung an Gl. (4.2.2.2.5-5) auch ohne Iteration, wenn Re_*>rd. 5 ist:

$$u_{*c} \simeq 0{,}05 \, (\rho' g \, d)^{1/2} + (\rho' g \, d \, (0{,}0025 - 0{,}05 \, D^{*-1{,}5} + 0{,}214 \, D^{*-2}))^{1/2} \qquad (4.2.2.2.5\text{-}6)$$

(Adhäsionseinfluß nach Gl. (4.2.2.2.5-2) auch in D^* berücksichtigt)

Das Ergebnis von Gl. (4.2.2.2.5-5) ist den Meßergenissen der in Abschnitt 4.2.2.1.1 zitierten Autoren gegenübergestellt. Die Berechnungen wurden für verschiedene Sandfeuchten (W_S nach Gl. (4.2.2.2.5-1) durchgeführt (Abb. 4.2.2.2.5/1).

Die kinematische Zähigkeit und die Dichte der Luft können nach ZANKE (1977a) mit den Näherungsfunktionen ermittelt werden, die in den Gleichungen 4.1.3.3-11 und folgende angegeben sind.
Für $u_* d/\nu < 1$ wird u_{*c} analog zu den Gleichungen aus Abschn. 4.2.2.2.2 für kohäsionsloses Sediment nach Anpassung der Konstanten

$$u_{*c} = 0{,}22 \, (\rho' g \, \nu)^{1/3} \qquad (4.2.2.2.5/7)$$

oder

$$Fr_{*c} = 0{,}01/Re_{*c} \qquad (4.2.2.2.5/8)$$

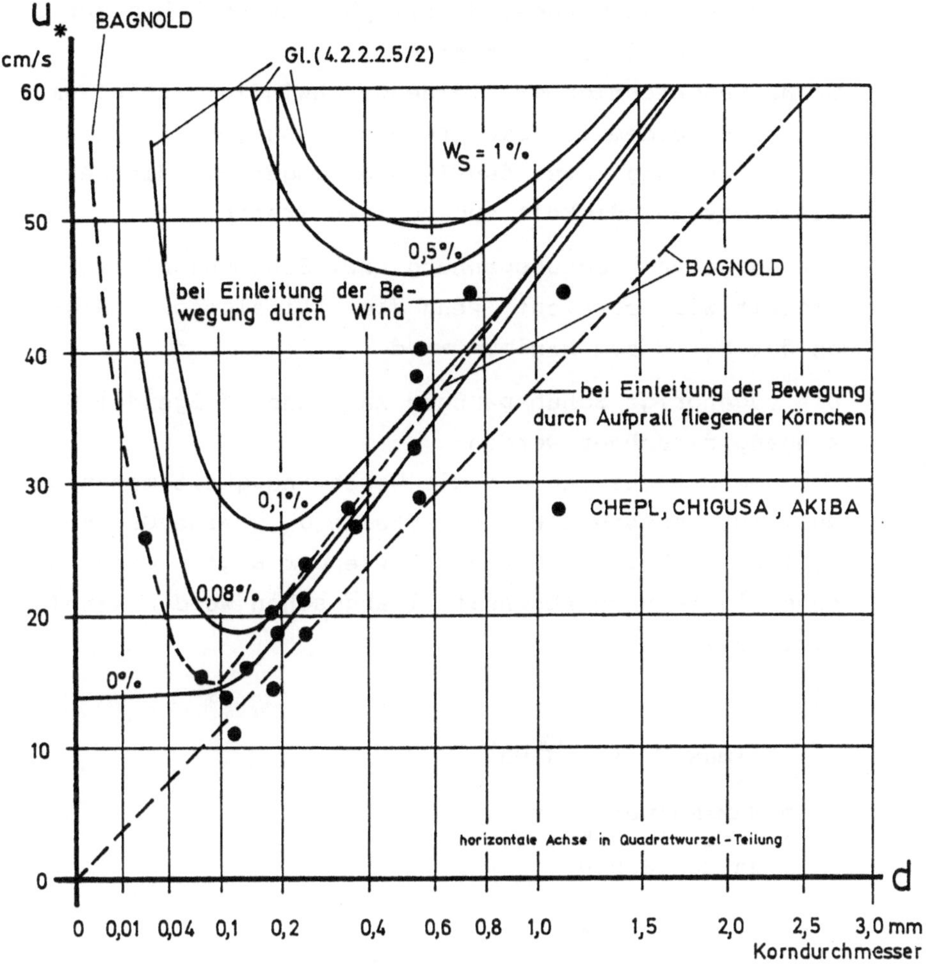

Abb. 4.2.2.2.5/1

Kritische Schubspannungsgeschwindigkeiten u_{*c} nach Gl. (4.2.2.2.5-5) und verschiedenen Messungen

Für Meßgebiete, die deutlich über dem Meeresspiegel liegen, ist ν nach obiger Gleichung noch mit dem Verhältnis der Luftdichte für die gegebene Höhe über NN umzurechnen. (In größerer Höhe wird ν_{Luft} bei sonst gleichbleibenden Bedingungen größer (vgl. Gl. (4.1.3.3-11)).

4.2.2.2.6 Bewegungsbeginn unter Welleneinfluß

Bei der Beanspruchung der Sohle durch Wellen treten neben den Orbitalgeschwindigkeiten noch Beschleunigungseffekte auf. Diese können jedoch in erster Näherung

vernachlässigt werden, da sie phasenverschoben zur Geschwindigkeit auftreten:
Große Beschleunigung- kleine Geschwindigkeit und umgekehrt. Außerdem ist die Größenordnung der Kräfte aus der Beschleunigung i.a. deutlich geringer als die der maximalen Geschwindigkeit zugehörigen Kräfte.

Die maßgebende Schubspannung bzw. Schubspannungsgeschwindigkeit wird erreicht, wenn die Orbitalgeschwindigkeit an der Sohle zum Maximum wird.

Die zugehörige Schubspannung kann nach folgendem Gedankengang berechnet werden:
Von dem Ort aus, an dem die Geschwindigkeit momentan Null ist, entsteht bis zur Stelle u_{max} eine Grenzschicht, wobei der Ort u = 0 wie der Beginn einer Reibungsplatte nach Abschnitt 1 angesehen werden kann(Abb. 4.2.2.2.6/1)

Mit

$$\tau_{max} = c_f \cdot \frac{\rho_F}{2} u_B^2$$

u_B = Maximalwert der Orbitalgeschwindigkeit an der Sohle

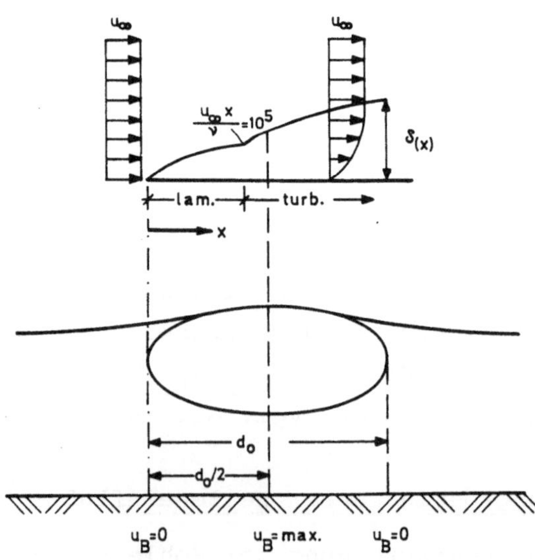

Abb. 4.2.2.2.6/1
Zur Entwicklung der Grenzschicht unter Welleneinfluß (schematisch)

und c_f nach Gl. (1.3.3-3) bei hydraulisch glatter Sohle oder c_f nach Gl. (1.3.3-6) im Übergangsbereich und bei hydraulisch rauher Sohle folgt

1. für $\frac{k_s'}{k_s} > 1$, das ist der glatte Teil, ist

$$c_f = c_{f\,glatt} \tag{1.3.3-3a}$$

Dabei gilt für $\frac{k_s'}{k_s}$

$$\frac{k_s'}{k_s} = 65{,}53\,\frac{x}{k_s} \cdot 10^{-\left(0{,}976 \log \frac{u_\infty x}{\nu}\right)} \tag{1.3.3-5}$$

2. für $\frac{k_s'}{k_s} < 1$, das ist der Übergangsbereich und der rauhe Teil

$$c_f = c_{f\,glatt} \cdot \quad + c_{f\,rauh}\left(1 - \frac{k_s'}{k_s}\right) \tag{1.3.3-6}$$

Daraus läßt sich die maximale Schubspannung berechnen.

Im vorliegenden Falle erreicht c_f das Maximum, wenn

$x = 0{,}5\ d_o$

d_o = Orbitaldurchmesser an der Sohle und

$u_\infty = u_B$

eingesetzt wird. Für k_s kann näherungsweise

$k_s = d$

gesetzt werden.

Nach der linearen Wellentheorie ist

$$u_B = \frac{\pi H}{T \sinh 2\pi \frac{h}{L}} \tag{4.2.2.2.6-1}$$

H = Wellenhöhe

T = Wellenperiode

h = Wassertiefe

L = Wellenlänge

$$d_o = \frac{H}{2 \sinh 2\pi \frac{h}{L}} \tag{4.2.2.2.6-2}$$

$$L = \frac{gT^2}{2\pi} \tanh 2\pi \frac{h}{L} \tag{4.2.2.2.6-3}$$

Damit kann τ_{max} und schließlich u_{*max} berechnet werden:

$$u_{*max} = \frac{u_B \sqrt{c_f}}{\sqrt{2}} \qquad (4.2.2.2.6\text{-}4)$$

Über die Gleichungen $u_{*c} = f(d)$ in Abschn. 4.2.2.2.3 kann ermittelt werden, für welche Korngröße d_{crit} diese Schubspannungsgeschwindigkeit u_{*max} gleich der kritischen Schubspannungsgeschwindigkeit u_{*c} ist.

Man hat mit Gl. (4.2.2.2.6-4) und den Gleichungen für u_{*c} aus Abschnitt 4.2.2.2.3 zwei Bestimmungsgleichungen, aus denen diejenige Korngröße d_{crit}, die gerade die Grenze zwischen Ruhe und Bewegung bildet, ermittelt werden kann.

Die Berechnung der vorstehend abgeleiteten Gleichungen erfordert einen hohen Rechenaufwand. Die Lösungen sind nur iterativ zu finden. Abb. 4.2.2.2.6/1 gibt das Ergebnis der Berechnung in der Form $u_B = f(d)$ für die Grenze Ruhe/Bewegung wieder.

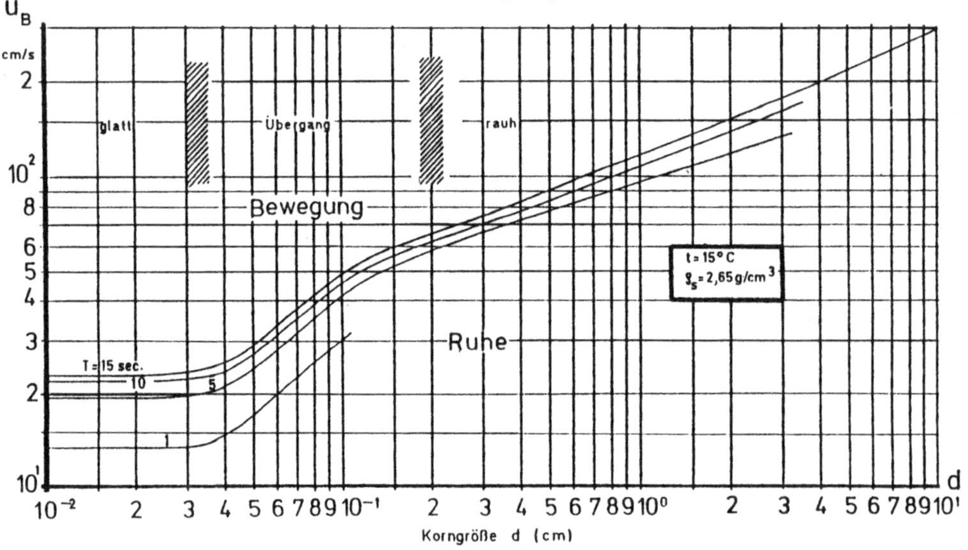

Abb. 4.2.2.2.6/1
Kritische maximale Orbitalgeschwindigkeiten u_B an der Sohle als Funktion der Korngröße für verschiedene Wellenperioden

Der Berechnungsansatz ist nur für nicht brechende Wellen gültig und im engeren Sinne auch nur für den Gültigkeitsbereich der linearen Wellentheorie zutreffend. Die Abweichungen sind jedoch im Gesamtbereich nicht brechender Wellen gegenüber den eigentlich jeweils anzuwendenden Wellentheorien (STOKES höherer Ordnung) nicht sehr groß. Als Gültigkeitsgrenze kann daher näherungsweise gelten

1. $\frac{H}{L} = 0{,}14$ 2. $\frac{H}{h} = 0{,}78$

* Beispiel 4.2.2

1. gegeben: $d = 0{,}78$ mm
   Fluid: Wasser
   $\nu = 0{,}01\ cm^2/s$

   gesucht: u_{*c}, Re_{*c}

   a) Lösung mit Gl. (4.2.2.3-3)

$$u_{*c} = u_{*1} + u_{*2} - (u_{*1}\ u_{*2})^{1/2}$$

$$u_{*1} = 0{,}27\cdot(1{,}65\cdot 981\cdot 0{,}078)^{1/2} = 3{,}034\ cm/s$$

$$u_{*2} = 0{,}5\cdot(1{,}65\cdot 981\cdot 0{,}01)^{1/3} = 1{,}265\ cm/s$$

$$\underline{\underline{u_{*c} = 2{,}34\ cm/s}} \qquad Re_{*c} = 18{,}25$$

   b) Lösung mit Gl. (4.2.2.3-2)

Wegen $Re_* > 3{,}32$ ist Gl. (4.2.2.3-2) anwendbar. Die Rechnung wird mit $u_* = 2$ cm/s Schätzwert begonnen.

Gl. (4.2.2.2.3-2) wird ausführlich geschrieben

$$\frac{u_{*c}^{2}}{\rho' g d} = \frac{0{,}432\cdot\nu^2}{u_{*c}^{2}\cdot d^2} + 0{,}04\ (1 - \frac{3{,}32\cdot\nu}{u_{*c}\cdot d})$$

$$u_{*c} \stackrel{!}{=} \left[\rho' g d\ \left((\frac{0{,}432\ \nu^2}{u_{*c}^{2}\ d^2}) + 0{,}04\ (1 - \frac{3{,}32\,\nu}{u_{*c}\ d})\right)\right]^{1/2}$$

Man setzt nun den Schätzwert für u_{*c} auf der rechten Seite der Gleichung ein und erhält als Ergebnis einen Zahlenwert. Diese Zahl ist ein verbesserter Schätzwert für u_{*c}. Je nach gewünschter (zahlenmäßiger) Genauigkeit beginnt man den zweiten Rechendurchlauf mit dem neuen Schätzwert. Z.B. zweistellige Genauigkeit ist erreicht, wenn Schätzwert und Rechenergebnis eines Rechendurchlaufes in den ersten zwei Nachkommastellen übereinstimmen.

Nachfolgend die Ergebnisse einiger Rechendurchläufe:

1. $u_{*c} = 2 \rightarrow u_{*c} = 2{,}049$

2. $u_{*c} = 2{,}049 \rightarrow u_{*c} = 2{,}053$

3. $u_{*c} = 2{,}053 \rightarrow u_{*c} = 2{,}053$

Nur 5 Rechendurchläufe sind erforderlich, wenn mit dem Schätzwert $u_{*c} = 100$ cm/s oder dem Schätzwert $u_{*c} = 0{,}1$ cm/s begonnen wird.

Ergebnis: $u_{*c} = 2{,}05$ cm/s

$Re_* = 16$

2. Welchen Wert hat die mittlere kritische Geschwindigkeit u_{m_c}, wenn die Sohle

a) eben

b) aus vorangegangenen Strömungsereignissen mit Riffeln H = 3 cm bedeckt ist.

Die Wassertiefe beträgt 3 m.

Lösung:

a)

$$c_1 = 9{,}32 \qquad (1.4.7\text{-}6)$$

$$\frac{u_m}{u_*} = 27{,}46 \qquad (1.4.4\text{-}3a)$$

$$u_m = 27{,}46 \cdot 2{,}05$$

$$u_m = 56{,}3 \text{ cm/s}$$

b)

$$c_1 = 8{,}5$$

$$\frac{u_m}{u_*} = 17{,}5$$

$$u_m = 35{,}9 \text{ cm/s}$$

Welche Werte ergeben sich für h = 50 cm?

Ergebnis: a) u_m = 47,1 cm/s
b) u_m = 26,7 cm/s

3. Wie groß ist die kritische Geschwindigkeit nach HJULSTRÖM, nach Gl. (4.2.3-2) und nach DOU GO-ZEN (h ≈ 1 m)

nach HJULSTRÖM $20\ cm/s < u_{m_c} < 35\ cm/s$

nach Gl. (4.2.3-2) u_{m_c} = 33,34 cm/s

nach DOU GO-ZEN u_{m_c} = 28 cm/s

4. Welche Windgeschwindigkeit ist in y = 10 m (1000 cm) Höhe erforderlich, um

a) trockenen und
b) feuchten Sand d = 0,78 mm

in Bewegung zu setzen? Die Sohle ist mit Riffeln H = 5 cm bedeckt. (Werte für ρ' und ν aus Beispiel 4.1 übernehmen.)

a) Die Ausrechnung von Gl. (4.2.2.2.5-5) erfolgt nach dem gleichen Schema, wie in Beispiel 1b für Gl. (4.2.2.2.3-2) gezeigt wurde. Man erhält mit dem willkürlichen Schätzwert u_{*_c} = 100 cm/s als Ergebnis

$$u_{*_c} = 39{,}7\ cm/s \qquad (4.2.2.2.5\text{-}5)$$

$$\frac{u_{1000}}{u_*} = 2{,}5\ \ln 30\ \frac{1000}{5} = 21{,}75 \qquad (1.4.6\text{-}2)$$

$$\underline{\underline{u_{1000} = 21{,}75 \cdot 39{,}7 = 863\ cm/s}}$$

In 10 cm Höhe ist u_c = 406 cm/s.

b) Die Berechnungsfeuchte des Sandes ist $W_S = 0,5\ \% = 0,005$ (vgl. Gl. (4.2.2.2.5-1).

Man erhält

$$f(W_S) = 7,02 \cdot 10^{-3} \qquad (4.2.2.2.5\text{-}3)$$

$$\rho_{SS} = \frac{7,02 \cdot 10^{-3}}{0,078^2} \qquad (4.2.2.2.5\text{-}2)$$

$$\rho_{SS} = 1,15$$

Damit ist für ρ' rechnerisch in Ansatz zu bringen:

$$\rho_S' = \rho' + \frac{\rho_{SS}}{\rho_F} = 20 \qquad (4.2.2.2.4\text{-}4)$$

$$\rho_S' = 2160,5 + \frac{1,15}{1,226 \cdot 10^{-3}} = 3098,5$$

Die weitere Berechnung erfolgt wie in Beispiel 4.2.2/1a und ergibt nacheinander (Iteration allerdings hier mit Gl. (4.2.2.2.5-5)):

$$u_{*c} = 47,74 \text{ cm/s}$$

$$u_{1000} = 1038 \text{ cm / s}$$

==================

$$u_{10} = 488 \text{ cm / s}$$

==================

5. Gegeben: Wellenhöhe $H = 6$ cm
Periode $T = 7$ s
Wassertiefe $h = 20$ m
$\nu = 0,01$ cm²/s

gesucht: d_{crit}

Lösung: $L = 72$ m (4.2.2.2.6-3)

$\frac{H}{L} < 0,14$ = nicht brechende Wellen

$u_B = 80,7$ cm/s (4.2.2.2.6-1)

$d_{crit} \approx 5,2$ cm (Abb. 4.2.2.2.6/1)

4.2.3 KRITISCHE GESCHWINDIGKEIT U_M

Im folgenden werden nur solche Arbeiten und Gleichungen besprochen, die direkt kritische Geschwindigkeiten angeben. Die meisten dieser Arbeiten sind mehr oder weniger empirischer Natur.

Prinzipiell kann die kritische Geschwindigkeit auch (physikalisch richtiger) aus den Beziehungen über kritische Schubspannungen berechnet werden. Die kritische Schubspannungsgeschwindigkeit multipliziert mit u_m / u_* ergibt die mittlere kritische Geschwindigkeit, während man aus $u_{*c} (u_{(y)} / u_*)$ die kritische Geschwindigkeit in einer Höhe y über der Sohle erhält. Für die im Einzelfall zutreffenden Gleichungen siehe Abschnitt 4.2 und Abschnitt 1.

Die wohl älteste Angabe für den Bewegungsbeginn stammt von BRAHMS (1754/57). BRAHMS gibt darin an, daß $u_c = \text{const} \cdot d^{1/2}$ ist. Diese Angabe ist für gröberes Sediment und Steine auch heute noch gültig. Bereits im 18. und 19. Jahrhundert wurden Messungen über die Strömungsgeschwindigkeiten bei Bewegungsbeginn durchgeführt (DU BUAT (1786), UMPFENBACH (1830), TELFORD (1838), REDTENBACHER (1852), SAINJON (1871), STERNBERG (1875), BLACKWELL (1872), SUCHIER (1883), AIRY (1885), FRANZIUS (1890) und andere; sämtlich zitiert bei GRAF (1971)).

Die bekannteste der früheren Arbeiten ist die HJULSTRÖM-Kurve (Abb. 4.2.3/1).

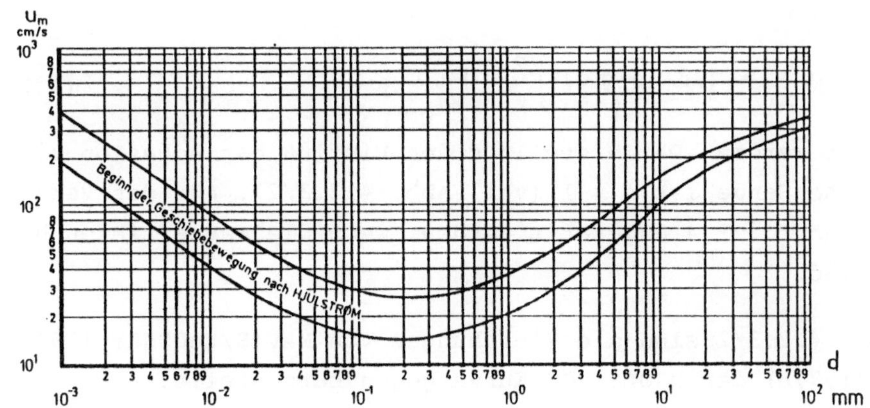

Abb. 4.2.3/1
Mittlere kritische Geschwindigkeiten nach HJULSTRÖM (1935)

Die Arbeit von HJULSTRÖM stützt sich auf viele Messungen anderer Autoren. Das Kurvenband gibt den Bereich an, in dem bei Wassertiefen um 1 m etwa der Beginn der Bewegung der Sedimente festzustellen ist. Der Wiederanstieg der krititschen Geschwindigkeit im Feinkornbereich ist einerseits Adhäsionskräften und Kohäsionskräften zuzuordnen. Andererseits ist der Wiederanstieg der kritischen Geschwindigkeit im Feinkornbereich dadurch begründet, daß die Stärke der zähen Unterschicht groß gegenüber den Rauhkeitselementen sind.

Die HJULSTRÖM-Kurve kann als erste Abschätzung der kritischen Strömungsgröße dienen. HELLEY (1969) -zitiert bei GRAF- fand auch für sehr grobes Sediment von d= 33 cm gute Übereinstimmung mit der HJULSTRÖM-Kurve.

MAVIS und LAUSHEY (1948) geben für den Bewegungsbeginn an

$$u_{cs} = 15{,}2\ d^{4/9}\ \rho'^{1/2} \qquad (4.2.3\text{-}1)$$

u_{cs} in cm/s für d in mm.

Aufgrund ihres Aufbaues kann diese Gleichung nur im hydraulisch rauhen Bereich angesetzt werden (ν ist nicht enthalten).

Eine größere Anzahl von weiteren empirischen Gleichungen findet man z.B. bei GRAF (1971) und BOGARDI (1974) zusammengestellt, die allerdings ebenfalls die Zähigkeitseinflüsse nicht berücksichtigen.

Nach ZANKE (1977) kann u_{cm} in guter Annäherung an die HJULSTRÖM-Kurve durch

$$u_{cm} = 2{,}8\ (\rho' g\ d)^{1/2} + 14{,}7\ \frac{\nu}{d} \cdot c \qquad (4.2.3\text{-}2)$$

berechnet werden. Darin stellt c den Einfluß der Adhäsion dar. Für natürliche Sande ist $c \approx 1$ (vgl. Abb. 4.2.3/2). Für das Verhältnis u_m/u_s kann rd. 1,4 angesetzt werden, wenn die Wassertiefen h > rd. 30 cm sind.

Auf Abb. 4.2.3/2 sind die Gleichungen von MAVIS/LAUSHEY (1948) und ZANKE (1977b) der HJULSTRÖM-Kurve gegenübergestellt.

Nach Gl. (4.2.3-2) steigt die kritische Geschwindigkeit für kälteres Wasser. Die Abhängigkeit u_{cm} = f (Temperatur) wird um so stärker,

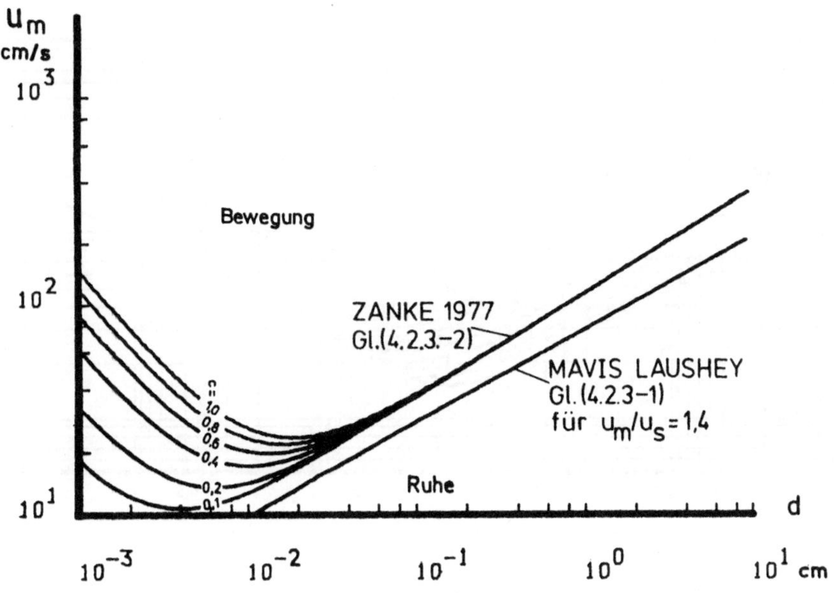

Abb. 4.2.3/2
Beginn der Geschiebebewegung nach MAVIS /LAUSHEY (1948) und ZANKE (1977b)

je feiner das Sediment ist. Für Quarz in Wasser ist oberhalb $d \approx 2,5$ mm kein Einfluß der Zähigkeit mehr spürbar.

DOU GO-ZEN (1962) führte die Gleichung

$$u_{cm} = \frac{2,24}{M\eta} \left(\rho' g\, d + 0,19\, \frac{\varepsilon_K + g\, h\, \delta\, \rho}{d\, \rho}\right)^{0,5} \qquad (4.2.3\ -3)$$

ein, die darum bemerkenswert ist, weil sie den Einfluß von Adhäsionskräften berücksichtigt. $\varepsilon_k = 2,56$ dyn/cm ist in dieser Gleichung ein Adhäsions-Parameter. Für die Kontaktstärke des Wasserfilms zwischen zwei Körnern setzt DOU GO-ZEN $\delta = 2,13 \cdot 10^{-5}$ cm an. Für Wassertiefen $h > 70\, d$ gibt DOU GO-ZEN $M_\eta = 0,85$ cm an. Abb. 4.2.3/3 gibt die Gleichung von DOU GO-ZEN in grafischer Darstellung wieder.

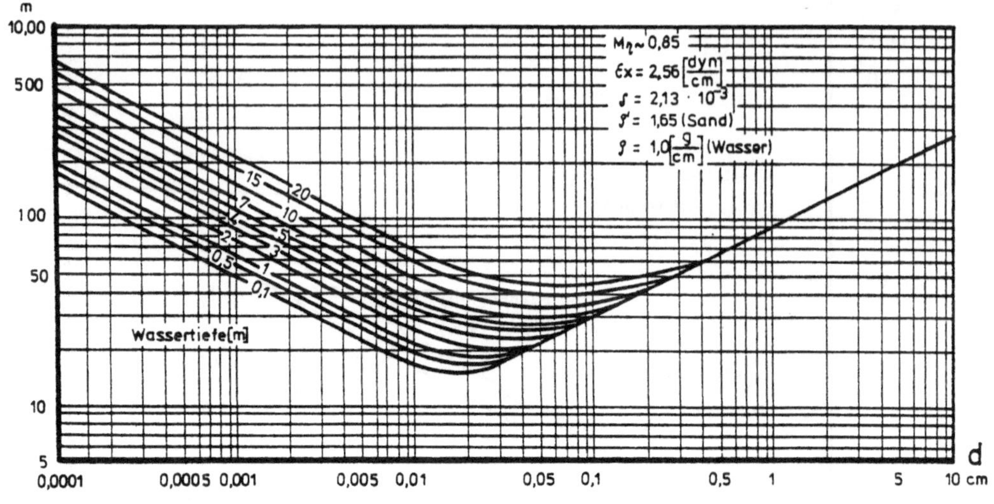

Abb. 4.2.3/3

Transportbeginn nach DOU GO-ZEN (1962)

In vielen praktischen Fällen ist die direkt ohne Umweg über die Schubspannung berechnete kritische Geschwindigkeit gut als Maß für den kritischen Zustand der Sohle ansetzbar. Die Ausrechnung der gängigen Formeln für die kritische Geschwindigkeit ist wesentlich einfacher als die der kritischen Schubspannung. Die Ergebnisse sind andererseits jedoch nur als Überschlagswerte zu betrachten, die im speziellen Einzelfall besonderer Randbedingungen auch deutlich falsche Ergebnisse liefern können.

4.2.4 EROSIONSBEGINN BEI BINDIGEN BÖDEN

4.2.4.1 Allgemeines

Bindige Böden, also Böden, deren Konsistenz je nach ihrem Wassergehalt flüssig, plastisch oder fest ist, lassen sich in ihrem Erosionsverhalten nicht mit rolligem Material vergleichen. Beim bindigem Boden werden nach Überschreiten der kritischen Geschwindigkeit- so zeigt es die Beobachtung- nicht einzelne Partikel der Sohle in Bewegung gesetzt. Vielmehr werden dann größere Elemente von einer Ausdehnung sehr vieler Korndurchmesser aus der Sohle herausgerissen. Diese Elemente gehen bei verhältnismäßig flüssigem Boden sofort in Suspension über. Bei festeren Sohlenmaterialien werden sie rollend transportiert, dabei zerkleinert und schließlich ebenfalls suspendiert. Ein Geschiebetransport wie beim Sand findet nach Überschreiten der kritischen Geschwindigkeit praktisch nicht statt. Ein bindiger Boden wird also für $u > u_c$ abgetragen.

Im Vergleich zu den ohnehin schon sehr komplexen Abhängigkeiten des Zusammenwirkens von Strömung und Sediment bei rolligem Material sind die Zusammenhänge bei bindigen Böden noch schwerer zu durchschauen. In bindigen Böden spielen neben den Oberflächenkräften zwischen den Teilchen bezüglich der Widerstandsfähigkeit noch elektrochemische Kräfte eine Rolle. Sie werden durch die chemische Zusammensetzung von Boden und Flüssigkeit bestimmt. Weiterhin ist die Sohle bei höheren Wassergehalten elastisch und kann den Druckstößen der angreifenden Strömung ausweichen und deren Wirkung damit vermindern. Eine volle theoretische Durchdringung aller Zusammenhänge bei bindigen Böden in einer Strömung ist äußerst schwierig und noch nicht gelungen.

4.2.4.2 Frühere Arbeiten

Zum Erosionsproblem bindiger Böden wurde bereits eine größere Anzahl von Untersuchungen ausgeführt. Dabei wurde die kritische Schubspannungsgeschwindigkeit τ_c mit Größen wie der Scherfestigkeit S_v des Bodens, dem Plastizitätsindex I_p, mithin der Fließ- und Ausrollgrenze sowie dem prozentualen Anteil an Ton oder Schluff korreliert. Die Scherfestigkeit wird dabei i.a. durch einen standardisierten Versuch (z.B. Flügelsonde) bestimmt. Der Plastizitätsindex ist die Differenz an Wassergehalt zwischen Fließgrenze und Ausrollgrenze des Bodens (= ATTERBERGsche Grenzen, s.hierzu Schrifttum der Bodenmechanik).

DUNN (1959) untersuchte verschiedene natürliche Böden auf ihr Erosionsverhalten und stellte den empirischen Zusammenhang

$$\tau_c = 0{,}001\ (S_v + 180)\ \tan\ (30 + 1{,}73\ I_p) \qquad (4.2.4.2\text{-}1)$$

her, der für I_p zwischen 5 und 16 gelten soll. Dabei wurde ein Wasserstrahl senkrecht auf eine Probe gerichtet, wodurch dem Versuch bezüglich des Erosionsverhaltens in einer parallel zum Boden verlaufenden Strömung nur qualitativer Charakter zukommt. Zudem wurde der Boden nicht in seinem natürlichen Zustand untersucht.

SMERDON und BEASLEY (1961) untersuchten kohäsive Böden aus dem Mississippi-Gebiet in einer Laborrinne. Dabei wurden die Böden vor der Untersuchung gut durchmischt und von Klumpen befreit. Abb. 4.2.4.2/1 gibt die gemessenen Werte von τ_c als Funktion vom Plastizitätsindex wieder. Mit dem Ergebnis nach Abb. 4.2.4.2/1 zeigen die Autoren weiterhin den gemessenen Zusammenhang zwischen dem prozentualen Anteil an bindigem Material in der Bodenprobe und τ_c. Danach steigt die kritische Schubspannung sowohl mit dem Plastizitätsindex als auch mit dem Tongehalt.

FLAXMAN (1963) kam aufgrund seiner Untersuchungen zu der Ansicht, daß der Plastizitätsindex allein keine maßgebende Ausgangsgröße für den Erosionsbeginn sein kann.

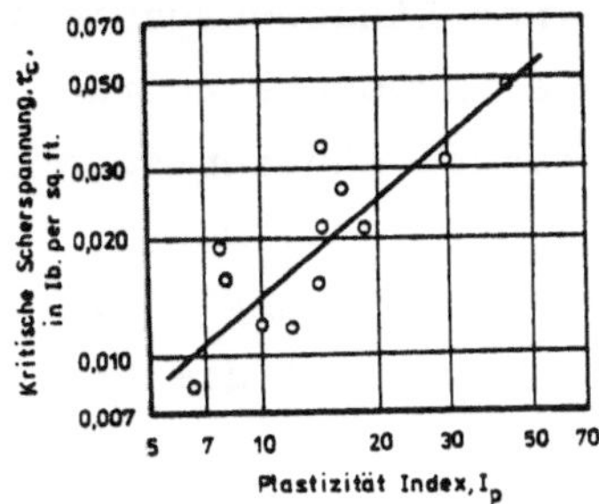

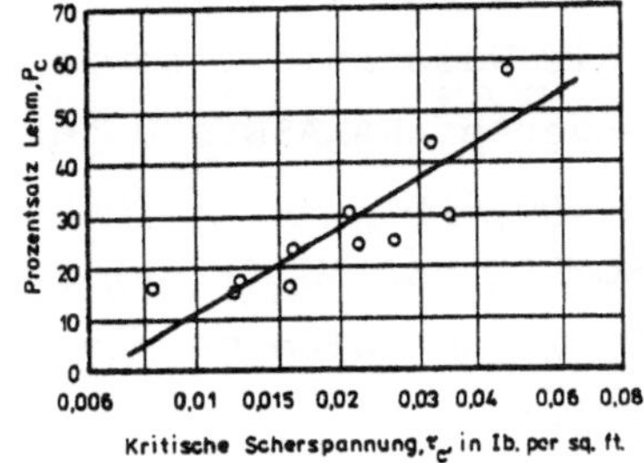

Abb. 4.2.4.2/1

Kritische Schubspannung als Funktion vom Plastizitätsindex und vom Tongehalt nach SMERDON und BEASLEY (1961)

PARTHENIADES (1965) und (1970) untersuchte in mehreren Experimenten "mud" aus der San Francisco Bay. Er benutzte das natürliche Salzwasser. PARTHENIADES führte zwei Untersuchungsserien durch, wobei die erste mit dem natürlichen Boden im ursprünglichen Zustand durchgeführt wurde. Für die zweite Serie wurde das Material benutzt, welches sich aus der Suspension im Gerinne abgesetzt hatte. Die Werte für τ_c wurden in beiden Fällen als etwa gleich groß bestimmt, obwohl der Boden der zweiten Serie etwa 1% der Scherfestigkeit des ursprünglichen Bodens aufwies. PARTHENIADES (1965) schloß daraus, daß die Scherfestigkeit nicht maßgebend für den Erosionsbeginn sei, schränkte diese Vermutung allerdings 1970 auf Böden mit hohem Wassergehalt ein. PARTHENIADES (1970) weist darauf hin, daß die Temperatur des Wassers ebenfalls von Einfluß ist. So wurde in Versuchen festgestellt, daß die Erosionsraten bei einer Wassertemperatur von 35°C etwa doppelt so hoch waren wie bei 20°C.

GRISSINGER und ASMUSSEN zeigten 1963, daß über die bislang genannten Einflußgrößen hinaus auch elektrochemische Kräfte maßgebend sein können. So ist besonders für Laborversuche in Hinblick auf ihre Übertragbarkeit auf die Natur zu berücksichtigen, daß eine Änderung des Salzgehalts eine erhebliche Änderung der Scherfestigkeit bewirken kann.

Eine weitere Beziehung für den Erosionsbeginn stellte KARASEV (1964) auf.

$$u_{cm} = 0,142\, C \sqrt{2\, d\, \rho' + 3\, \sigma \left(1,2 + 8\, \frac{h}{h_a}\right)} \qquad (4.2.4.2\text{-}2)$$

wobei C der CHEZY-Koeffizient ist, σ einen Adhäsionsparameter darstellt und h die Wassertiefe sowie h_a den Atmosphärendruck in m Wassersäule angeben. KARASEVs Untersuchungen stützen sich auf frühere russische Arbeiten von MASLOV (1956), REBINDER (1958), DERJAGIN (1950/56), NERPIN (1961), DENISOW (1956), SERGEJEV (1959), GUMANSKIJ (1959), und ISTOMINA (1950/57), sowie auf die Arbeiten von DOU GO-ZEN (1960).

Berücksichtigt man in der Gleichung von KARASEV, daß der Korndurchmesser d sehr klein ist, ist praktisch nur der zweite Summand in Gl. (4.2.4.2-2) für die Bestimmung von u_{cm} maßgebend.

Das heißt mit anderen Worten: nach KARASEV ist die Scherfestigkeit des Bodens der maßgebende Kennwert für den Widerstand gegen die Erosion.

ESPEY (1963) und REKTORIK und SMERDON (1964) führten Erosionsversuche mit den in folgender Tabelle aufgelisteten Böden durch

Soil Name and Number	Lake Charles K319	Lufkin K116	Houston K177	Houston K177A	Houston K177B	San Saba	Taylor Marl
Texture	Clay or Silty Clay	Clay or Clay Loam	Clay or Silty Clay	Clay or Silty Clay	Clay or Silty Clay	Silty Clay	
Liquid Limit	56.4	49.4	43.7	44.7	48.7	47.7	47
Plastic Limit	22.0	15.9	20.5	17.7	18.0	22.0	21
Plasticity Index	34.4	33.5	23.2	27.0	30.7	25.7	26
Clay, as a percentage	46.2	40.3	55.5	55.5	55.5	44.7	50
Mean Particle Size, in millimeters	0.0019	0.0084	0.0033	0.0033	0.0033	0.0020	0.0048

Eigenschaften der von ESPEY, REKTORIK und SMERDON untersuchten Böden

Die Ergebnisse zeigen deutlich, daß weder die Scherfestigkeit noch der Wassergehalt allein Aufschluß über den Erosionsbeginn geben können (Abb. 4.2.4.2/2 und Abb. 4.2.4.2/3).

Der Boden *San Saba* fällt z.B. extrem aus der allgemeinen Tendenz heraus.

Zwar wurden diese Untersuchungen in einem besonders konstruierten Apparat ausgeführt, wobei die Naturähnlichkeit sehr fraglich ist, jedoch dürften die Tendenzen qualitativ übertragbar sein.

ABDEL-RAHMAN (1963) gibt für Flügelscherfestigkeiten S_v zwischen 0,09 und 0,28 kp/cm^2 ($\hat{=}$ $8{,}8 \cdot 10^3$ bis $2{,}76 \cdot 10^4$ N/m^2) eine empirische Gleichung an:

$$u_{*c} = 0{,}021 \left(\frac{S_V \cdot g}{\rho_F}\right)^{1/4} \qquad (4.2.4.2\text{-}3)$$

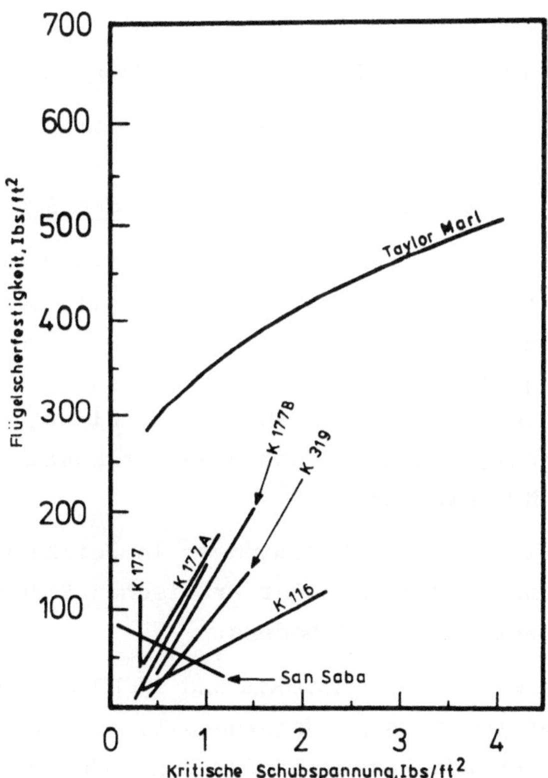

Abb. 4.2.4.2/2

τ_c als Funktion der Flügelscherfestigkeit nach ESPEY, REKTORIK und SMERDON

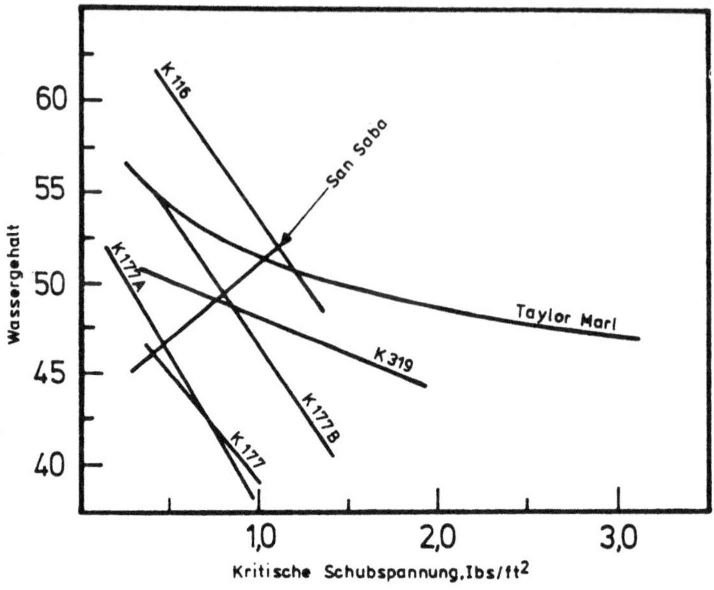

Abb. 4.2.4.2/3

τ_c als Funktion des Wassergehaltes nach ESPEREY (1963), REKTORIK und SMERDON (1964)

4.2.4.3 Kritische Betrachtung der Ergebnisse aus dem Schrifttum

Die vorstehend angeführten Arbeiten haben i.a. rein empirischen Charakter und führen zu Ergebnissen, die z.T. sehr widersprüchlich sind. Während KARASEV, ABDEL RAHMAN UND DOU GO-ZEN die Scherfestigkeit allein als maßgebend für den Erosionsbeginn betrachten, ist nach DUNN darüber hinaus auch der Plastizitätsindex, mithin der Wassergehalt, bestimmend für die kritische Geschwindigkeit.

PARTHENIADES wiederum sieht zumindest in Teilbereichen gar keinen Zusammenhang zwischen der kritischen Strömungsgröße und der Scherfestigkeit des Bodens.

Die Ergebnisse von ESPEY, REKTORIK und SMERDON weisen deutlich darauf hin, daß sowohl der Wassergehalt, als auch die Scherfestigkeit maßgebende Parameter für den Boden bezüglich des Erosionsbeginn sind.

Aus diesen Widersprüchen ist zu schließen, daß die jeweilige Betrachtungen die beteiligten Einflußgrößen nicht in der richtigen Weise verknüpfen, daß jedoch sowohl Scherfestigkeit als auch Wassergehalt maßgebend sind.

4.2.4.4 Ansatz von ZANKE

4.2.4.4.1 Vorbemerkung

Die früheren Beobachtungen (z.B. PARTHENIADES) hatten gezeigt, daß die Scherfestigkeit des Bodens als Parameter alleine nicht ausreicht. Der Wassergehalt des Bodens spielt bei hohen Wassergehalten eine entscheidende Rolle. Man kann sich die Ursache etwa so vorstellen, daß die Elastizität der Bodenoberfläche, welche mit dem Wassergehalt steigt, dämpfend auf den Kraftangriff der Strömung wirkt. Örtliche Druckschwankungen beantwortet der Boden durch elastische Verformung.

Es ist daher sinnvoll, die Erosion bindiger Böden zunächst getrennt nach zwei Fällen zu betrachten:

1. fester Boden
   geringer Wassergehalt

2. weicher Boden
   hoher Wassergehalt

und durch Verknüpfung der jeweils gültigen Abhängigkeiten eine allgemein anwendbare Funktion zu erstellen.

4.2.4.4.2 Fester Boden

Wegen der geringen Korngrößen bindiger Böden ist die laminare Unterschicht i.a. dicker als die Partikel, so daß die Sohle hydraulich glatt ist. Zwar bilden sich darum hinter den Teilchen keine Verwirbelungen, die an den Teilchen Druckkräfte hervorrufen, wohl aber wirken sich die turbulenzbedingten Druckschwankungen der Außenströmung auch auf die zähe Unterschicht und somit auf

die Sohle aus.
Auf den Boden wirken daher wechselnde Drücke, wobei für die Erosion nur die Unterdrücke P_u maßgebend sind, für die gelten muß

$$P_u \sim u'^2 \rho_F \sim u_*^2 \rho_F$$

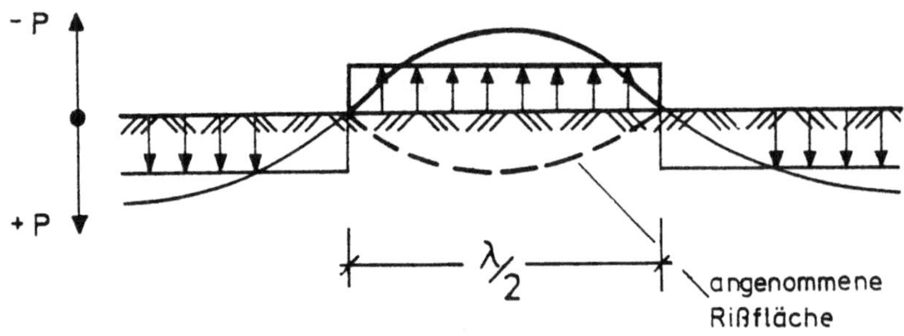

Abb. 4.2.4.4.2/1
Zur Beanspruchung bindiger Böden

Bezeichnet man die Länge der Druckwellen mit λ, so wirkt jeweils auf der Strecke $\lambda/2$ ein Unterdruck (vgl. Abb. 4.2.4.4.2/1).
Bei ausreichender Größe dieses Unterdruckes reißt aus dem Boden eine Scholle heraus, deren Größe von λ abhängt, wobei näherungsweise davon ausgegangen werden kann, daß die Schollendicke der Schollenlänge proportional ist. Damit ist der Erosionsbeginn erreicht, wenn

$$\lambda^2 g (\rho_S + \rho_{SS} - \rho_F) \sim u_*^2 \rho_F \qquad (4.2.4.4.2\text{-}1)$$

ist. Dabei ist ρ_{SS} wieder eine fiktive Dichte, deren Wirkung aufgrund von Bindekräften im Boden zustande kommt. ρ_{SS} hat nur solange einen Wert >O, wie die Rißfuge noch geschlossen ist. Dabei ist

$$\rho_{SS} \gg (\rho_S - \rho_F)$$

Gl. (4.2.4.4.2-1) kann daher vereinfacht als

$$u_{*c}^2 \sim \lambda\, g\, \frac{\rho_{SS}}{\rho_F} \qquad (4.2.4.4.2\text{-}2)$$

ausgedrückt werden.
Für ρ_{SS} wiederum ist anzusetzen

$$\rho_{SS} \sim \frac{\text{Adhäsionsspannung x Rißfläche}}{\text{Schollenvolumen}}$$

Die Adhäsionskraft in der Rißfläche ist von den bodenmechanischen und chemischen /elektrischen Eigenschaften des Sediments abhängig. Ein geeigneter Parameter, diese Eigenschaften in Ansatz zu bringen, welche sich im einzelnen durch Wassergehalt,elektrochemisches Verhalten und Kornkennwerte bestimmen, ist die unentwässerte Scherfestigkeit S_V .Man mißt diese Scherfestigkeit S_V für den vorliegenden Fall am besten mit der Flügelsonde in situ. Damit wird dann ρ_{SS} / ρ_F ausdrückbar durch

$$\frac{\rho_{SS}}{\rho_F} \sim \frac{S_V}{\lambda \cdot g \cdot \rho_F} \qquad (4.2.4.4.2\text{-}3)$$

Gl. (4.2.4.4.2-3) eingesetzt in Gl. (4.2.4.4.2-2) ergibt

$$u_{*c} \sim \left(\frac{S_V}{\rho_F}\right)^{1/2} \qquad (4.2.4.4.2\text{-}4)$$

4.2.4.4.3 Flüssiger Boden

Versuche in einer Laborrinne mit einem *Weserschlick*, der wegen seines hohen Wassergehaltes flüssig war, führten zu der Erkenntnis, daß an der Trennfläche Wasser/Boden interne Wellen entstehen, deren Anwachsen schließlich zum Aufreißen des Bodens führt.

Nach PRANDTL/OSWATITSCH/WIEGHARDT (1965) sind interne Wellen an der Grenze zweier Flüssigkeiten mit verschiedener Dichte nicht für alle Wellenlängen λ stabil, sondern nur für

$$\lambda \geq \frac{2\pi\, u_\infty^2}{g} \; \frac{\rho_1\, \rho_2}{\rho_2^2 - \rho_1^2} \qquad (4.2.4.4.3\text{-}1)$$

Bei kleineren Wellenlänge brechen die Wellen und eine Vermischung beider Medien setzt ein: Erosionsbeginn.

Solange überhaupt noch keine Wellen an der Grenzfläche existieren, kann die Strömung als Strömung über einer ebenen Platte betrachtet werden.

Nach TOLLMIEN (bei PRANDTL/OSWATITSCH) beginnen wellenförmige Störungen in der Grenzschicht aufzutreten, wenn

$$\frac{2\pi}{\lambda}\, \delta_* = 0{,}36$$

und

$$\frac{u_\infty \delta_*}{\nu} = 420$$

(siehe hierzu Abschnitt 1.3.4, besonders Abb.1.3.4/1)

Das heißt,Wellen in der laminaren Grenzschicht existieren, wenn λ mindestens

$$\lambda = 7330\, \frac{\nu}{u_\infty} \qquad (4.2.4.4.3\text{-}2)$$

ist.

Aus Gl. (4.2.4.4.3-1) und Gl. (4.2.4.4.3-2) läßt sich λ eliminieren und man erhält aufgelöst nach der Geschwindigkeit eine kritische Größe $u_{\infty c}$

$$u_{\infty c} = 10{,}53 \left(\frac{\rho_B \rho_F}{\rho_B^2 - \rho_F^2} g \nu\right)^{1/3} \qquad (4.2.4.4.3\text{-}3)$$

(ρ_B = Dichte des Bodens einschließlich Wassergehalt)

Per Definition ist u_∞ die ungestörte Außenströmung außerhalb der Grenzschicht (s. Abschnitt 1). Die Außenströmung beginnt bei $y=\delta$. Mit Gl. (1.4.5-5)

$$\delta = \frac{11{,}63\ \nu}{u_*} \qquad (1.4.5\text{-}5)$$

und Gl. (1.4.5-2)

$$\frac{u_{(y)}}{u_*} = 2{,}5 \ln 9 \frac{u_* y}{\nu} \qquad (1.4.5\text{-}2)$$

läßt sich Gl. (4.2.4.4.3-3) umformen in

$$u_{*c} = 0{,}905 \left(\frac{\rho_B \rho_F}{\rho_B^2 - \rho_F^2} g \nu\right)^{1/3} \qquad (4.2.4.4.3\text{-}4)$$

Damit ist u_{*c} bei flüssigem Boden von der effektiven Dichte (Rohdichte des Bodens) und der Wassertemperatur abhängig.

Der Wert ρ_B kann dabei über den Wassergehalt des Bodens bestimmt werden aus

$$\rho_B = \frac{(1 + W)\ \rho_S}{1 + W \cdot \rho_S / \rho_F} \qquad (4.2.4.4.3\text{-}5)$$

(W nach Gl. (4.2.2.3.5-1))

und über das Porenvolumen V_P

$$\rho_B = \rho_F\ V_P + \rho_S\ (1 - V_P) \qquad (4.2.4.4.3\text{-}6)$$

4.2.4.4.4 Übergangsbereich

Der Übergangsbereich einschließlich der beiden extremen Fälle eines festen und eines flüssigen bindigen Boden kann mit folgender Formel gut erfaßt werden, wie der Vergleich von Messungen und Berechnungen des Erosionsbeginns bindiger Böden zeigt (vgl. Abb. 4.2.4.4./2):

$$u_{*c} = A + B - (AB)^{0,5} \qquad (4.2.4.4.4\text{-}1)$$

mit $A = 0{,}004 \left(\frac{S_V}{\rho_F}\right)^{0,5}$

und $B = 0{,}905 \left(\frac{\rho_B\ \rho_F}{\rho_B^{\,2} - \rho_F^{\,2}}\ g\ \nu\right)^{1/3}$ (4.2.4.4.3-4)

Für die mittleren kritischen Geschwindigkeiten folgt mit Gl. (1.4.5-4)

$$u_{mc} = 2{,}5\ u_{*c}\ \ln 3{,}32\ \frac{u_{*c}\ h}{\nu} \qquad (1.4.5\text{-}4)$$

Die mit dem vorstehend entwickelten Verfahren berechneten kritischen Erosionsgeschwindigkeiten liegen im Bereich der empirisch von GARBRECHT (1961) gefundenen

Werte (Abb. 4.2.4.4.4/2). Sie wurden für h= 1m Wassertiefe berechnet.

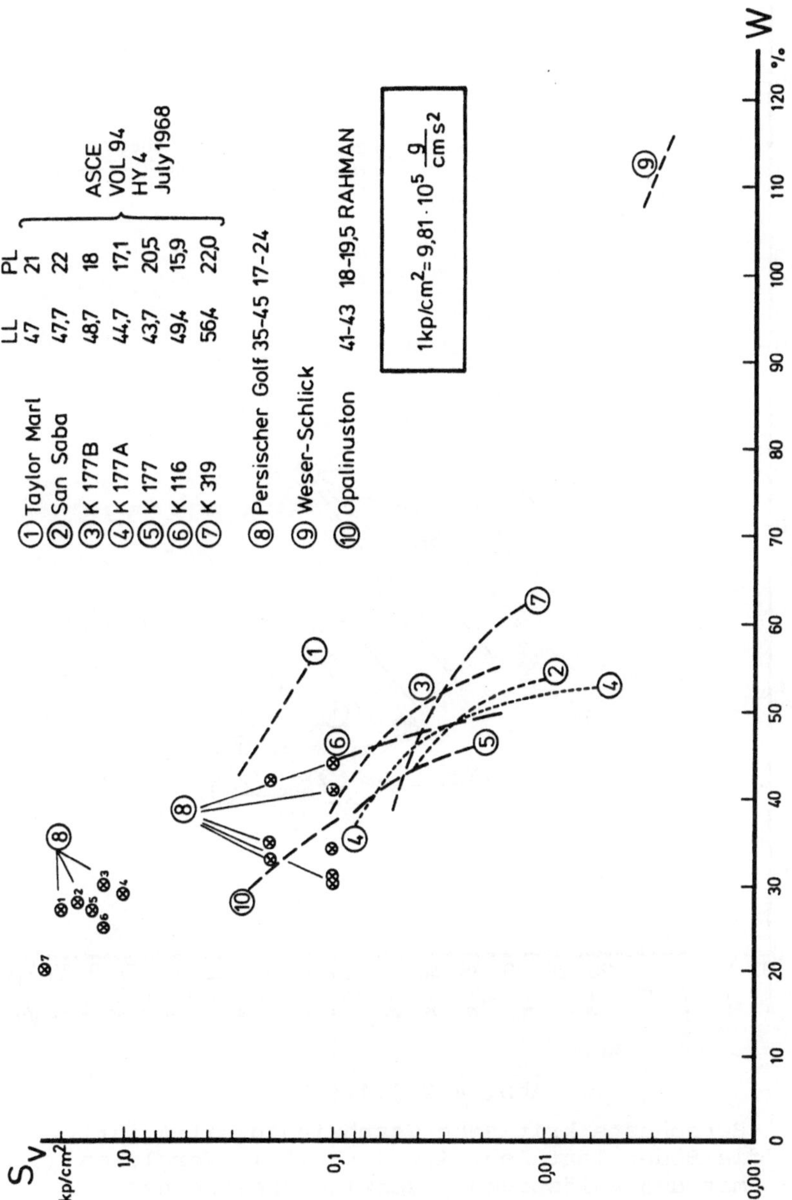

Abb. 4.2.4.4./1

Kennwerte einiger bindiger Böden

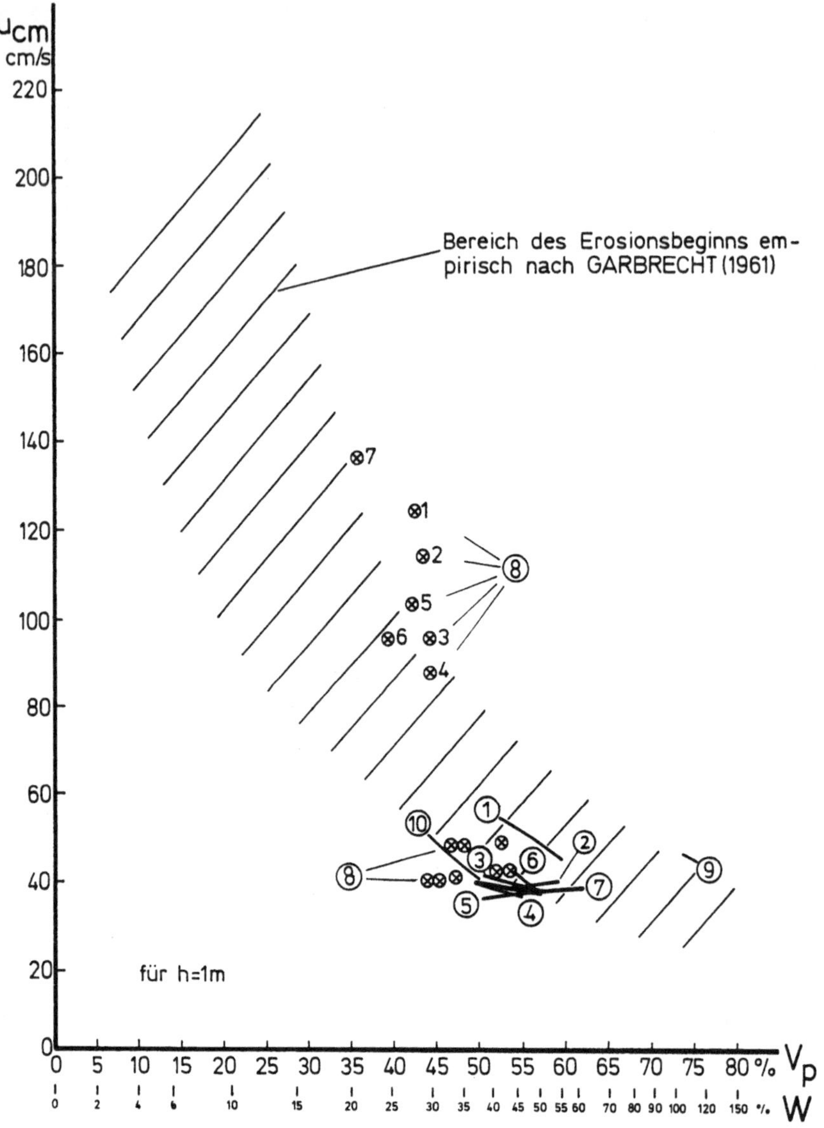

Abb. 4.2.4.4.4/2

Berechnete kritische Geschwindigkeiten für die Böden laut Abb. 4.2.4.4.4/1 im Vergleich mit den zulässigen Geschwindigkeiten nach GARBRECHT (1961)

Die Kennwerte Scherfestigkeit S_V und Wassergehalt W der zur Berechnung herangezogenen Böden sind auf Abb. 4.2.4.4.4/1 dargestellt. Die Kennwerte wurden aus Angaben von ESPEY, REKTORIK und

SMERDON (vgl. Abschn. 4.2.4.2) in die Abhängigkeit $S_V = f(w)$ umgerechnet.

Zusammenfassend läßt sich zu dem vorstehend entwickelten Ansatz feststellen, daß er einerseits gut mit gemessenen Werten des Erosionsbeginns übereinstimmende Ergebnisse liefert. Andererseits werden scheinbare Widersprüche aus dem Schrifttum ausgeräumt: es gibt eben Bereiche, in denen die Scherfestigkeit oder der Wassergehalt oder beide Größen zugleich maßgebend sind. Man beachte, wie sich der Boden "SAN SABA" auf Abb. 4.2.4.4.4/2 in die Tendenz der anderen Böden einfügt, ganz im Gegensatz zu seinem Verhalten auf Abb. 4.2.4.2/2 und 4.2.4.2/3.

Interessant ist auch, daß die Temperatur des Wassers sich nach den entwickelten Gleichungen derart auswirkt, daß kaltem Wasser höhere Erosionsgeschwindigkeiten zugeordnet sind als warmem Wasser. Die Versuchsergebnisse von PARTHENIADES hatten diese Tendenz bereits 1970 aufgezeigt.

* Beispiel 4.2.4

Gegeben ist ein bindiger Boden mit einer Flügel-Scherfestigkeit von $S_V = 1\ kp/cm^2$. Der Wassergehalt beträgt 29 %.

Weiter sind gegeben:

$h = 1\ m$

$\rho_S = 2,6\ g/cm^3$

$\rho_F = 1\ g/cm^3$

$\nu = 0,01\ cm/s^2$

gesucht:
a) u_{*c}
b) u_{m_c}
c) J_c

Lösung mit Gl. (4.2.4.4.4-1)

$$S_V = 1\ kp/cm^2 = 9,81 \cdot 10^5 \frac{g}{cm\ s^2}$$

$$A = 0,004 \left(\frac{981000}{1}\right)^{1/2} = 3,96\ cm/s$$

$$\rho_B = \frac{(1 + 0,29)\ 2,6}{1 + 0,29 \cdot 2,6/1} = 1,91\ g/cm^3$$

$$B = 0,905 \left(\frac{1,91 \cdot 1 \cdot 981 \cdot 0,01}{1,91^2 - 1}\right)^{1/3} = 1,74\ cm/s$$

$$u_{*c} = 3,96 + 1,74 - (3,96 \cdot 1,74)^{1/2}\ cm/s$$

$$\underline{\underline{u_{*c} = 3,08\ cm/s}}$$

Wegen der sehr geringen Partikelgrößen ist bei bindigen Böden von hydraulisch glatter Sohle auszugehen:

$$u_{m_c} = 2,5 \cdot 3,08 \cdot \ln \frac{3,32 \cdot 3,08 \cdot 100}{0,01} \qquad (1.4.5\text{-}4)$$

$$\underline{\underline{u_{m_c} = 88,8\ cm/s}}$$

$$J_c = u_{*c}^2 / (gh)$$

$$\underline{\underline{J_c = 9,67 \cdot 10^{-5}}} \qquad (1.2\text{-}4)$$

4.2.5 BEGINN DER SUSPENDIERUNG VON SEDIMENTEN

ENGELUND ist 1965 in einer anspruchsvollen mathematischen Ableitung zu dem Ergebnis gekommen, daß Sediment in Suspension transportiert werden kann, wenn eine kritische Geschwindigkeit $u_{*\ell}$

$$u_{*\ell} \cong 0{,}25\ w \qquad (4.2.5\text{-}1)$$

überschritten wird.

BAGNOLD (1966) (bei KOMAR 1976) hingegen nennt

$$u_{*\ell} = (0{,}4\ \rho')^{0,5} w \qquad (4.2.5\text{-}2)$$

Für Sand in Wasser gilt damit nach BAGNOLD

$$u_{*\ell} = 0{,}812\ w$$

und für Sand in Luft

$$u_{*\ell} \cong 30 \cdot 0{,}5\ w$$

(wegen Halbierung der Konstanten s. Abschnitt 4.2.2.2.5).

Für einen Strandsand von d = 0,25 mm mit einer Fallgeschwindigkeit w = 200 cm/s würde das bedeuten, daß mindestens $u_{*\ell} \cong 30$ m/s erforderlich wären, um den Sand vom Boden zu heben. Das wäre in 1 m Höhe über der Sohle u ≅ 800 m/s Windgeschwindigkeit.

Dieses Ergebnis liegt weit neben der Wirklichkeit. Vielmehr trifft das Ergebnis der Gleichung von ENGELUND zu, wenn die Konstante in Gl. (4.2.5-1) aus den in Abschnitt 4.2.2.2.5 für Luftströmungen genannten Gründen etwa halbiert wird. Es ergibt sich dann $u_{*\ell} \cong 25$ cm/s oder in y = 1 m über der Sohle $u_{(y)} \cong 6{,}5$ bis 7 m/s.

ZANKE (1976b) hat den Aufbau der Gleichung von ENGELUND (1965) auf dem Versuchswege bestätigt. Lediglich die Konstante ist nach Beobachtungen des Verfassers etwas größer:

in Wasser $\qquad u_{*\ell} \cong 0{,}4\ w \qquad (4.2.5\text{-}3)$

und in Luftströmung $\qquad u_{*\ell} \cong 0{,}2\ w \qquad (4.2.5\text{-}4)$

Nach diesen Gleichungen verlaufen u_* und u_{*c} für grobe Körner parallel, da beide Werte dann praktisch nur noch von (ρ'gd) abhängen. Es gilt in Wasser für d > rd. 2 mm

$$\frac{u_{*\ell}}{u_{*c}} \approx 2{,}2$$

Vergleichsrechnungen mit Gl. (4.2.2.2.3-2) und Gl. (4.2.2.2.2-1) für u_{*c} ergeben für Sand in Wasser von 20°C, daß

$$u_{*\ell} = u_{*c} \text{ wenn } d \simeq 0{,}22 \text{ mm.}$$

In Luft wird $u_{*\ell} \simeq u_{*c}$ wenn $d \simeq 0{,}12$ mm ist.

Für kleinere Korngrößen ist Transport in Suspension schon möglich, wenn die Sohle noch in Ruhe ist. Feine Sedimente werden nicht zuletzt darum vorwiegend in Suspension bewegt (vgl.Abb. 4.2.5/1)

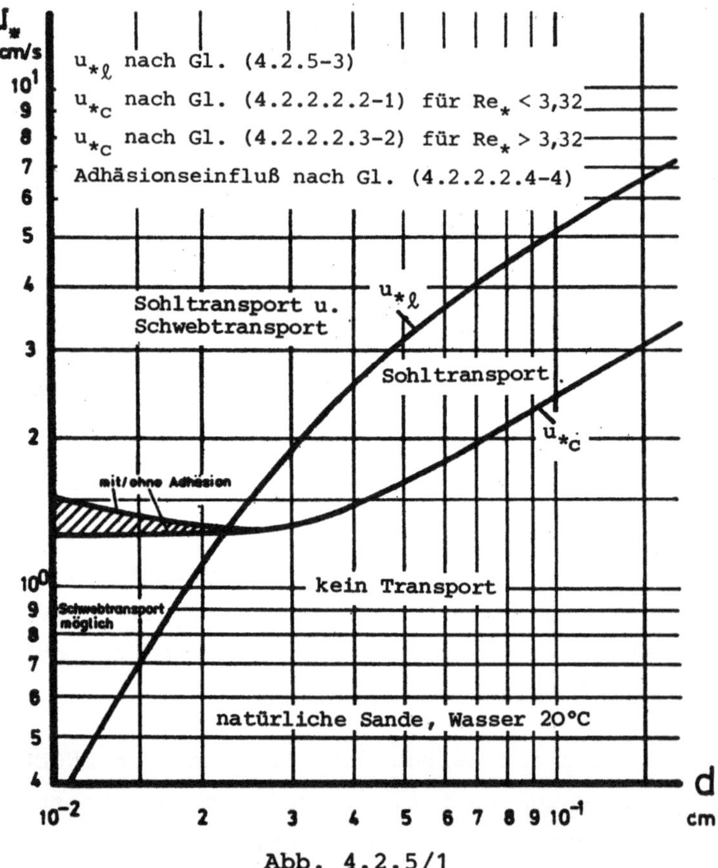

Abb. 4.2.5/1

Bereiche unterschiedlicher Transportarten am Beispiel von Sand für Wasser von 20° C

Beispiel 4.2.5

Gegeben: $d = 0{,}24$ mm

gesucht ist diejenige Geschwindigkeit, bei der der Sand von einer ebenen Sohle angehoben wird.

a) u_{m_ℓ} für Wasser mit $h = 2$ m
$\nu = 0{,}01$ cm²/s

b) u_ℓ in 10 m Höhe für Luft mit den Parametern ν und ρ_L des Beispiels 4.1

Lösung:

a) $w = 3{,}66$ cm/s (4.1.3.3-8)

$u_{*\ell} = 1{,}47$ cm/s (4.2.5-3)

$$Re_* = \frac{1{,}47 \cdot 0{,}024}{0{,}01} = 3{,}53$$

$Re_* > 3{,}32 \rightarrow$ Berechnung von c_1 aus Gl. (1.4.7-6)

$c_1 = 8{,}64$

$$u_{m_\ell} = 2{,}5 \left(\left(\ln \frac{100}{0{,}024}\right) - 1 \right) + 8{,}64 \qquad (1.4.4\text{-}3a)$$

$u_{m\ell} = 27$ cm/s
=============

b) $w = 188{,}4$ cm/s

$u_{*\ell} = 37{,}7$ cm/s (4.2.5-4)

$$Re_* = \frac{37{,}7 \cdot 0{,}024}{0{,}151} = 6$$

$$u_{1000} = 2{,}5 \cdot 37{,}7 \ln \frac{30 \cdot 1000}{0{,}024} \qquad (1.4.6\text{-}2)$$

Die erforderliche Windgeschwindigkeit in 10 m (= 1000 cm) Höhe beträgt:

$u_{1000} = 13{,}2$ m/s
===============

5. QUANTITATIVER SEDIMENTTRANSPORT

5.1 Allgemeines

Wenn die hydraulischen Parameter in einem Gerinne mit beweglicher Sohle eine gewisse, von den Sedimenteigenschaften abhängende Größe überschritten haben, geraten die Partikel in Bewegung. Diese Bewegung kann dann je nach Art der Randbedingungen der Parameter in überwiegendem Kontakt mit der Sohle erfolgen (Geschiebetransport-bed load) oder, wenn sich die Teilchen überwiegend ohne Kontakt mit der Sohle bewegen, als Suspensionsfracht (suspended load) stattfinden. Zwischen beiden Transportformen existiert ein Übergangsbereich für den eine exakte Definition z.Zt. nicht vorhanden ist. Die Aufteilung wird daher im allgemeinen willkürlich gezogen. Dasselbe Sedimentteilchen kann wechselnd an der einen oder anderen Transportart teilnehmen. Falls Suspension vorhanden ist, findet dabei ein ständiger Austausch zwischen bed load und suspended load statt.

5.2 Frühere Arbeiten

5.2.1 Gleichung von DU BOYS (1879)

Die Gleichung von DU BOYS ist wohl die älteste Feststofftransportgleichung. DU BOYS nahm an, daß sich der Transport an der Sohle in einer Schicht von einigen Korndurchmessern abspielt. Dazu setzte er voraus, daß die Schubspannung von der Oberfläche der bewegten Schicht linear mit der Tiefe abnimmt, eine Vorstellung, die nach dem heutigen Kenntnisstand nicht zutrifft. Über die Bewegung der Sedimentteilchen in der bewegten Schicht traf er die Annahme, daß diese von der Oberfläche der Sohle her linear auf Null abnimmt, wobei er sich diese Abnahme stufenweise in Schritten vom Korndurchmesser vorstellte (Abb. 5.2.1/1).

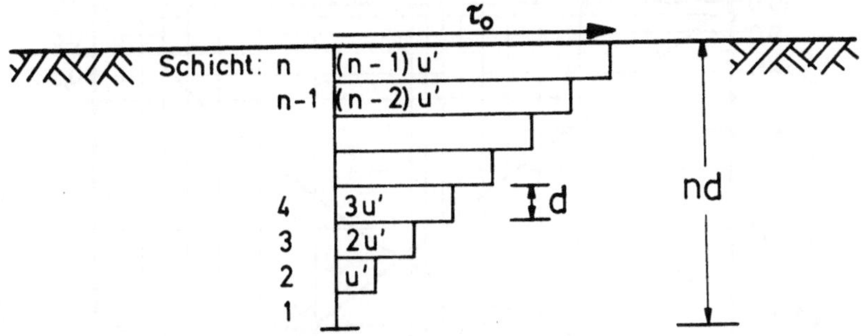

Abb. 5.2.1/1
Zur Geschiebebewegung nach DU BOYS

DU BOYS führte als erster den Begriff der "Schleppspannung" ein. Seine empirisch gefundene Gleichung lautet

$$q'_G = \Psi_s \tau_o (\tau_o - \tau_c) \tag{5.2.1-1}$$

mit q'_G = Geschiebetrieb je m Gerinnebreite und Sekunde

τ_o = Schubspannung an der Sohle

τ_c = kritische Schubspannung für den Beginn der Sedimentbewegung

Ψ_s = Faktor, der von der Korngröße des Geschiebes abhängt.

STRAUB (GEHRIG 1967) untersuchte die Konstanten Ψ_s und τ_c in der Gleichung von DU BOYS. Das Ergebnis gibt Abb. 5.2.1/2 wieder.

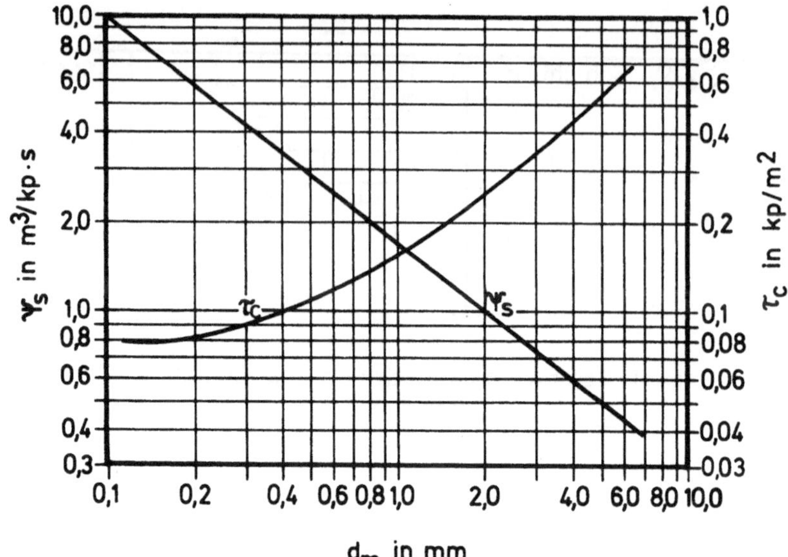

Abb. 5.2.1/2

Beziehung zwischen τ_c und Ψ_s zu dem mittleren Korndurchmesser d_m für die Geschiebetriebgleichung von DU BOYS nach L.G. STRAUB

5.2.2 Suspensionstransportgleichung von FORCHHEIMER (1930)

Für den Suspensionstransport entwickelte FORCHHEIMER die Gleichung

$$q_S' = \frac{k\ \gamma_F\ u_m^5}{d\,Q} \tag{5.2.2-1}$$

mit k = const.

5.2.3 Gleichungen von SCHOKLITSCH (1934/1943)

Der Gleichung von SCHOKLITSCH (1934) liegen in der Hauptsache Meßwerte von GILBERT (1914) und von SCHOKLITSCH selbst zugrunde.

$$q_G' = 7 \cdot 10^3 (d)^{-\frac{1}{2}}\ J^{\frac{3}{2}}\ (Q - Q_c) \tag{5.2.3-1}$$

mit q'_G = Geschiebetrieb in kp/m·s
d = Korngröße in mm
J = Gefälle
Q = Abfluß in m^3/m·s
Q_c = Abfluß beim Beginn des Geschiebetriebes in m^3/m·s

Zur Berechnung des "kritischen Abflusses" gibt SCHOKLITSCH an

$$Q_c = \frac{1{,}944 \cdot 10^{-5} \cdot d}{J^{4/3}} \qquad (5.2.3\text{-}2)$$

Diese erste Gleichung von 1934 änderte SCHOKLITSCH später aufgrund von weiteren Untersuchungen u.a. in der Aare und Donau in

$$q'_G = 2500\ J^{3/2}\ (Q - Q_c) \qquad (5.2.3\text{-}3)$$

mit

$$Q_c = 0{,}26\ \rho'^{5/3} \cdot \frac{d^{3/2}}{J^{7/6}} \qquad (5.2.3\text{-}4)$$

Als maßgebenden Korndurchmesser wählt SCHOKLITSCH den Wert von d_{40}, der in der neueren Gleichung in (m) einzusetzen ist.

5.2.4 Gleichung von SHIELDS (1936)

SHIELDS untersuchte den quantitativen Sedimenttransport von Materialien unterschiedlicher Dichte in einem Laborgerinne. Dabei schloß SHIELDS diejenigen Abflüsse, bei denen Riffel auftraten, aus.

Unter dieser Einschränkung fand er für den Geschiebetransport den folgenden Zusammenhang:

$$q_G = 10 \frac{Q \cdot J \cdot (\tau - \tau_c)}{\rho' \, (\gamma_s - \gamma_F) \cdot d} \qquad (5.2.4\text{-}1)$$

Die Gleichung von SHIELDS ist dimensionsecht und läßt sich leicht auf die aus der Theorie der Dimensionen abgeleiteten Größen umstellen. Sie lautet dann

$$G_* = 10 \frac{u_m}{u_*} (Fr_* - Fr_{*c}) \qquad (5.2.4\text{-}2)$$

oder in anderer Schreibweise

$$g_* = 10 \frac{u_m}{u_*} Fr_* (Fr_* - Fr_{*c}) \qquad (5.2.4\text{-}2a)$$

5.2.5 Gleichung von KALINSKE (1947)

KALINSKE (aufgeführt bei GEHRIG) versuchte bei Aufstellen seiner Geschiebefunktion, den Einfluß der turbulenten Schwankungen der Strömungsgeschwindigkeit in der Nähe der die Sohle bildenden Körner und damit die hydrodynamischen Kräfte selbst zu erfassen. Er setzte nicht - wie DU BOYS und MEYER-PETER- eine konstante Schubspannung an.

Seine Betrachtung der Bewegungsvorgänge des Einzelkorns führt zu der folgenden Beziehung:

$$q'_G = \gamma_s \cdot A_v \cdot d^3 \cdot \bar{v}_K \cdot N = \alpha \cdot F \cdot \gamma_s \cdot d \cdot \bar{v}_K \qquad (5.2.5\text{-}1)$$

mit A_V = Volumenfaktor der Körner

N = Anzahl der in Bewegung befindlichen Körner je Flächeneinheit

F = Anteil der Sohlenfläche,die durch diese Körner bedeckt ist

$\bar{v}_K$ = mittlere Transportgeschwindigkeit der Körner

α = Kornfaktor

Den Strömungswiderstand berücksichtigt KALINSKE, indem er $u_m/u_*=11$ setzt, wobei 35% der Körner an der Sohlenoberfläche in Bewegung sein sollen. Er nimmt weiter an, daß die Geschwindigkeitsschwankungen einer GAUSS-Verteilung folgen und erhält damit

$$q_G' = 2,5 \cdot u_* \cdot \gamma_s \cdot d \cdot f\left(\frac{\tau_c}{\tau_o}\right) \qquad (5.2.5\text{-}2)$$

Den Zusammenhang zwischen τ_c/τ_o und $q_G'/(u_*\gamma_S\ d)$ gibt KALINSKE in der Form einer grafischen Darstellung (Abb. 5.2.5/1)

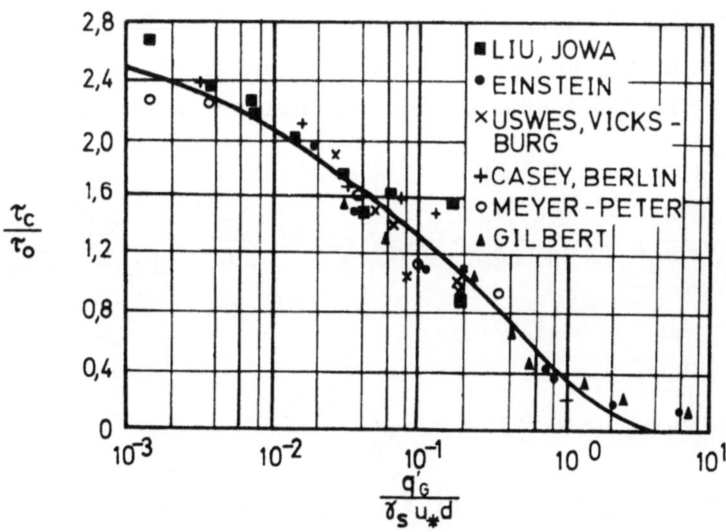

Abb. 5.2.5/1
Geschiebefunktion von KALINSKE

In Fällen von größeren Strömungsgeschwindigkeiten (und damit auch größeren Schubspannungen) kann der Wert τ_c/τ_o, wie z.T. auch in den hier angeführten Fällen, so klein werden, daß eine sinnvolle Anwendung des in Abb. 5.2.5/1 dargestellten Zusammenhanges nicht mehr gegeben ist. Dies bemerkte z.B. auch STÜCKRATH bei der Nachrechnung des Geschiebetriebes im RIO PARANA.

Die Gleichung von KALINSKE lautet, wenn sie auf dimensonslose Größen zurückgeführt wird

$$G_* = 2.5 \frac{f(\tau_c/\tau_o)}{Fr_*} \qquad (5.2.5\text{-}3)$$

oder

$$g_* = 2.5 \frac{f(\tau_c/\tau_o)}{Fr_*} \qquad (5.2.5\text{-}3a)$$

5.2.6 Gleichung von MEYER-PETER und MÜLLER (1948 /49)

MEYER-PETER und MÜLLER entwickelten aufgrund umfangreicher Versuche mit Geschieben unterschiedlicher Dichten die Beziehung

$$\frac{R' J_r}{\rho' d_m} = \frac{Q_s}{Q} \left(\frac{k'_s}{k_r}\right)^{3/2} \cdot \frac{h \cdot J}{\rho' \cdot d_m} = 0{,}047 + 0{,}25 \left(\frac{\gamma_F}{g}\right)^{1/3} \frac{q_G''^{\,2/3}}{(\gamma_s - \gamma_F)\, d_m} \qquad (5.2.6\text{-}1)$$

mit J_r = Reibungsgefälle = $\left(\frac{k'_s}{k_r}\right)^{3/2} \cdot J$

k'_s = Rauhigkeitskoeffizient der Sohle nach STRICKLER

k_r = Koeffizient der Kornrauhigkeit = $\frac{26}{(d_{90})^{1/6}}$ mit d_{90} (m)

R' = hydraulischer Radius für denjenigen Abflußanteil, der den Geschiebetrieb bewirkt = $h \frac{Q_s}{Q}$

d_m = maßgebender Korndurchmesser

$$d_m = \frac{\Sigma d \Delta p}{100}$$

h = Wassertiefe

Q = Abfluß

Q_s = Abfluß, der für den Geschiebetrieb in Betracht kommt

q''_G = transportierte Geschiebemenge nach Gewicht unter Wasser je Breiten- und Zeiteinheit

Diese Gleichung läßt sich auch in der Form

$$G_* = 8\,(1 - \frac{0{,}047}{Fr_*})^{\frac{3}{2}} \qquad (5.2.6\text{-}2)$$

oder

$$g_* = 8\,Fr\,\,(1 - \frac{0{,}047}{Fr_*})^{\frac{3}{2}} \qquad (5.2.6\text{-}2a)$$

schreiben, wobei bei der Ermittlung von Fr_* für $J = J_R$ zu setzen ist. Die Gleichung von MEYER-PETER und MÜLLER berücksichtigt den Einfluß der REYNOLDSschen Zahl des Kornes, Re^*, nicht. Das heißt, sie gilt im Grunde nur für gröberes Korn und großes Gefälle, also in dem Bereich, für den sie entworfen wurde.

5.2.7 Geschiebefunktion von EINSTEIN (1950)

EINSTEIN faßt die Geschiebebewegung als ein Wahrscheinlichkeitsproblem auf. Bei der Aufstellung seiner Geschiebegleichung geht er zunächst von Experimenten aus, bei denen die Bewegung in Suspension grundsätzlich vernachlässigt wird. Aus diesen Versuchen zieht er folgende Schlüsse:

" 1. Die Wahrscheinlichkeit, daß ein bestimmtes Geschiebeteilchen durch die Strömung an der Sohle bewegt wird, hängt von seiner Größe, seiner Gestalt, seinem Gewicht und vom Strömungsvorgang in Sohlennähe ab und nicht davon, was vorher mit dem Teilchen geschah.

2. Das Teilchen bewegt sich, wenn der augenblickliche hydrodynamische Auftrieb größer ist als sein Gewicht.

3. Wenn das Teilchen einmal in Bewegung ist, ist die Wahrscheinlichkeit einer Wiederablagerung in allen Punkten der Sohle gleich, an denen die örtliche Strömung das Teilchen nicht sofort wieder forttragen würde.

4. Die durchschnittliche Entfernung, die ein Teilchen von Ablagerung zu Ablagerung durchwandert,ist konstant für jedes Teilchen und unabhängig von den Strömungsbedingungen, der Abflußmenge und der Zusammensetzung der Sohle. Für ein annähernd kugelförmiges Korn kann diese Entfernung zu 100 Korndurchmessern angenommen werden.

5. Die Bewegung von Sohlenteilchen durch größere Sprünge, wie sie von BAGNOLD beschrieben wird, kann, wie KALINSKE zeigte, im Wasser vernachlässigt werden.

6. Die Störung der Sohlenoberfläche durch bewegte Geschiebeteilchen kann im Wasser vernachlässigt werden.

Aus diesen Feststellungen folgt, daß die Veränderlichen, die an irgendeinem Punkt der Sohle die Geschiebebewegung bestimmen, erstens die Zusammensetzung der Sohle im Umkreis von 100 Korndurchmessern und zweitens die Strömungsbedingungen im selben Gebiet sind. Oder anders ausgedrückt: Die Menge des bewegten Geschiebes wird durch einen allmählichen Wechsel der Lage der Sohle nicht geändert, solange ihre Zusammensetzung sich nicht ändert. Die Gesetze des Transportgleichgewichts können deshalb auf ein veränderliches Bett angewendet werden, solange es möglich ist, das Bett und die örtliche Strömung während des Wechsels zu beschreiben. "

EINSTEIN gibt für die Wahrscheinlichkeit, daß bestimmte Sohlenteilchen in der Zeiteinheit aus der Sohlenoberfläche herausgelöst werden, einen Ausdruck an, der die Transportmenge dieser Teilchen, die

Größe und das Gewicht der Teilchen, sowie außerdem einen Zeitfaktor enthält, der dem Verhältnis des Teilchendurchmessers zur Fallgeschwindigkeit des Teilchens proportional ist. Dieser Ausdruck hat nach Zusammenfassung mehrerer Konstanten folgende Form:

$$\frac{p}{1 - p} = A_* \cdot \Phi_* \qquad (5.2.7\text{-}1)$$

Darin ist p die Wahrscheinlichkeit, mit der ein Teilchen aus der Sohle herausgelöst wird. A_* ist eine Konstante und die Funktion Φ_* ist definiert als

$$\Phi_* = \frac{q_G''}{\rho_S \cdot g} \left(\frac{\rho_F}{\rho_S - \rho_F}\right)^{1/2} \cdot \left(\frac{1}{g \cdot d^3}\right)^{1/2} = G_* \, Fr_*^{\,3/2} \qquad (5.2.7\text{-}2)$$

Dieser Ausdruck ist eine dimensionslose Kenngröße des Geschiebetransportes, die EINSTEIN die "Intensität des Geschiebetransportes" nennt. Sie kann nach EINSTEIN als Kriterium für die dynamische Ähnlichkeit zweier geschiebeführender Strömungen verwendet werden.

Die Wahrscheinlichkeit für das Herauslösen eines bestimmten Kornes drückt EINSTEIN dann noch einmal durch das Verhältnis des dynamischen Auftriebs zum Unterwassergewicht der Teilchen aus und erhält nach Einführen mehrerer Konstanten schließlich folgende Funktion:

$$p = 1 - \frac{1}{\sqrt{\pi}} \int_{-B_*\Psi_* - 1/\eta_o}^{B_*\Psi_* - 1/\eta_o} e^{-t'^2} \cdot dt' \qquad (5.2.7\text{-}3)$$

Darin sind B_* und η_o Konstanten, während der Wert Ψ_*, den EINSTEIN als Intensität der Strömung bezeichnet, bei einheitlicher Korngröße folgenden Wert hat:

$$\Psi_* = \frac{\rho_S - \rho_F}{\rho_F} \cdot \frac{d}{R_B' \cdot J_e} = \frac{1}{Fr_*} \qquad (5.2.7\text{-}4)$$

Verwendet man den Ausdruck p der Gleichung (5.2.7-3) in Gl. (5.2.7-1), so erhält man folgenden Ausdruck für die Geschiebegleichung:

$$1 - \frac{1}{\sqrt{\pi}} \int_{-B_*\Psi_* - \frac{1}{\eta_o}}^{B_*\Psi_* - \frac{1}{\eta_o}} e^{-t'^2} \cdot dt' = \frac{A_*\Phi_*}{1 + A_*\Phi_*} \qquad (5.2.7\text{-}5)$$

in der A_*, B_* und η_o allgemeine Konstanten mit folgenden Werten sind: $A_* = 43{,}5$; $B_* = 0{,}143$ und $\eta_o = 1/2$.

Dieser verhältnismäßig schwierige Ausdruck läßt sich als einfache Funktion der Strömungsintensität Ψ_* und der Intensität des Geschietransportes Φ_* darstellen. Abb. 5.2.7/1 zeigt diese Funktion zusammen mit Versuchsergebnissen, aus denen von EINSTEIN die Konstanten A_* und B_* bestimmt wurden.

Darüber hinaus leitet EINSTEIN ein Verteilungsgesetz für die in Suspension transportierten Feststoffe ab. Mit der Kenntnis dieser Verteilungsbeziehung, die in Versuchen teilweise bestätigt wurde, ist eine quantitative Berechnung des Transports jedoch nur möglich, wenn die Schwebstoffkonzentration C_a in einer Bezugshöhe a über der Sohle (aus Messungen) bekannt ist.

Es sei noch darauf hingewiesen, daß EINSTEIN den Gesamtwiderstand eines Gerinnes einerseits aufteilt in den Widerstand, den die Ungleichförmigkeit des Flußbettes, die Riffel oder Bänke an der Sohle und die Ufer verursachen, und andererseits in den Widerstand, den die Feststoffkörner selbst hervorrufen und der für die Bewegung der Körner maßgebend ist. Die Trennung erreicht EINSTEIN, indem er den gesamten hydraulischen Radius eines Gerinnes in anteilige Werte aufspaltet.

Zur Berechnung des Transportes bei sehr ungleichförmigem Sediment soll so vorgegangen werden, daß Ψ_* und Φ_* mit Korrekturfaktoren belegt werden, die die gegenseitige Beeinflussung der Körner aufeinander und den Einfluß der laminaren Grenzunterschicht während des Transportes wiedergeben. Die Ergebnisse der Berechnungen für die einzelnen Kornfraktionen werden zum Gesamttransport aufsummiert.

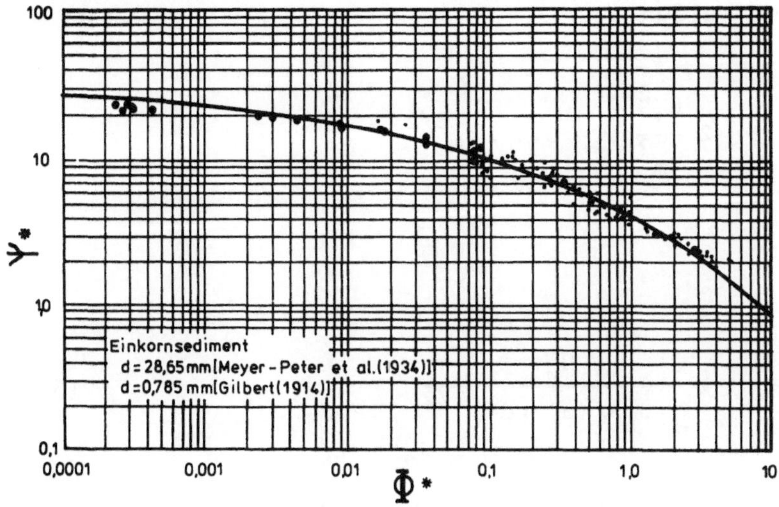

Abb. 5.2.7/1
Zusammenhang zwischen den EINSTEINschen Funktionen Ψ_* und Φ_*

Für nicht sehr ungleichförmiges Sediment empfiehlt EINSTEIN, als repräsentativ für das gesamte Gemisch den Wert von d_{35} anzusetzen.

Die EINSTEIN-Gleichung hat die Eigenart, daß sie auch für unterkritische Strömungsgeschwindigkeiten noch Transportarten größer als Null ergibt.

5.2.8 Gleichung von VOLLMERS und PERNECKER (1965)

VOLLMERS und PERNECKER (1965) fanden bei einer Analyse der bekanntesten Transportgleichungen einen einfachen Ausdruck, der sich gut in das Feld gemessener Werte einordnet (vgl. Abb. 5.2.12/1):

$$G_* = 25\ Fr_* - 1 \qquad (5.2.8\text{-}1)$$

5.2.9 Gleichung von ENGELUND und HANSEN (1967)

Nach ENGELUND und HANSEN kann der Sedimenttransport berechnet werden aus:

$$2\,\frac{u_*^{\,2}}{u_m^{\,2}}\,\phi = 0{,}1\ Fr_*^{\,5/2} \qquad (5.2.9\text{-}1)$$

$$\phi = \frac{q_G'}{\rho_S\,g\,(\rho'\,g\,d^3)^{1/2}} \qquad (5.2.9\text{-}2)$$

was umgeformt auf dimensionslose Größen auch als

$$G_* = 0{,}05\ \left(\frac{u_m}{u_*}\right)^2\ Fr_* \qquad (5.2.9\text{-}3)$$

oder

$$g_* = 0{,}05\ \left(\frac{u_m}{u_*}\right)^2\ Fr_*^{\,2} \qquad (5.2.9\text{-}3a)$$

ausdrückbar ist.
Die Entwicklung der Gleichung von ENGELUND und HANSEN basiert hauptsächlich auf Meßwerten von vier Versuchsreihen in einer Rinne von 2,4 m Breite und 45 m Länge. Die Sedimentgrößen lagen zwischen knapp 0,2mm und knapp 1 mm. Auch die ENGELUND /HANSEN-Gleichung ergibt für unterkritische Strömungsgeschwindigkeiten noch positive Transportraten.

5.2.10 Gleichung von YANG (1973)

YANG geht bei seinen Betrachtungen davon aus, daß die "unit stream power = u·J " die maßgebende Variable für den Sedimenttransport ist. YANGs Beziehung basiert auf einer großen

Zahl von Daten aus mehreren Gerinnen. Nach YANG kannder Sedimenttransport mit den fogenden Gleichungen berechnet werden:

$$q_G = 10^{-6}\, C_t \cdot u_m \cdot h \qquad (5.2.10\text{-}1)$$

mit

$$\lg c_t = 5{,}435 - 0{,}286 \lg \frac{w \cdot d}{\nu} - 0{,}457 \lg \frac{u_*}{w}$$

$$+ \left(1{,}799 - 0{,}409 \lg \frac{w \cdot d}{\nu} - 0{,}314 \lg \frac{u_*}{w}\right)$$

$$\cdot \lg \left(\frac{u \cdot J}{w} - \frac{u_c \cdot J}{w}\right) \qquad (5.2.10\text{-}2)$$

und

$$u_c = 2{,}05\, w \quad \text{für} \quad \frac{u_* \cdot d}{\nu} > 70 \qquad (5.2.10\text{-}3)$$

und

$$u_c = \frac{2{,}5\, w}{\lg \left(\frac{u_* \cdot d}{\nu}\right) - 0{,}66} + 0{,}66 \quad \text{für} \quad 0 < \frac{u_* \cdot d}{\nu} < 70$$

$$(5.2.10\text{-}4)$$

5.2.11 Weitere Transportgleichungen (siehe z.B. VANONI (1977))

Über die hier aufgeführten Sedimenttransportgleichungen hinaus findet man in der Literatur noch eine Anzahl weiterer Beziehungen, die keine weite Anwendung fanden und von denen nur stellvertretend einige aufgezählt sein sollen, nämlich die Beziehungen von BLENCH, COLBY, EGIAZAROFF, EINSTEIN-BROWN, FRIJLINK, GONCHAROFF, HAYNIE und SIMONS, LAURSEN und TOFFALETI. Zu COLBYs Beziehung ist noch besonders zu bemerken, daß sie zur Berechnung des Geschiebetransportes die Kenntnis der Verteilung und der Menge des suspendierten Transportes (aus Messungen) benötigt.

Die Gleichung von BLENCH kann nur iterativ gelöst werden.

5.2.12 Kritische Betrachtung der Gleichungen aus dem Schrifttum

VOLLMERS und PERNECKER (1965) haben sich kritisch mit den gebräuchlichen Gleichungen aus dem Schrifttum auseinandergesetzt. Mit Abb. 5.2.12/1 geben die Autoren einen optischen Eindruck über die Arbeitsweise der verschiedenen Gleichungen und deren Lage zu den Meßwerten.

Auffällig ist, daß die Transportgleichungen bei kleinen Transportraten eng beieinander liegen und bei hohen Transportraten stark auseinanderlaufen.

Die Bandbreite der Meßwerte ist im unteren G_*-Bereich größer als diejenige der Gleichungen. Als Ursache kommen besonders drei Möglichkeiten in Betracht:

1. Fehlerhafte Messungen
2. Unvollständige Gleichungen
3. Darstellung 5.2.12/1 erfaßt nicht alle Variablen.

Wenn auch Fehler bei Messungen stets in Betracht gezogen werden müssen, so ist doch die Ursache eher in den beiden letzgenannten Möglichkeiten zu suchen, da die auf Abb. 5.2.12/1 gezeigten Meßwerte von verschiedenen Verfassern und aus verschiedenen Versuchsrinnen stammen. Für die 2. Ursache spricht die uneinheitliche Tendenz der Berechnungsergebnisse bei höheren Transportraten (Einfluß von suspendiertem Sediment und/oder Sohlenformen?). Für die 3. Ursache spricht die große Streuung der Ergebnisse verschiedener Autoren, womit Meßerfehler allein ausscheiden. Vielmehr ist anzunehmen, daß die Variable Fr_* alleine nicht ausreicht, um den Transportprozeß zu beschreiben. (In den meisten der bekannten Gleichungen wird die Transportrate als Funktion von Fr_* bestimmt.)

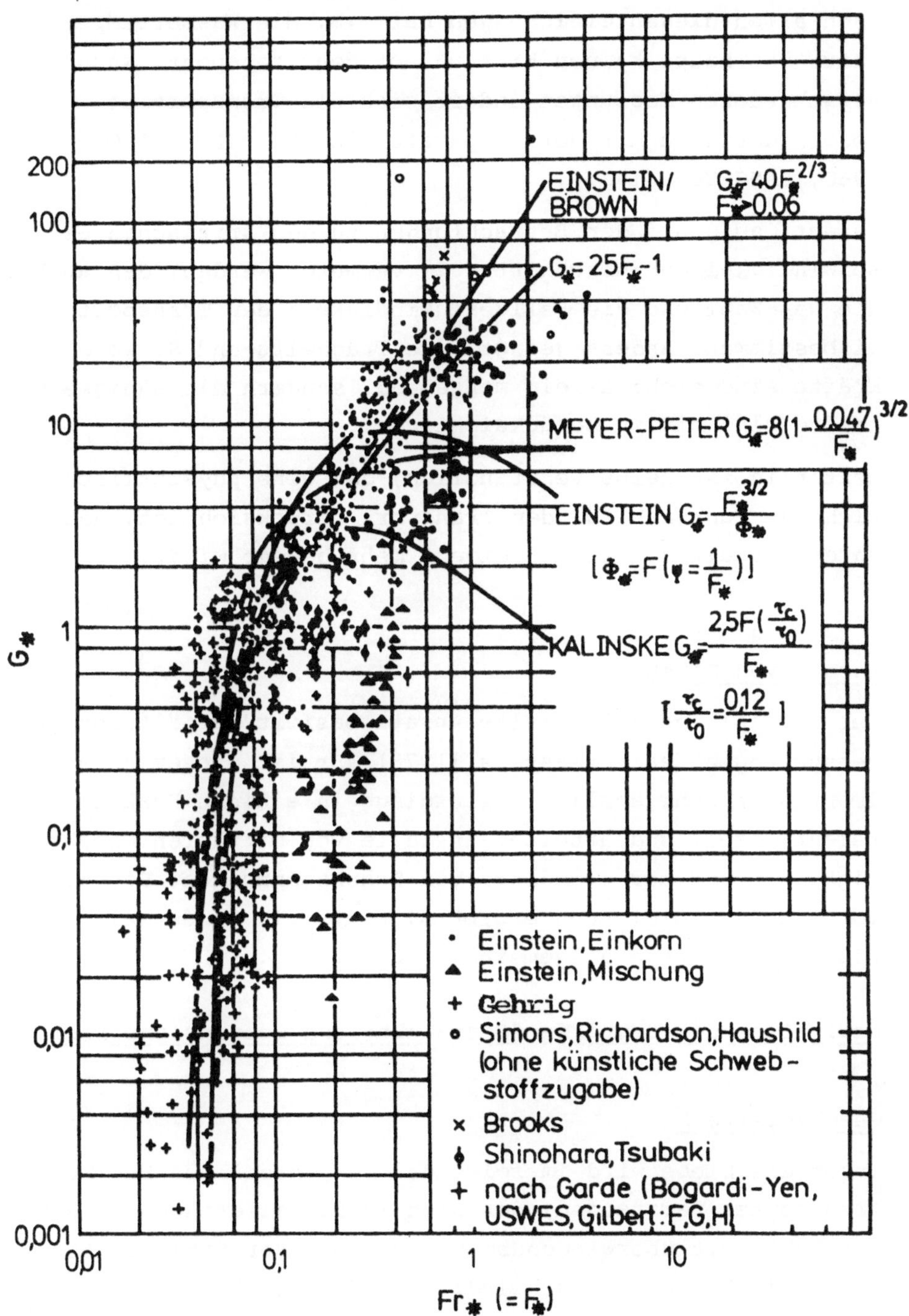

Abb. 5.2.12/1

Gegenüberstellung einiger Transport= gleichungen mit Meßergebnissen (VOLLMERS / PERNECKER 1965)

Nach allen diesen Gleichungen hat z.B. die Wassertemperatur überhaupt keinen Einfluß auf den Transport. Nach verschiedenen Messungen ändert sich die Transportrate jedoch deutlich mit der Temperatur (siehe z.B. DILLO 1960, PANG-YUNG 1937).

Es darf aufgrund der Betrachtungen zu den kritischen Geschwindigkeiten (Abschnitt 4.2) vermutet werden, daß auch die Re_*-Zahl und die Fallgeschwindigkeit den Transport mitbestimmen. Anders gesagt, die Trägheits-und Schwerekräfte sind nicht allein maßgebend, sondern die Zähigkeitskräfte sind mit zu berücksichtigen.

Weiterhin ist selbstverständlich, daß eine physikalisch richtige Funktion für den Transport berücksichtigt, daß unterhalb $u_* = u_{*c}$ kein Sediment mehr bewegt wird.

5.3 Ansatz von ZANKE

Der nachfolgend entwickelte Ansatz basiert auf älteren Untersuchungen des Verfassers (1978). Er ist diesem Ansatz im Prinzip sehr ähnlich, allerdings in einigen Punkten weiterentwickelt und arbeitet anstelle von mittleren Geschwindigkeiten auf der Grundlage von Schubspannungen. Die 1978 vorgestellte Gleichung ergibt sich als ein Sonderfall der hier entwickelten allgemeineren Gleichung.

5.3.1 Definition der Begriffe "Geschiebe- und Suspensionsfracht"

5.3.1.1 Geschiebefracht

Unter Geschiebe wird im folgenden der Anteil des Sedimenttransportes verstanden, der sich in der allernächsten Nähe der Sohle mit überwiegendem Kontakt mit der Sohle fortbewegt. Die Bewegungsgeschwindigkeit des Geschiebes liegt deutlich unter der der Strömungsgeschwindigkeit.

Die Messung des Geschiebetriebes kann entweder mit Sandfallen durchgeführt werden, oder aber aus der beobachteten Verlagerung der Transportkörper berechnet werden. Die Definition des Geschiebetriebes als Transport durch die

Riffel und Dünen ist im allgemeinen genauer, denn besonders bei Anwesenheit von Transportkörpern können Sandfallen zu einer Fehleinschätzung der transportierten Mengen führen. Außerdem fangen viele Sandfallen auch einen Teil des in Bodennähe besonders konzentrierten Suspensionsstromes.

Die theoretische Grundlage zur Möglichkeit der Berechnung des Geschiebetransportes mit Kenntnis der Transportkörperkenngrößen geht auf EXNER 1920, 1925, 1931 zurück. ERTEL 1966, und FÜHRBÖTER 1967, verallgemeinerten den Ansatz von EXNER. Demnach ist der Sedimenttransport durch formbeständig wandernde Transportkörper gemäß folgender Abb. 5.3.1.1/1

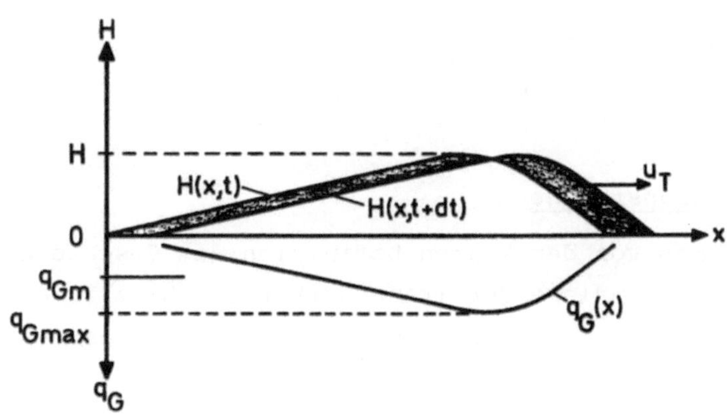

Abb. 5.3.1.1/1

Geschiebetransport an einem Transportkörper (abgeändert nach FÜHRBÖTER) (1967)

$$q_{G_{max}} = H \cdot u_T \quad (5.3.1.1\text{-}1)$$

am Kamm und

$$q_G = H \cdot u \cdot ß_F \quad (5.3.1.1\text{-}2)$$

im Mittel über die Länge eines Transportkörpers.

Der Beiwert β_F hängt von der Form des Transportkörpers ab. Gemäß Abb. 5.3.1.1/2 ist β_F der Quotient aus der wirklichen Querschnittsfläche der Sandwelle und der Fläche der Rechtsecks H · L

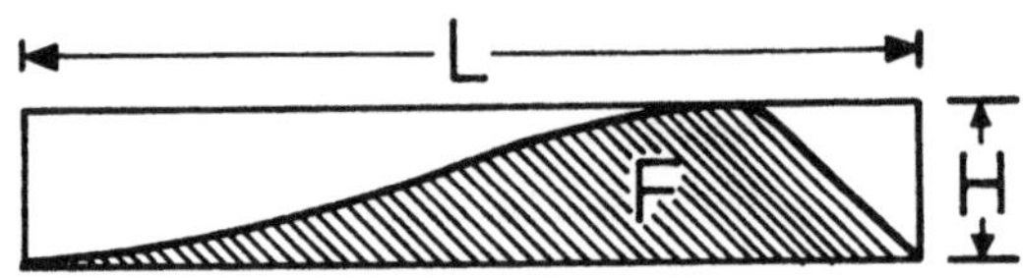

Abb. 5.3.1.1/2
Definition des Beiwertes β
$\beta_F = F/(H \cdot L)$

5.3.1.2 Suspensionsfracht

Sieht man von der klaren Definition des Geschiebetriebes auf der Grundlage der Transportkörper ab- z.B. auf einer ebenen Sohle oder einer Sohle mit sehr verwaschenen Sohlformen - so ist die Grenze Geschiebe/Suspension objektiv kaum zu treffen.

Die im folgenden abgeleitete Gleichung zur Berechnung des quantitativen Suspensionstransportes wurde an den Versuchen von BOSSELMANN 1960 und GILBRICH 1961 geeicht. Bei diesen Versuchen waren über die gesamte Wassertiefe bis in allernächste Sohlennähe Konzentrationsmessungen durchgeführt worden, aus welchen sich dann der mittlere Transport ergab.

Am Vergleich mit den Meßergebnissen von GEHRIG 1967, der den vergleichsweise einfach zu messenden Gesamttransport, also die Summe von Geschiebe- und Suspensionsfracht, gemessen hat, bestätigt sich die zahlenmäßige Richtigkeit der vorgenannten Definitionen in bezug auf die Eichung der im folgenden entwickelten Transportgleichung. GEHRIG führte Versuche aus, bei denen z.T. nur Geschiebetranstransport stattfand und z.T. beide Transportformen gemeinsam auftraten.

5.3.2 Entwicklung der Transportgleichung

5.3.2.1 Transport als Geschiebefracht q_G

Die Kräfte, die den Geschiebetransport maßgebend beeinflussen, lassen sich in zwei Gruppen teilen:

1. Kräfte, die in Richtung der Teilchenbewegung verlaufen und
2. Kräfte, die senkrecht zur Richtung der Teilchenbewegung wirken (Gravitationskräfte)

Sowohl für die erste als auch für die zweite Gruppe von Kräften gilt bei (quasi-stationärem) voll entwickeltem Geschiebetransportvorgang im zeitlichen Mittel, daß die Widerstandskräfte und die die Bewegung verursachenden Kräfte im Gleichgewicht stehen.

Betrachtet man die an den Körnern wirkenden Kräfte im Hinblick auf die Größe des Geschiebetransportes q_G, so läßt sich feststellen, daß die resultierende Kraft F_H, welche in Strömungsrichtung auf die Körner wirkt, proportional zu q_G ist:

$$q_G \sim (F_H)^{\alpha_1} \qquad (5.3.2.1\text{-}1)$$

Eine Vergrößerung der auf die Sohle gerichteten vertikalen Kräfte F_V bewirkt entsprechend eine Minderung des Transportes:

$$q_G \sim (F_V)^{-\alpha_1} \qquad (5.3.2.1\text{-}2)$$

(Die Größe des Exponenten α_1 wird später festgelegt.)

Damit wird

$$q_G \sim \left(\frac{F_H}{F_V}\right)^{\alpha_1} \qquad (5.3.2.1\text{-}3)$$

Die Kraft F_H läßt sich durch die Differenz zwischen derjenigen Kraft, die die vorhandene Geschwindigkeit u_* auf die Körner erzeugt und der für die Einleitung der Bewegung erforderlichen kritischen Kraft ausdrücken

$$F_H \sim F - F_c \qquad (5.3.2.1\text{-}4)$$

Die Kraft F_V in senkrechter Richtung wird durch das Gewicht G_A der Körner unter Auftrieb bestimmt.

Damit erhält man

$$q_G \sim \left(\frac{F - F_c}{G_A}\right)^{\alpha_1} \qquad (5.3.2.1\text{-}5)$$

Für F läßt sich ausführlich schreiben:

$$F = c_1 \cdot \frac{\rho_F}{2} \cdot u_*^2 \cdot A \qquad (5.3.2.1\text{-}6)$$

und entsprechend für F_c

$$F_c = c_2 \cdot \frac{\rho_F}{2} \cdot u_{*c}^2 \cdot A \qquad (5.3.2.1\text{-}7)$$

Hierin sind

c_1, c_2 = Widerstandsbeiwerte

A = maßgebende angeströmte Querschnittsfläche

A ist proportional dem Quadrat des angeströmten Korndurchmessers d.

Das Gewicht der Körner unter Auftrieb, G_A, beschreibt den Widerstand gegen das Anheben der Körner. Dieser Widerstand kann durch denjenigen Widerstand W ausgedrückt werden, den das Korn beim Fallen durch die Flüssigkeit selbst erfährt:

$$G_A \sim W = c_3 \cdot \frac{\rho_F}{2} \cdot w^2 \cdot A \qquad (5.3.2.1\text{-}8)$$

Damit folgt zunächst:

$$q_G \sim \left(\frac{c_1\, u^2 - c_2\, u_{*c}^2}{c_3\, w^2}\right)^{\alpha_1} \qquad (5.3.2.1\text{-}9)$$

Die Widerstandsbeiwerte c_1, c_2 und c_3 sind, wenn man den Wert c_2 bei der kritischen Geschwindigkeit u_{*c} ermittelt und c_3 auf das Fallen in ruhigem Wasser bezieht, nicht zwangsläufig gleich groß.

Für eine gegebene Schubspannungsgeschwindigkeit u_* jedoch können die Widerstandsbeiwerte c_1 und c_2 als gleich groß und proportional zu c_3 angenommen werden, da dann gleiche Grenzschichtverhältnisse an den Körnern zugrunde zu legen sind.

Damit folgt

$$q_G \sim \left(\frac{u_*^2 - u_{*c}^2}{w^2}\right)^{\alpha_1} = F_G^{*\,\alpha_1} \qquad (5.3.2.1\text{-}10)$$

Die transportierte Geschiebemenge q_G muß außerdem eine Funktion sein von

g = Erdbeschleunigung
ρ_S= Dichte des Feststoffes
ρ_F= Dichte des Fluids
ν = kinematische Zähigkeit des Fluids
d = Korndurchmesser

Nach der Dimensionstheorie (π-Theorem von BUCKINGHAM (KNAPP 1960)) ist

$$\phi(q_G, \rho_S, \rho_F, \nu, d, g, F_G^*) = 0$$

Die Dichte des Sedimentes wird in einer Flüssigkeit nur in der Form $(\rho_S - \rho_F)$ wirksam.
Damit folgt zunächst

$$\phi(q_G, (\rho_S - \rho_F), \rho, \nu, d, g, F_G^*) = 0$$

Hierin besitzen q_G und ν sowie $(\rho_S - \rho_F)$ und ρ_F jeweils die gleiche Dimension. (q_G wird hier definiert als das pro Zeit- und Breiteneinheit transportierte Sedimentvolumen einschließlich Hohlräumen).

In der obigen Gleichung sind 7 Größen vorhanden. Aus den Größen mit jeweils gleicher Dimension lassen sich die dimensionslosen π-Zahlen

$$\pi_1 = \frac{q_G}{\nu} = q^* \qquad \text{und} \qquad (5.3.2.1\text{-}11)$$

$$\pi_2 = \frac{\rho_S - \rho_F}{\rho_F} = \rho'$$

bilden. F_G^* ist bereits eine dimensionslose Kenngröße

$$\pi_3 = \frac{u_*^2 - u_{*c}^2}{w^2} = F_G^*. \qquad (5.3.2.1\text{-}10$$

Darüber hinaus enthält die obige Gleichung noch 3 Glieder mit insgesamt 2 verschiedenen Dimensionen. Damit muß also 3 - 2 = 1 weiterer dimensionsloser Ausdruck existieren, welcher den Transportvorgang maßgebend beschreibt. Für diesen findet man zunächst nach Ausführen der Dimensionsanalyse

$$\pi_4 = \left(\frac{g}{\nu^2}\right)^{1/3} d$$

Nach dem π-Theorem ist es erlaubt, die einzelnen π-Zahlen mit beliebigen Exponenten zu versehen und sie miteinander zu multiplizieren. Fügt man danach die dritte Wurzel aus π_2 mit π_4 zusammen, so erhält man eine dimensionslose Größe, die als der "sedimentologische Korndurchmesser" bereits im Schrifttum bekannt ist:

$$\pi_{2,4} = \left(\frac{\rho' g}{\nu^2}\right)^{1/3} d = D^* \qquad (5.3.2.1\text{-}12)$$

Der Sedimenttransportvorgang wird nunmehr also durch die Gleichung

$$\phi\ (q^*, D^*, F_G^*) = 0 \qquad (5.3.2.1\text{-}13)$$

beschrieben.

Das π-Theorem erlaubt weiterhin, die einzelnen π-Zahlen mit reinen Zahlen zu multiplizieren. Man kann damit für die letztgenannte Gleichung

$$q^* = F_G^{*\,\alpha_1} \cdot D^{*\,\alpha_2} \cdot a \qquad (5.3.2.1\text{-}14)$$

schreiben.

Die Zahlen α_1, α_2 und a wurden aus Versuchen bestimmt und ergeben sich zu

$$\alpha_2 = 2\alpha_1 = 4 \qquad \text{und} \tag{5.3.2.1-15}$$

$$a = 6{,}36 \cdot 10^{-4} \cdot \frac{1}{p} \tag{5.3.2.1-16}$$

Es ist p das Hohlraumverhältnis des Sedimentes:

$$p = \frac{\text{Volumen der Probe ohne Hohlräume}}{\text{Volumen der natürlich gelagerten Probe}}$$

Für natürliche Sande ist $p \simeq 0{,}7$.

Die Gleichung für den Geschiebetransport, gemessen nach transporttiertem Volumen je Zeit- und Breiteneinheit, lautet damit *)

$$q_G = \frac{1}{p} \cdot 6{,}36 \cdot 10^{-4} \left(\frac{u_*^2 - u_{*c}^2}{w^2}\right)^2 \cdot D^{*4} \cdot \nu \tag{5.3.2.1-17}$$

Mit dem mittleren Hohlraumverhältnis natürlich gelagerter Sedimente in alluvialen Rinnen von $p \simeq 0{,}7$ ergibt sich der Geschiebetransport nach Gewicht über Wasser je Zeit- und Breiteneinheit zu

$$q_G' = q_G \cdot \gamma_S \cdot p \tag{5.3.2.1-18}$$

$$q_G' = 6{,}36 \cdot 10^{-4} \left(\frac{u_*^2 - u_{*c}^2}{w^2} D^{*2}\right)^2 \gamma_S \, \nu \tag{5.3.2.1-17a}$$

---

*) Die in Ansatz zu bringende Schubspannungsgeschwindigkeit ist die Gesamt-Schubspannungsgeschwindigkeit an der Sohle, also hervorgerufen durch Korn- und Formrauhigkeit. Bei ausgeprägten Riffeln und Dünen ist die alleinige Berücksichtigung der Formrauhigkeit im allgemeinen ausreichend (siehe Abschnitt 1.4.10).

und der Geschiebetransport nach Gewicht unter Wasser gemessen je Zeit- und Breiteneinheit zu

$$q_G'' = q_G' \cdot \frac{\rho_S - \rho_F}{\rho_S} \qquad (5.3.2.1\text{-}17b)$$

5.3.2.2 Transport in Suspension

Die Ermittlung der quantitativen Feststofffacht in Suspension kann vom Prinzip her analog wie beim Geschiebe vorgenommen werden. Dabei sind jedoch einige Besonderheiten zu beachten.(*) Beim Geschiebetransport war für den Widerstand gegen die Bewegung die kritische Kraft für das Einleiten der Bewegung maßgebend.

Beim Transport in Suspension ist stattdessen für den Widerstand gegen die Bewegung diejenige Kraft anzusetzen, die erforderlich ist, um die Körner von der Sohle aufzuheben. Damit tritt an die Stelle von u_{*c} in Gleichung (5.3.2.1-10) nun der Wert $u_{*\ell}$. Es ist $u_{*\ell}$ diejenige Schubspannungsgeschwindigkeit, bei der die Körner angehoben werden. (Die Höhe der Anhebung ist davon abhängig, wie stark $u_{*\ell}$ überschritten wird).

---

* Bei der Bewegung des Geschiebes wird das gesamte Korngemisch durch einen "repräsentativen" Korndurchmesser erfaßt. Das ist notwendig, da jede der an der Sohle bewegten Kornfraktionen die übrigen Kornfraktionen beeinflußt und von diesen wiederum beeinflußt wird. Feines Sediment bewegt sich z.B. bei Anwesenheit von Grobkorn eher, als unter gleichen Korngrößen (Turbulenz!). Umgekehrt ist der Reibungswiderstand für Grobkorn auf feinerem Material geringer, als bei gleichmäßig grobem Sediment. Bei den in alluvialen Gerinnen i.A. auftretenden Suspensionskonzentrationen bewegen sich die schwebend verfrachteten Körner hingegen vorwiegend isoliert voneinander. Dadurch entfällt hier der gegenseitige Einfluß. Aus diesen Gründen müßte die Berechnung der Suspensionsfracht bei Gemischen sowohl für einen maßgebenden, als auch für die Korndurchmesser der Einzelfraktionen durchgeführt werden. Eine Lösung dieses Problems ist nicht bekannt. Nachfolgend wird ein Berechnungsansatz auf der Grundlage eines "maßgebenden" Korndurchmessers und ein Ansatz auf der Grundlage von Einzelkorndurchmessern entwickelt. Dabei ist der erstgenannte für die Abschätzung der gesamten Suspensionsfracht bei Mischungen ansetzbar, währen der zweite Ansatz für die Berechnung der Suspensionsverteilung über die Gerinnetiefe entwickelt wurde (Abschn. 6).

Die zum ersten Anheben der Körner erforderliche Geschwindigkeit der Strömung beträgt

$$u_{*\ell} = 0{,}4\ w \qquad (4.2.5\text{-}3)$$

Somit ist

$$q_S \sim \left(\frac{u_*^2 - u_{*\ell}^2}{w^2}\right)^{\beta_1} = F_S^{*\,\beta_1} \qquad (5.3.2.2\text{-}1)$$

Weiterhin ist die in Suspension transportierte Menge an Feststoffen nicht nur vom in Gl. (5.3.2.2-1) beschriebenen Vermögen der Strömung, Teilchen aus der Sohle zu lösen abhängig, sondern auch von der Menge der an der Sohle in Bewegung befindlichen Teilchen, die aufgewirbelt werden können, also von der Größe des Geschiebetransportes q_G und hier speziell von F_G^*. Es beinhaltet F_G^* die Abhängigkeit von der Bewegungsgröße für die Teilchen an der Sohle.

Es gilt also

$$q_S \sim F_S^{*\,\beta_1} \cdot F_G^{*\,\beta_2} \qquad (5.3.2.2\text{-}2)$$

Darüber hinaus ist maßgebend, wie die aufgewirbelten Teilchen in höhere Schichten der Flüssigkeit ausgetauscht werden. Dieser Austauschvorgang ist maßgebend von der Größe der Wirbel und deren Umfangsgeschwindigkeit abhängig. Weiterhin ist die Fähigkeit des vorherrschenden Wirbelsystems, suspendierte Feststoffe von einem Wirbel an einen anderen weiterzugeben sowie die vorhandene Wassertiefe von entscheidender Bedeutung.

Aus der Turbulenzforschung (z.B. HINZE (1959) ist bekannt, daß die Wirbelstruktur von der Temperatur abhängt. Die kleineren- bezüglich der Suspendierung von Feststoffen unwirksamen Wirbel- werden z.B.

mit abnehmender Temperatur zunehmend ausgefiltert.

Über den quantitativen Zusammenhang zwischen der Temperatur der Flüssigkeit und der davon abhängigen Fähigkeit der Strömung Feststoffe in Schwebe zu halten, ist heute noch wenig bekannt, so daß eine theoretische Lösung nicht gegeben werden kann. Vorerst jedoch können, wie die Berechnungsergebnisse zeigen (vgl. ZANKE (1978) die vorstehend genannten Einflüsse durch den empirisch gefundenen Ausdruck

$$T^* = \left(\frac{\nu}{\nu_o - \nu}\right)^{1/4} \qquad (5.3.2.2\text{-}3)$$

mit ν_o = Zähigkeit bei T = ^oC erfaßt werden.

Damit ergibt sich der Transport in Suspension nach Ermittlung der Exponenten und des Proportionalitätsfaktors aus dem Vergleich mit Meßergebnissen *auf der Grundlage eines maßgebenden Korndurchmessers für das Bettmaterial gerechnet zu*

$$q_S = 6{,}36 \cdot 10^{-5} \frac{h}{h_1} \frac{(u_*^2 - u_{*c}^2)\ (u_*^2 - u_{*\ell}^2)}{w^4} \cdot D^{*4} \cdot \frac{1}{p} \cdot \nu \left(\frac{\nu}{\nu_o - \nu}\right)^{1/4} \qquad (5.3.2.2\text{-}4)$$

oder

$$q_S' = q_S\, \gamma_S\, p \qquad (5.3.2.2\text{-}4a)$$

oder

$$q_S'' = q_S' \left(\frac{\rho_S - \rho_F}{\rho_S}\right) \qquad (5.3.2.2\text{-}4b)$$

Besonders ist bei der Berechnung des Transportes in Schwebe noch zu beachten, daß für den Fall

$$u_{*\ell} < u_{*} < u_{*c}$$

zwar ein Transport in Suspension möglich ist, (vgl. Abb. 4.2.5/1) jedoch keine Aufwirbelung von Teilchen von der Sohle. Die Transportfähigkeit ist dann oft größer als der wirkliche Transport. Es können dann nämlich nur Teilchen in Schwebe transportiert werden, die z.B. künstlich aufgewirbelt wurden oder aber bei früheren größeren Geschwindigkeiten von der Sohle gelöst wurden und noch nicht wieder abgesetzt sind. Die Größe dieser Transportfähigkeit kann näherungsweise berechnet werden, indem in Gl.(5.3.2.2-2) $(F^*_G \cdot F^*_S)$ mit $(F^*_S)^2$ gleichgesetzt wird. Für Strömungsgeschwindigkeiten,die ausreichend größer als u_{*c} und $u_{*\ell}$ sind, werden die Unterschiede zwischen den obigen Ausdrücken immer kleiner, was sich mit Zahlenbeispielen leicht nachrechnen läßt. Das bedeutet wiederum, daß sich die Transportfähigkeit für suspendierte Feststoffe unabhängig von der Größe der Geschiebebewegung durch

$$\tilde{q}_S = 6{,}36\cdot 10^{-5} \cdot \frac{h}{h_1} \cdot \left(\frac{u_*^2 - u_{*\ell}^2}{w^2}\right)^2 \cdot D^{*4} \cdot \frac{1}{p} \cdot \nu \cdot \left(\frac{\nu}{\nu_o - \nu}\right)^{1/4} \quad (5.3.2.2\text{-}5)$$

ausdrücken läßt (auf der Grundlage von d_m des Bettmaterials).

Für Einkornsedimente ist diese Gleichung jedoch nur in erster Näherung anwendbar, da die feineren Anteile eines Gemisches in der Regel einen höheren Transportanteil haben als der mittlere Korndurchmesser (vgl. Abb 5.3.2.2/1).

Mitanderen Worten: Die zu einem mittleren Sedimentdurchmesser errechnete Transportrate wird in Wirklichkeit zum überwiegenden Teil nicht von dieser häufigsten Korngröße des verfrachteten Sediments erzeugt.

Anhand von Vergleichsrechnungen konnte eine modifizierte Form der vorstehend entwickelten Gleichung gefunden werden, die für *Einkornsedimente* anwendbar ist:

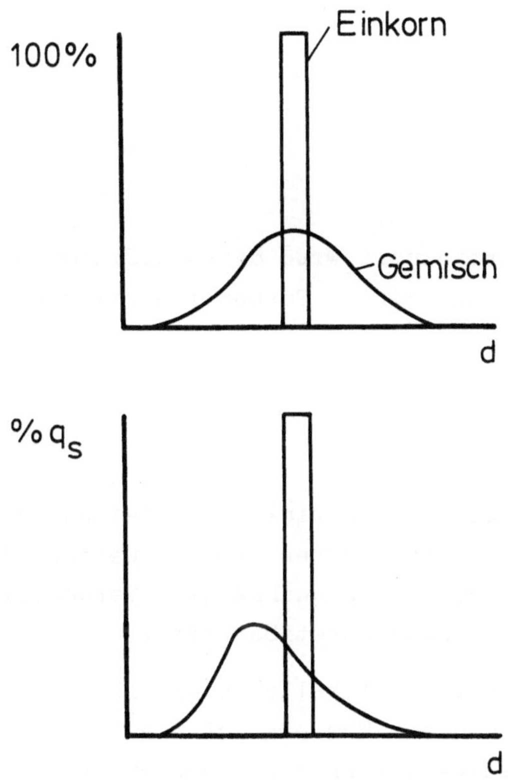

Abb. 5.3.2.2/1

Kornverteilung und zugehörige Transportverteilung für Einkornsediment und Gemisch (schematisch)

$$q_{SE} = 2{,}6 \cdot 10^{-7} \cdot \frac{h}{h_1} \frac{(u_* - u_{*c})^2 \; (u_* - u_{*\ell})^2}{w^4} \cdot D^{*4{,}5} \cdot \frac{1}{p} \cdot \nu \left(\frac{\nu}{\nu_o - \nu}\right)^{0{,}25} \tag{5.3.2.2-6}$$

und analog zu den vorstehend entwickelten Transportgleichungen

$$q'_{SE}, \; q''_{SE} \text{ und } \tilde{q}_{SE}$$

5.3.2.3 Gesamttransport

Der Gesamttransport wird durch Addition des Geschiebetransports und der in Suspension bewegten Feststoffmengen ermittelt.

5.3.2.4 Gültigkeitsgrenzen

In den vorstehend entwickelten Gleichungen sind noch nicht sämtliche physikalischen Größen, welche Einfluß auf den Transport haben, als unabhängige Veränderliche enthalten, die als Gleichung ansetzbar sind:

Über die sehr verwickelten Einflüsse der turbulenten Mischbewegung des Wassers auf die Teilchenbewegung sind bislang wenige Erkenntnisse gesammelt worden.

Über die Rückwirkung der bewegten Sedimente auf die Strömung können heute ebenfalls nur Tendenzen angegeben werden. IPPEN und ELATA zeigten z.B. 1961, daß das Geschwindigkeitsprofil bei stärkerer Suspensionskonzentration deutlich verändert wird. Außerdem wird die effektiv wirkende Zähigkeit eines Fluids bei größeren Konzentrationen verändert. Diese Effekte sind besonders zu beachten, wenn die Fracht als Suspension für sehr kleine Korngrößen berechnet wird. In solchen Fällen können sich leicht sehr hohe (unrealistische) Konzentrationen aus der Rechnung ergeben. Die berechneten Ergebnisse haben dann keine Gültigkeit mehr, weil die oben genannten Effekte nur als Festwerte in den Gleichungen erfaßt sind. Entsprechende Funktionen sind z.Zt. noch nicht bekannt.

Bei den i.a. in alluvialen Gerinnen vorherrschenden Strömungsgeschwindigkeiten und Korngrößen im Sandbereich (d > 0,06mm) treten jedoch, wie ZANKE (1978) zeigt, Einflüsse der Konzentrationsgröße noch nicht merkbar hervor.

Die Sinkgeschwindigkeit, wie sie nach Gl. (4.1.3.3-8) ermittelt wird, gilt genau genommen nur für einzeln in ruhender Flüssigkeit fallende Teilchen. Tatsächlich aber müßte hier mit Korngruppen gearbeitet werden, die durch eine turbulente Strömung fallen. Eine Berechnung der wirklichen Fallgeschwindigkeit ist z.Zt. noch nicht möglich. Wie die Berechnungsergebnisse im Vergleich mit den Messungen (ZANKE (1978)) zeigen, kann dieser Einfluß jedoch im Bereich der variierten Meßgrößen in den Konstanten der Transportgleichungen mit erfaßt werden.

Die Konstanten in den Gleichungen wurden in Gerinnen mit mehr oder weniger zweidimensionaler Strömung ermittelt. Es ist denkbar, daß die Turbulenzverhältnisse in dreidimensionalen Strömungen nicht mehr durch einen Festwert erfaßt werden können, sondern auch von der Gerinnegeometrie abhängen. Zum Beispiel kann in Seegaten beobachtet werden, daß noch große Mengen Sediment in Schwebe gehalten werden können, obwohl beim Tidestromwechsel die mittlere Strömungsgeschwindigkeit zu Null wird.

Die Einrechnung des Einflusses von grundberührenden Wellen oder z.B. von Flockungsbildungen aus Feinstoffen bleibt späteren Untersuchungen vorbehalten.

5.3.2.5 Gleichungen von ZANKE in dimensionsloser Schreibweise

Wenn die Gleichungen für den Geschiebetransport, den Suspensionstransport und den maximal möglichen Suspensionstransport in die dimensionslose Form überführt werden, lauten sie:*)

1.Für Geschiebe

$$g_*^{-1} = 9\cdot 10^{-4} \frac{Re_*^5 \, D^*}{Re_w^4 Fr_*} \left(1 - \frac{Fr_{*c}}{Fr_*}\right)^2 \qquad (5.3.2.5\text{-}1)$$

dabei ist $G_* = g_*/Fr_*$

2.Für Suspension

$$g_{*s}^{-1} = 9\cdot 10^{-5} \frac{h}{h_1} \frac{Re_*^5 \, D^*}{Re_w^4 Fr_*} \left(1 - \frac{Fr_{*c}}{Fr_*}\right) \left(1 - \frac{Fr_{*\ell}}{Fr_*}\right) \left(\frac{\nu}{\nu_o - \nu}\right)^{0,25}$$

$$(5.3.2.5\text{-}2)$$

$$\tilde{g}_{*s}^{-1} = 9\cdot 10^{-5} \frac{h}{h_1} \frac{Re_*^5 \, D^*}{Re_w^4 Fr_*} \left(1 - \frac{Fr_{*\ell}}{Fr_*}\right)^2 \left(\frac{\nu}{\nu_o - \nu}\right)^{0,25} \qquad (5.3.2.5\text{-}3)$$

3.Für Einkornsedimente

$$g_{*sE}^{-1} = 9\cdot 10^{-7} \frac{h}{h_1} \frac{Re_*^5 \, D^{*1,5}}{Re_w^4 \, Fr_*} \left(1 - \left(\frac{Fr_{*c}}{Fr_*}\right)^{0,5}\right)^2 \left(1 - \left(\frac{Fr_{*\ell}}{Fr_*}\right)^{0,5}\right)^2 \left(\frac{\nu}{\nu_o - \nu}\right)^{0,25}$$

$$(5.3.2.5\text{-}4)$$

g_{*s} = Transport von aus der Sohlenfracht aufgewirbeltem Sediment

$\tilde{g}_{*s}$ = maximal möglicher Suspensionstransport bei künstlicher Aufwirbelung

5.3.3 Berechnung der Transportraten mit der mittleren Geschwindigkeit

Zur Berechnung der Transportraten mit mittleren Geschwindigkeiten kann in Strömung, die mit hinreichender Genauigkeit als zweidimensional angesehen werden können, u_* durch u_m ersetzt werden, indem man für $Re_* < 3,32$ Gl. (1.4.5-4) ansetzt und für $Re_* > 3,32$ Gl. (1.4.4-3) und Gl. (1.4.7-6) benutzt.

*) Die in Ansatz zu bringende Schubspannungsgeschwindigkeit ist die Gesamt-Schubspannungsgeschwindigkeit an der Sohle, also hervorgerufen durch Korn- und Formrauhigkeit. Bei ausgeprägten Riffeln und Dünen ist die alleinige Berücksichtigung der Formrauhigkeit im allgemeinen ausreichend (siehe Abschnitt 1.4.10).

Für den Fall, daß Transportkörper die Sohle bedecken, ist $u_m / u_* \simeq$ const. In den Transportgleichungen kann nun u_* durch u_m ersetzt werden, wenn gleichzeitig die Zahl 6,36 durch die Zahl $2{,}6 \cdot 10^{-4}$ ausgetauscht wird.

5.3.4 Abhängigkeit des Feststofftransportes von der Temperatur

HO PANG-YUNG (1937) stellte in Versuchen mit einem Temperaturbereich des Wassers von 2°C bis 45°C fest, daß der Geschiebetrieb mit steigender Temperatur wächst. HO PANG-YUNG verwendete für diese Untersuchungen einen groben Sand mit einem mittleren Korndurchmesser von 1,45mm.

DILLO (1960) hingegen fand bei Messungen des Festofftransportes in Suspension genau das Gegenteil. Im Temperaturbereich von 0,3°C bis 40°C stellte sich für den Versuchssand mit d_{50} = 0,2 mm heraus, daß die transportierten Mengen mit zunehmender Temperatur stark abfielen. Die Untersuchung zeigt damit, daß auch bei sehr rauher Sohle noch ein deutlicher Einfluß der Zähigkeit vorhanden ist. Mithin darf eine Transportbeziehung nicht von Fr_* allein abhängen!

Die Richtigkeit beider Feststellungen (HO PANG-YUNG und DILLO) läßt sich durch Auflösen der Gleichungen für den Suspensionstransport nach der kinematischen Zähigkeit (Temperatur) bestätigen. Auf Abb. 5.3.4/1 ist die o.g. Messung von DILLO dem Ergebnis der Rechnung gegenübergestellt. DILLOs Messung bezieht sich auf die Schwebstoffkonzentration in 20 cm über der Sohle. Die Ergebnisse aus Gl. (5.3.2.2-4) (Mittelwerte über die Wassertiefe) konnten auf 20 cm Höhe mit gemessenen Konzentrationsprofilen aus den Meßunterlagen von DILLO umgerechnet werden. Die Berechnungen wurden für eine Sohle mit Transportkörpern ausgeführt.

Einen allgemeinen Überblick über den Einfluß der Temperatur auf die Transportarten (Geschiebe oder Suspension) geben die Beispiele auf Abb. 5.3.4/2 und 5.3.4/3 .

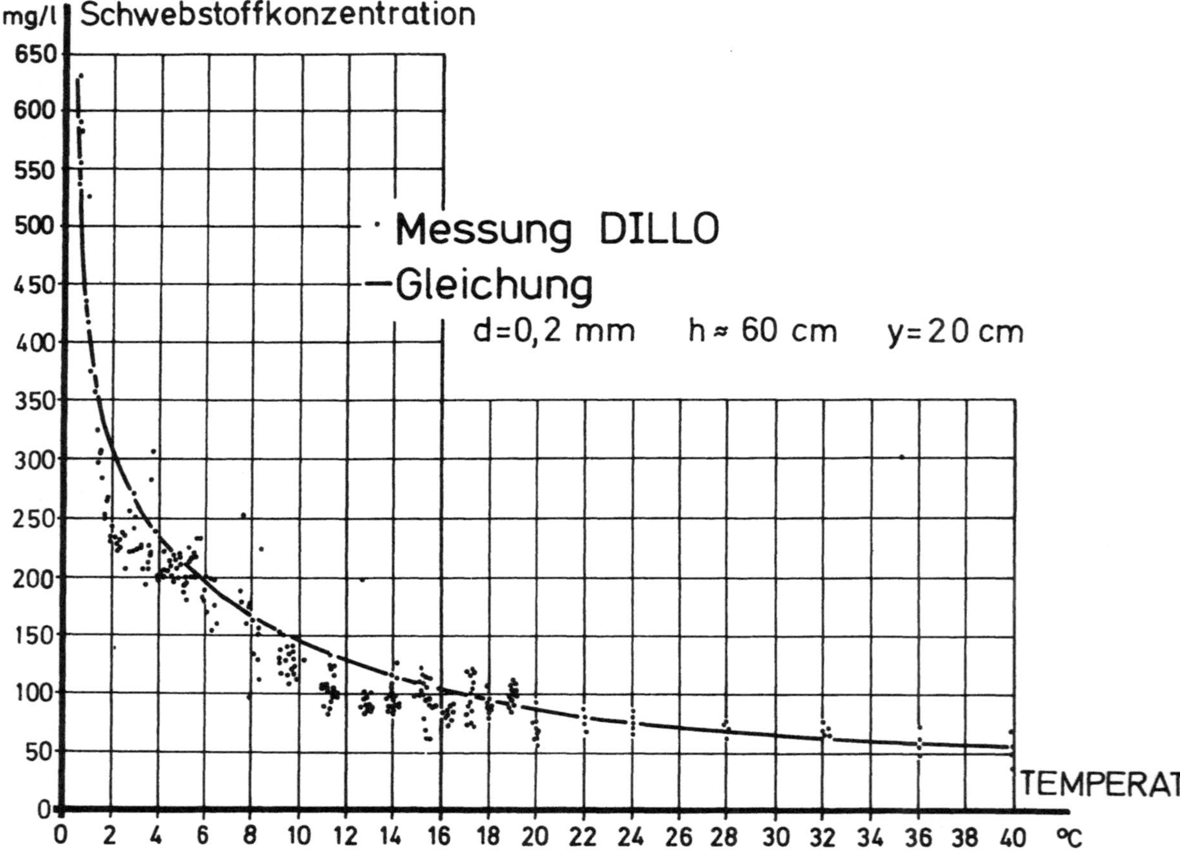

Abb. 5.3.4/1

Schwebstoffkonzentration im Vergleich zwischen Messung und Berechnung

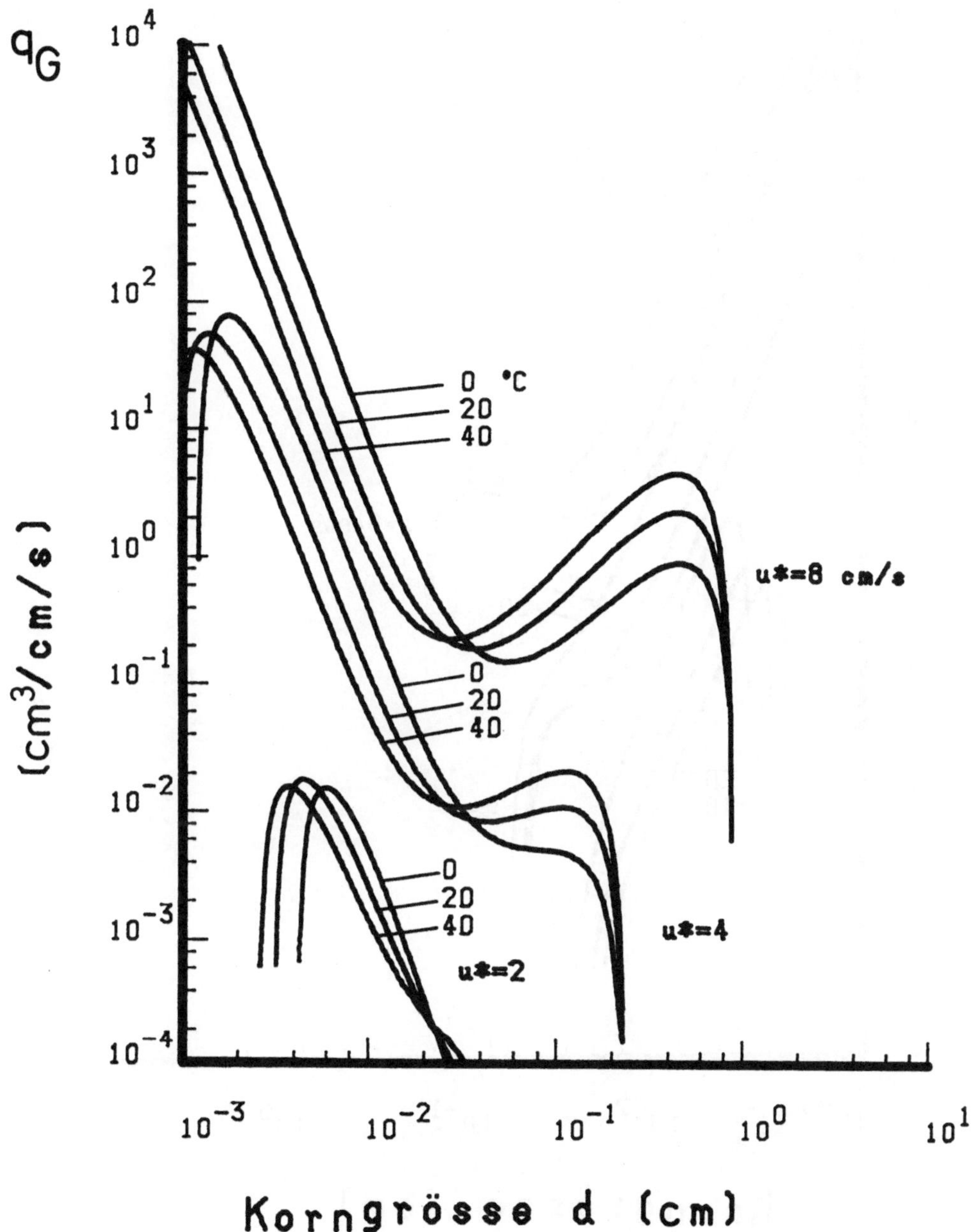

Abb. 5.3.4/2

Geschiebetrieb in Abhängigkeit vom Korndurchmesser, der Strömungsgeschwindigkeit und der Temperatur für Sand in Wasser

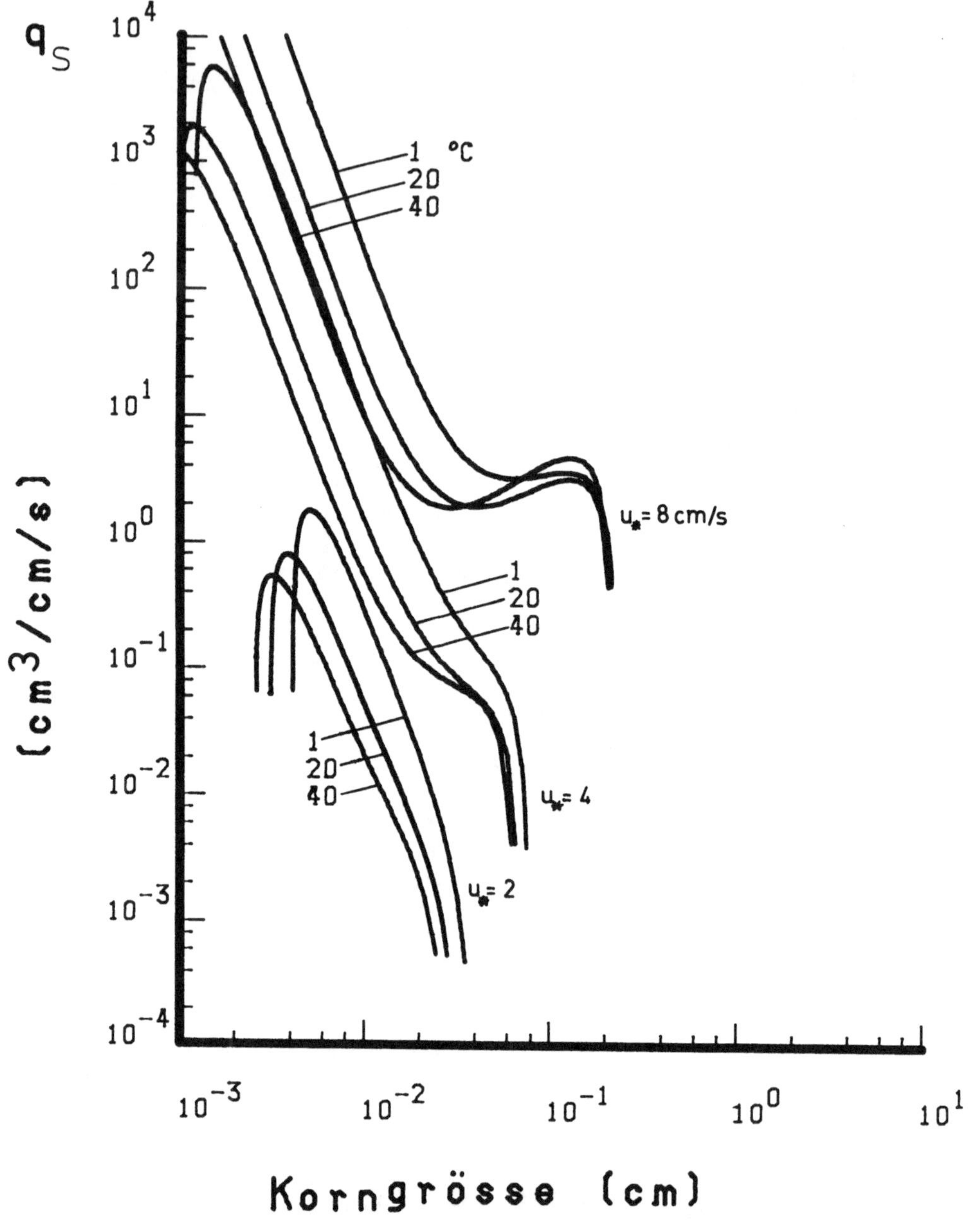

Abb. 5.3.4/3

Transport in Suspension in Abhängigkeit vom Korndurchmesser, der Strömungsgeschwindigkeit und der Temperatur für Sand in Wasser (berechnet für h = 100 cm)

Der Geschiebetransport nimmt demnach bis zu rd. $D^* = 7,5$ mit steigender Temperatur ab. Wird $D^* > 7,5$, tritt das Gegenteil ein: q_G nimmt nun mit der Temperatur zu. Im näheren Bereich um $D^* = 7,5$ ist die Temperaturempfindlichkeit am geringsten (Abb. 5.3.4/2)

Für Sand und Wasser liegt $D^* = 7,5$ bei

d= 0,43 mm für $1^{\circ}C$
d= 0,30 mm für $20^{\circ}C$
d= 0,22 mm für $40^{\circ}C$

Bei den feineren Sedimenten wirkt sich eine Temperaturänderung auf die in Suspension transportierten Feststoffe also in der gleichen Weise aus, wie beim Geschiebe: Eine Abnahme der Temperatur bewirkt eine Zunahme der Transportrate. Bei den gröberen Sedimenten jedoch hängt der Transport in Suspension in anderer Weise von der Temperatur ab als der Geschiebeanteil: Zwischen etwa $1^{\circ}C$ und $20^{\circ}C$ wird der Einfluß der Wassertemperatur auf die in Suspension transportierten Mengen gering, wenn der Durchmesser d_m der Sedimente bei Sand rd. 1 mm übersteigt.

5.4 Die Gleichungen von ZANKE im Vergleich mit Messungen

VOLLMERS und PERNECKER (1965) haben eine große Anzahl von Versuchsergebnissen zusammengetragen und in der Abhängigkeit $G_* = f\ (Fr_*)$ dargestellt (Abb. 5.2.12/1). Der Verlauf einiger der bekannten Transportbeziehungen ist den gemessenen Transportraten auf der genannten Abbildung gegenübergestellt.

Die Gleichungen von ZANKE können nicht, wie diese Gleichungen durch einen Kurvenzug dargestellt werden, da sie nicht eine Funktion von Fr_* alleine sind. Somit werden sie je nach Eingangswerten von Sediment und Strömung durch eine andere Kurve repräsentiert. Einige Beispiele gibt Abb.5.4/1.

Dabei wurde für die feineren Sedimente in den Beispielen auf Abb. 5.4/1 neben dem Gesamttransport auch der Sohlentransport alleine dargestellt.

Die Gleichungen überstreichen den gesamten gemessenen Bereich. Es darf darum angenommen werden, daß sie von weitreichenderer Gültigkeit sind als die älteren Transportbeziehungen.

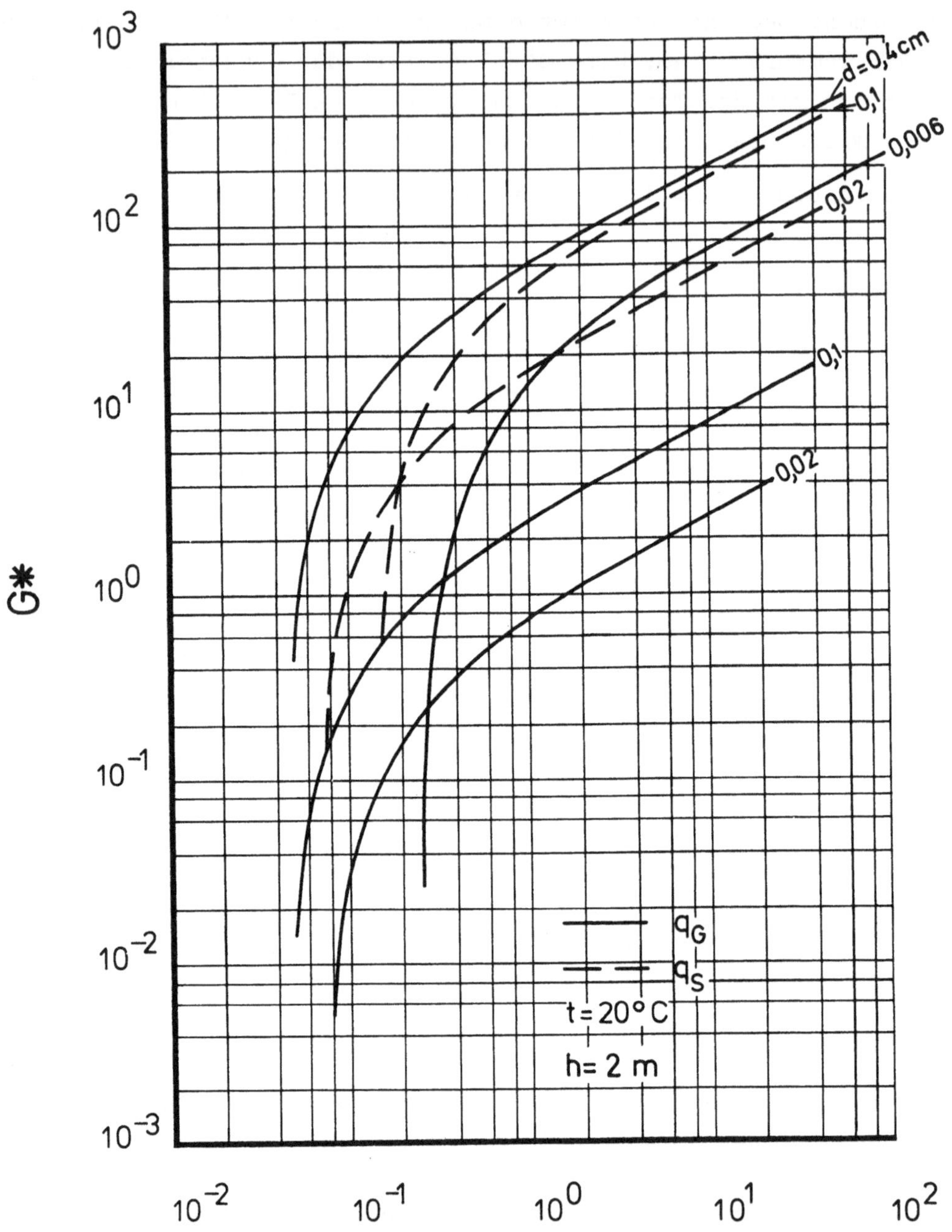

Abb. 5.4/1

Gleichung von ZANKE im G_*/Fr_* Raster (einige Beispiele)

Für Sand-Korngrößen d > rd. 5 bis 6 mm errechnet man nach der Gleichung von ZANKE deutlich höhere Transportraten als der Bereich der Meßwerte angibt. Leider liegen nur sehr wenige Messungen mit Grobsand und Kies vor. Außerdem sind die Messungen mit Grobkorn, die dem Verfasser vorlagen, durchweg in sehr kleinen Gerinnen durchgeführt worden. Damit kann nicht sicher festgestellt werden, ob die Gleichungen für Grobmaterial noch gültig sind.

Bevor geklärt ist, ob die Gleichung für Sande mit d > 5 bis 6 mm anwendbar ist, sollte sie für Grobkorn nicht oder nur mit Vorsicht angesetzt werden. In dimensionsloser Schreibweise liegt die Grenze bei $D^* =$ rd. 140.

Ein weiterer interessanter Vergleich ist auf Abb. 5.4/2 dargestellt. HÄNGER (1979) hat Untersuchungen über den Sedimenttransport unter extremen Bedingungen ausgeführt, nämlich in Steilrinnen mit Gefällen von 3 bis 30 %. Seine Meßergebnisse für einen Feinkies mit d_m = 4,2 mm sind den Berechnungsergebnissen von SHIELDS, EINSTEIN und MEYER-PETER/MÜLLER gegenübergestellt. Für die Berechnungen wurde von Reinwasser ausgegangen. Während die Gleichungen von EINSTEIN und MEYER-PETER deutlich zu geringe Transportraten ergeben, durchschneidet die Kurve nach der Gleichung von SHIELDS den Bereich der Meßergebnisse. Einen ähnlichen Verlauf hat Gleichung (5.3.2.5-1). Wenn man noch berücksichtigt, daß die Schubspannung in Wirklichkeit nicht auf der Grundlage von Reinwasser berechnet werden darf (für ρ_F wird das scheinbare ρ des Gemisches angesetzt - HÄNGER, S. 62), so verschiebt sich das Berechnungsergebnis nach Gleichung (5.3.2.5-1) in den Bereich der Messungen. Die anderen Gleichungen würden sich durch diese Maßnahme entsprechend verschieben.

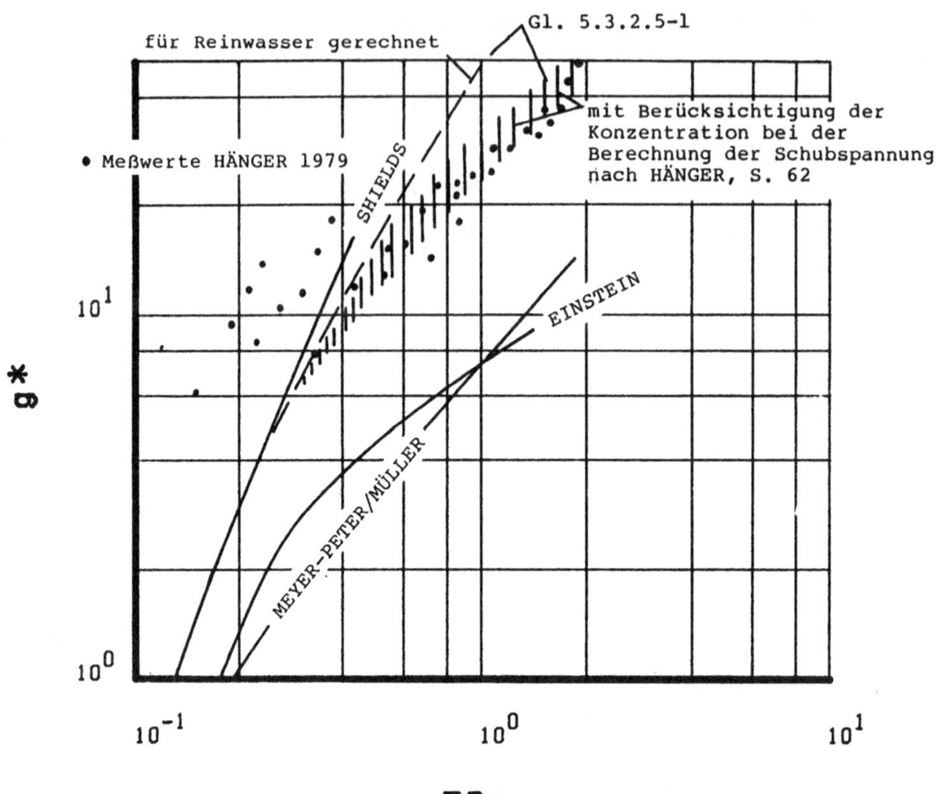

Abb. 5.4/2
Vergleich der Transportmessungen von HÄNGER (1979) in Steilrinnen bei Gefälle von 3 bis 30 % mit Berechnungen

5.5 Sedimenttransport bei instationären Strömungen

5.5.1 Allgemeines

In der Natur findet man vier Hauptgruppen von instationären Strömungen mit Einfluß auf die Sedimentbewegung:

1. in einem richtungskonstant fließenden natürlichen Strom ist die Strömungsgeschwindigkeit im allgemeinen nicht völlig gleichbleibend, wie in einem stationären Laborgerinne.

2. Hochwasserwellen (Flutwellen) sind meist von zu kurzer Dauer, um von zumindestens quasistationären Verhältnissen sprechen zu können. Im allgemeinen sind darum die Sedimenttransportraten, die zu den momentanen Strömungsgeschwindigkeiten gemessen werden, zusätzlich noch von Beschleunigungen und Verzögerungen der Strömung beeinflußt.

3. Tideströmungen mit regelmäßig wechselnden Strömungsrichtungen und -geschwindigkeiten.

4. Oszillierende Strömungen infolge Wellenbewegung.

Darüber hinaus sind noch Überlagerungen der vorgenannten Fälle möglich.

5.5.2 Geschiebebewegung am Beispiel der TIDE-WESER

Aus Tidegebieten liegen bis heute sehr wenige Untersuchungen des Sedimenttransportes vor. Die umfangreichen und sich über mehrere Jahre erstreckenden Messungen von NASNER (1974) in vier Bereichen der WESER (Abb. 5.5.2/1)stellen hier ein wertvolles Beispiel dar.

Für eine vergleichende Berechnung des Sedimenttransportes ist eine genaue Kenntnis der Strömungsgeschwindigkeiten erforderlich. Leider liegen für die von NASNER bearbeiteten WESER-Bereiche kaum Meßdaten über den Verlauf der Strömungen in der Fahrrinne für eine volle Tide vor. Lediglich die Messungen vom 19. August 1965 bei WESER-km 45,5 der WASSER- UND SCHIFFAHRTSDIREKTION BREMEN (Abb. 5.5.2/7)und vom 5. August 1975 bei WESER-km 29,5 des WASSER-UND SCHIFFAHRTS-AMTES BREMEN standen dem Verfasser zur Verfügung (Abb.5.5.2/3) Daher wurde zur Berechnung des Sandtransportes auf die Strömungsgeschwindigkeiten zurückgegriffen, die aus einer Strömungsberechnung der WASSER-UND SCHIFFAHRTSDIREKTION BREMEN hervorgehen. Diese Berechnungen geben ein ungefähres Bild der natürlichen Strömungen wieder.

Die Abb. 5.5.2/2,4,5,6 geben die berechneten Strömungsgeschwindigkeiten sowie die darauf basierend berechneten Geschiebemengen im Vergleich mit den Meßwerten wieder.

Die Berechnung der Geschiebemengen wurde in Zeitschritten von 5 Minuten entlang der Strömungskurve durchgeführt, aufsummiert und schließlich auf ein 24-Stunden-Intervall umgerechnet.

NASNER gibt als Ergebnis der Messungen den Transport in der Einheit $m^3/m \cdot$ Tag wieder, und zwar als $q_{G\,max}$. Es ist $q_{G\,max}$,

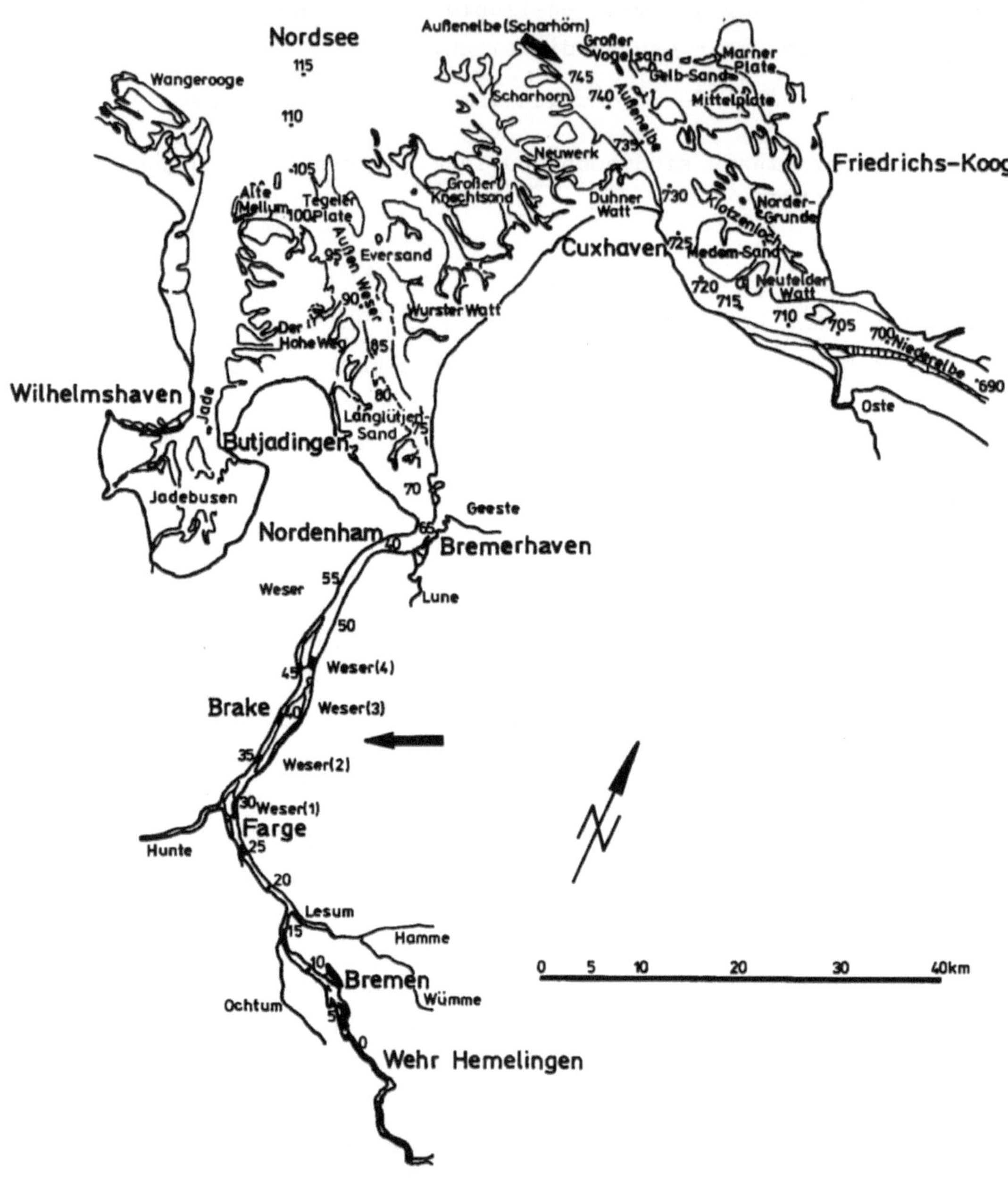

Abb. 5.5.2/1

Unterweser mit den vier Untersuchungsabschnitten von NASNER

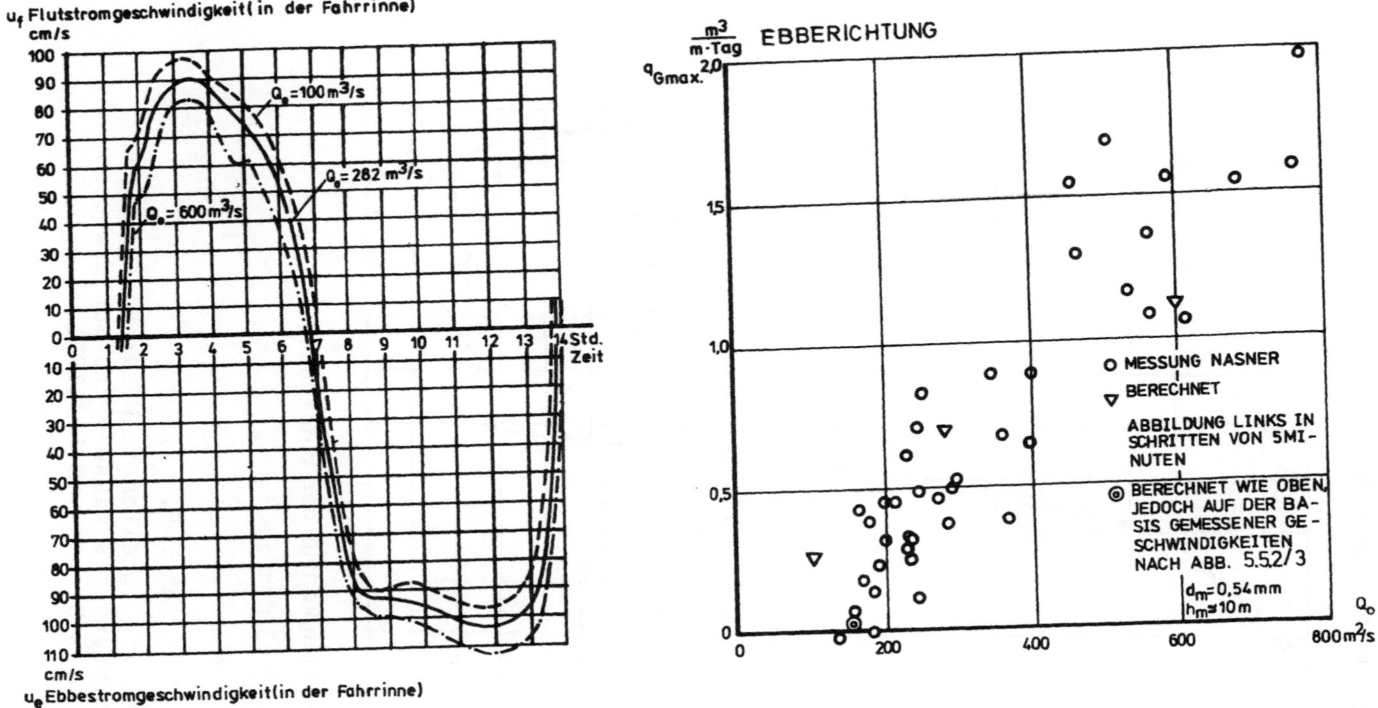

Abb. 5.5.2/2

Strömungsgeschwindigkeiten im Weser-Bereich (1) nach der Berechnung des Wasser- und Schiffahrtsamtes Bremen und mit diesen Geschwindigkeiten berechneter Sedimenttransport, sowie eine Berechnung auf der Basis gemessener Strömungen nach (Abb. 5.5.2/3)

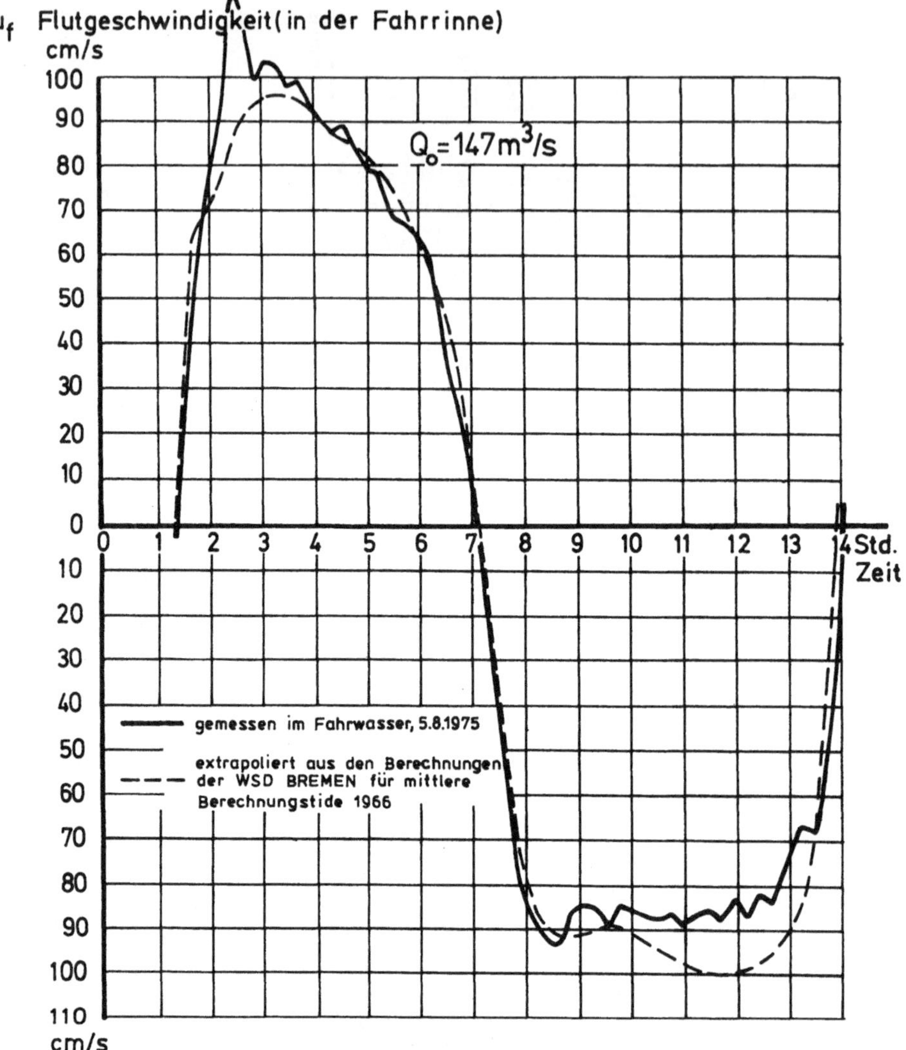

Abb. 5.5.2/3

Strömungsgeschwindigkeiten im Weser-Bereich (1) nach einer Messung des Wasser- und Schiffahrtsamtes Bremen vom 5.8.1975

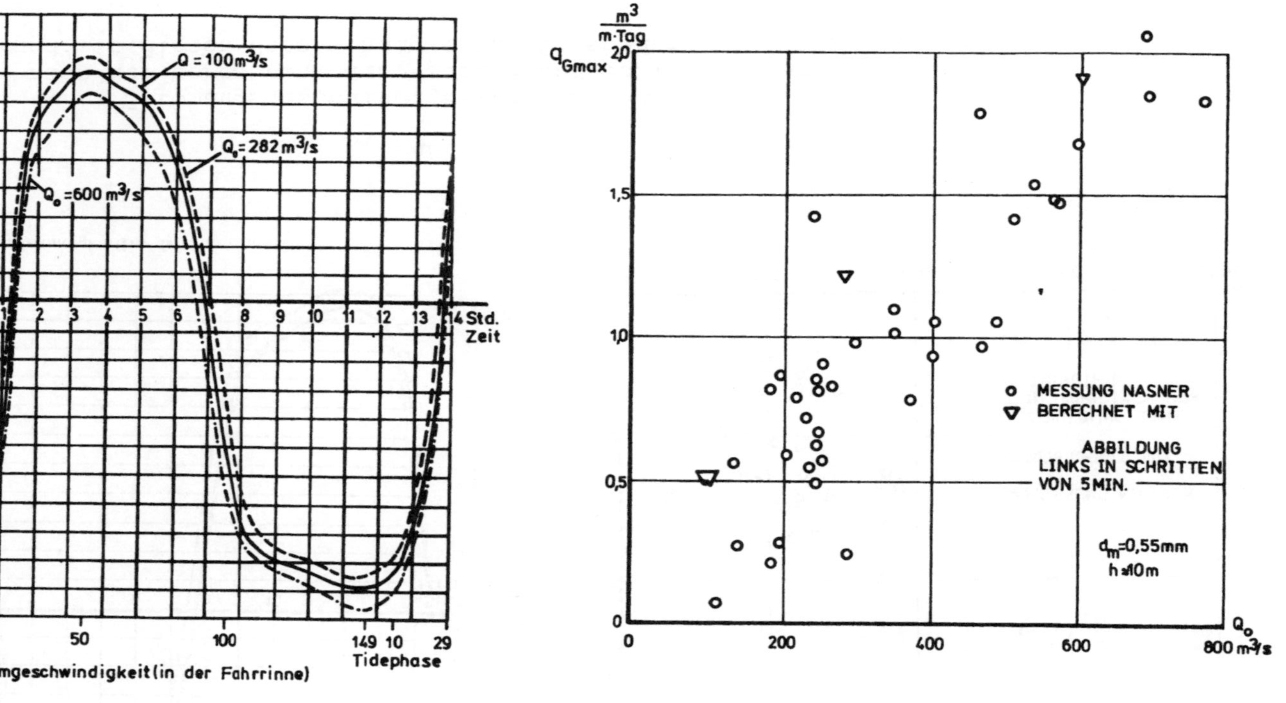

Abb. 5.5.2/4

Strömungsgeschwindigkeiten im Weser-Bereich (2)
nach der Berechnung des Wasser- und Schiffahrtsamtes Bremen
und mit diesen Geschwindigkeiten berechneter Sedimenttransport

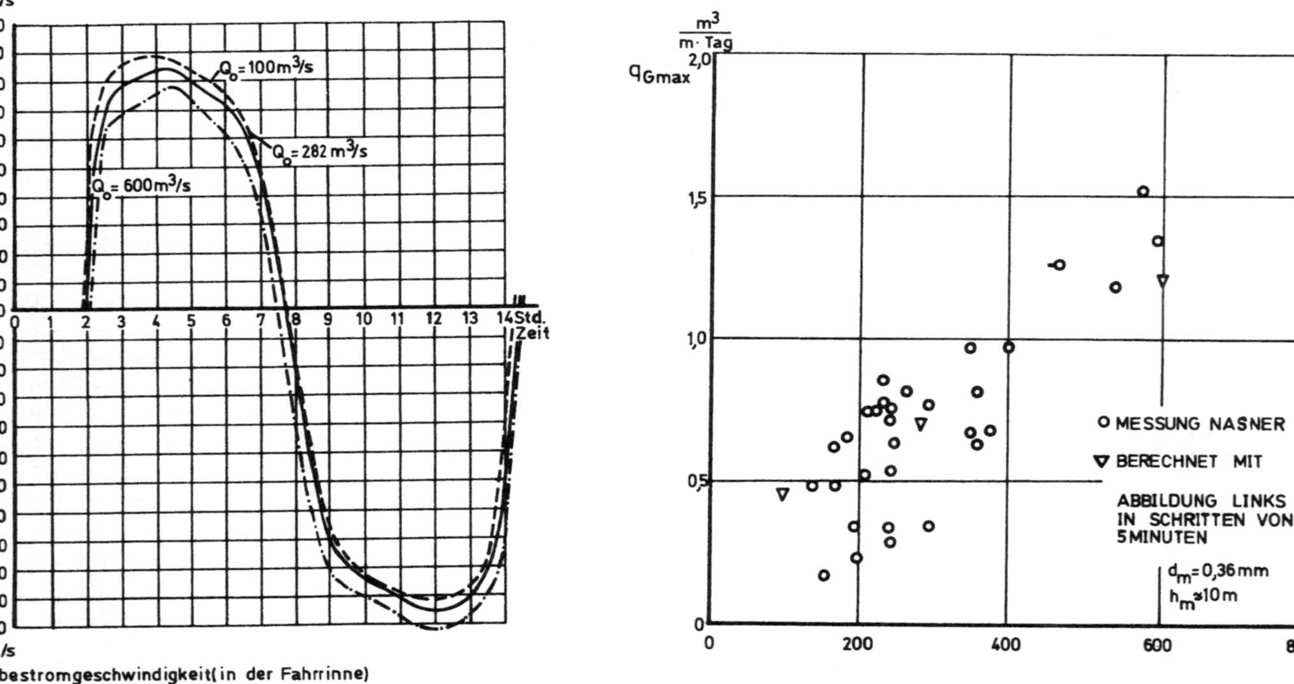

Abb. 5.5.2/5

Strömungsgeschwindigkeiten im Weser-Bereich (3)
nach der Berechnung des Wasser- und Schiffahrtsamtes Bremen
und mit diesen Geschwindigkeiten berechneter Sedimenttransport

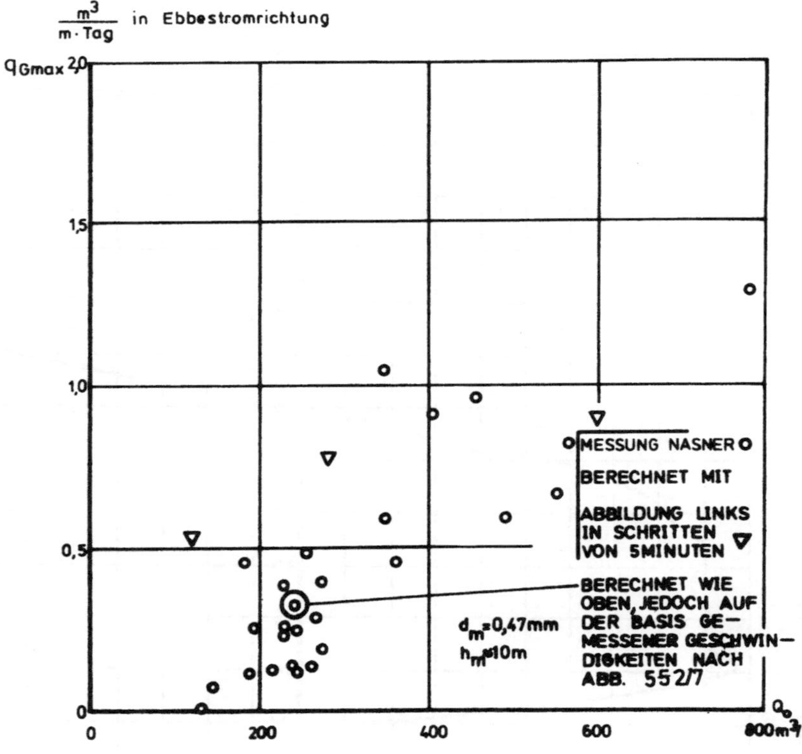

Abb. 5.5.2/6

Strömungsgeschwindigkeiten im Weser-Bereich (4)
nach der Berechnung des Wasser- und Schiffahrtsamtes Bremen
und mit diesen Geschwindigkeiten berechneter Sedimenttransport
sowie eine Berechnung auf der Basis gemessener Strömungen
nach Abb. 5.5.2/7

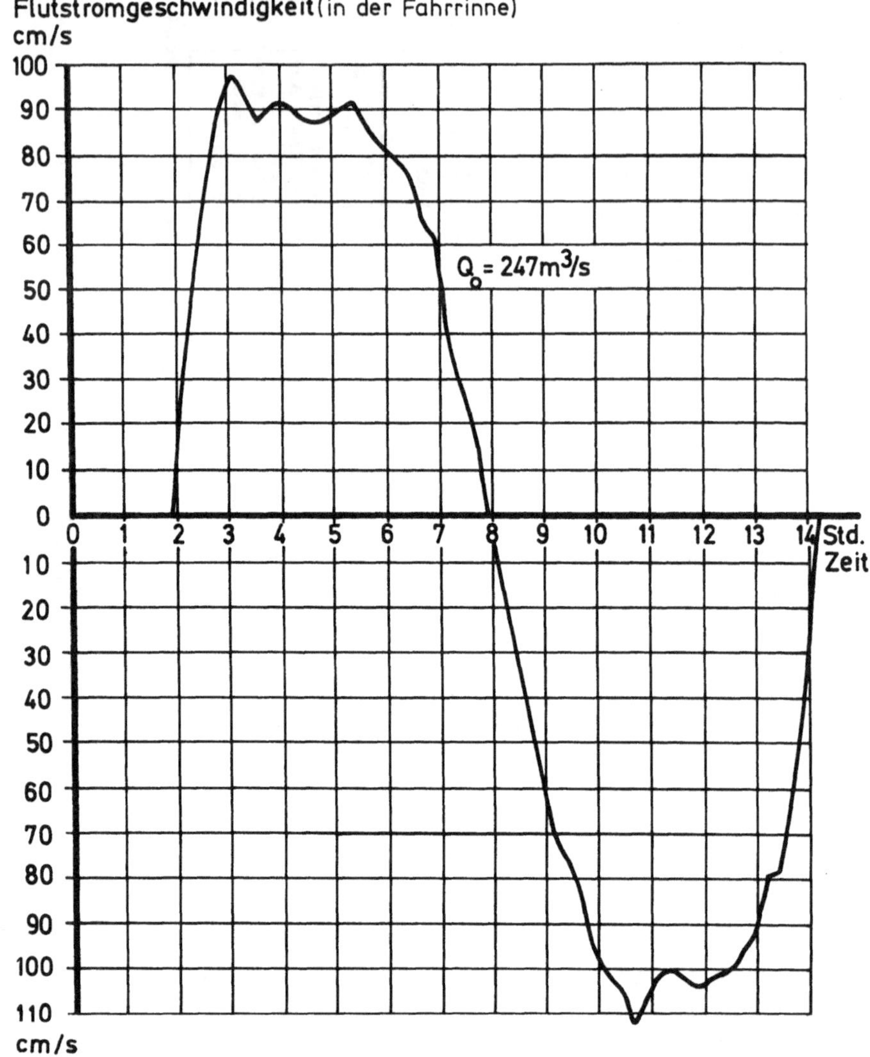

Abb. 5.5.2/7

Strömungsgeschwindigkeiten in der Fahrrinne im Weser-Bereich (4) nach einer Messung der Wasser- und Schiffahrtsdirektion Bremen vom 19.8.1965

wie früher bereits beschrieben wurde, der Transport am Kamm eines Transportkörpers.

$$q_{G_{max}} = \frac{q_G}{ß_F} = H \cdot u_T$$

mit H = Transportkörperhöhe
u_T = Transportkörper-Wandergeschwindigkeit
$ß_F$ = Formbeiwert der Transportkörper
($\frac{1}{2}$ für Dreiecke; 0,66 für Parabeln)

Die Berechnungen wurden mit $ß_F$ = 0,6 ausgeführt.

Die bei der Berechnung erzielten Ergebnisse können als sehr zufriedenstellend bezeichnet werden. Vor allem die Berechnung auf der Basis der gemessenen Strömungen liegt inmitten der Meßwerte (Doppelkreise auf den Abbildungen). Nicht zuletzt auch aufgrund dieser Tatsache ist zu vermuten, daß zumindest ein Teil der Unterschiede zwischen Rechnung und Messung auf Kosten der berechneten und somit nur annähernd natürlichen Geschwindigkeitsverläufe geht.
Zuletzt ist noch ein bemerkenswerter Schluß zu ziehen: In keiner der Berechnungen des Geschiebetransportes in den vier Bereichen der Weser war ein merklicher Einfluß der Beschleunigungs- und Verzögerungsvorgänge festzustellen, Es ist daher anzunehmen, daß die bekannte Erhöhung des Gesamttransportes durch Beschleunigungsvorgänge hauptsächlich durch eine erhöhte Suspendierung von Feststoffen erzeugt wird.

5.5.3 Transport in Suspension

Über den Einfluß von beschleunigter und verzögerter Strömung auf den Sedimenttransport in Suspension gibt eine Untersuchung von GILBRICH (1961) prinzipielle Auskunft (Abb. 5.5.3/1). Bereits während der Beschleunigungsphase erhöht sich die Transportrate deutlich gegenüber der stationären Verhältnissen gleicher Geschwindigkeit gehörenden Menge. Am Ende der Beschleunigung hat sich eine Überkonzentration eingestellt, die langsam auf "Normalwerte" abfällt. Der Abfall der Konzentration bei einer Verzögerung der Strömung hängt bezüglich der momentanen Strömung nach, so daß sich, wie auf Abb. 5.5.3/1 dargestellt, ein Mehrtransport sowohl durch beschleunigte als auch durch verzögerte Strömung ergibt.

Aus dieser Kenntnis kann schematisch bestimmt werden, wie der Einfluß einer Hochwasserwelle auf den Transport in Suspension aussehen muß (vgl. Abb. 5.5.3/2).

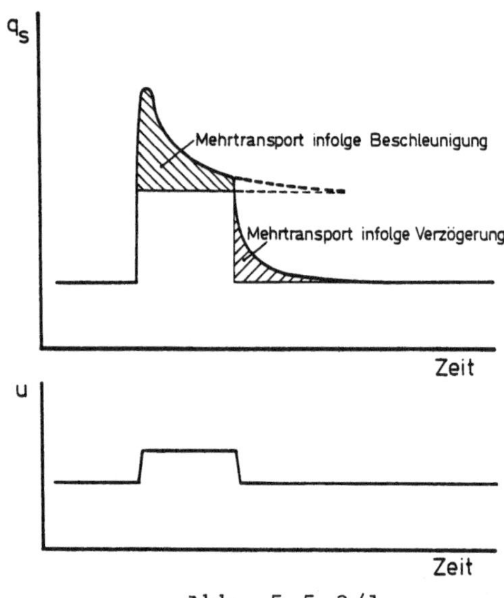

Abb. 5.5.3/1

Änderung des Transportes in Suspension
mit Änderung der Strömungsgeschwindigkeit
(schematisch nach einer Messung von GILBRICH)

Die Richtigkeit dieser Überlegungen bestätigt eine Messung von LEOPOLD (1953) (Abb. 5.5.3/3), die während einer Frühjahrsflut 1948 im RIO GRANDE bei BERNALILLO, Neu Mexiko, aufgenommen wurde. Leider finden sich bei LEOPOLD keine Angaben über die Korngröße, jedoch gibt NORDIN (1964) für den gleichen Ort etwa d = 0,32 mm an.

Die absoluten Unterschiede zwischen der Transportrate bei stationärer und instationärer Strömung hängen von der Größe der Beschleunigung ab. Dies zeigt ein Vergleich zwischen der Auswirkung der Frühjahrsflut Mai-Juni 1948 im RIO GRANDE (Abb. 5.5.3/3) und der Blitzflut im RIO GALISTEO bei DOMINGO, Neu Mexiko (Abb. 5.5.3/4). LEOPOLD (1956) bezeichnet einen Fluß wie den RIO GALISTEO als

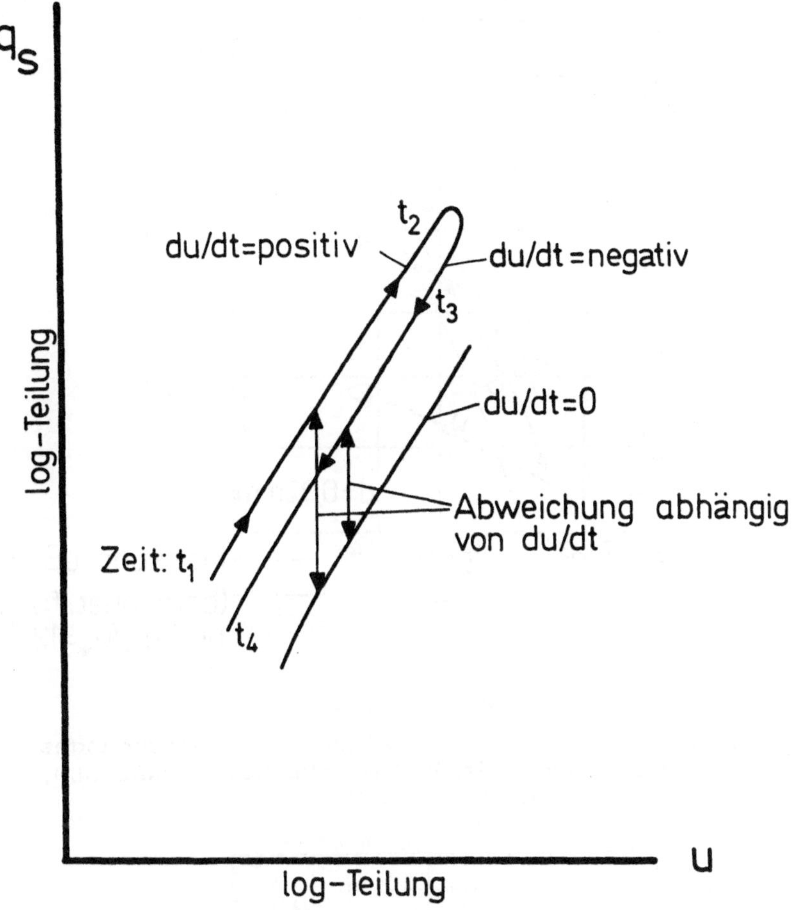

Abb. 5.5.3/2
Einfluß einer Hochwasserwelle
auf den Transport in Suspension
(schematisch)

"Ephemeral stream", zu deutsch "Kurzzeitfluß" und beschreibt solche Flüsse ganz allgemein:

"Ein typisches trockenes Bett erreicht den Spitzenabfluß in weniger als 10 Minuten, der Hochwasserabfluß dauert selten mehr als 10 Minuten, und die Strömung nimmt in weniger als zwei Stunden wieder zu unwesentlichen Werten ab."

Hervorgerufen durch die hohen Beschleunigungen und Verzögerungen erreicht der RIO GALISTEO ein Vielfaches vom Sedimenttransport bei gleichmäßigem Abfluß und auch wesentlich mehr als bei einer normalen Hochwasserwelle in einem "normalen" Fluß.

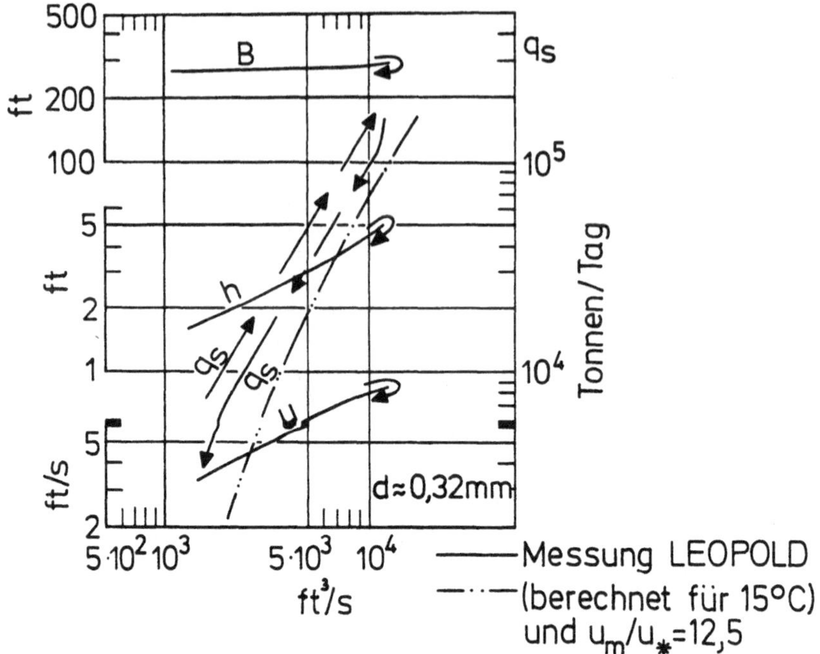

Abb. 5.5.3/3

Transport in Suspension während des Durchganges eines Hochwassers im RIO GRANDE bei BERNALILLO, Neu Mexiko, USA

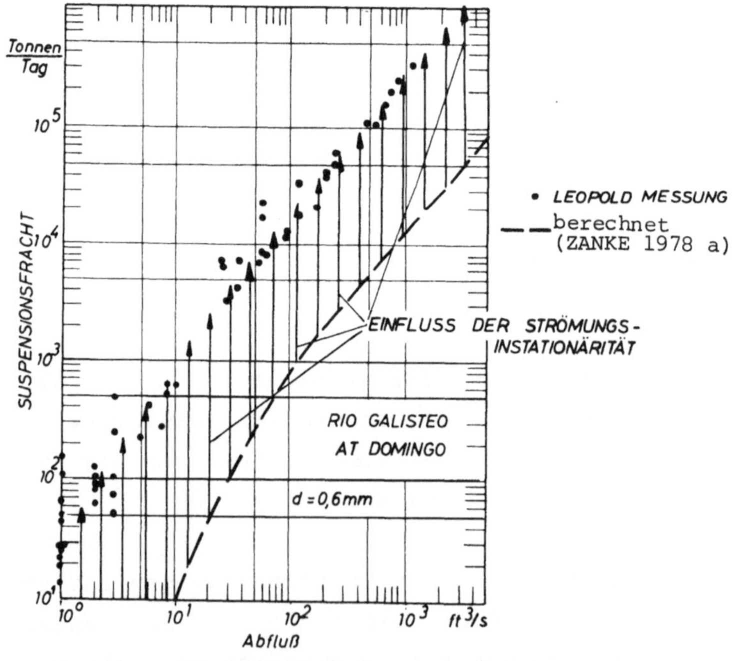

Abb. 5.5.3/4

Sedimenttransport während einer Blitzflut im RIO GALISTEO, Neu Mexiko, und berechneter Transport für stationäre Strömung (LEOPOLD (25))

Die folgende Zusammenstellung der Abb. 5.5.3/5 gibt Hinweise auf weiteres Schrifttum des Problemkreises "Sedimenttransport im Nicht-Gleichgewichtszustand". Abb. 5.5.3/6 zeigt die Nachrechnung der Auflandung eines Grabens, der quer überströmt wird (FRITZ/HOLZ 1982).

	stationär		
	gleichförmig	ungleichförmig	instationär
Sedimentation <<Erosion	YALIN/ FINLAYSON (1973) VAN RIJN (1981)	/	/
Erosion ≈ Sedimentation	SÜMER (1971)	KERSSENS/ VAN RIJN/ WIJNGAARDEN (1977) BRUK/ MILORADOV (1971)	MAHMOOD (1975) BOGARDI (1974) (Naturmessungen)
Sedimentation >>Erosion	CECEN/ SÜMER (1971) SARIKAYA (1971)	ARIATHURAI	/

Abb. 5.5.3/5

Zusammenstellung einiger Prinzipskizzen für Ansätze über den Suspensionstransport im Nicht-Gleichgewichtszustand nach einer Arbeitsvorlage von WESTRICH, Arbeitskreis "Sedimenttransport in offenen Gerinnen", DVWK, 1979

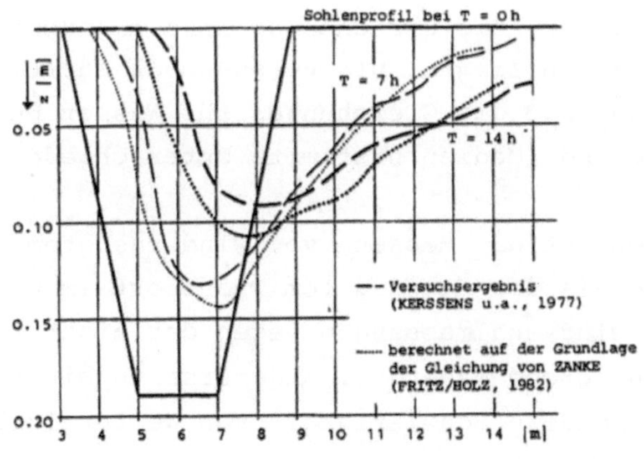

Abb. 5.5.3/6

Berechnung der Sedimentation in einem quer überströmten Graben (FRITZ/HOLZ (1982))

Über die zahlenmäßige Auswirkung von instationärer Strömung auf die in Suspension transportierten Mengen kann heute noch keine Aussage gegeben werden. Hierzu müssen noch weitere systematische Untersuchungen durchgeführt werden.

5.6 Sandtransport bei Wind

Die Konstanten der Transportgleichungen für Luftströmung sind gegenüber denjenigen für Wasserströmung abzuändern. Die Gründe sind z.Zt. ebensowenig sicher bekannt, wie diejenigen, die eine Halbierung der Konstanten bei der Berechnung von u_{*c} und $u_{*\ell}$ bewirken (vgl. Abschnitt 4.2.5).

Denkbar ist z.B. eine relativ höhere Wirkung der Turbulenz als bei Wasserströmungen. Stärkere Makro-Turbulenz würde eine Vergrößerung von u_* bei gleichem $u_{(y)}$ bedeuten. Der quantitative Transport wäre dann größer, mithin müßte auch die Konstante der Transportgleichung größer sein. (Die Konstante enthält alle Größen als Festwerte, die in der Gleichung selbst nicht direkt erfaßt sind, aber dennoch Einfluß auf den Transport haben.)

BAGNOLD stellt fest, daß die Sandkörner bei Windtransport erhebliche Sprünge ausführen, ganz im Gegensatz zu ihrem Verhalten im Wasser. Die Ursache mag in den anderen Trägheits-/Zähigkeitswerten liegen. Dieses Phänomen dürfte ebenfalls dazu beitragen, daß die Gleichungen für Wasser und Luft als transportierende Medien bestimmte Unterschiede aufweisen.

Des weiteren ist die Messung von winderzeugtem Sandtransport schwieriger als die Messung vom Transport im Wasser. Einerseits sind Windkanalmessungen wegen der nicht freien Oberfläche nur eine grobe Näherung. Andererseits birgt der Naturversuch die besondere Schwierigkeit von Wettereinflüssen.

Schließlich sind die im Schrifttum dargestellten Meßergebnisse auch noch von der relativ unsicheren Bestimmung der Schubspannungsgeschwindigkeit abhängig.

So ist zu verstehen, daß die Messungen an etwa gleichen Sanden eine deutliche Streubreite aufweisen (Messung Spiekeroog, KAWAMURA 1951, BAGNOLD 1954, ZINGG 1952, HORIKAWA 1960, NIESPODZINSKA 1980; Abb. 5.6/1 und Abb. 5.6/2).

Die nachfolgenden Transportbeziehungen für den sohlennahen winderzeugten Transport (bis auf die Konstanten identisch mit den Transportbeziehungen für Wasserströmungen) stimmen mit den Meßergebnissen zufriedenstellend überein. Die Abweichungen Rechnung/Messung liegen im Rahmen der Meßstreubreite.

$$q_G = 0{,}02 \left(\frac{u_*^2 - u_{*c}^2}{w^2}\right)^{1{,}5} D^{*3} \, \nu \, \frac{1}{p} \qquad (5.6\text{-}1)$$

Die Menge des fliegend verfrachteten Materials kann aus

$$q_S = 0{,}02 \left(\frac{(u_*^2 - u_{*c}^2)(u_*^2 - u_{*\ell}^2)}{w^4} D^{*4}\right)^{0{,}75} \nu \, \frac{1}{p} \qquad (5.6\text{-}2)$$

mit guter Näherung berechnet werden, wie umfangreiche Messungen zeigen (Abb. 5.6/1 bis 5.6/4). Naturmessungen wurden über eine Dauer von mehreren Wochen an der Nordseeküste (Oststrand Spiekeroog) ausgeführt. Geschiebefracht und fliegendes Material wurden in zwei großen Fallen kontinuierlich automatisch gemessen und aufgezeichnet. Die Fallen waren aerodynamisch so konstruiert, daß sie möglichst geringe Störungen des Windprofils verursachen. Die verwendete Suspensionsfalle fängt bis in 1 m Höhe, was im allgemeinen ausreicht.

Die Suspensionsfalle dreht sich selbst in den Wind und richtet dabei die Einlauföffnung für die Bodenfalle ebenfalls in den Wind. Das rollende Material fällt in einen unterirdischen Behälter mit gekoppelter Waage. Das fliegende Material fällt inner-

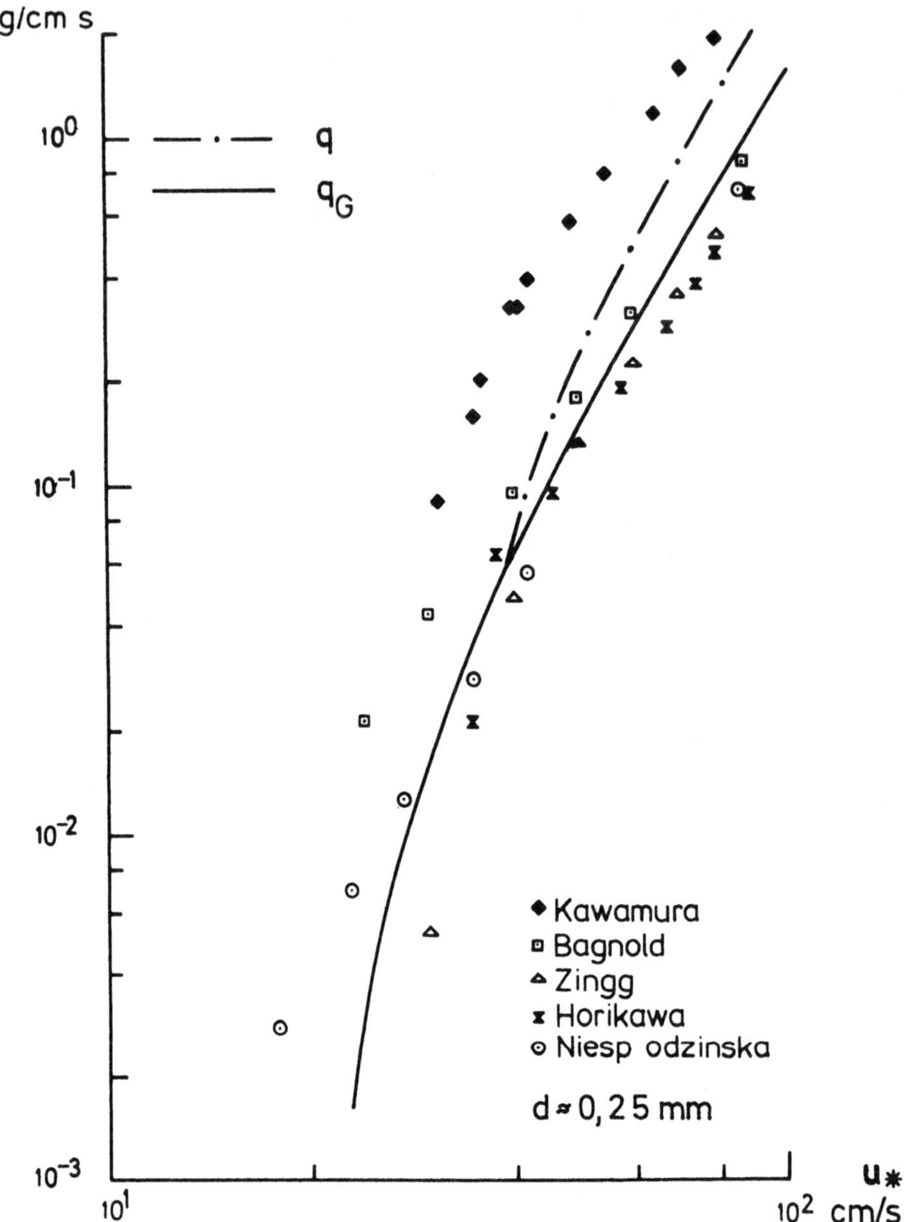

Abb. 5.6/1

Vergleich zwischen Messung und den Gleichungen 5.6-1 und 5.6-2

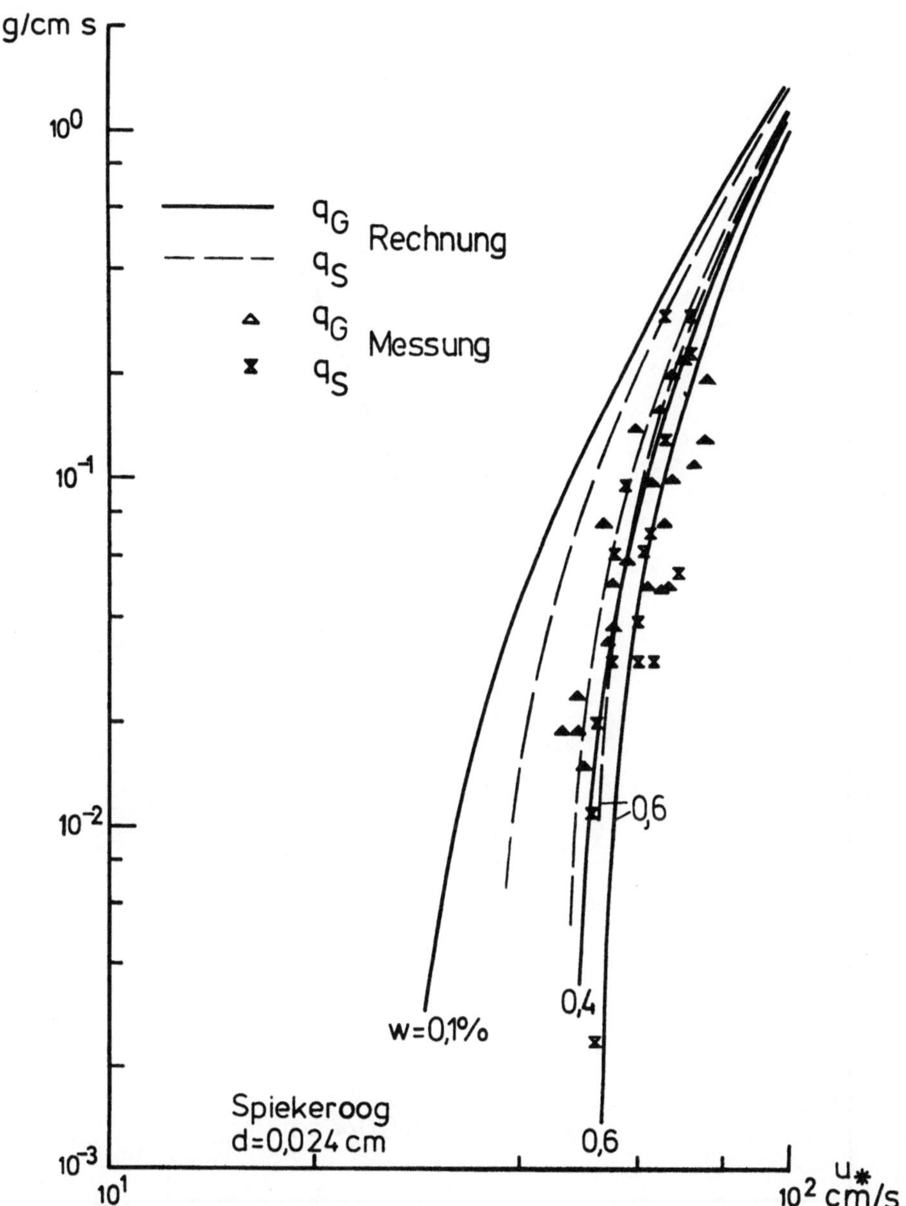

Abb. 5.6/2

Vergleich zwischen Messung und den Gleichungen
5.6-1 und 5.6-2

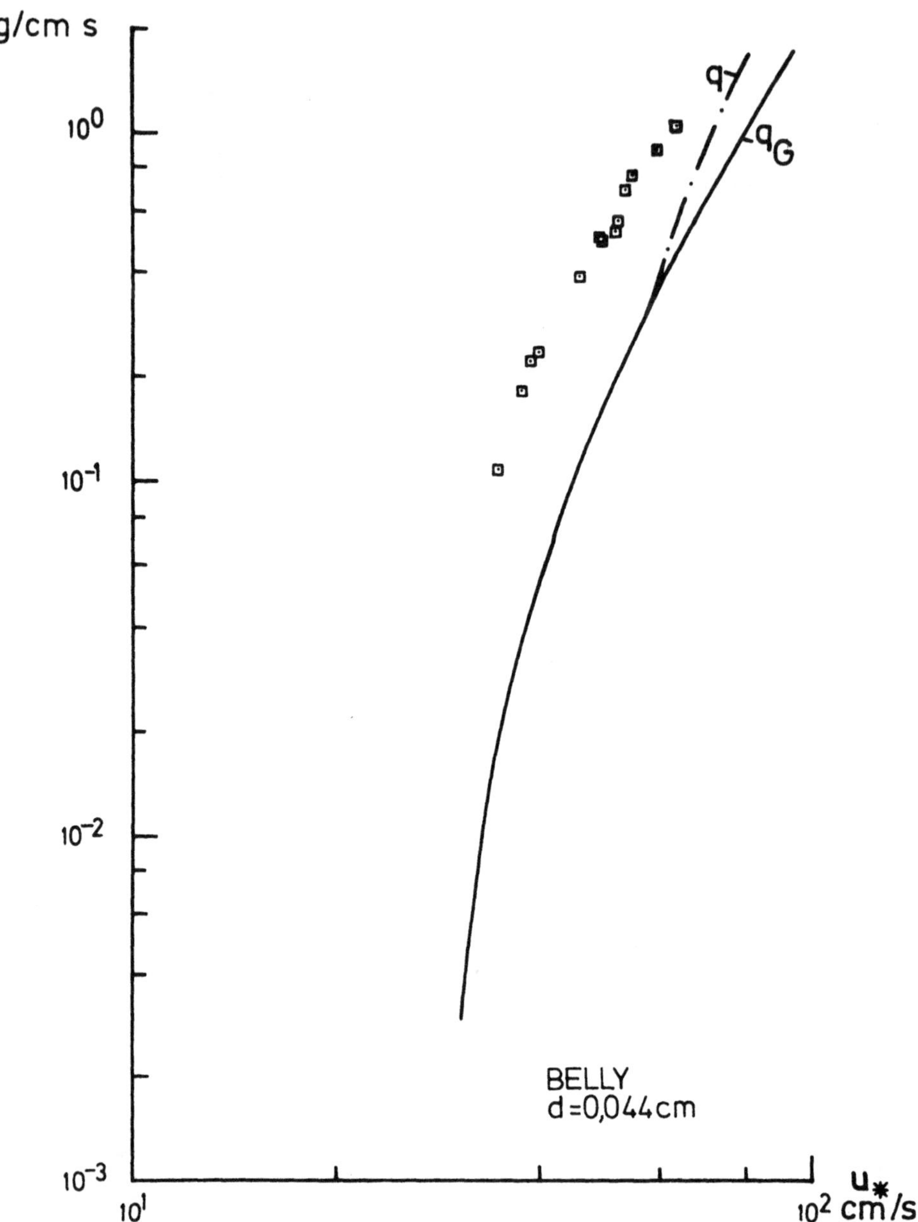

Abb. 5.6/3

Vergleich zwischen Messung und den Gleichungen 5.6-1 und 5.6-2

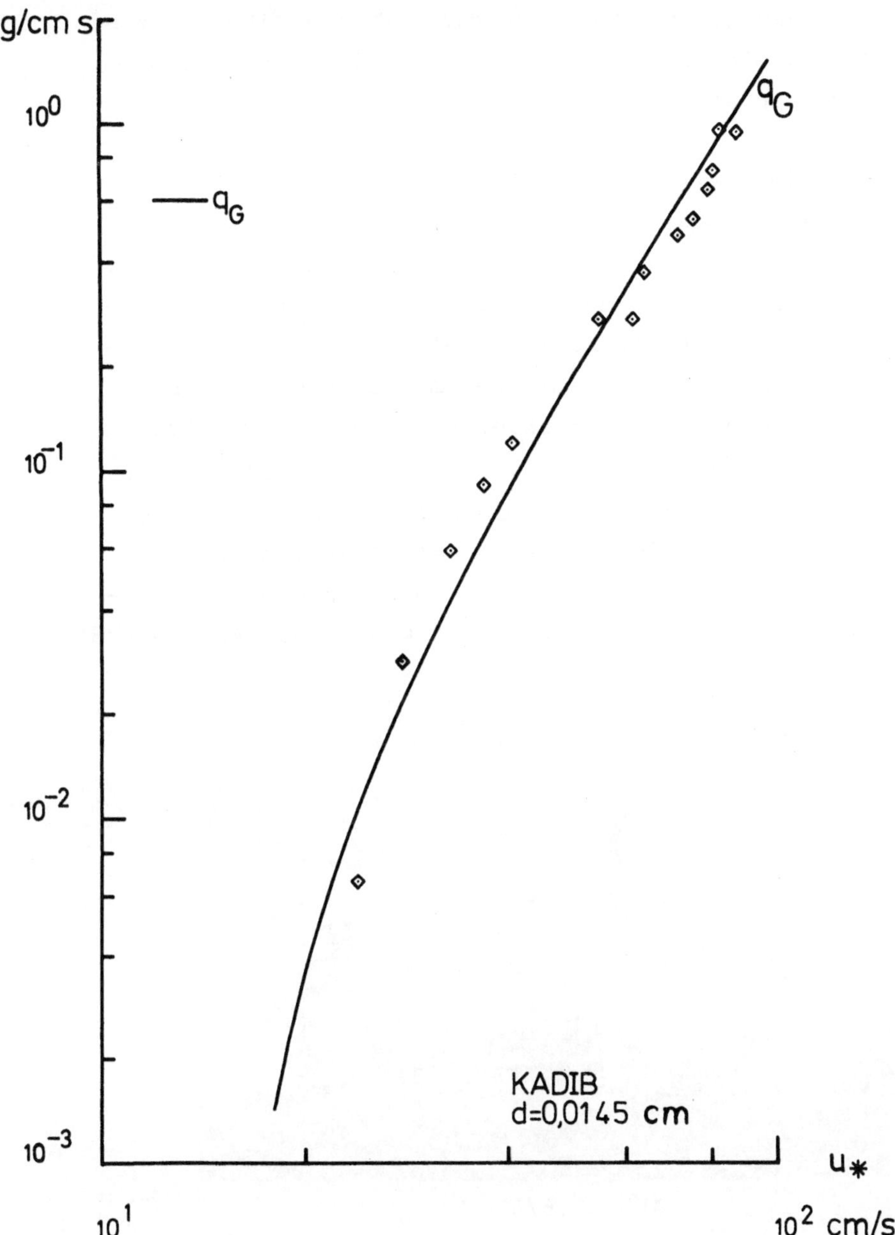

Abb. 5.6/4

Vergleich zwischen Messung und den Gleichungen 5.6-1 und 5.6-2

halb der Suspensionsfalle ebenfalls auf einen Waagebehälter. Der Wind tritt ohne Sand wieder aus der Suspensionsfalle aus. Die Wiegeergebnisse werden ständig registriert.

Im Gegensatz zu den meisten Fällen im Schrifttum stört diese Konstruktion die Sandbewegung bis in die Eintrittsöffnungen hinein praktisch nicht. Das ist sehr wichtig, da jeder Aufstau vor einer Falle bewirkt, daß die feinen Sandkörner mit geringer Trägheit z.T. vor der Falle abgelenkt werden und diese mit umströmen anstatt in der Falle gesammelt zu werden. Die Abb. 5.6/5, 6, 7 zeigen die verwendeten Fallen im Einsatz.
Wie man auf den Abbildungen gut sieht, liegt die Öffnung der Suspensionfalle stets hinter der Bodenfalle. Dadurch ist gewährleistet, daß die Suspensionsfalle kein Geschiebe fängt. Das sohlennah bewegte Material fällt bereits in die Bodenfalle, ehe es die Suspensionsfalle erreichen kann (vgl. Abb. 5.6/8).

Abb. 5.6/5

Geschiebe- und Suspensionsfalle
(Eigenkonstruktion)

Abb. 5.6/6
Eintrittsöffnung der Fallen

Abb. 5.6/7
Eintrittsöffnung der Bodenfalle

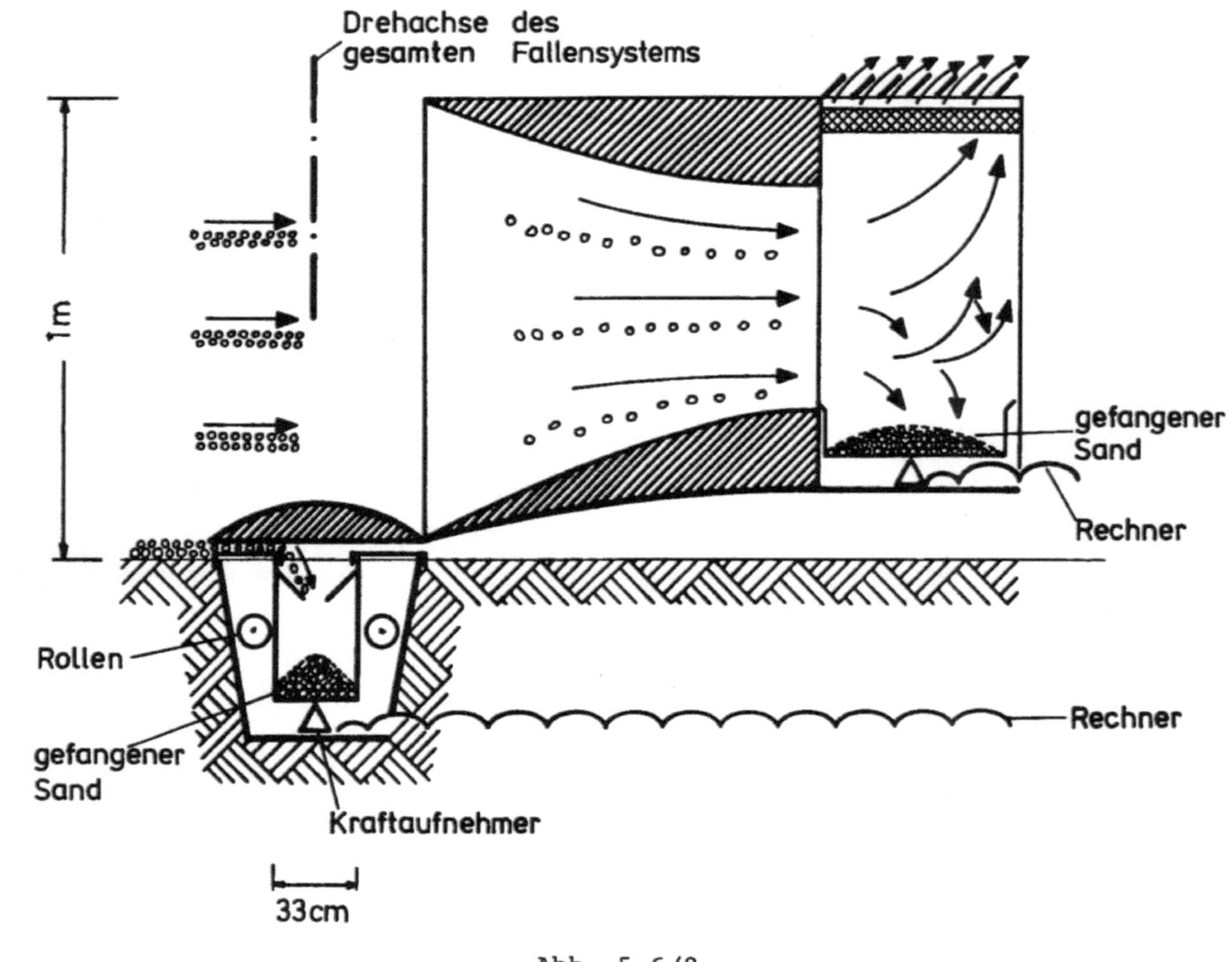

Abb. 5.6/8

Schematische Übersicht über die Sandfalle

5.6.1 Anwendungsbeispiel

Die resultierende Sandbewegung an einem Strandgebiet läßt sich z.B. mit den unter 5.6 angegebenen Gleichungen berechnen. Man benötigt dann über einen gegebenen Zeitraum, z.B. ein Jahr, die meteorologischen Daten, Windgeschwindigkeit, Windrichtung, Winddauer und Bodenfeuchtigkeit. Letztere wird jedoch i.a. nicht gemessen, so daß die Sandfeuchtigkeit aus Erfahrungswerten zu schätzen ist, wenn Regenfälle stattgefunden haben. Auf der Grundlage von Erfahrungswerten über die Sandfeuchte als Abhängige von Regenfällen (welche bei den mehrwöchigen Meßeinsätzen in der Natur gesammelt wurden) sowie den meteorologischen Daten der Station Norderney wurde für 1974 und 1975 die resultierende Sandmenge berechnet, die sich durch einen (gedachten) Kreis von 1 m Durchmesser bewegt.

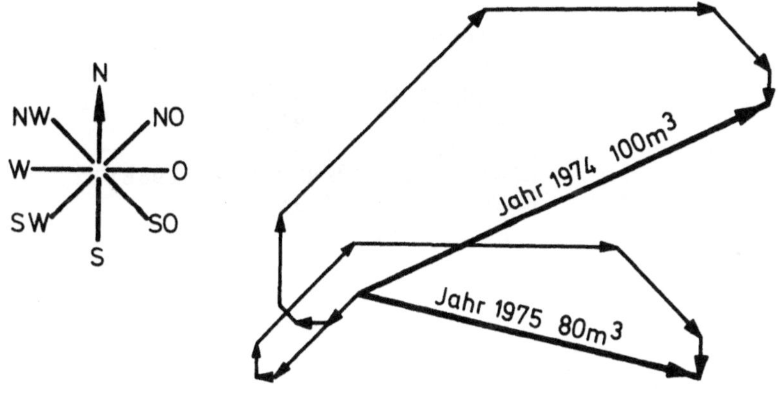

Abb. 5.6.1/1

Abschätzung der resultierenden Sedimentfracht an den freien Stränden für Wetterdaten der Station Norderney der Jahre 1974/75 (berechnet)

Abb. 5.6.1/1 gibt das Ergebnis wieder. Gleichzeitig sind die berechneten, resultierenden Transportraten für die einzelnen Himmelsrichtungen angegeben. Aus dem Ergebnis dieser Berechnung kann der mittlere Transport für die ostfriesischen Inseln mit 100 m^3 je Jahr und m Strandbreite in Richtung Osten abgeschätzt werden (vorausgesetzt, die Jahre 1974/75 repräsentieren die mittleren Wetterverhältnisse).

Für trockene Sandflächen ist die Berechnung wesentlich sicherer als für feuchte Flächen. Über die Abhängigkeit der Sandfeuchte der oberen Schichten von der Regendauer und -stärke sowie der Windgeschwindigkeit und möglichen Sonneneinstrahlungen nach dem Regen, also der zeitlichen Feuchtigkeitsabnahme, sind noch intensive Untersuchungen nötig, bevor allgemein anwendbare Ansätze gegeben werden können.

5.7 Quantitativer Sedimentransport unter Welleneinfluß

Der quantitative Sedimenttransport unter Welleneinfluß und überhaupt der Sedimenttransport in Küstengewässern mit Überlagerung von Welleneinfluß und Strömungen, wird in dieser Arbeit nicht behandelt. Es wird lediglich auf einige Arbeiten hingewiesen, die weitere Literaturhinweise zu dieser Thematik enthalten:

MANOHAR (1955)
MADSEN/GRANT (1976)
HAILS/CARR (1975)
HORIKAWA (1977)
RAUDKIVI (1977)
BONNEFILLE/PEERNECKER (1966)
RAUDKIVI (1981)

* Beispiel 5. *

1. gegeben:

$J = 5 \cdot 10^{-4}$
$h = 300$ cm
$\nu = 0{,}01$ cm²/s (Wasser)
$\rho_S = 2{,}65$ g/cm³
$\rho_F = 1$ g/cm³
$d_m = 0{,}78$ mm

gesucht:

Sohlennaher Transport q_G
Schwebtransport q_S
max. Schwebtransport $\tilde{q}_S$

Lösung:

$u_* = (ghJ)^{1/2}$
$u_* = 12{,}13$ cm/s
$u_{*c} = 2{,}05$ cm/s (aus Beispiel 4.2.2/1b)
$w = 10{,}9$ cm/s $D^* = 18{,}94$ (aus Beispiel 4.1)

$$q_G = \frac{1}{0{,}7} \cdot 6{,}36 \cdot 10^{-4} \left[\frac{12{,}13^2 - 2{,}05^2}{10{,}9^2}\right]^2 \cdot 18{,}94^4 \cdot 0{,}01 \qquad (5.3.2.1\text{-}17)$$

$$\underline{\underline{q_G = 1{,}69 \text{ cm}^3/\text{cm}\cdot\text{s}}}$$

$$q_S = q_G \cdot \frac{h}{1} 10^{-1} \frac{u_*^2 - u_{*\ell}^2}{u_*^2 - u_{*c}^2} \cdot \left(\frac{\nu}{\nu_o - \nu}\right)^{1/4}$$ (aus Gl. (5.3.2.2-4) und Gl. (5.3.2.1-17))

$$u_{*\ell} = 0{,}4\, w = 0{,}4 \cdot 10{,}9 = 4{,}36 \text{ cm/s} \qquad (4.2.5\text{-}3)$$

$$\underline{\underline{q_S = 48{,}36 \text{ cm}^3/(\text{cm}\cdot\text{s})}}$$

$$\tilde{q}_S = q_S \cdot \frac{u_*^2 - u_{*\ell}^2}{u_*^2 - u_{*c}^2}$$ (vgl. Gl. (5.3.2.1-17) mit Gl. (5.3.2.2-5))

$$\underline{\underline{\tilde{q}_S = q_S \cdot 0{,}9 = 43{,}35 \text{ cm}^3/(\text{cm}\cdot\text{s})}}$$

Der Transport in Suspension beträgt somit 43,35 cm²/s. Da q_S die Aufwirbelungskapazität für das Sohlenmaterial beschreibt und $\tilde{q}_S$ die maximale Schwebtransportkapazität darstellt, ist stets die kleinere beider Größen maßgebend. Daraus folgt, daß für $u_{*c} < u_{*\ell}$ $\tilde{q}_S$ maßgebend ist. Für den Fall $u_{*c} > u_{*\ell}$ ist ohne künstlich erhöhte Turbulenz (z.B. durch Bauwerke) der Wert von q_S maßgebend.

2. Gegeben:

$u_m = 121{,}5$ cm/s
$h = 300$ cm
$\nu = 0{,}01$ cm²/s
$\rho_S = 2{,}65$ g/cm³
$\rho_F = 1$ g/cm³
$d_m = 0{,}078$ cm
$H = 60$ cm

gesucht: q_G, q_S, $\tilde{q}_S$

Lösung:

$$u_* = \frac{121{,}5}{2{,}5 \ln \frac{11\,h}{H}} \qquad (1.4.6\text{-}4)$$

$u_* = 12{,}13$ cm/s

Die Weiterrechnung erfolgt wie in Beispiel 5.1.

3. Gegeben:

Sand in Luftströmung
$d = 0{,}024$ cm
$u_{1000} = 10$ m/s (u in 10 m Höhe)

Riffel
$H = 5$ cm
$\nu = 0{,}151$ cm²/s
$\rho' = 2160{,}5$ (s. Beispiel. 4.1)
$\rho_L = 1{,}226 \cdot 10^{-3}$ g/cm³ (s.Beisp. 4.1)

Sandfeuchte
$W_S = 0{,}1$ %

Lösung:

$$u_* = \frac{u_{1000}}{2{,}5 \ln 30 \frac{1000}{5}} \qquad (1.4.6\text{-}1)$$

$$u_* = 46 \text{ cm/s}$$

$$f(W_S) = 0{,}00107 \qquad (4.2.2.2.5\text{-}3)$$

$$\underline{\underline{\rho_{SS} = 1{,}85 \text{ g/cm}^3}} \qquad (4.2.2.2.5\text{-}2)$$

$$\rho' = 2160{,}5 + \frac{1{,}85}{1{,}226 \cdot 10^{-3}} \qquad (4.2.2.2.4\text{-}4)$$

$$\rho'_S = 3669$$

$$u_{*c} = 26{,}6 \text{ cm/s}$$ (siehe Beispiele 4.2.2/1b und 4.2.2/4b)

$$D^* = \left(\frac{\rho' g}{\nu^2}\right)^{1/3} d = 10{,}87$$

Die Berücksichtigung der scheinbaren Gewichtserhöhung durch Bindekräfte über ρ'_S darf nur für die Ermittlung des Bewegungsbeginns erfolgen. Wenn die Körner vom Boden gelöst sind, ist D^* auf der Grundlage von ρ', also ohne Bindekräfte zu ermitteln. Das ist für den Transportvorgang und den Fallvorgang der Fall.

$$w = 188{,}3 \text{ cm/s} \qquad (4.1.3.3\text{-}8)$$

$$\underline{\underline{q_G = 0{,}044 \text{ cm}^3/(\text{cm}\cdot\text{s})}} \qquad (5.6\text{-}1)$$

$$u_{*\ell} = 0{,}2 \cdot 188{,}3 = 37{,}7 \text{ cm/s} \qquad (4.2.5\text{-}4)$$

$$\underline{\underline{q_S = 0{,}026 \text{ cm}^3/(\text{cm}\cdot\text{s})}} \qquad (5.6\text{-}2)$$

6. VERTEILUNG SUSPENDIERTER SEDIMENTE

6.1 Bewegung in Suspension

Unter bestimmten Bedingungen können Sedimentteilchen von der Sohle aufgehoben werden und von der Strömung infolge turbulenzbedingter Sekundärbewegungen in höhere Schichten ausgetauscht werden. Die Teilchen werden eine bestimmte Zeit von der Strömung getragen und fallen irgendwann wieder zu Boden. Je nach den äußeren Bedingungen sind hiervon mehr oder weniger Partikel betroffen.

Dieser Vorgang ist zwar ein stochastischer Prozess, jedoch sind verschiedene Ansätze aufgestellt worden, die dieses Problem deterministisch beschreiben:

1. Die Diffusionstheorie
   (O'BRIEN 1933, ROUSE 1937, EINSTEIN 1950)
2. Die Gravitationstheorie
   (VELIKANOW 1955, 1958)

Beide Theorien haben sehr ähnliche Ergebnisse. Ihre Übereinstimmung mit experimentellen Werten kann i.a. als etwa gleichrangig gelten. Beide Theorien gelten für Einkornsedimente.
Im englischsprachigem Schrifttum ist die Diffusionstheorie die weitem gebräuchlichere Methode bei der Berechnung der Suspensionsverteilung.

Den Vorgang des Transports in Schwebe (Suspension) kann man sich anschaulich - wie nachstehend erläutert - vorstellen:

Ein Flüssigkeitselement (Turbulenzballen) dreht sich z.B. in x, y-Richtung (in Strömungsachse und in der Lotrechten). Der Durchmesser des Ballens sei 2 Δy. Der Ballenmittelpunkt liegt in der Höhe y über der Sohle. Aus der Höhe $y-\Delta y$ (Unterseite des Ballens) wird Flüssigkeit auf die Höhe $y+\Delta y$ gefördert. Gleichzeitig bewegt sich Flüssigkeit von $y+\Delta y$ nach unten auf $y-\Delta y$.

Wenn die Flüssigkeit nun mit Sedimenten aufgeladen ist, deren Fallgeschwindigkeit nahe Null ist, so führt dieser Vorgang zur gleichmäßigen Durchmischung.

Teilchen allerdings, deren Fallgeschwindigkeit gegen die Umfangsgeschwindigkeit des Turbulenzkörpers nicht vernachlässigbar ist, kommen bei der genannten Aufwärtsmischbewegung nicht ganz bis auf die Höhe $y+\Delta y$. Sie fallen ja durch die aufwärtsbewegte Flüssigkeit. Das gleiche gilt für die absteigenden Teilchen. Sie steigen aus dem betrachteten Drehsystem aus. Die Folge ist eine geringere Sedimentkonzentration in höheren Schichten als in tieferen Schichten.

Das wiederum hat genau gegenteilige Effekte zur Folge: Das nun größere Angebot an Teilchen in $y-\Delta y$, die aufsteigen können gegenüber den absteigenden Teilchen in $y+\Delta y$, wirkt genau entgegengesetzt.

Man sieht, daß die wesentlichen Größen am Schwebvorgang die Turbulenzbewegung und die Sinkgeschwindigkeit sind und daß das Verhältnis den Konzentrationsunterschied in zwei benachbarten Schichten bestimmt.

Bei der mathematisch-physikalischen Behandlung des Feststofftransportes werden Geschiebe und Schwebstoffe meist getrennt betrachtet, was im sohlnahen Bereich jedoch nicht korrekt ist. Zunächst soll eine Abgrenzung zwischen beiden Transportarten vorgenommen werden.

Dies kann rein empirisch aus dem Übergang der beiden Kornverteilungskurven für Geschiebe- und Schwebstoffmaterial geschehen. W. KRESSER (1964) hat für GAIL/RATTENDORF derartige Untersuchungen durchgeführt und für eine mittlere Abflußgeschwindigkeit von $v_m = 1{,}1$ m/s den Grenzkorndurchmesser bei $d = 0{,}34$ mm gefunden. Durch zahlreiche Messungen der Korngrößenverteilung für Schwebstoffe an meist bayrischen Flüssen gelangt J. BURZ (1964) zu der in Abb. 6.1/1 dargestellten Verteilung, woraus er schließt, daß der Anteil der Partikel mit $d > 0{,}2$ mm sehr gering ist. Nur in Sohlnähe werden noch größere Teilchen transportiert.

W. KRESSER (1964) hat aus entsprechenden Messungen an mehreren österreichischen Flüssen festgestellt, daß der Grenzkorndurchmesser d bei einer FROUDE-Zahl von

$$Fr^2 = \frac{v_m^2}{g \cdot d} = 360$$

liegt. Daraus folgt dieser Durchmesser zu

$$d = \frac{v_m^2}{360 \cdot g}$$

Beispielsweise ergibt sich bei einer mittleren Fließgeschwindigkeit von v_m = 1,5 m/s der Grenzkorndurchmesser zu d = 0,64 mm.

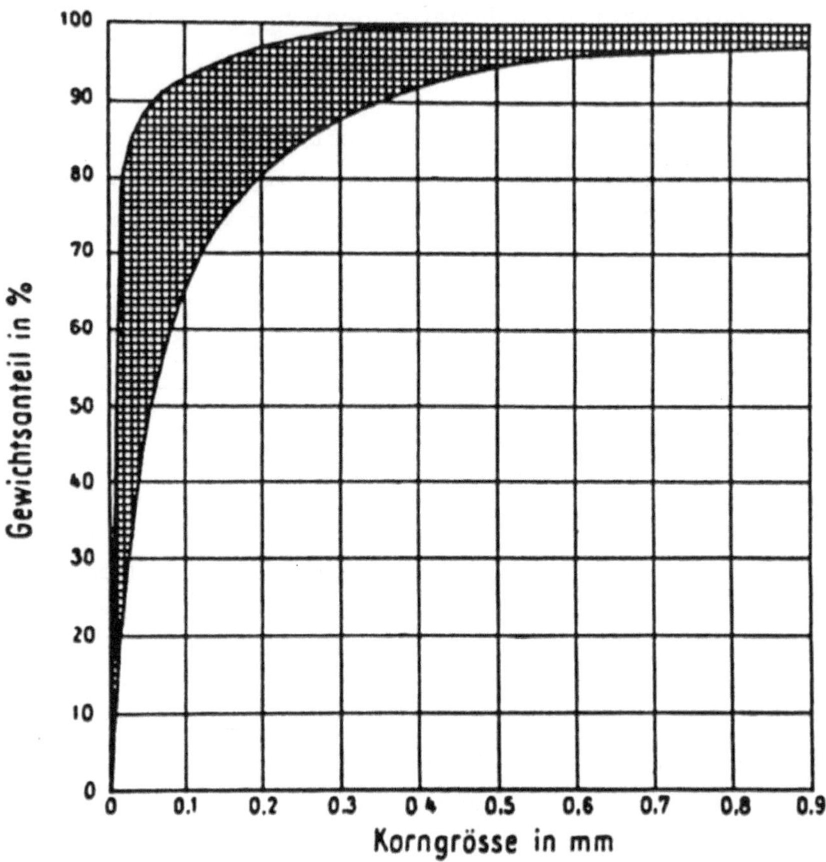

Abb. 6.1./1

Spektrum der Korngrößenverteilung aus 15 Schwebstoffproben nach J. BURZ (1964)

6.2 Diffusionstheorie

SCHMIDT (1925) entwickelte zur Berechnung der Staubverteilung in der Atmosphäre die folgende Beziehung (6.2-1), auf der auch die Ansätze für die Suspensionsverteilung im Wasser beruhen:

$$w \cdot C_y + \varepsilon_S \frac{\partial C_y}{\partial y} = 0 \qquad (6.2-1)$$

C_Y = Konzentration in der Höhe y über der Sohle

w = Sinkgeschwindigkeit der Teilchen

ε_S = turbulenter Diffusionsaustausch der Feststoffteilchen

Die Beziehung stellt den Gleichgewichtszustand zwischen der infolge turbulenter Diffusion aufwärts bewegten Sedimentmenge und der infolge Schwerkraft abwärts bewegten Menge dar.

Die Hauptschwierigkeit bei der Lösung von Gl. (6.2-1) ist die Bestimmung von ε_S. Der bis heute gebräuchlichste Vorschlag zur Berechnung von ε_S geht auf O'BRIEN, ROUSE und EINSTEIN zurück. Danach wird der Austauschwert des Sediments, ε_S, dem des Wassers, ε_W, gleichgesetzt. Für zweidimensionale offene Gerinne folgt

$$\varepsilon_W = \varepsilon_S = \kappa \cdot u_* \, y \, \frac{h-y}{h} \qquad (6.2-2)$$

κ = KARMAN-Konstante = 0,4
u_* = Schubspannungsgeschwindigkeit
h = Wassertiefe

Die Annahme $\varepsilon_S = \varepsilon_W$ kann nur so lange annähernd aufrechterhalten werden, wie die Feststoffteilchen der Bewegung der Flüssigkeitsteilchen folgen. Diese Annahme ist mithin nur dann gegeben, wenn die Feststoffteilchen klein sind gegenüber den sie bewegenden turbulenten Drehsystemen oder die aufwärts gerichteten Geschwindigkeitskomponenten von ausreichender Größe gegenüber der Sinkgeschwindigkeit sind.

Aus Gleichung (6.2-1) und Gleichung (6.2-2) läßt sich die Konzentrationsverteilung berechnen zu

$$\frac{C_y}{C_a} = \left(\frac{h - y}{y} \cdot \frac{a}{h - a}\right)^z \qquad (6.2\text{-}3)$$

$$z = \frac{w}{\kappa u_*} \qquad z = f\left(\frac{\textit{Fallgeschwindigkeit}}{\textit{Mischgeschwindigkeit}}\right) \qquad (6.2\text{-}4)$$

mit C_a = Konzentration in der Referenzhöhe a über der Sohle.

Abb. 6.2./1 gibt Gleichung (6.2-3) graphisch wieder. Dabei wurde entsprechend einem Vorschlag von EINSTEIN (1950) a = 0,05 h gewählt.

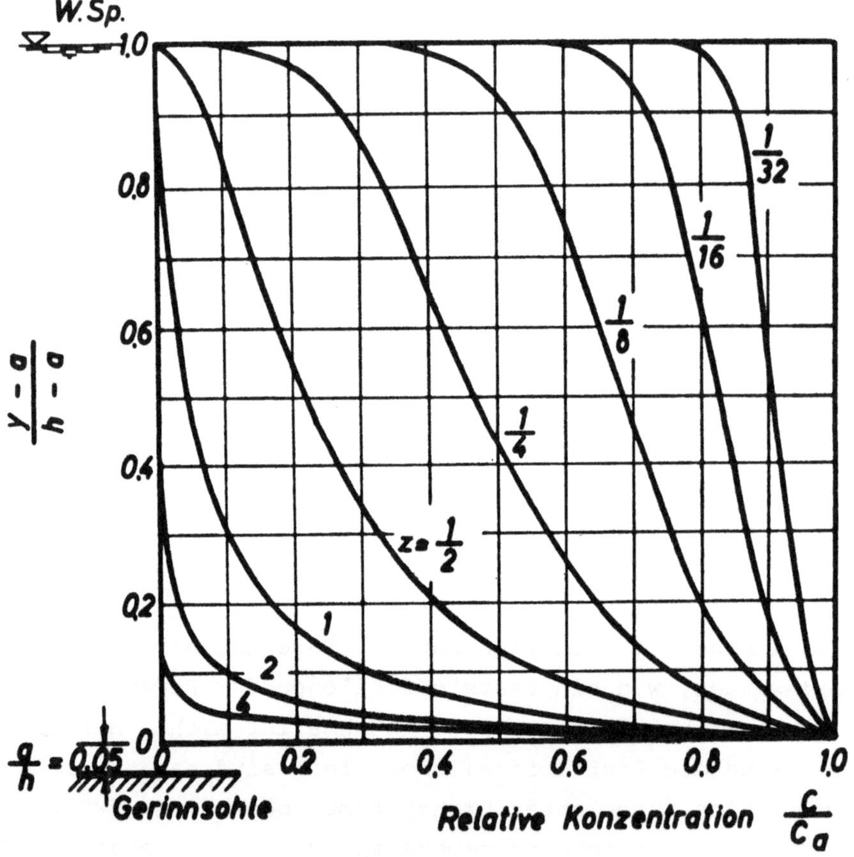

Abb. 6.2.1

Graphische Widergabe von Gl. (6.2/3)

6.3 Erweiterter Ansatz nach ZANKE 1979

Der Ansatz von Gl.(6.2-2), $\varepsilon_S = \varepsilon_W$, ist nur für feines Sediment und geringe Konzentration erfüllt. Man schreibt daher oft

$$\varepsilon_S = \beta\varepsilon_W \quad \text{oder} \quad z = \frac{w}{\kappa \beta u_*} \qquad (6.3\text{-}1)$$

wobei β dann im allgemeinen näherungsweise gleich 1 gesetzt wird (vgl. VANONI (1977)). Dabei ist im Vergleich zwischen gemessenen und berechneten Konzentrationsprofilen oft festzustellen, daß z eine vom Ergebnis nach Gl.(6.2-4) abweichende Größe hat. Zurückzuführen sind diese Abweichungen

1. auf Änderungen von κ (κ ist im Falle, daß Sediment transportiert wird und/ oder die Sohle nicht eben ist, nicht mehr konstant = 0,4 (vgl. Abb. 6.3.2/1 und 6.3.2/2).
2. auf Änderungen der tatsächlichen Sinkgeschwindigkeit in turbulenter Strömung mit Suspension gegenüber der für ruhendes Wasser berechneten Größe und
3. auf Änderungen von β gegenüber der Annahme β= 1 auch für konstantes κ, wenn die Korngröße groß ist.

Für die letztgenannte Abhängigkeit wird im folgenden ein Berechnungsansatz entwickelt.

6.3.1 Ansatz für $\varepsilon_S/\varepsilon_W = \beta$

Aus den Arbeiten von ENGELUND (1965) und ZANKE (1976b) geht hervor, daß ein ganz bestimmter kritischer Strömungszustand existiert, bei der das Sediment überhaupt erst in Suspension gerät (vgl. Abschnitt 4.2.5)

Unterhalb dieses kritischen Strömungszustandes fällt auch künstlich suspendiertes Material schließlich gänzlich zu Boden. Für diese kritische Strömungsgröße gilt nach ENGELUND

$$u_{*\ell} \approx 0{,}25 \cdot w \qquad (4.2.5\text{-}1)$$

und nach ZANKE (1976b) über Transportkörpern

$$u_{m\ell} \approx \text{const} \cdot w$$

Bei Transportkörpern ist $u_m / u_* \simeq \text{const} \simeq 10$ bis 12. Somit decken sich die Aussagen, wenn man sie in der Form

$$u_{m\ell} \approx \text{const} \cdot \frac{u_m}{u_*} \cdot w$$

liest. Die Konstante beträgt nach Messungen des Autors etwa const $= 0{,}4$.

Beide Beziehungen sagen übereinstimmend aus, daß die kritische (horizontale) Geschwindigkeit für den Suspensionsbeginn von der Sinkgeschwindigkeit der Teilchen und damit von deren Größe und Dichte abhängig ist. Daß die horizontale Geschwindigkeit als Maß für den Suspensionsbeginn dienen kann, ist darin begründet, daß in einem zweidimensionalen Gerinne die vertikale Fluktuationsgeschwindigkeit mit der Schubspannungsgeschwindigkeit korrelierbar ist.

Aus der bloßen Existenz von $u_{*\ell}$ folgt, daß ε_S für $u_* < u_{*\ell}$ im stationären Endzustand zu Null werden muß. Die Teilchen werden dann im zeitlichen Mittel von den vertikalen Geschwindigkeitskomponenten der turbulenten Mischbewegung nicht mehr angehoben.

Da näherungsweise gelten kann, daß die mittlere aufwärts gerichtete Geschwindigkeit der Feststoffteilchen gleich der Differenz aus den aufwärts gerichteten Fluktuationsgeschwindigkeiten w' und der Fallgeschwindigkeit w ist, kann man statt Gl. (6.2-2) schreiben

$$\varepsilon_S = \kappa \; (u_* - u_{*\ell}) \; y \; \frac{h - y}{h} \qquad (6.3.1\text{-}1)$$

womit folgt

$$\beta = \frac{u_* - u_{*\ell}}{u_*} \qquad (6.3.1\text{-}2)$$

Der Exponent z (Gl.6.2-4) in der Verteilungsgleichung für die suspendierten Feststoffe (Gl. 6.2-3) lautet dann

$$z = \frac{w}{\kappa\ (u_* - u_{*\ell})} \qquad (6.3.1\text{-}3)$$

Damit ist

$$C_y = C_a \left(\frac{h-y}{y}\ \frac{a}{h-a}\right)^{\frac{w}{\kappa\ (u_* - u_{*\ell})}} \qquad (6.3.1\text{-}4)$$

Auf Abb. 6.3.1/1 ist $\beta = \varepsilon_S / \varepsilon_W$ nach Gl.(6.3.1-2) für verschiedene Korngrößen berechnet. Diese Berechnung gilt für Sand-Körner in Wasser von etwa 20°C. Bei Sand und 20° Wasser nähert sich β dem Wert β = 1, wenn entweder die Körner fein sind oder aber die Strömungsintensität groß ist. Für Sand kann die Annahme β≃1 für Teilchen von etwa d = 0,1 mm und kleiner in praktischen Fällen aufrechterhalten werden. Für gröberes Sediment ist die Strömungsgeschwindigkeit von deutlichem Einfluß auf β und damit auf die Suspensionsverteilung.

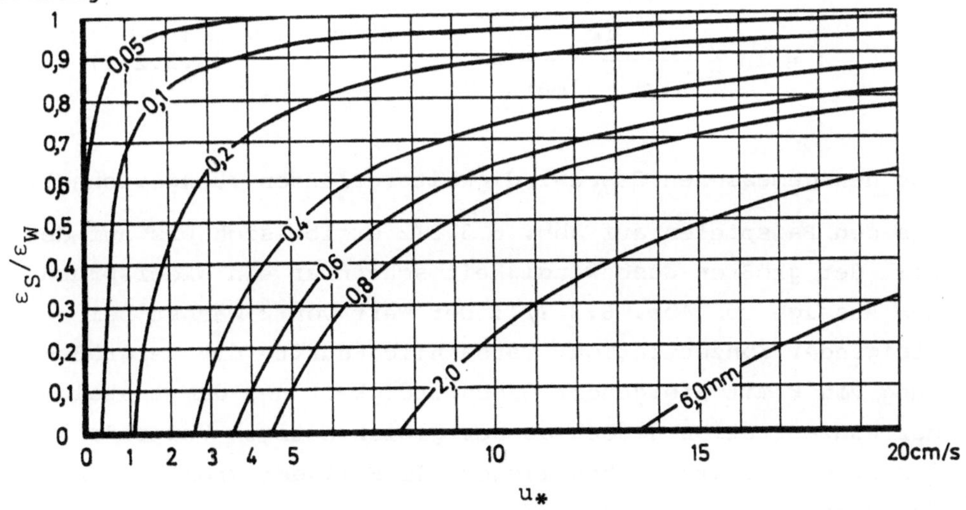

Abb. 6.3.1/1

$\varepsilon_S/\varepsilon_W = \beta = (u_* - u_{*\ell})/u_*$ für verschiedene Sandkörner in Wasser von T = 2o°C

Da β von der Sinkgeschwindigkeit abhängt (s. Gl.4.2.5-1), ist die kritische Korngröße für andere Feststoffdichten oder andere Wassertemperaturen von den Ergebnissen auf Abb. (6.2/1) abweichend. Geringerer Sedimentdichte oder geringerer Wassertemperatur ist z.B. ein größerer Teilchendurchmesser zugeordnet und umgekehrt. (Für Berechnungen der Sinkgeschwindigkeit siehe Abschnitt 4.1).

6.3.2 κ-Werte bei Suspensionstransport

Im einschlägigen Schrifttum (z.B. GRAF (1971), VANONI (1977) wird berichtet, daß die Größe von κ nach Messungen mehrerer Autoren nicht mehr konstant ist, sondern abnimmt, wenn die Suspensionskonzentration ausreichend groß wird. Ein Beispiel gibt Abb. 6.3.2/1.

Über Transportkörpern kann κ im Kammbereich jedoch auch deutlich größer als κ = 0,4 werden, wie vom Verfasser an mehreren Beispielen gemessen wurde (Abb. 6.3.2/2). Die κ-Werte wurden dabei mit der für logarithmische Geschwindigkeitsverteilungen gültigen Beziehung

$$\kappa = \ln \frac{y}{h} \frac{u_*}{u_{(y)} - u_{max}} \qquad (6.3.2\text{-}1)$$

aus den gemessenen Geschwindigkeitsverläufen rückgerechnet.

Aus den Beispielen auf Abb. 6.3.2/2 ergibt sich bis auf den Fall der größten Geschwindigkeit scheinbar ein Widerspruch zur Aussage von Abb. 6.3.2/1: Der Wert von κ wächst bei steigender Konzentration. Tatsächlich dürfte die Vergrößerung von κ mit steigender Geschwindigkeit und damit steigender Konzentration jedoch an der gleichzeitigen Vergrößerung der Transportkörperhöhen liegen. Im Fall der größten Konzentration bewirkt der Einfluß der Konzentration wie auf Abb. 6.3.2/1 eine Verminderung von κ. Über die Abhängigkeit von κ bei Transportkörpersohlen oder allgemein unebenen Sohlen sind noch weitere Untersuchungen erforderlich.

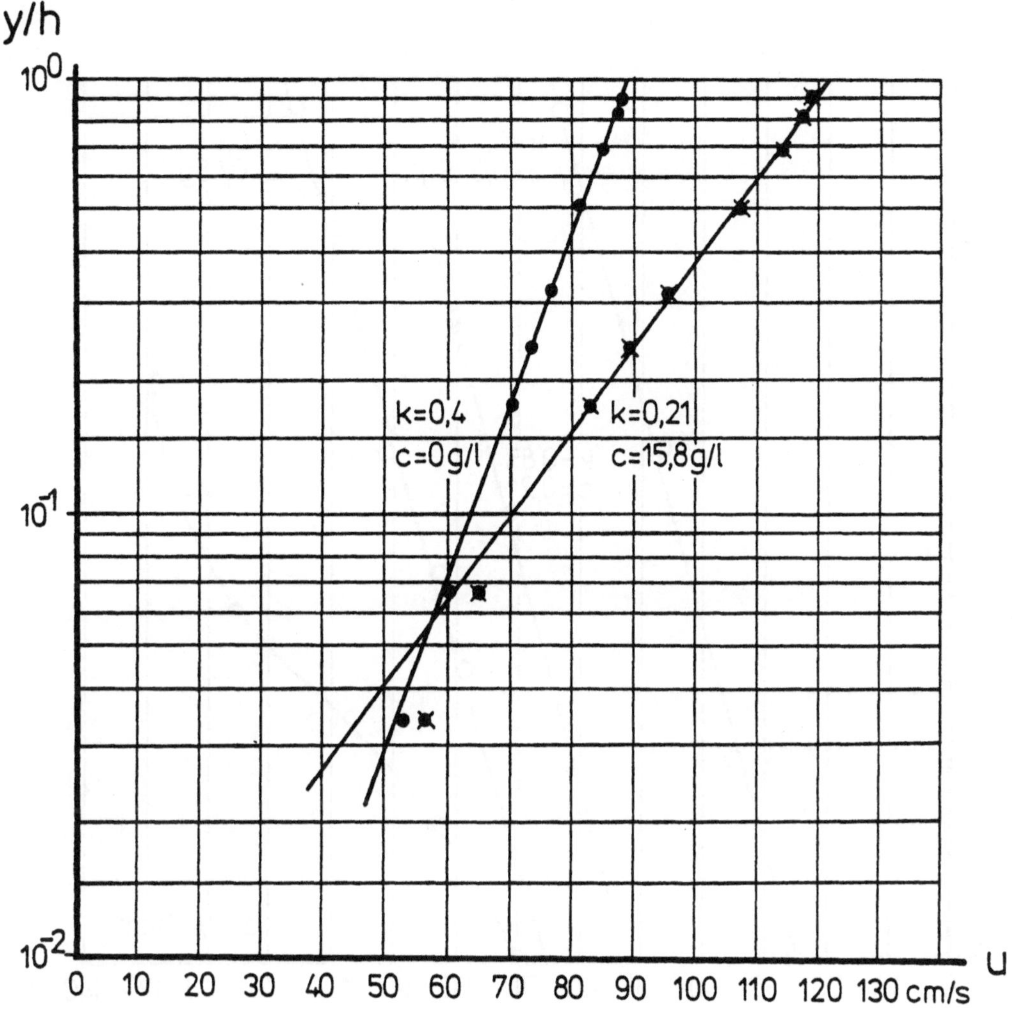

Abb. 6.3.2/1

Geschwindigkeitsverteilung und κ-Werte für Reinwasser und hohe Suspensionskonzentration (nach VANONI 1977)

Für kleinere Schwebstoffkonzentrationen, die im allgemeinen in natürlichen Flüssen auftreten, kann κ über Transportkörperfeldern nach den auf Abb. 6.3.2/2 dargestellten Ergebnissen mit κ=0,8 bis 1,0 angenommen werden.

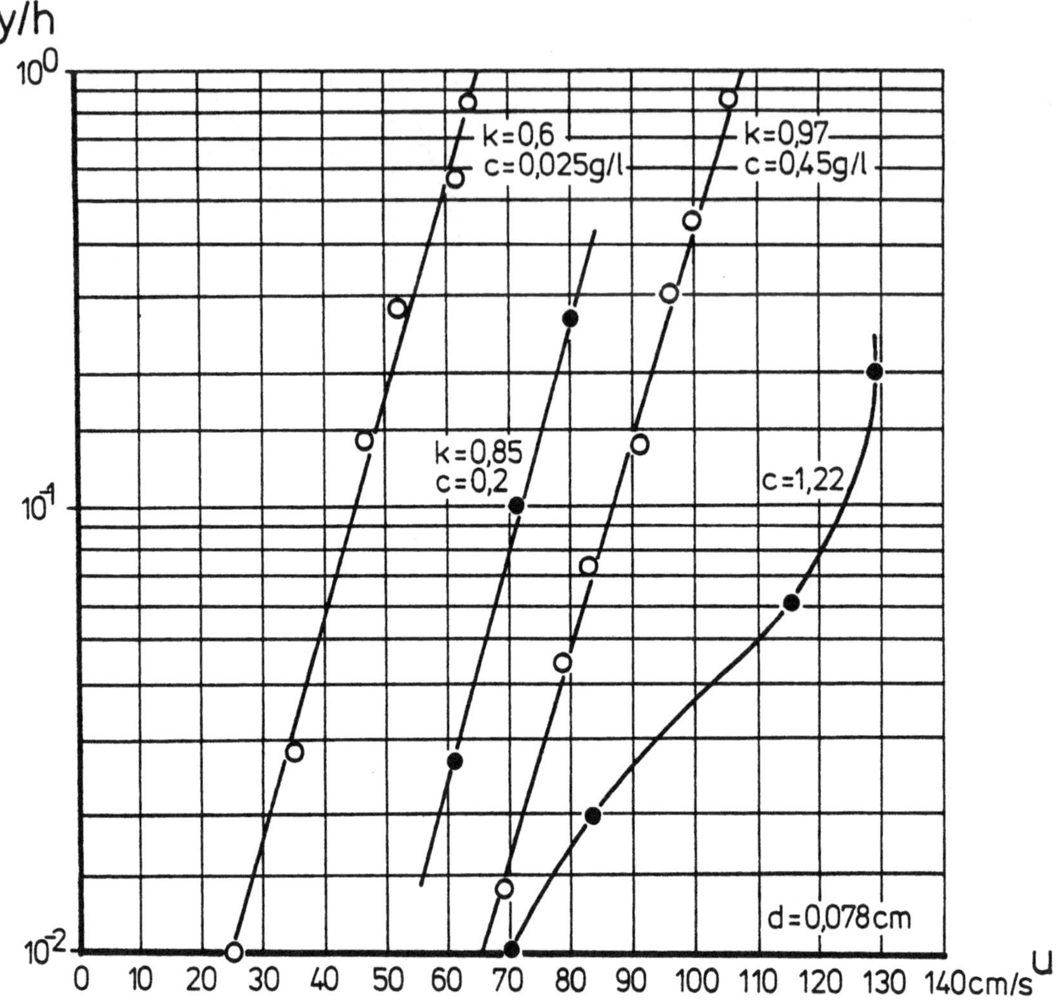

Abb. 6.3.2/2

Geschwindigkeitsverteilung und κ-Werte
im Kammbereich von Transportkörpern (Dünen)
(Wassertiefe zwischen 35 cm und 70 cm)

In Tendenz und Größenordnung decken sich die Ergebnisse nach Abb. 6.3.2/2 mit den Untersuchungen von COLBY (1964) in amerikanischen Flüssen. COLBY fand κ-Werte zwischen 0,3 und knapp 4.

Definiert man einen Exponenten

$$z_1 = \frac{w}{\kappa\, \beta\, u_*}$$

mit $\kappa \approx 0,9$ für Transportkörper und β nach Gl.(6.3.1-2), so kann z_1 sowohl größer als auch kleiner als z nach Gl (6.2-4) werden. Das Verhältnis z/z_1 hängt ab von

κ = f (Sohlenunebenheit, Konzentration)

β = f (Strömungsgeschwindigkeit, Korngröße, Fluideigenschaften).

6.3.3 Anwendbarkeit der klassischen Suspensionsverteilungsgleichung über Transportkörpern (ZANKE 1979b)

Im folgenden wird gezeigt, daß die Austauschfunktion

$$\varepsilon_w = \kappa\, u_* \, y \frac{h - y}{h} \qquad (6.2\text{-}2)$$

in erster Näherung auch über Transportkörperfeldern ansetzbar ist.

Untersuchung der Mischbewegung über Transportkörpern

Zur Untersuchung der Makroturbulenzstruktur über Transportkörperfeldern wurden vom Verfasser Versuche in einer hydraulischen Rinne ausgeführt. Hierzu wurde in der Rinne unter Strömungseinfluß zunächst ein ausgereiftes Transportkörperfeld erzeugt. Anschließend wurden dem Wasser sehr leichte, reflektierende Kunststoffteilchen beigemischt. Durch eine besondere Beleuchtungstechnik wurde nur der Bereich der Rinnenachse ausgeleuchtet. Von einer Kamera, die an einem Schlitten mit der mittleren Geschwindigkeit des Wassers mitfuhr, wurden Film- und Fotoaufnahmen von der Sekundärbewegung des Wassers in Rinnenachse hergestellt.

Die Untersuchung erbrachte das folgende Ergebnis:

1. Aus der turbulenten Mischzone der Transportkörpertäler steigen ständig makroturbulente Drehsysteme auf. Sie vergrößern sich beim Aufstieg und erreichen im Kammgebiet der Transportkörper Durchmesser, die im Grenzfall an den Wert der Wassertiefe heranreichen. Über dem nachfolgenden Tal zerfallen diese Drehsysteme wieder (Abb. 6.3.3/1+2).

2. Die Geschwindigkeitsverteilung der großen Drehsysteme in einem Schnitt durch die Rinnenachse entspricht annähernd derjenigen in einer Walze: Die Geschwindigkeit nimmt von außen zum Zentrum hin fast linear ab. Die Teilchen bewegen sich auf Kreisbahnen (Abb. 6.3.3/3).

Ansatz für die Austauschgröße ε über Transportkörpern

Auf die Suspendierung von Sediment haben größere Drehsysteme wegen der größeren Umfangsgeschwindigkeit stärkeren Einfluß als kleinere Systeme. Mit der Annahme, daß

1. die größten Drehkörper maßgebend für die Austauschgröße ε_s sind und daß
2. die Geschwindigkeitsverteilung innerhalb der Systeme linear verläuft (wie auf Abb. 6.3.3/3) und daß
3. die Außengeschwindigkeit proportional zu u_* ist (was die Auswertungen im Mittel bestätigten)

ergibt die Berechnung für die aufsteigenden und absteigenden Wassermengen, also für die Austauschgröße ε über Transportkörpern

$$\varepsilon = \alpha\, u_*\, y\, \frac{h - y}{h} \qquad (6.3.3\text{-}1)$$

α = Proportionalitätsfaktor

Tatsächlich fällt die Rotationsgeschwindigkeit am Rande der Drehkörper nach außen hin ab, wodurch jedoch am grundsätzlichen Aufbau der Austauschgröße keine Änderung eintritt. Lediglich der Wert von α verändert sich. Für die Suspendierung von Sediment ist neben der Geschwindigkeitsverteilung innerhalb der Drehsysteme noch deren Auftrittshäufigkeit maßgebend. Da diese Größen wiederum von Einfluß auf den Beiwert κ für den Diffusionsaustausch sind, kann davon ausgegangen werden, daß der funktionale Zusammenhang beim Diffusionsaustausch über ebener Sohle und Transportkörpern identisch ist, also daß $\alpha \sim \kappa$ ist.

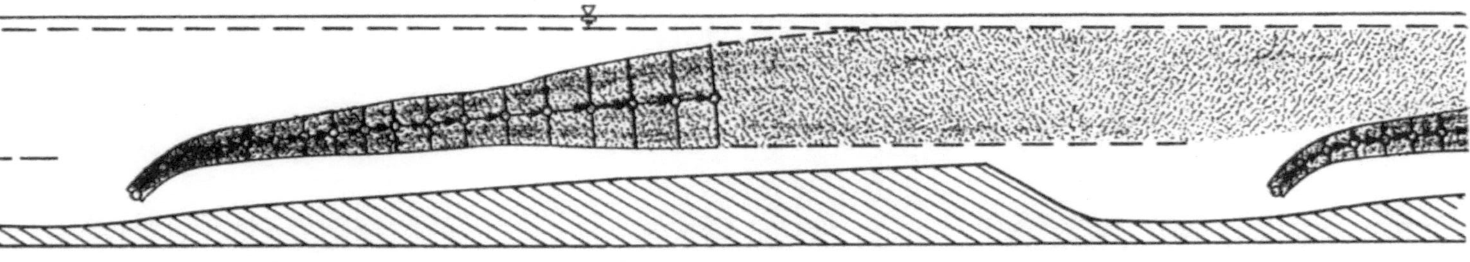

Abb. 6.3.3/1

Entstehung und Ausbreitung von makroturbulenten Drehsystemen über Transportkörpern (schematisch)

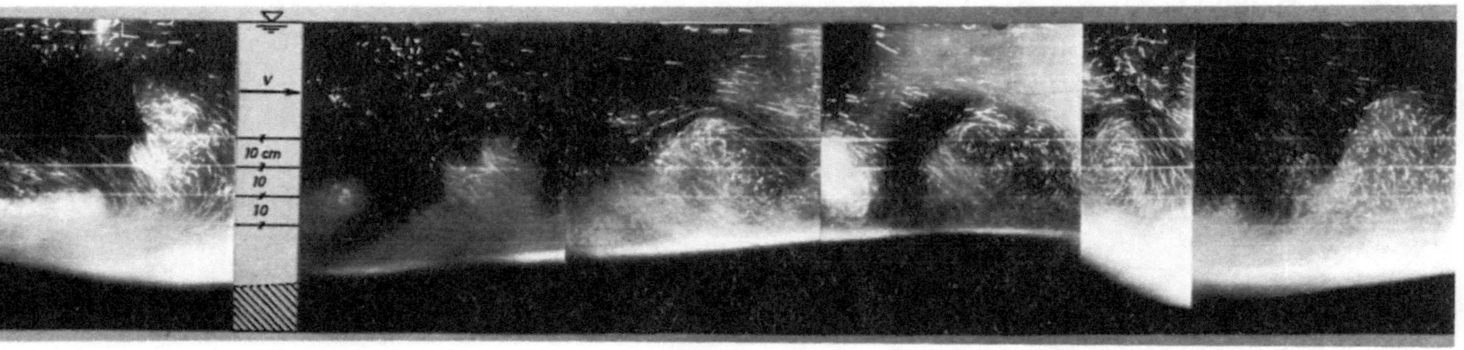

Abb. 6.3.3/2

Beispiel für Sekundärströmungen über Transportkörpern

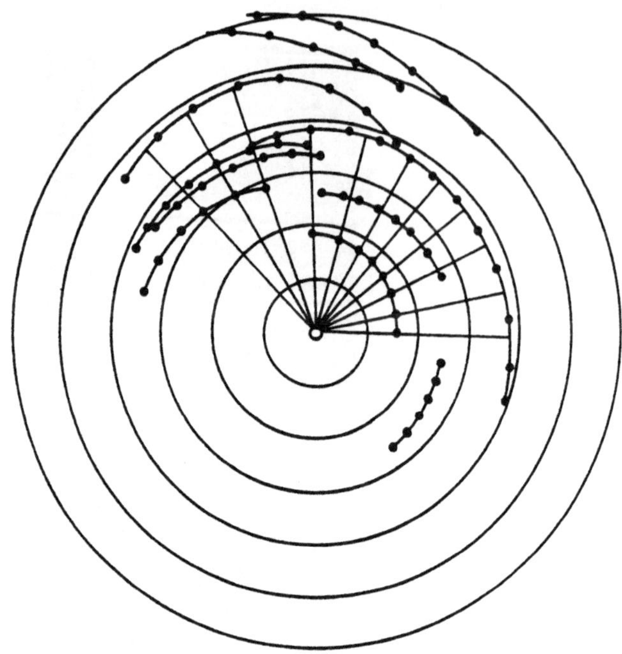

Abb. 6.3.3/3
Beispiel für gemessene Bahnkurven innerhalb eines makroturbulenten Drehsystems

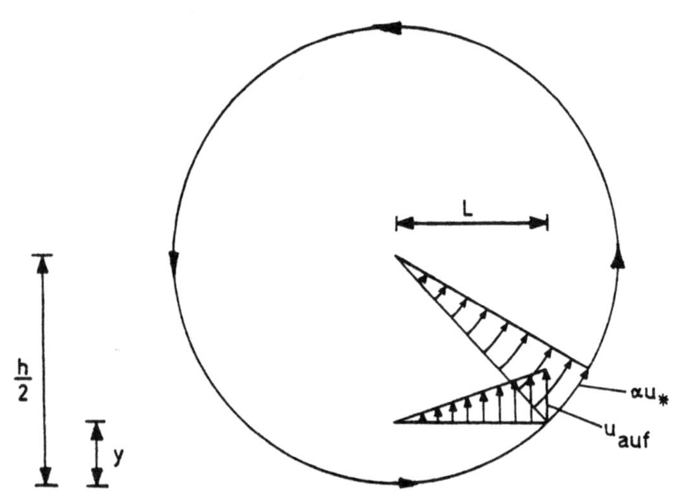

$u_{auf} = 0{,}5\ \alpha\ u_*\ (\ 2L_y/h\ )$ $\qquad$ $\varepsilon = u_{auf} \cdot L_y$

$L_y^2 = h_y - y^2$ $\qquad$ $\varepsilon = \alpha u_*\ y\ \frac{h - y}{h}$

L_y $\sim$ senkrechter Austauschweg in der Höhe y

Abb. 6.3.3/4
Zur Ermittlung von ε

6.3.4 Verteilungsberechnung für Gemische ohne Hilfsmessung (ZANKE 1979 c)

Aufgabenstellung

Die Berechnung der Suspensionsverteilung über die Gerinnetiefe war bislang aufgrund des Fehlens von Gleichungen für den quantitativen Suspensionstransport sehr schwierig und ungenau. Endweder mußten zuvor Messungen angestellt werden, oder die Transportrate an suspendiertem Material war durch umständliche Rückrechnung aus Gleichungen für den Gesamttransport und den Geschiebetransport abzuschätzen. Für den Fall, daß Vorausberechnungen für projektierte Baumaßnahmen getroffen werden sollen, ist die üblicherweise erforderliche Messung eines Referenzwertes der Konzentration z.B. gar nicht möglich.

Im folgenden wird ein Weg aufgezeigt, wie die quantitative Verteilung suspendierter Sedimente und die Korngrößenverteilung über die Wassertiefe rechnerisch ohne Hilfsmessungen ermittelt werden können.

Theorie

Allgemein lassen sich die im Schrifttum bekannten Gleichungen für die Verteilung suspendierter Feststoffe über die Gerinnetiefe schreiben

$$C_y = C_a \cdot \text{Verteilungsfunktion (VF)} \tag{6.3.4-1}$$

mit C_y = Konzentration in der Höhe y über der Sohle
C_a = Konzentration in der Referenzhöhe a über der Sohle

Das Integral über die Verteilungsfunktion in Gl. (6.3.4-1) führt auf den gesamten Suspensionstransport. Das Gleichsetzen mit einer Transportfunktion für die suspendierte Fracht ermöglicht dann die Berechnung von C_a anstelle einer Messung dieses Wertes:

1. $$C_m = C_a \frac{1}{h} \int_a^h (\text{VF})\, dy \quad (h >> a) \tag{6.3.4-2}$$

2. $$C_m = \frac{q_S}{u_m\, h} \qquad (6.3.4\text{-}3)$$

und somit

$$C_a = \frac{q_S}{u_m \int_a^h (VF)\, dy} \qquad (6.3.4\text{-}4)$$

Hierin ist u_m = mittlere Geschwindigkeit der Strömung

q_S = Suspensionstransport in der Einheit Volumen je Zeit- und Breiteneinheit

Die Verteilung der suspendierten Fracht über die Gerinnetiefe läßt sich nun berechnen über

$$C_y = \frac{q_S \cdot (VF)}{u_m \cdot \int_a^h (VF)\, dy} \qquad (6.3.4\text{-}5)$$

Dieser Rechengang ist anwendbar für Einkornsedimente.

Liegt ein Korngemisch vor, so ist der Rechengang für jede der (gewählten) Kornfraktionen des Gemisches auszuführen und die zu jeder Fraktion berechnete Verteilungskurve mit einem Faktor Δp_i entsprechend dem Anteil dieser Fraktion im Gesamtgemisch zu wichten.

Die mittlere Konzentration C_{ym} für ein Sedimentgemisch in der Höhe y ist

$$C_{ym} = \sum_{i=0}^{i=100} C_{y(di)}\, \Delta p_i \qquad (6.3.4\text{-}6)$$

($C_{y(di)}$ aus Gl. 6.3.4-5 auf der Grundlage von d_i anstelle von d)

Schließlich ist die Korngrößenverteilung in einer beliebigen Höhe y über der Sohle berechenbar aus

$$\Delta p_{yi} = \frac{c_{y(di)}}{c_{y_m}} \cdot 100\ \% \qquad (6.3.4\text{-}7)$$

Die Korngrößenverteilung des gesamten in Suspension befindlichen Materials ergibt sich aus

$$\Delta p_{si} = \frac{q_{s(di)}\ \Delta p_i}{\sum\limits_{i=0}^{i=100} q'_{s(di)}\ \Delta p_i} \qquad (6.3.4\text{-}8)$$

Berechnungsmöglichkeiten

Nach Abschnitt 6.3.1 wird die Suspensionsverteilung mit

$$c_y = c_a \left(\frac{h-y}{y}\ \frac{a}{h-a}\right)^{\frac{w}{\kappa\,(u_* - u_{*_\ell})}} \qquad (6.3.1\text{-}4)$$

berechnet, wobei κ nur bei Reinwasser oder kleineren Konzentrationen und ebener Sohle $\kappa = 0{,}4$. Über nicht ebenen Sohlen kann $\kappa > 0{,}4$ werden, obwohl das Vorhandensein von suspendiertem Sediment grundsätzlich eine Minderung von κ zur Folge zu haben scheint (vgl. Abschnitt 6.3.2).

Transportfunktion q_s

Grundsätzlich besteht die Möglichkeit, die Transportrate q_s aus der Substraktion von Gleichungen für den Gesamttransport und den Sohltransport (einige dieser Gleichungen sind z.B. bei YALIN 1972 und GRAF 1971 aufgeführt) zu berechnen.

Einfacher ist die direkte Berechnung von q_s nach Gl.(5.3.2.2 - 4).

6.3.5 Berechnungsbeispiel

Das folgende Beispiel wurde auf der Grundlage der Verteilungsfunktion Gl.(6.3.1-4) berechnet. Wegen des erheblichen Rechenaufwandes ist die Berechnung mit vertretbarem Zeitaufwand nur mit einem Computer durchzuführen.

Für den Sand nach Abb. 6.3.5/1 lagen neben weiteren Messungen die folgenden Daten aus einem Versuch von BOSSELMANN (1960) vor:

$$h = 73 \text{ cm}$$

$$u_m = 70 \text{ cm/s}$$

$$u_* = 5{,}3 \text{ cm/s}$$

$$\kappa \simeq 0{,}7$$

$$\rho_S = 2{,}65 \text{ g/cm}^3$$

$$\rho_F = 1{,}00 \text{ g/cm}^3$$

$$t = 12 \text{ }^{\circ}\text{C}$$

Für diese Ausgangsgrößen wurde die vorstehend beschriebene Methode zur Ermittlung der Suspensionsverteilung angewendet. Hierzu wurde das Sediment in 17 Einzelfraktionen aufgespalten. Die Abb. 6.3.5/2 bis 7 geben das Ergebnis der Berechnung wieder.

Auf Abb. 6.3.5/2 ist das Ergebnis der Berechnung im Vergleich mit den Meßergebnissen von BOSSELMANN (1960) dargestellt. Zum Vergleich ist die Konzentrationsverteilung, welche man mit einer Berechnung auf der Grundlage der klassischen Verteilungsgleichung (6.2-3 und 4) und der üblichen Messung der Referenzkonzentration C_a an der Sohle sowie ohne Aufteilung in Einzelfraktionen erhält, gestrichelt mit dargestellt.

Einige der berechneten Konzentrationsverteilungen der Einzelfraktionen sind auf Abb. 6.3.5/3 dargestellt.

Abb. 6.3.5/4 und 5 zeigen die berechneten Verteilungen bei einzelnen Kornfraktionen für drei Höhenschichten. Abb. 6.3.5/6 gibt die Kornverteilung des Bettmaterials im Vergleich zur (berechneten) mittleren Kornverteilung des suspendierten Materials wieder. Auf Abb. 6.3.5/7 sind die Häufigkeitsverteilungen nach Abb. 6.3.5/6 als Summenkurven dargestellt.

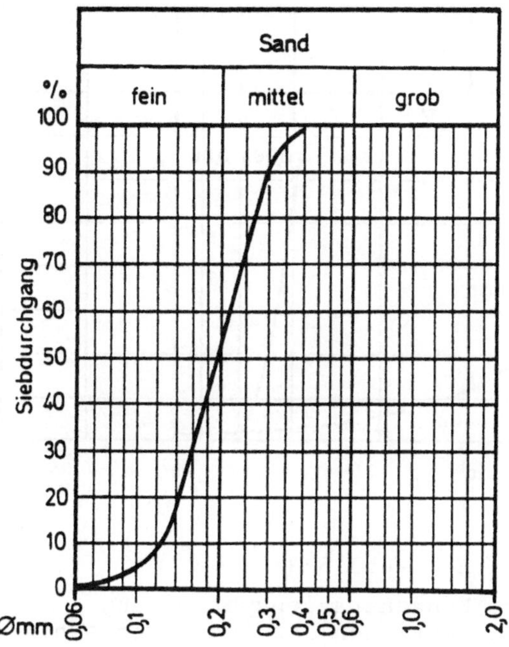

Abb. 6.3.5/1
Kornverteilung des Sandes

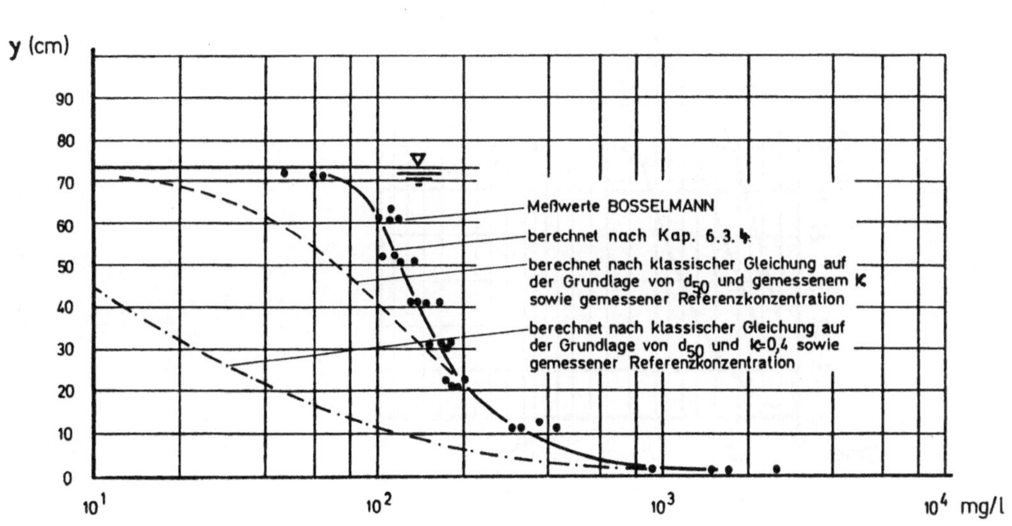

Abb. 6.3.5/2
Vergleich der Ergebnisse von Messung und Berechnung

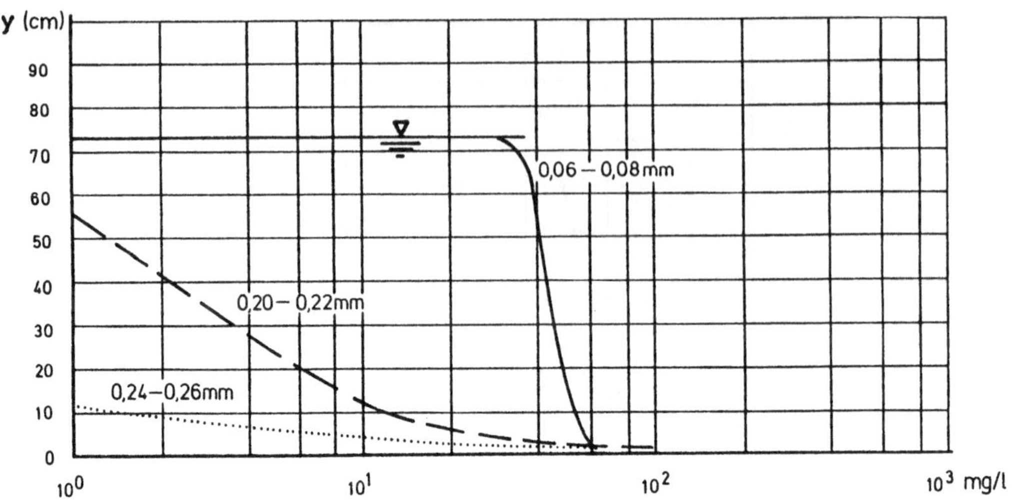

Abb. 6.3.5/3

Berechnete Konzentrationsverteilung einiger Einzelfraktionen des Gesamtgemisches

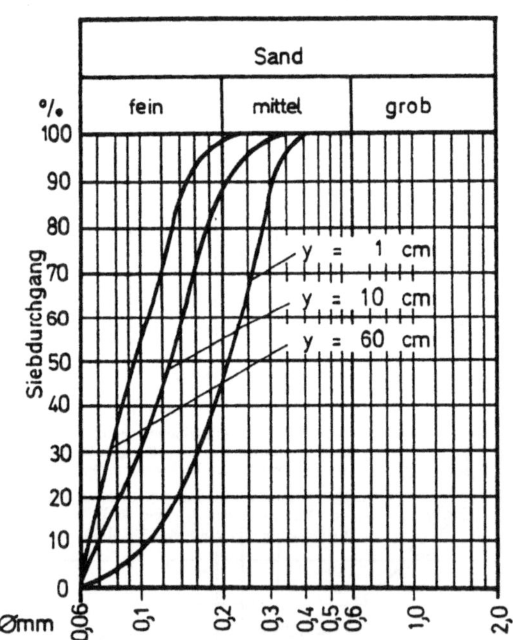

Abb. 6.3.5/4

Kornverteilung für drei Höhenschichten

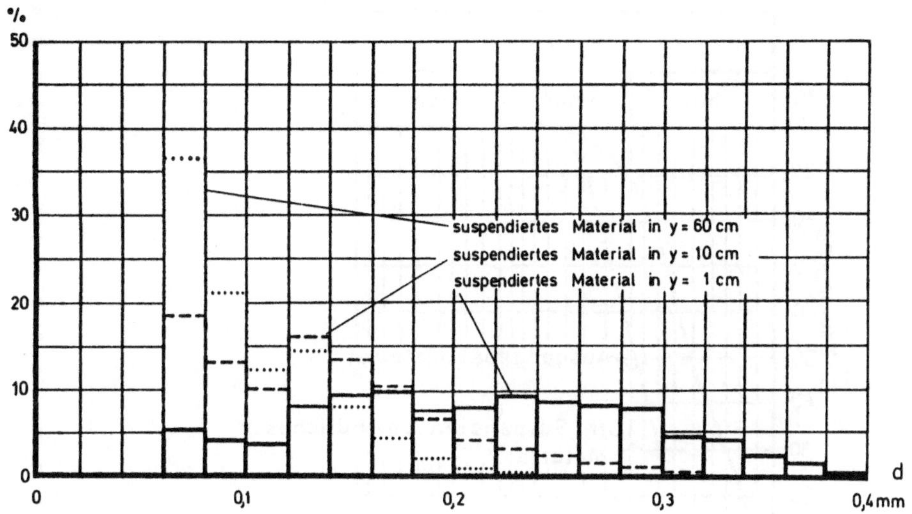

Abb. 6.3.5/5

Kornverteilung für drei Höhenschichten (berechnet)

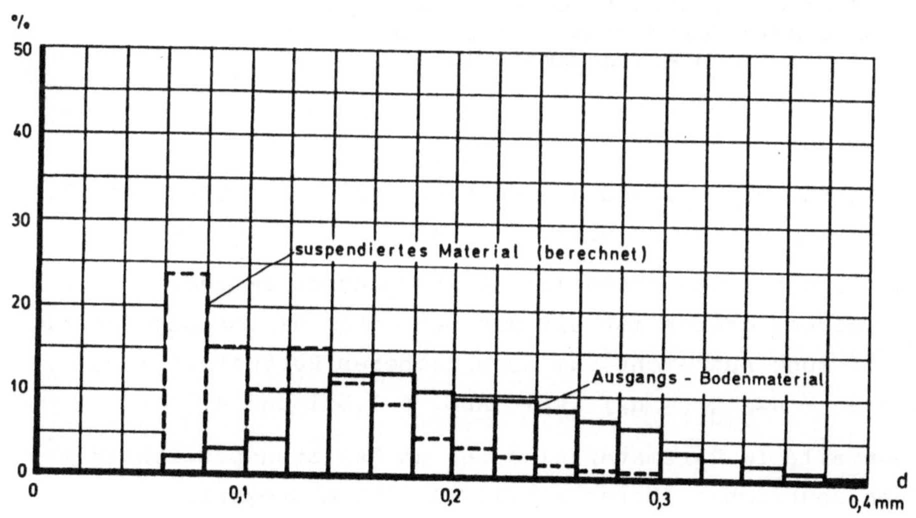

Abb. 6.3.5/6

Vergleich zwischen den Häufigkeitsverteilungen des Ausgangsmaterials und des in Suspension befindlichen Materials

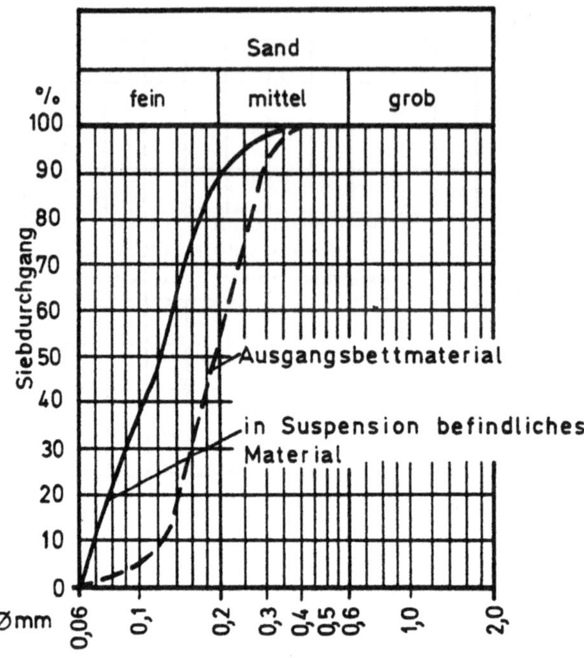

Abb. 6.3.5/7

Berechnete Korngrößenverteilung des gesamten in Suspension befindlichen Sandes und Ausgangsmaterial

Schlußfolgerungen

Aus dem gezeigten Beispiel und aus weiteren, hier nicht dargestellten Nachrechnungen von Meßergebnissen ergibt sich folgendes:

1. In den sohlennahen Schichten ist mit suspendiertem Sediment zu rechnen, welches gröber ist als das Bettmaterial(vorausgesetzt, daß die Strömung ausreicht, um auch gröberes Bettmaterial zu suspendieren - $u_{*\ell\,(di)} < u_*$) (vgl. Abb. 6.3.5/1 und 4).

2. Die Feinanteile im Bettmaterial haben am Gesamtsuspensionstransport einen deutlich größeren Anteil als ihrem prozentualen Gewichtsanteil im Bettmaterial entspricht.

3. Je ungleichförmiger ein Sediment ist, desto mehr *muß* eine einfach auf der Basis des mittleren Korndurchmessers durchgefürte Verteilungsberechnung von der Wirklichkeit abweichen. Wie ein Vergleich von

Abb. 6.3.5/2 und 3 zeigt, bewirken die Feinanteile eine Aufsteilung der Gesamtkonzentrationsverteilungskurve im oberen Teil und die Grobanteile eine Abflachung im unteren Teil. Die wirkliche Konzentrationsverteilung gehorcht bei einem Gemisch mithin nicht einer allgemeinen Verteilungsfunktion. Vielmehr gehorchen die Einzelfraktionen einer solchen Verteilungsfunktion und bilden aufsummiert erst die Gesamtverteilung. D.h., die Konzentrationsverteilung eines Sedimentgemisches kann durch einen mittleren oder maßgebenden Korndurchmesser nicht erfaßt werden.

4. Der durch Messungen belegte Konzentrationsverlauf auf Abb. 6.3.5/2 kann daher mit einer Berechnung nur auf der Basis eines das gesamte Gemisch repräsentierenden mittleren Korndurchmessers auch bei Manipulation des Exponenten z nur in Teilbereichen in Übereinstimmung gebracht werden. Die beste Anpassung an die gemessene Verteilung (Abb. 6.3.5/2) durch Manipulation von z führt dann scheinbar auf einen kleineren Exponenten z als man berechnet hat - eine Beobachtung, die man im Schrifttum mehrfach findet (siehe z. B. GRAF 1971).

6.3.6 Wahrscheinlichkeitsansatz

Von völlig anderen Grundgedanken als die im Schrifttum bislang bevorzugt behandelten Methoden zur Berechnung der Verteilung suspendierter Sedimente geht der sogenannte Wahrscheinlichkeitsansatz aus. Bei diesem Ansatz werden die von der mittleren Geschwindigkeit, der überlagerten Turbulenzbewegung und der Sinkgeschwindigkeit bestimmten Teilchenbewegungen rechnerisch simuliert. Dabei ist es möglich, zu Aussagen über die statistische Auftrittshäufigkeit bestimmter Korngrößen in bestimmten Höhenschichten zu gelangen (siehe hierzu die Arbeiten von BECHTELER (1980) und (1981)).

Untersuchungen mit diesem Wahrscheinlichkeitsansatz werden z.Zt. an der Hochschule der Bundeswehr in München (HSBw) ausgeführt.

7. FORMEN DES SEDIMENTTRANSPORTES

Transportkörper (Riffel/Dünen),(*) Mäander und Flechtströme

7.1 Einleitung

In früheren Jahrhunderten besaßen die Seeschiffe nur geringe Tiefgänge. Die Tiefen der Küstenmeere und vor allem der großen Ströme mit den an ihnen liegenden alten Hafenstädten genügten den Erfordernissen. Besonders seit Beginn der Motorschiffahrt wurden ständig Schiffe mit immer größeren Tiefgängen auf Kiel gelegt. Die Folge war, daß viele Wasserstraßen künstlich vertieft werden mußten.

Das selbstverständliche Ziel des planenden Ingenieurs, die Ausbaumaßnahmen so zu gestalten, daß sich der geschaffene Zustand möglichst stabil hält, konnte oft nicht oder nur unvollkommen errreicht werden. Teure Unterhaltungsmaßnahmen sind die bekannte Folge.

Sehr bedeutsam sind in der genannten Hinsicht vor allem die Transportkörper, jene Sohlwellen aus Sand, die in ständiger Umlagerung fortschreitend Höhen von immerhin rd. 1/3 der Wassertiefe erreichen können. Überdies zeigten in neuerer Zeit Peilungen in der Natur (VOLLMERS und WOLF (1969) und NASNER (1974)), daß sich Transportkörper nach Baggerungen in außerordentlich kurzer Zeit regenerieren können. Transportkörper verursachen in den Schiffahrtsstraßen alljährlich erhebliche Baggerkosten.

Die Transportkörper bilden in den natürlichen Flachlandflüssen in der Regel die Sohle. Der Geschiebetrieb vollzieht sich bei Transportkörpern in vollkommen anderer Weise als auf ebener Sohle, so daß diesen Sohlenwellen auch bei der Berechnung der transportierten Sandmengen Beachtung zu geben ist.

Das Schrifttum über Transportkörper ist sehr umfangreich. Im folgenden wird darum nur auf einige vor allem für die Ingenierpraxis

---

* Die nur bei schießendem Abfluß auftretenden sogenannten Antidünen werden nicht behandelt.

wichtige Aspekte der Transportkörper eingegangen werden. Der interessierte Leser findet weiteres zusammengefaßtes Material und Zitatstellen z.B. bei ALLEN (1968 a,b), YALIN (1972), BOGARDI (1974). Besondere Aspekte von Entmischungsvorgängen in Transportkörpern sind bei ZANKE (1976a) beschrieben. NASNER (1974) hat umfangreiche Naturuntersuchungen im Tidegebiet ausgewertet und auch andere Naturuntersuchungen zusammenfassend bearbeitet.

Untersuchungen über Transportkörper wurden bereits in den vorigen Jahrhunderten durchgeführt (DU BUAT (1786), HÜBBE (1861)). Theoretische Arbeiten wurden in den 20iger Jahren dieses Jahrhunderts begonnen (EXNER).

Für winderzeugte Dünen und strömungserzeugte Formen im Wasser gab EXNER zwischen 1920 und 1931 mathematische Ansätze an, die die zeitliche Umformung einer ursprünglich sinusförmigen Sandwelle in einen dünenähnlichen Querschnitt zeigen. Die Höhe der Sandwelle bleibt dabei konstant. In einem kinematischen Ansatz wies EXNER weiterhin für Dreiecksquerschnitte die wichtige Beziehung

$$q_{max} = H \cdot u_T \tag{7.1-1}$$

nach (vgl. Abb. 7.1/1). Hierin ist

q_{max} = maximaler Feststoffstrom am Kamm

H = Dünenhöhe

u_T = Dünenwandergeschwindigkeit

Dieser Ansatz wurde von ERTEL (1966) verallgemeinert. Er bildet die Grundlage für viele weitergehende Ansätze zur Transportkörpermechanik.

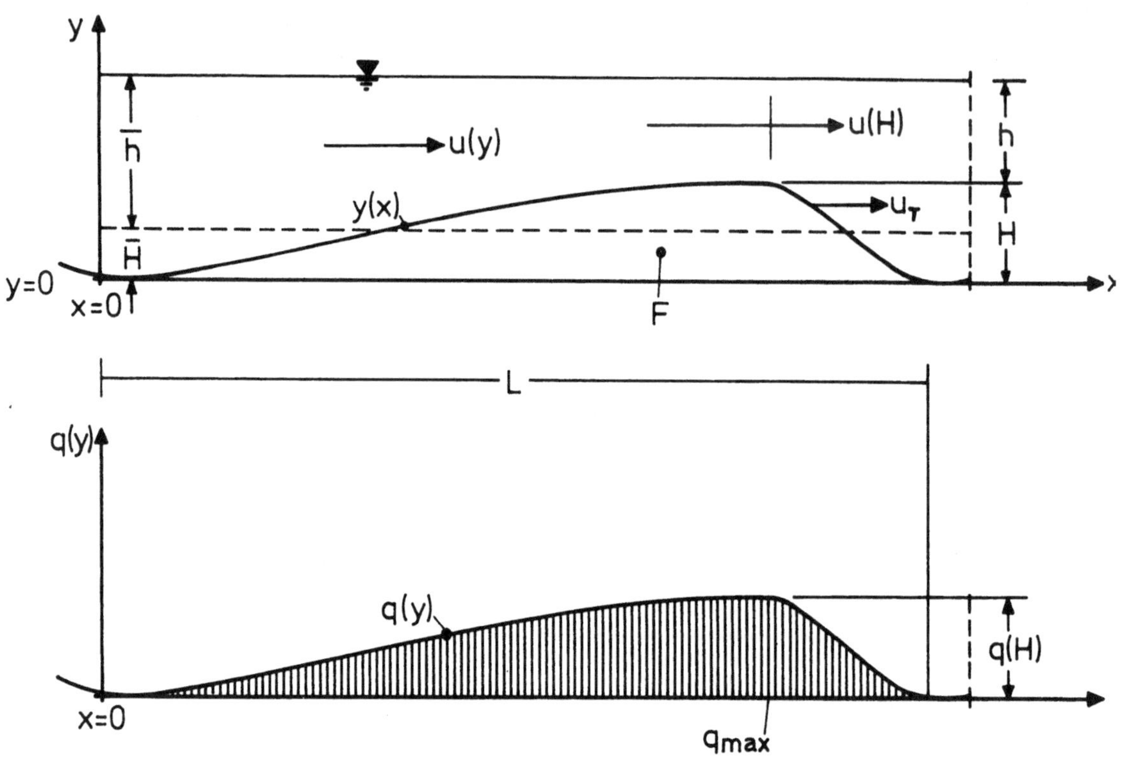

Abb. 7.1/1
Bezeichnungen für die Transportkörperbewegung
(nach FÜHRBÖTER 1980)

Wenn auch heute schon wesentlich umfangreicheres Wissen über die Mechanik der Transportkörperbewegung vorliegt, als zu Beginn des Jahrhunderts, muß doch festgestellt werden, daß die Wissenschaft von einer Durchdringung dieses Problemkreises weit entfernt ist. Eine im vollem Umfang gültige Theorie über die Ursache der Entstehung dieser Sandwellen ist bislang nicht entwickelt worden.

7.2 Kriterien für das Auftreten von Transportkörpern

7.2.1 Definition der Sohlform

1. *Riffel (Kleinformen)*
   Bei Riffeln hängt die Größe (Höhe H und Länge L) im wesentlichen von der Korngröße und weniger von der Wassertiefe ab. H und L sind klein gegen die Wassertiefe. Nach Elektroanalogversuchen (DILLO 1960) haben die Sohlenformen etwa bis zum Dreifachen ihrer Höhe einen Einfluß auf das Strömungsfeld. Bei Riffeln bleibt die Wasseroberfläche ungestört (Abb. 7.2.1/1).

2. *Dünen, Strombänke (Großformen)*
   Die Störung der Strömung wirkt sich bei den Großformen bis zur Oberfläche hin aus. Die mittlere Strömungsgeschwindigkeit ist von Station zu Station entsprechend den Querschnittsänderungen durch die Bettformen verschieden. Sie erreicht über den Kämmen den Maximalwert (Abb. 7.2.1/1). Die Länge der Großformen beträgt ein vielfaches der Wassertiefe.

7.2.2 Sohlformen

Entsprechend der Unsicherheit auf dem Gebiet der Transportkörperforschung existiert im Schrifttum eine Vielzahl von Kriterien für das Auftreten bestimmter Bettformen (z.B. BOGARDI 1961, SIMONS u.a. 1963, KENNEDY 1963, ZNAMENSKAJA 1964, ENGELUND/HANSEN 1966, GARDE/RANGARAJU 1966, GUY 1966, ZNAMENSKAJA 1969, VOLLMERS/GIESE 1970, ZANKE 1976a).

Die Abbildungen 7.2.2/1 und 2 geben in dimensionsloser Darstellungsweise Aufschluß über die zu erwartenden Sohlformen nach CHABERT und CHAUVIN 1963 sowie nach VOLLMERS und GIESE 1970. Abb. 7.2.2/3 gilt nur für Sand und Wasser von rd. 18°C und sollte nicht für zu kleine Wassertiefen (Grenze etwa 30cm) angewendet werden. Die Aussagen der Abbildungen

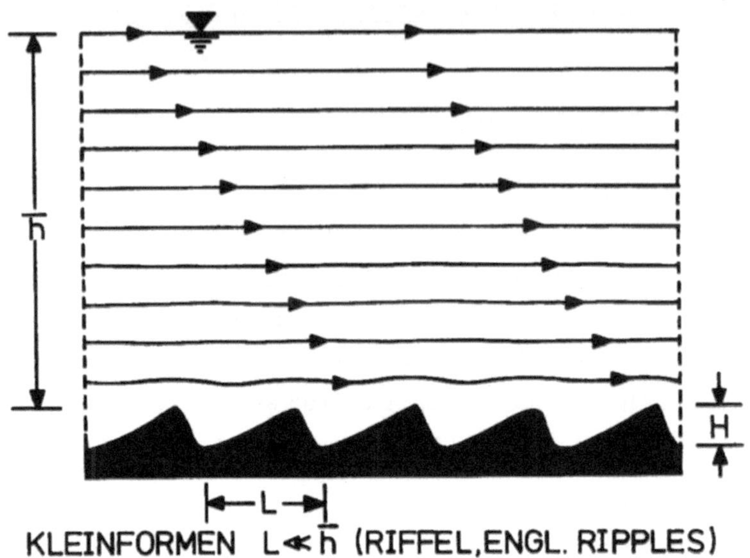

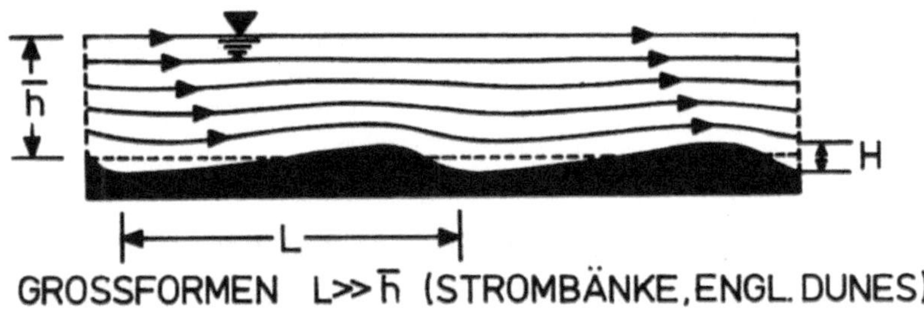

Abb. 7.2.1/1

Stromlinienverlauf bei Kleinformen (oben) und Groß=formen (unten) von Transportkörpern (schematisch) (FÜHRBÖTER 1980)

stimmen im wesentlichen überein:

Für Sand-Korngrößen d > rd. 0,6 mm($D^* \approx$ 15) wird nach Überschreiten des kritischen Strömungszustandes zunächst Material auf ebener Sohle bewegt. Bei weiterer Steigerung der Strömungsgeschwindigkeit entstehen Dünen. Kleinere Korngrößen führen sofort nach Einsetzen der Sedimentbewegung zur Bildung von Riffeln. Diese Riffel schlagen dann bei weiter gesteigerter Geschwindigkeit in Dünen um. Unterhalb d= 0,2 mm ($D^* \approx$5) können keine Großformen existieren.

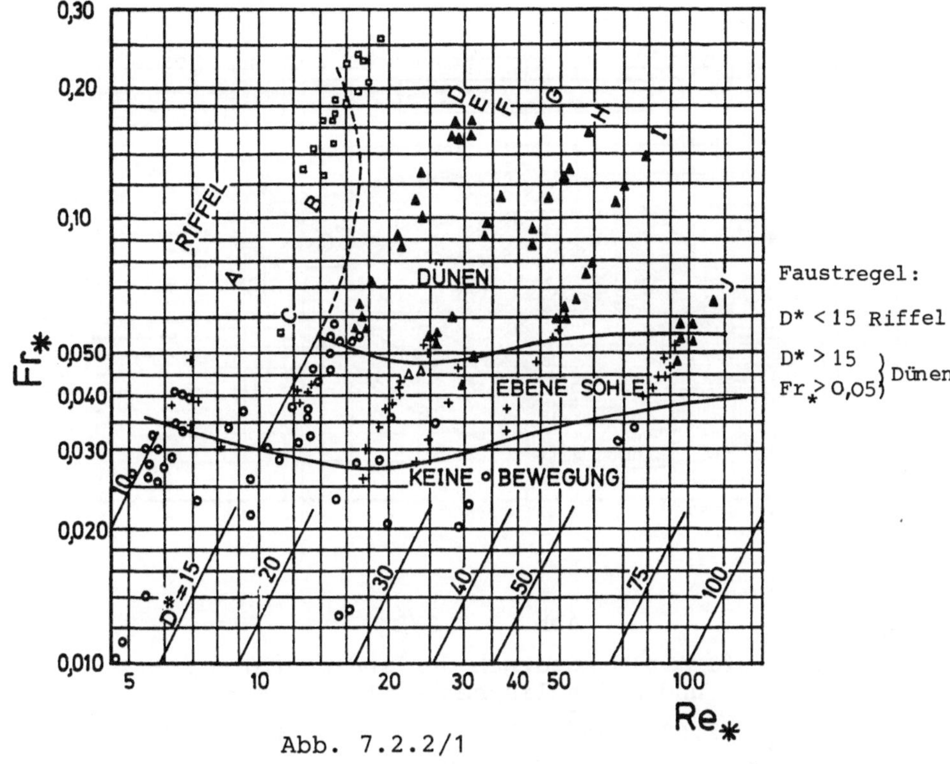

Abb. 7.2.2/1

Bettformen nach CHABERT und CHAUVIN 1963 (aus BRUK 1973)

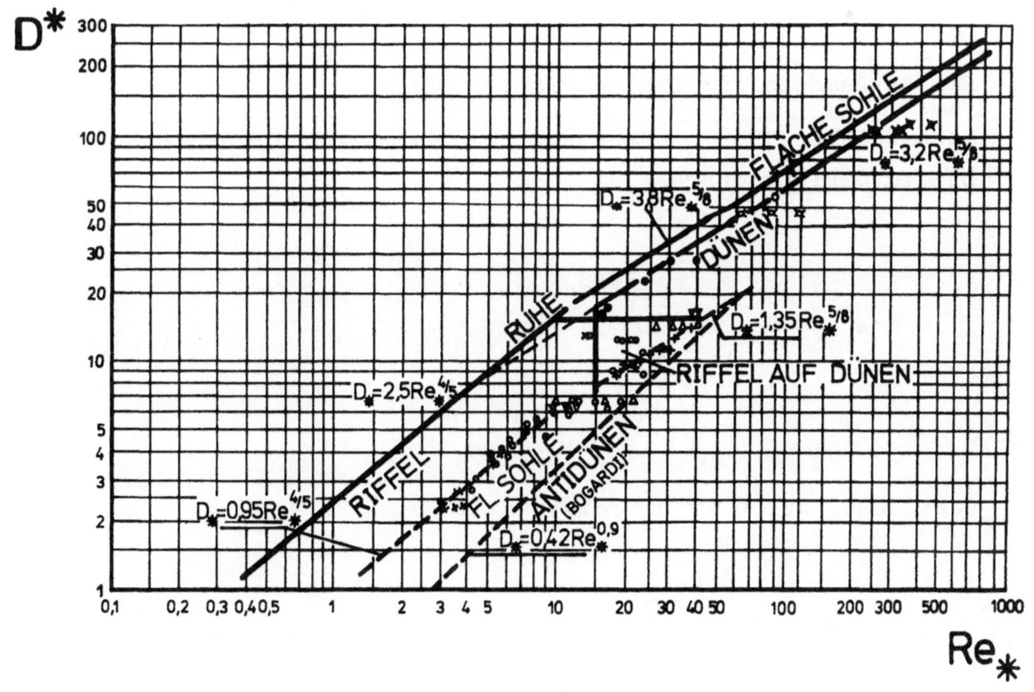

Abb. 7.2.2/2

Bettformen nach BONNEFILLE/PERNECKER, VOLLMERS/GIESE (1970)

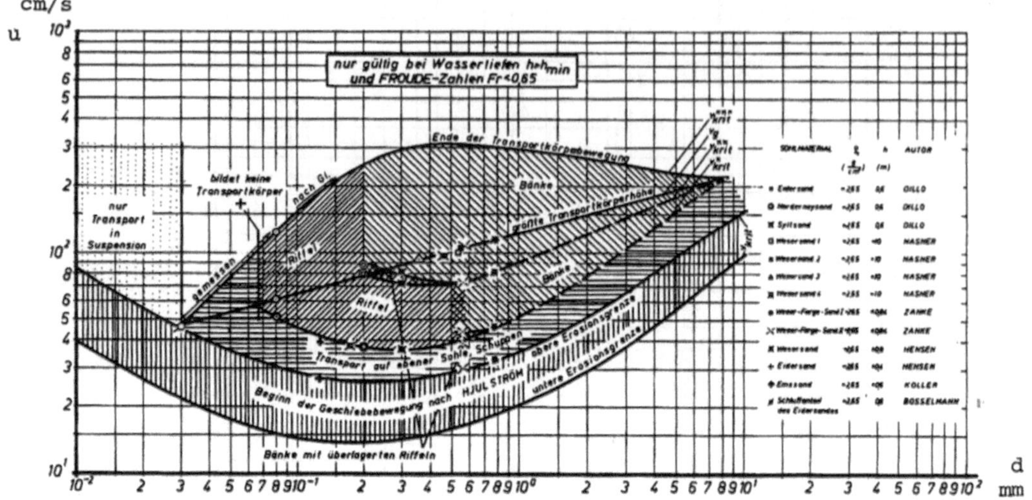

Abb. 7.2.2/3

Sohlenform als Ausdruck der sedimentologischen und hydraulischen Einflußgrößen

($\rho_S \simeq 2{,}65$ g/cm^3 ; $\rho_F \simeq 1$ g/cm^3 ; $t \simeq 18^oC$)

(ZANKE 1976a)

7.3 Einige Ansätze für Transportkörperhöhen

Nach KNOREZ (1959) lassen sich die Transportkörperhöhen für breite Gerinne durch

$$H = 3{,}5\ \bar{h}\ \frac{\left(1 - \frac{u_c}{u}\right)^{2/3}}{\left(\ln \frac{h}{d} + 6\right)} \qquad (7.3\ -1)$$

berechnen. Für $u >> u_c$ folgt

$$\left(\frac{H}{\bar{h}}\right)_{max} = \frac{3{,}5}{\ln \frac{h}{d} + 6} \qquad (7.3\ -2)$$

Nach YALIN (1964) ist die Transportkörperhöhe H

$$H = \frac{1}{6} h \left(1 - \frac{\tau_c}{\tau}\right) \tag{7.3 -3}$$

und somit gilt für die größtmögliche Höhe ($\tau >> \tau_c$)

$$H < \frac{1}{6} h \tag{7.3 -4}$$

NORDIN (1965) ist der Ansicht, daß dieser Wert besser mit

$$H < \frac{1}{3} h \tag{7.3 -5}$$

angesetzt wird.
Nach ZNAMENSKAJA (1966) läßt sich die Abhängigkeit der Transportkörperhöhen aus der Abhängigkeit

$$\frac{H}{h} = f\left(\frac{u}{u_c}, \frac{h}{d}\right) \tag{7.3 -6}$$

(Abb. 7.3/1) entnehmen.

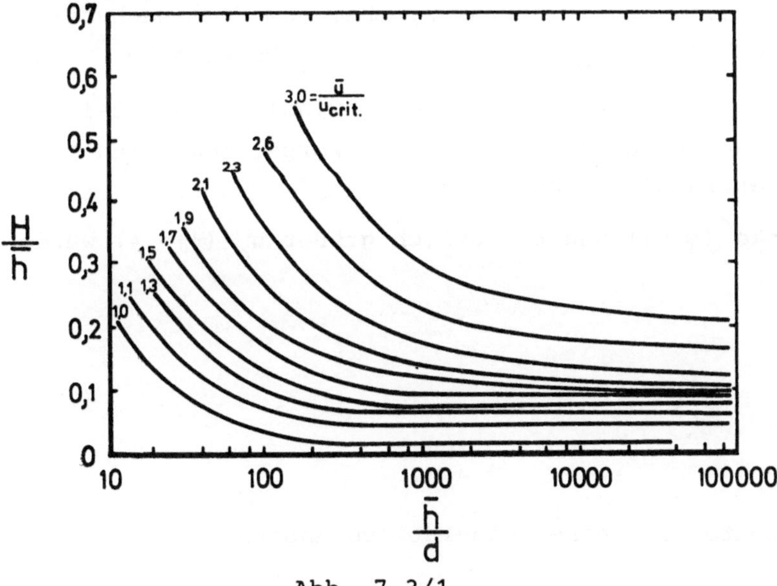

Abb. 7.3/1

H/d für Transportkörper als Funktion von d/h und u/u_c (ZNAMENSKAJA 1966)

ALLEN (1968) nennt

$$H = 0{,}0086\ h^{1{,}13} \tag{7.3 -7}$$

FÜHRBÖTER (1967) leitet aus einem kinematischen Ansatz für dreiecksförmige Transportkörperquerschnitte ab

$$H < \frac{2}{\phi\psi + 1}\ h \tag{7.3 -8}$$

wobei ϕ ein Formbeiwert für die Transportkörper ist und ψ den Exponenten angibt, mit dem der quantitative Transport von der mittleren Geschwindigkeit abhängt.

Die Größe von ϕ ist bestimmt durch

1. Einfluß von Form und Höhe der Transportkörper auf die Geschwindigkeitsverteilung nach der Potentialtheorie
2. Durch eine Spiegelabsenkung über dem Kamm nach der BERNOULLIschen Gleichung für freie Oberfläche
3. Durch die Veränderung der Geschwindigkeitsverteilung infolge der durch die Transportkörper bewirkten zusätzlichen Rauhigkeiten.

Für lange Bänke ($\phi \simeq 1$) und u deutlich größer u_c ($\psi \to 4$) würde gelten

$$\left(\frac{H}{h}\right)_{max} = \frac{1}{2{,}5} \tag{7.3 -9}$$

GILL (1971) leitet aus einem kinematisch Ansatz ab

$$H = \frac{h}{2\,\psi\,\alpha}\left(1 - \frac{\tau_c}{\tau}\right) \tag{7.3 -10}$$

und kommt durch einen dynamischen Ansatz auf

$$H = \frac{h}{2\,\psi\,\alpha}\,(1 - \frac{\tau_c}{\tau})\,(1 - Fr^2) \qquad (7.3\,-11)$$

Für Dreiecksformen (α = 0,5) und ψ = 4 (vgl. Transportgleichung (5.3.2.1-17)) wird nach GILL

$$(\frac{H}{h})_{max} = \frac{1}{4} \qquad (7.3\,-12)$$

In einer weiteren Ableitung bezieht GILL (1971) noch den hydraulischen Widerstand durch die Transportkörper mit ein und findet so

$$H = \frac{h\,(1 - Fr^2)\,(1 - \frac{\tau_c}{\tau})}{2\,\psi\,\alpha\,(1 + \frac{1}{2}\,\frac{\frac{\partial f}{f}}{\frac{\partial u}{u}})} \qquad (7.3\,-13)$$

mit f = Reibungsbeiwert.
Da das Problem des hydraulischen Widerstandes beweglicher Sohlen noch nicht voll geklärt ist, bleibt eine weitere Bearbeitung wegen der Unlösbarkeit des Terms $(\partial f/f)\,/\,(\partial u/u)$ z.Zt. unmöglich.

GILL zeigt jedoch, unter welchen Einschränkungen die Gleichung von YALIN, welche einen Teil der Beziehung von GILL darstellt, Gültigkeit hat (vgl. Gl. 7.3-3 mit Gl. 7.3-9).

Bemerkenswert an dem Ergebnis des dynamischen Ansatzes von GILL ist weiterhin, daß die Transportkörper für Fr = 1 verschwinden, wie es i.a. zu beobachten ist, während die anderen Beziehungen diesen Zusammenhang überhaupt nicht berücksichtigen.

RAJU und SONI leiten aus Versuchen 1976 eine weitere Gleichung ab, nach der die Transportkörperhöhen der Beziehung

$$H = \frac{6 \cdot 10^3\,(\frac{u_*}{\rho' g\, d})^{8/3}\,d}{\frac{u^3}{(g\,h)^{3/2}}\,\frac{u}{(\rho' g\, d)^{1/2}}} \qquad (7.3\,-14)$$

gehorchen sollen.

STEHR (1975) kommt aus einem grenzschichttheoretischen Ansatz auf

$$\left(\frac{H}{h}\right)_{max} = \frac{1}{3,4} \qquad (7.3\text{-}15)$$

wobei diese maximale Höhe erreicht werden soll, wenn die Strömungsgeschwindigkeit im Tal $u = u_c$ ist und gleichzeitig über dem Kamm $u = \sqrt{2}\, u_c$ herrscht.

FÜHRBÖTER (1980) erweitert den 1967 vorgelegten Ansatz auf Fälle, in denen die mittlere Gerinnetiefe nicht vorgegeben ist. Hier wird angenommen, daß das Gerinnebett seinen eigenen Sedimentationen unterliegt und daß sich - bei gegebenem und konstantem Durchfluß- Wassertiefe und Transportkörperhöhe frei aufeinander einstellen können. Die Transportkörperhöhen gehorchen dann nach FÜHRBÖTER der Beziehung

$$\frac{H}{\bar{h}} = \frac{2}{2\,\phi\,\psi + 1} \qquad (7.3\text{-}16)$$

Auf die lichte Wassertiefe über den Kämmen bezogen lautet Gl. (7.3-14)

$$\frac{H}{h} = \frac{1}{\phi\psi} \qquad (7.3\text{-}17)$$

Es ergeben sich hier also geringere Transportkörperhöhen als bei vorgegebener Wassertiefe.

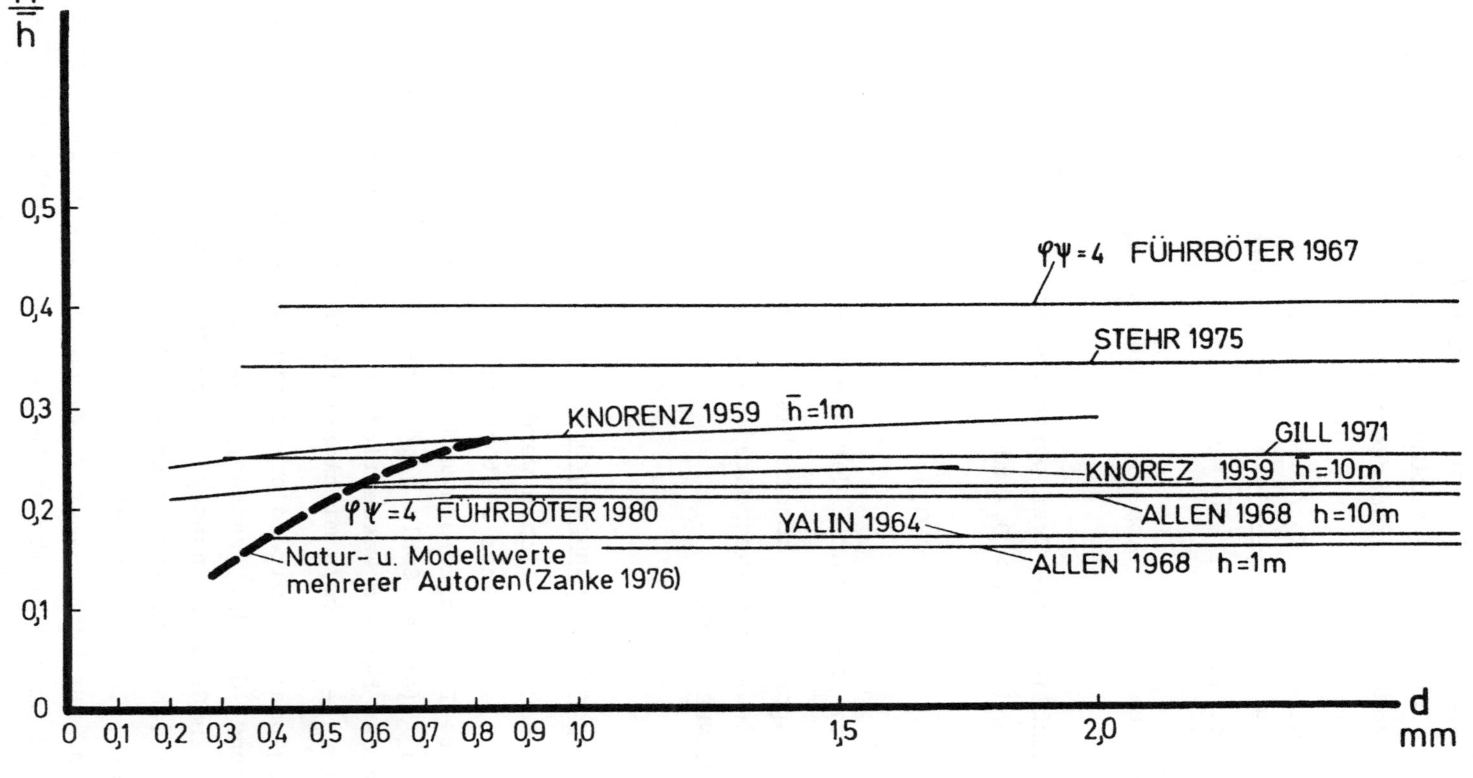

Abb. 7.3/2

Mittlere maximale Transportkörperhöhen

Nach einigen der aufgeführten Gleichungen lassen sich Maximalwerte $H/\bar{h}$ errechnen. Diese Maximalwerte sind auf Abb. 7.3/2 zusammen mit Meßergebnissen dargestellt. Die maximale relative Transportkörperhöhe ist nach den Meßwerten von der Korngröße abhängig. Größeren Korndurchmessern des Sediments sind höhere maximale Dünen zugeordnet. Der absolute Maximalwert liegt nach Abb. 7.3/2 bei $H/\bar{h} > 0{,}27$.

Bereichsweise haben nach Abb. 7.3/2 alle angegebenen Formeln Gültigkeit.

Im allgemeinen liegt die Transportkörperhöhe in Flachlandflüssen mit Sandsohle $d > 0{,}2$ mm in der Größenordnung

$$0{,}15 < H/\bar{h} < 0{,}3$$

Das gilt für die Mittelwerte der Transportkörperhöhen.

Einzelne Transportkörper können bis zur dreifachen Höhe des Mittelwertes anwachsen (verschiedene Untersuchungen, zusammengefaßt bei ZANKE 1976).

7.4 Sedimenttransport in Transportkörpern

Die bewegten Sedimentteilchen werden beim Geschiebetransport auf ebener Sohle in kurzer Zeit relativ weite Strecken verfrachtet. Ihre Transportgeschwindigkeit liegt in der Größenordnung $u-u_c$ (an der Sohle gemessen). Für Teilchen $d = 0{,}5$ mm z.B. ergibt das bei 1 m Wassertiefe etwa eine Verfrachtung von 50 cm/s bei $u_m = 100$ cm/s mittlerer Strömungsgeschwindigkeit.

Oft zu wenig beachtet wird die wichtige Wirkung der Transportkörperbewegung, daß der *Feststoffhaushalt* durch diese Gebilde nämlich in Größenordnungen verändert werden kann, der mehrere Zehnerpotenzen erreichen kann. Das liegt daran, daß ein Sedimentteilchen in einem Transportkörperfeld die meiste Zeit ruht und nur kurz bewegt wird. Am Luvhang erodiert bewegt es sich zum Kamm und bleibt am Leehang liegen (vgl. Abb. 7.4/1) und zwar solange, bis die Düne soweit gewandert ist, daß das betrachtete Teilchen wieder am Luvhang auftaucht. Dabei findet außerdem ein Sortierungsprozess statt. Die gröberen Teilchen sammeln sich in den Talhorizonten, während die feineren am Kamm konzentriert werden (Abb. 7.4/1).

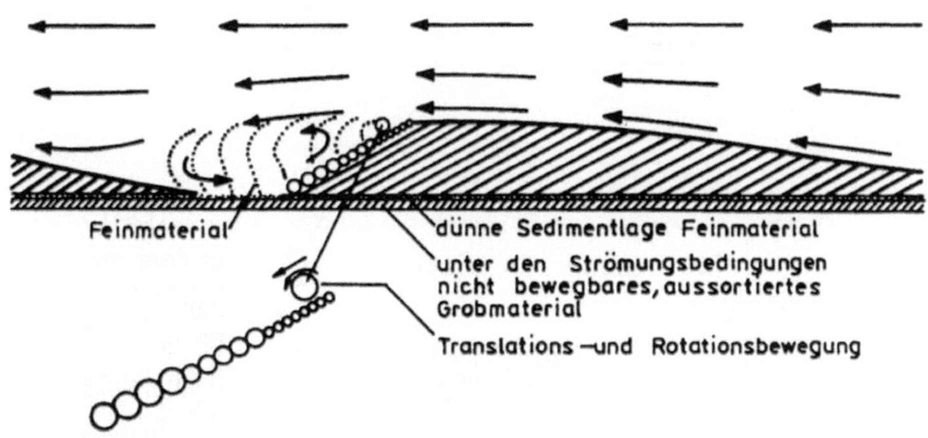

Abb. 7.4/1

Sortierung des Kornmaterials am Leehang eines Transportkörpers (ZANKE 1976a)

Die Bewegungsintensität der Teilchen veranschaulicht Abb. (7.4/2)

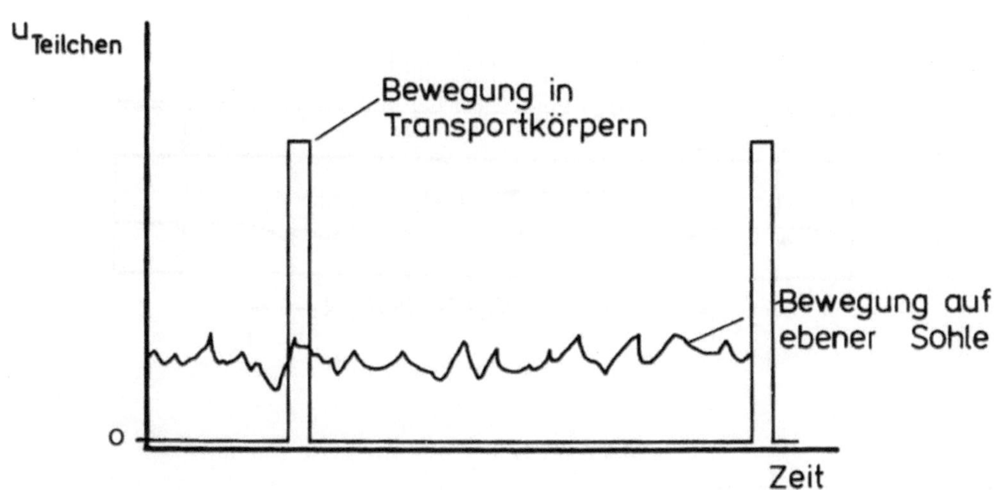

Abb. 7.4/2

Bewegung einzelner Partikel in Transportkörpern und auf ebener Sohle

Die Verlängerung der Aufenthaltszeit eines Sedimentteilchens durch die Transportkörper ist enorm. FÜHRBÖTER (1980) kommt auf eine Verlängerung in der Größenordnung 10^3 bis 10^4 und mehr (vgl. Abb. 7.4/3). Umgekehrt veringert sich entsprechend die Fortschrittsgeschwindigkeit der einzelnen Sandteilchen (im zeitlichen Mittel). Durch die Transportkörper wird der Ferntransport an Sediment dadurch zum örtlichen begrenzten Nahtransport.

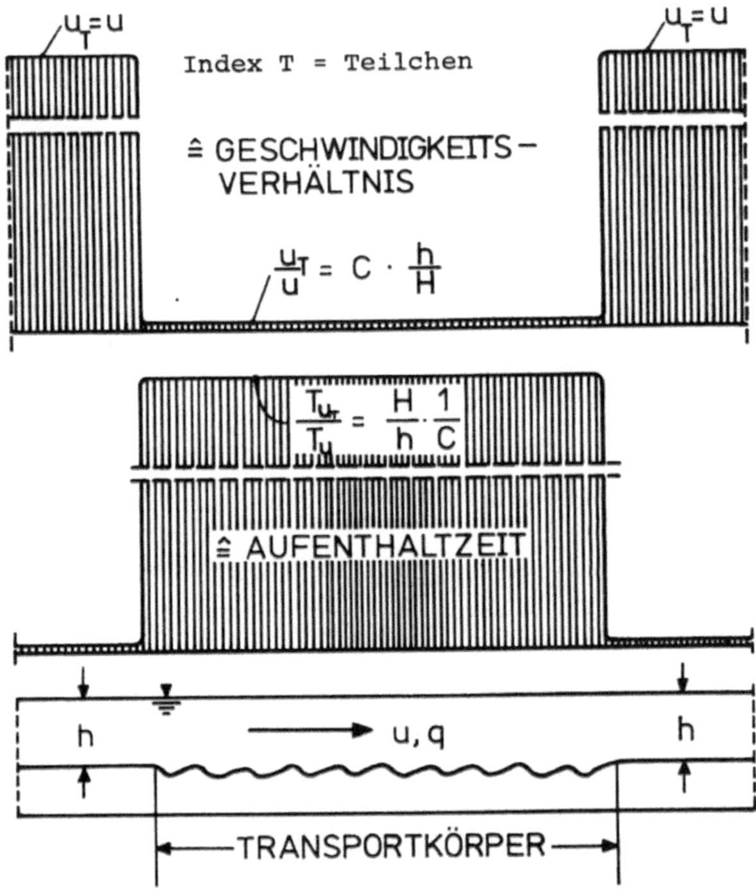

Abb. 7.4/3
Stabilisierungswirkung einer Transportkörperstrecke (schematisch) nach FÜHRBÖTER 1980

7.5 Instationäre Transportkörperbewegung (FÜHRBÖTER 1980)

Auf Abb. 7.5/1 ist schematisch dargestellt, wie sich die Anpassung eines Transportkörpersystems an veränderliche Randbedingungen vollzieht, die (bei konstanter Fließrichtung) außer in den Änderungen der Wassertiefen infolge des veränderten Durchflusses vor allem in den ein- und auslaufenden Feststoffströmen q_1 und q_2 bestehen.

Erhöht sich der Durchfluß und ist der Zustrom q_1 kleiner als das Transportvermögen auf der Transportkörperstrecke, so nehmen die Querschnittsflächen F der Transportkörper ab. Ist dagegen der Zustrom größer als das Transportvermögen, so nehmen die Flächen zu. Auf- und Abbau erfolgen dabei vor allem in den Höhen, weniger oder gar nicht in den Längen der Transportkörper, wie es auch die Naturuntersuchungen von NASNER (1974) gezeigt haben. Nur im Gleichgewichtszustand mit $q_1 = q_2$ bleiben die Höhen konstant. Dann gelten die in Abschnitt 7.3 angegebenen Beziehungen (Abb. 7.5/1).

Es geht hieraus hervor, daß Transportkörperstrecken bei - den in der Natur immer vorhandenen - Abflußänderungen die Funktion von *Speicherräumen* in der Art erfüllen, daß sie bei erhöhten Transportraten Material ansammeln können. So tragen sie langfristig zu einer Stabilisierung des Feststoffhaushaltes bei. Auch diese Beziehungen treten in Tidegebieten noch verstärkt hervor (vgl. NASNER (1974) und ZANKE (1976)).

7.6 Ursachen der Transportkörperbildung

Die Mehrzahl der Arbeiten zum Thema Transportkörper befaßt sich mit dem "Wie", während die wenigsten Arbeiten das "Warum" behandeln.

STEHR hat 1975 eine interessante Theorie über die Entstehung von Riffeln und Dünen entwickelt. Danach sind Riffel ein Abbild der in Abschnitt 1 beschriebenen Schwingungen in der Grenzschicht (Stabilitätstheorie) beim Übergang von laminarer zu turbulenter Grenzschicht. STEHR berechnet aus diesem Ansatz für die Riffel

$$L = 8{,}38 \cdot 10^4 \frac{\nu}{u_m} \qquad (7.6\text{-}1)$$

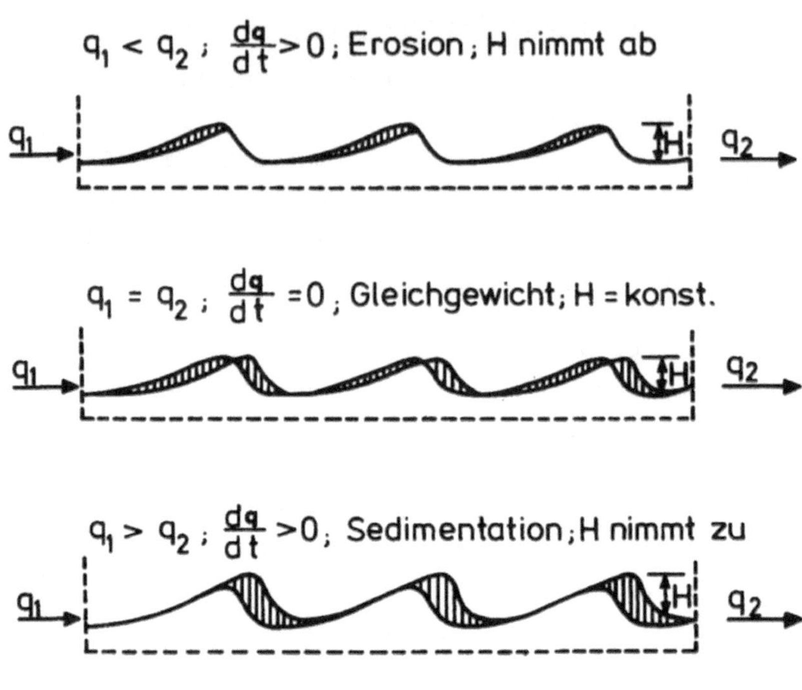

Abb. 7.5/1

Anpassung eines Transportkörpersystems an veränderliche Randbedingungen (FÜHRBÖTER (1980))

Die aus der Gleichung (7.6-1) berechneten Längen treffen tatsächlich auf eine Vielzahl von Labormessungen zu (z.B. DILLO 1960).

STEHR kann jedoch keine Erklärung dafür geben, warum die Sandwellen (Riffel) ein Abbild der Grenzschichtwellen sein sollen, obwohl die beiden Wellentypen erhebliche Unterschiede in der Fortschrittsgeschwindigkeit aufweisen.

Bezüglich der Entstehung der Großformen (Strombänke) vertritt STEHR (1975) eine Theorie, die auf grenzschichttheoretischen Gedanken aufbaut. STEHR vergleicht die Grenzschichtvorgänge an der Sandsohle mit denen einer ebenen Platte. Der Plattenanfang kann dabei an beliebiger Stelle der Sohle gedacht sein.

Durch die bekannte Verdickung der Grenzschicht entlang der Platte in Strömungsrichtung ist ein Abnehmen der Sohlenschubspannung τ bedingt. Daraus folgert STEHR, daß bei zunächst für Geschiebetransport ausreichender Fließgeschwindigkeit u an irgendeiner Stelle unterstrom der "Initialstelle" (gedachter Plattenanfang) die krit.

Sohlenschubspannung τ_c unterschritten wird. Das Geschiebe lagert sich dahinter ab, bis die ungestörte Außenströmung durch die Querschnittseinengung so weit wächst, daß τ_c an der Sohle wieder erreicht wird und der Geschiebetrieb wieder einsetzt.

Das bedeutet, daß Geschiebe nur "bergauf", d.h. bei Geschwindigkeitsanstieg, transportiert werden kann. STEHR schließt nun, daß die Sohlenschubspannung entlang des Luvhanges für maximale Banklänge und -höhe gerade konstant τ_c sein muß. Wenn die Fließgeschwindigkeit größer als u_{*c} wird, werden die Bänke demnach kürzer und niedriger.

Die Begrenzung der Banklänge soll aus einer Ablösung der Grenzschicht resultieren. An solchen Stellen wird $\tau = 0$, wodurch auf die Körner nur noch deren Gewicht wirkt. Sie nehmen dann den natürlichen Böschungswinkel ein und bilden die Leeböschung. Aus diesem Ansatz entwickelt STEHR Beziehungen für die Längen und Höhen der Transportkörper, die mit einigen von ihm angeführten Beispielen gute Übereinstimmung zeigen.

Obwohl einige Ergebnisse der STEHRschen Betrachtungen wohl kaum zutreffen (so soll z.B. die maximale Banklänge generell 100 m betragen und die größten Bänke sollen sich bei $u = u_c$ bilden, was jeder Beobachtung widerspricht), ist die STEHRsche Arbeit dennoch als ein wichtiger Beitrag zu werten. Die Grundgedanken von STEHR können als wesentlicher Ansatzpunkt für weitere Untersuchungen dienen. *)

7.7 Numerische Simulation der Sohlformen (PULS, 1981)

Ein neuer Ansatz zur Beschreibung von Sohlkörpern stammt von PULS (1981). Hierbei wird der Sedimenttransport über Rippeln bzw. Dünen in detaillierter Form mit Hilfe eines numerischen Modells (Differenzenverfahren) berechnet. Das von PULS entwickelte Modell ist zweidimensional; es erfaßt die Strömungs- bzw. Transportvorgänge in vertikaler/horizontaler Auflösung. Typische Werte des Rechengitters: bei einer Dünenlage von 40 m einer Dünenhöhe von 1 m beträgt der horizontale Gitterabstand etwa 1 m und der vertikale Gitterabstand etwa 0,1 m.

*) Zur Transportkörperentstehung siehe auch HARDTKE (1974), KAUFMANN (1929), ZANKE (1976a)

Im ersten Schritt berechnet das Modell die Hydrodynamik. Wegen der Bedeutung der Turbulenz für den Sedimenttransport wird aus den mittleren Strömungsgeschwindigkeiten auch die turbulente kinetische Energie berechnet (LAUNDER/SPALDING, 1972).

Ausgehend von den sohlnahen Werten der mittleren Strömungsgeschwindigkeiten und der Turbulenzenergie berechnet ein Transportmodell das Verhalten des Sediments über Sohlkörpern. Das Modell verwendet dazu die Schubspannungsgeschwindigkeit u_*, die zu 70 % aus der Turbulenzenergie und zu 30 % aus der mittleren Strömung berechnet wird. Das Maximum für u_* tritt in der Regel dort auf, wo sich die Strömung am Ende eines Transportkörperteiles wieder an die Sohle anlegt.

Die grundlegende Gleichung für die kleinskalige Berechnung des (stationären) Sedimenttransports lautet nach PULS

$$\frac{\partial q_S(x)}{\partial x} = \eta(x) - \frac{q_S(x)}{\sigma(x)},$$

wobei η die Erosionsrate und $q_S\sigma^{-1}$ die Sedimentationsrate des Sediments ist. Die (positiv definite) Größe σ bedeutet unter homogenen Bedingungen (flache Sohle) die Weglänge, die ein Materialteilchen von seiner Erosion bis zur Ablagerung zurücklegt. Im Modell wird zwischen den Weglängen für "suspended load" und für "bed load" unterschieden. Formeln für η und σ in Abhängigkeit von hydrodynamischen und sedimentologischen Größen werden bei PULS (1981) angegeben.

Mit Hilfe des Modells gelingt es, die stabile Wanderung von Sohlkörpern unter Strömungseinfluß zu simulieren. Dies zeigt, daß das Modell die physikalischen Vorgänge beim Sedimenttransport richtig beschreibt. Weiterhin folgt aus der Weglänge σ bei $u_* \gtrsim u_{*c}$ eine Formel für die Länge von Rippeln, die die empirischen Ergebnisse von YALIN sowohl qualitativ als auch quantitativ bestätigt.

Das Modell liefert allgemeine Aussagen über die Abhängigkeit der Sohlkörperlängen von der mittleren Strömungsgeschwindigkeit und dem Korndurchmesser, die weitgehend mit experimentellen Ergebnissen übereinstimmen. Dagegen läßt es keine Aussagen über die Höhe von Sohlkörpern zu. Ein aus dem Modell abgeleitetes Stabilitätsdiagramm für verschiedene Sohlkörperarten stimmt qualitativ mit entsprechenden empirisch gewonnenen Diagrammen überein.

7.8 Bedeutung der Transportkörperbildung im Hinblick auf Unterhaltsarbeiten an Wasserstraßen

7.8.1 Vorbemerkung

Querschnittsveränderungen durch Baggerungen zur Vergrößerung der Schiffahrtstiefen rufen in Tide- und Binnengewässern unterschiedliche Änderungen der Strömungsparameter Wassertiefe und Fließgeschwindigkeit hervor. Deshalb wird der Einfluß einer Vergrößerung der Wassertiefe auf die Transportkörperhöhen nach Tide- und Binnenflüssen getrennt erläutert.

Wenn ein Tidefluß vertieft wird, ändern sich die Strömungsgeschwindigkeiten im allgemeinen nur geringfügig. Die mittleren Tidewasserstände bleiben etwa gleich, da eine deutliche Absenkung ein resultierendes Gefälle von See her nach oberstrom bedeuten würde. Da das aber unmöglich ist, wird der neue Flutraum von größeren Flutwassermengen gefüllt. Die Ebbewassermengen sind dann entsprechend vergrößert, mithin werden die mittleren Flut- und Ebbestromgeschwindigkeiten wenig geändert.

In einem Binnenfluß bewirkt eine Querschnittserweiterung eine Verminderung der Strömungsgeschwindigkeiten, da die Abflußmengen unverändert bleiben.

7.8.2 Vertiefung eines Tideflusses

Es wird für die nachstehenden Überlegungen angenommen, daß durch die Vertiefungsarbeiten kein anderes Sohlmaterial freigelegt wird als jenes, das zuvor die Sohle bildete. Damit bleibt das Verhältnis der Transportkörperhöhe zur Wassertiefe $\frac{H}{h}$ unverändert. Größere Tiefe bedingt im Endzustand also höhere Transportkörper. Wenn man nun eine Vertiefung von einer Wassertiefe h_1 auf eine neue Tiefe h_2 erzielen will, so muß man daher zunächst auf eine Tiefe abbaggern, die größer als

h_2 ist. Die erforderliche Mehrvertiefung Δh läßt sich in erster Näherung bestimmen zu

$$\Delta h = \frac{1}{2} (h_2 - h_1) \frac{H_1}{H_2}$$

In der Weser bei Farge mit $\frac{H}{h}$ = 0,22 bis 0,26 bedeutet das z.B., daß zunächst 11 % bis 13 % mehr vertieft werden muß, um die geplante Tiefe als Endzustand zu erhalten.

Anm.: Eine Erhöhung des Sohlniveaus durch Eintreiben von Sand von den Böschungen oder von oberstrom muß gesondert berücksichtigt werden.

7.8.3 Vertiefung eines Binnenflusses

Neben der Vergrößerung des Parameters Wassertiefe ändert sich bei einer streckenweisen Vertiefung in einem Binnenfluß der Parameter Fließgeschwindigkeit entsprechend der Querschnittsvergrößerung.

Aus Abb. 7.2.2/3 ist die Grenzgeschwindigkeit u_g, bei der die maximale Transportkörperhöhe eintritt, bekannt. Es ist nun zu beachten, wie sich die vorhandene Fließgeschwindigkeit nach Ausbau in Bezug auf die Grenzgeschwindigkeit ändert.

Nähert sich die Geschwindigkeit nach Ausbau des Flusses dem Wert von u_g, so bedingt die Geschwindigkeitsverminderung durch Vertiefung höhere Transportkörper.

Entfernt sich die Geschwindigkeit nach Ausbau des Flusses vom Wert von u_g, so bedingt die Geschwindigkeitsverminderung niedrigere Transportkörper.

Der Einfluß der Wassertiefenvergrößerung auf die Transportkörperhöhen, wie er unter 7.8.2 beschrieben wurde, ist zusätzlich zu berücksichtigen.

7.8.4 Bedeutung von Bohrproben vor Flußvertiefungen

Sowohl in einem Tidefluß als auch in einem Binnenfluß kann bei einer Vertiefung anderes Kornmaterial freigelegt werden als dasjenige, das bisher die Sohle bildete.

Aus Abb. 7.3/2 geht hervor, daß die maximal möglichen Transportkörperhöhen deutlich vom Korndurchmesser des Bettmaterials abhängen. Die Bedeutung dieser Abhängigkeit wird an einem Beispiel aufgezeigt:

Bildete vor der Vertiefung z.B. ein Sand von d_m = 0,2 mm die Gewässersohle, danach aber Sand von d_m = 0,8 mm, so ist eine erhebliche Vergrößerung der Transportkörperhöhen und damit wiederum eine Verminderung der Wassertiefen zu erwarten. Im ungünstigsten Fall können sich die Transportkörperhöhen in diesem Beispiel von rd. 11 % auf rd. 26 % der jeweiligen Wassertiefe vergrößern. Der Erfolg der Vertiefung kann dann in kurzer Zeit zunichte gemacht werden.

In einem solchen Fall ist daher von vornherein mit erheblichen Unterhaltungsarbeiten zu rechnen, so daß es im Einzelfall günstig sein kann, derartiges Material ganz auszuräumen.

Nach den o.a. Ausführungen ist es bei der Vertiefung von Flußläufen wichtig, daß das Bodenmaterial im Vertiefungsbereich vor Beginn der Vertiefungsarbeiten durch Entnahme von Kernbohrungen bekannt wird. Kernbohrungen sollten deshalb bis unter den geplanten Baggerhorizont entnommen werden.

7.9 Mäander und Flechtströme

Abhängig von Randbedingungen der am Transportvorgang beteiligten Stoffe und der Strömungsstärke bilden sich verschiedene Typen der Gewässersohle aus - eben oder geriffelt.

Dieses Phänomen der Sohle gilt in übertragenem Sinne auch für ein Gerinne in seiner Gesamtheit. Auch in der horizontalen Ebene ist der gerade Zustand (der ebenen Sohle vergleichbar) selten der Regelfall. Vielmehr hat ein Fluß meist das Bestreben, Windungen - Mäander - zu bilden. Bei sehr geringem Verhältnis Tiefe/Breite des Gerinnes entstehen bevorzugt sogenannte Flechtströme.

Beim Vergleich der verschiedenen flußmorphologischen Prozesse scheint die folgende Gegenüberstellung naheliegend zu sein.

	ebene Sohle	- gerades Gerinne
	dreidimensionale Riffel	- Flechtströme
$Fr<1$ ↑	zweidim.Riffel/Dünen	- verschiedene Mäander
———	übergangsflache Sohle	- gestrecktes Gerinne
↓ $Fr>1$	Antidünen	- Pseudomäander

Das Mäanderproblem ist, wie das Dünenproblem auch, heute weitgehend ungeklärt. Die weit verbreitete Ansicht, daß in beiden Fällen eine Störstelle ausschlaggebend sei, ist allerdings als falsch erkannt. Zwar können Störungen Dünen und Mänder begünstigen. In Fällen, wo ein Fluß die unbekannten Bedingungen zur Ausbildung dieser rhythmischen Phänomene nicht erfüllt, klingt der Störeinfluß jedoch schnell ab.

Nach Ansicht des Verfassers sind die Ursachen für alle rhythmischen Verformungen eines Gerinnes in jedem seiner Freiheitsgrade durch ein und dasselbe Grundprinzip bestimmt. Denkbar ist in dieser Hinsicht, daß das Prinzip vom Minimum der Formänderungsarbeit auch hier zutrifft. Jedenfalls bewirken Mäander eine deutliche Herabsetzung des Gefälles und mithin der Strömungsgeschwindigkeit und des quantitativen Sedimenttransportes.

Interessant ist auch, daß der Vorgang des Mäandrierens mit dem charakteristischen Wechsel von Kolken in den Kurven und Furten (Flachstellen) in den Übergangsgeraden zwischen den Kurven der Flußsohle eine Form aufzwingt, die im Längsschnitt einer Dünensohle vergleichbar ist (vgl. Abb. 7.9/1).

Dabei zeigt sich u.a., daß Dünen und Mäander deutlich in wechselseitiger Beziehung stehen (Abb. 7.9/2).

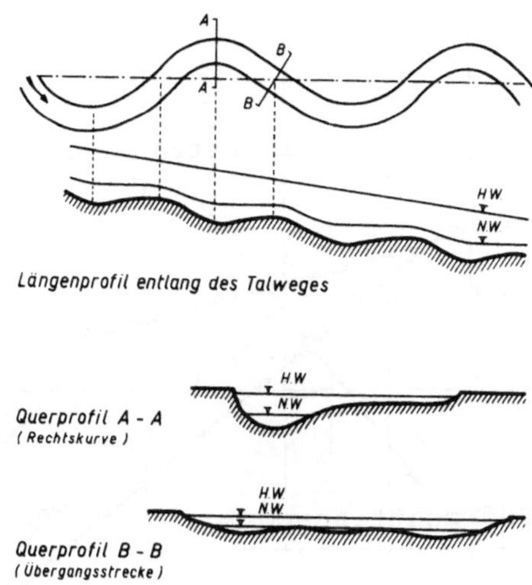

Abb. 7.9/1

Schematische Darstellung von Grundriß und Längsprofil entlang des Talweges und typische Querprofile eines gewundenen Flusses (HW = Hochwasser, NW = Niederwasser) (ZELLER 1967)

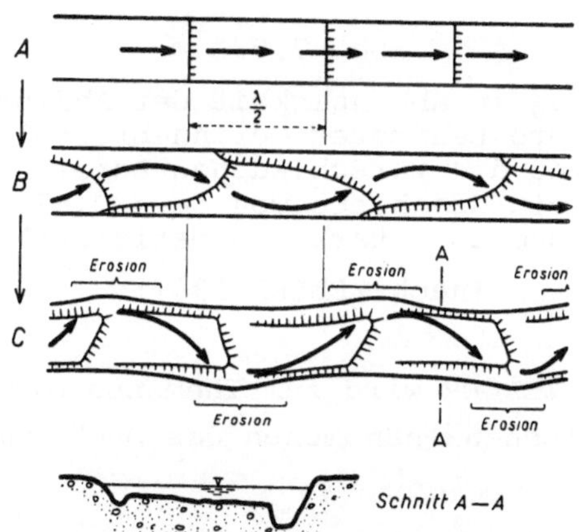

Abb. 7.9/2

Verformung von Geschiebedünen bis zur Bildung von Pseudomäandern (Reihenfolge A-B-C), ausgehend von einem geraden Gerinne in einer Alluvion (Modellversuch) nach WOLMAN und BRUSH (1961) (aus ZELLER 1967)

Aus Abb. 7.9/3 kann abgeschätzt werden, welcher Typ des Flußlaufs in Abhängigkeit von Abfluß/Breiteneinheit und Sohlengefälle zu erwarten ist.

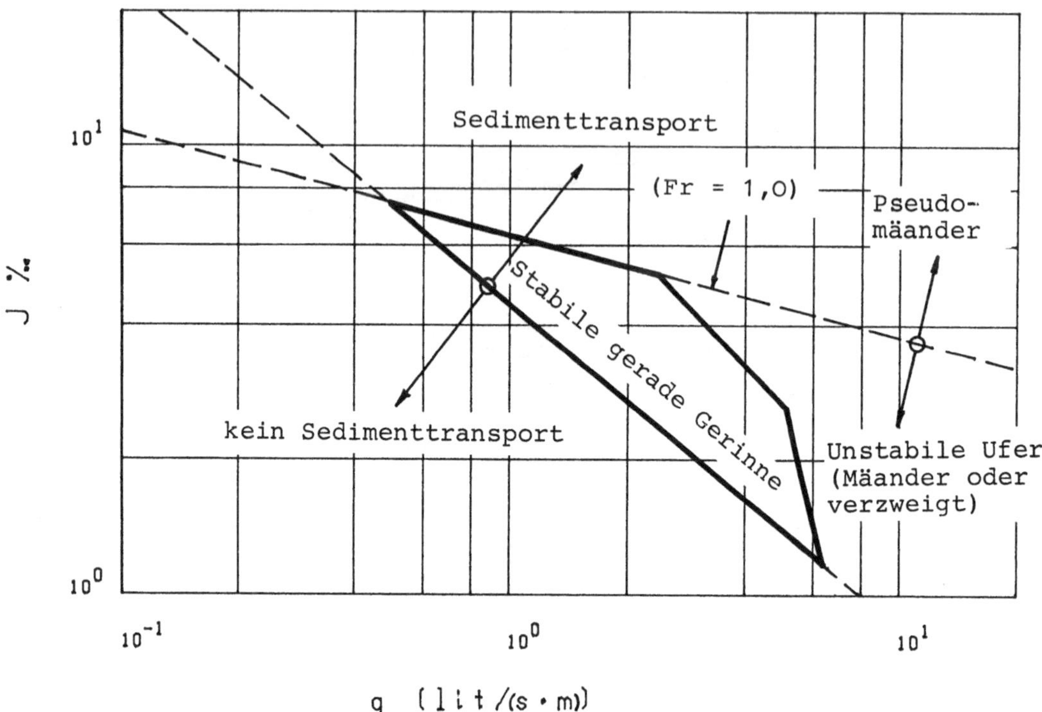

Abb. 7.9/3

Sohlengefälle J_S in Abhängigkeit der Abflußwassermenge (pro Laufmeter Gerinnebreite)
Dargestellt sind die verschiedenen Bereiche der Gerinnebildung für ein Geschiebe von d_m = 0,67 mm eines Laboratoriumsversuches (stark schematisiert) nach WOLMAN/BRUSH (1961) *) (nach ZELLER 1967)

Neben der Arbeit von ZELLER wird zum Themenbereich der Mäander und überhaupt von rhythmischen Phänomenen das Buch von KAUFMANN (1929) empfohlen.

Abschließend ist in Bezug auf die Ausbildung von Gerinnen in jedem der möglichen Freiheitsgrade festzustellen, daß dieses Generalproblem, eng verbunden mit dem theoretisch nicht voll gelösten Rauhigkeitsproblem, auch in Zukunft ein besonders wichtiges Forschungsobjekt ist.

*) Die Abhängigkeit der Gerinneform von der Korngröße bedarf noch weiterer Untersuchungen.

8. MODELLKRITERIEN

8.1 Allgemeines

Der Modellversuch ist ein unverzichtbares Hilfmittel zur Lösung vieler wasserbaulicher Probleme, besonders wenn es um die Untersuchung der Einflüsse geplanter Baumaßnahmen oder die Korrektur ungünstiger Verhältnisse in einem Gewässer geht.

In den meisten Fällen reicht der Versuch in einem Modell mit fester Sohle aus. Mit Einschränkungen kann ein solches Modell bei entsprechender Erfahrung des Betreibers sogar einige Aussagen über zu erwartende Umgestaltungen der Gewässersohle geben.

Solange es in überschaubarem Rahmen nur um einfache qualitative Fragen geht, z.B. wo in einem bestimmten Gebiet Verlandungen oder Erosion zu erwarten sind, reicht die Kenntnis der Strömungsgeschwindigkeiten und ihrer Verteilung allein aus.

Wenn die Verhältnisse nicht mehr leicht überschaubar sind, aber nur qualitative Aussagen genügen, empfielt sich die Untersuchung der gestellten Fragen in einem Spuren- (Tracer-) Modell. Ein solches Modell hat KAMPHUIS 1975 vorgeschlagen. Mit dem Spurenmodell ist es beispielsweise möglich zu ermitteln, in welche Richtungen sich eine Baggerdeponie im Küstengebiet mit der Zeit verteilt, oder überhaupt Erosions-und Verlandungszonen ausfindig zu machen. Das Spurenmodell ist ein Modell mit fester Sohle. Die Feststoff-Bewegungstendenzen werden durch eine dünne Schicht leicht beweglicher Modellsedimente sichtbar gemacht.

Obwohl die Feststofftransportgleichungen eine grobe Abschätzung der Transportraten erlauben, ist es heute bei komplizierten dreidimensionalen Verhältnissen nicht möglich, zeitliche Änderungen der Topografie mit vertretbarem Aufwand in genügender Genauigkeit auf rein theoretischem Wege zu berechnen. Zwar sind besonders in dieser Richtung noch viele Neuerungen zu erwarten. Dennoch dürfte es als sicher gelten, daß dem hydraulischen Modell mit beweglicher Sohle gewisse Fragestellungen alleine vorbehalten bleiben. Heute zumindest ist das hydraulische Modell mit beweglicher Sohle für spezielle Aufgaben nicht zu ersetzen.

Modelle mit beweglicher Sohle werden jedoch nur dann ausgeführt, wenn die Aufgabenstellung dies unumgänglich macht (quantitative und in komplexen Fällen auch qualitative Aussagen). Modelle mit Sedimenttransport sind wesentlich teurer als Modelle mit fester Sohle und erfordern darüberhinaus vom Versuchsingenieur ungleich mehr Erfahrung als das Modell mit fester Sohle.

Einige Natureffekte wie z.B. Flockenbildung und deren Absetzung lassen sich in Modellen nicht maßstäblich erfassen.

Bei den folgenden Betrachtungen wird davon ausgegangen, daß die Strömungen im Modell dem FROUDEschen Gesetz gehorchen.

8.2 Generelle Modellkriterien

In den Abschnitten 3 und folgende wurde gezeigt, daß die Bewegung der Sedimente durch die dimensionslosen Parameter

$\frac{u_*^2}{\rho' g d} = Fr_*$ → Trägheit, Schwere

$\frac{u_* d}{\nu} = Re_*$ → Trägheit, Zähigkeit

$\frac{h}{d} =$ → Rauhigkeit

$\frac{\rho_S}{\rho_F} =$ → Massenverhältnis

beschrieben werden kann.

Vollständig dynamisch ähnliche Verhältnisse in Modell und Natur sind gegeben, wenn

$$\lambda\, Fr_* = \lambda\, Re_* = \lambda\, h/d = \lambda\, \rho_S/\rho_F = 1 \qquad (8.2\text{-}1)$$

Dabei bedeutet λ im folgenden "Maßstab", also z.B. $\lambda h = h_{Natur}/h_{Modell}$.

Aus Gleichung (8.2-1) folgt

$$\lambda u_* = \lambda \, \nu^{1/3}$$

$$\lambda h = \lambda \, \nu^{2/3}$$

$$\lambda d = \lambda \, \nu^{2/3}$$

$$\lambda \rho_S = \lambda \, \rho_F \qquad (8.2\text{-}2)$$

Wenn im Modell Wasser verwendet werden soll (etwas anderes kommt praktisch nicht in Frage) können ν und ρ_F nicht maßstäblich übertragen werden. Die Erdbeschleunigung ist ohnehin in Modell und Natur gleich. Damit ist eine einschränkungslose Übertragung nicht möglich.

Das bedeutet jedoch nicht, daß Modelle mit beweglicher Sohle nicht ausführbar sind. Wie bei Modellen mit fester Sohle können verschiedene Modellgesetze hergeleitet werden, die dann anwendbar sind, wenn der eine oder der andere Parameter im vorliegenden Anwendungsfall praktisch ohne Einfluß ist. (Das FROUDE-Modell z.B. bildet das Verhältnis Trägheits/Zähigkeitskräfte nicht richtig nach und ist dennoch in vieler Hinsicht anwendbar).

Unter Verzicht auf die naturähnliche Nachbildung von mindestens einem der Parameter in Gl. (8.2-1) sind dann verschiedene Modellkriterien herleitbar. Ihre Anwendung hängt von den Anforderungen, die an das Modell gestellt werden ebenso ab, wie von den Gegebenheiten der Natur, wie in den folgenden Abschnitten gezeigt wird.

An dieser Stelle sei auch auf das Buch " Theorie of Hydraulic Models" von YALIN (1971) hingewiesen. YALIN nimmt in dieser Arbeit ausführlich zu verschiedenen Aspekten von Sedimenttransportmodellen Stellung. Der an Problemen der Modellierung von Strömungen interessierte Leser sei an dieser Stelle auch auf das Mitteilungsheft Nr. 4 " Wasserbauliches Versuchswesen" des DEUTSCHEN VERBANDES FÜR WASSERWIRTSCHAFT (DVWW) hingewiesen. In diesem Heft nehmen mehrere Autoren zu verschiedenen Aspekten der Modellübertragung Stellung.

8.3 Natur und Modell hydraulisch vollkommen rauh

Für große Re_*-Zahlen ($Re_*>$ rd. 70) ist der Zähigkeitseinfluß auf den Transportvorgang gering. Der Einfluß von Re_* kann dann vernachlässigt werden. Mit dieser Bedingung lassen sich zwei voneinander verschiedene Modellkriterien entwickeln. Ein Kriterium wird in Abschn. 8.3.1 abgeleitet. Das zweite Kriterium ergibt sich aus dem Ansatz von GEHRIG (s. Abb. 8.4.2/5).

8.3.1 Grobes Bettmaterial in Natur und Modell

Unter Verzicht auf die Bedingung $\lambda\, Re_* = 1$ folgt aus Gl. (8.2.-1)

$$\lambda\, Fr_* = \lambda\, h/d = \lambda\, \rho_S/\rho_F = 1 \qquad (8.3.1\text{-}1)$$

und daraus

$$\begin{aligned} \lambda\, \rho' &= 1 \\ \lambda\, g &= 1 \\ \lambda\, h &= \lambda\, d \\ \lambda\, u_*^2 &= \lambda\, d \end{aligned} \qquad (8.3.1\text{-}2)$$

Da in einem FROUDE-Modell $\lambda u^2 = \lambda h$ ist, folgt

$$\lambda\, u_* = \lambda\, u \qquad (8.3.1\text{-}3)$$

Die Geschwindigkeitsverteilung (in einem zweidimensionalen Gerinne) hängt für $Re_*> 70$ nur von h/d ab (Abschnitt 1). Das heißt also, daß das vorliegende Modellkriterium die Geschwindigkeitsverteilungen richtig nachbildet, da $\lambda h/d = 1$ ist.

Wegen

$$u_* = \sqrt{g\,h\,J} \qquad (1.2\text{-}4)$$

folgt

$$\lambda\ J = \lambda\ \frac{u_*^2}{u^2} \cdot \lambda\ Fr^2 \qquad (8.3.1\text{-}4)$$

und wegen $\lambda\ u/u_* = \lambda\ Fr = 1$ folgt

$$\lambda\ J = 1 \qquad (8.3.1\text{-}5)$$

Unter der Voraussetzung, daß die Größe von Re_* ohne Einfluß auf den Transportvorgang ist, kann die Natur also in einem geometrisch verkleinerten Modell dargestellt werden. Dabei werden die Fließwiderstände und die Geschwindigkeitsverteilung richtig abgebildet.

Anwendbar ist ein solches Modell, solange sich für das Modell Korngrößen ergeben, die größer als rd. 0.2 mm sind. Für feineres Sediment wird der Einfluß der Bindekräfte zwischen den Körner merkbar. Im allgemeinen jedoch wird derart feines Modellsediment nicht zur Anwendung kommen, da die erforderlichen hohen Geschwindigkeiten, welche in den maßgebenden Modellteilen $Re_* > 70$ hervorrufen müssen,dann nicht vorhanden sind.
Im wesentlichen gleichlautende Modellkriterien,wie die vorstehend abgeleiteten Modellmaßstäbe,haben GÜNZEL (1964) und YALIN (1971) entwickelt.

Zur Bestimmung des Maßstabes der Transportraten müssen die Transportgleichungen (Abschnitt 5) herangezogen werden. Mit der eingangs aufgestellten Forderung, daß der Transportvorgang unabhängig von Re_* sein soll, folgt

$$\lambda\ g_* = \lambda\ Fr_* \qquad (8.3.1\text{-}6)$$

da der Transport dann nur von der Größe von Fr_* abhängt. Aus Gleichung (8.3.1-5) erhält man

$$\lambda\ q' = \lambda\ h^{3/2} \qquad (8.3.1\text{-}7)$$

und $\lambda\ q = \lambda\ h^{3/2}$

und wegen $\lambda\ t = \frac{\lambda\ A}{\lambda\ q}$

$$\lambda\ t = \lambda\ h^{1/2} \qquad (8.3.1\text{-}8)$$

Die Maßstäbe für die Strömungen und die Sedimentbewegung sind also in einem nach den vorstehenden Regeln erstellten Modell gleich.

Tatsächlich jedoch ist mit Sicherheit für $Re_* > 70$ nur der Transportbeginn von Re_* unabhängig (siehe z.B.Abb. 4.2.2.3/1). HO-PANG YUNG fand 1939 bei Versuchen mit groben Sand (0,4 bis 5 mm) daß die Temperatur des Wassers und mithin auch Re_* auch bei größeren Werten von Re_* noch einen deutlichen Einfluß auf die Transportrate besitzen. Nach den Versuchsergebnissen von HO-PANG YUNG steigt die transportierte Sedimentmenge mit der Temperatur. Die Transportgleichung von ZANKE (Abschnitt 5.3) liefert in dieser Hinsicht mit den Ergebnissen von HO-PANG YUNG übereinstimmende Tendenzen. Für die Geschiebetransportraten folgt aus Gl.(5.3.2.1-17)

$$\lambda q' = \lambda h^4 \qquad (8.3.1\text{-}9)$$

und

$$\lambda t = \lambda h^{-2} \qquad (8.3.1\text{-}10)$$

Dabei ist $\lambda(u_*/w) = 1$ wenn $d_{modell} >$ rd. 1 mm ist, da sich die Gleichungen für grobes Sediment für u_{*c} und w nur durch eine Konstante unterscheiden (vgl. Abschnitt 4.1). Für feinere Modellsedimente ist λt nach Gl. (5.3.2.1-17) von Fall zu Fall verschieden.

Es empfiehlt sich darum, wenn bei der Modellübertragung in die Natur auf quantitative Aussagen Wert gelegt wird, den Zeitmaßstab des Modells durch Nachfahren historischer Zustände zu eichen (s. z.B. VOLLMERS 1973b).

8.4 Modell mit $\lambda Fr_* = 1$ und $\lambda Re_* = 1$

In vielen Fällen ist das Modellkriterium nach Abschnitt 8.3.1 nicht anwendbar, z.B. wenn bereits in der Natur feine Sedimente anstehen, so daß eine geometrische Verkleinerung zu feine Sedimente im Modell erforderlich macht (d_{modell} darf noch keinen Adhäsionseinflüssen unterliegen).

Wählt man aus Gl. (8.3-1) Fr_* *und* Re_* als maßgebende, den Transportvorgang bestimmende Größen aus, so ist es nicht mehr möglich, im Modell mit Sand (also $\lambda \rho' = 1$) zu arbeiten.
Mit

$$\lambda Fr_* = 1 \qquad (8.4\text{-}1)$$

$$\lambda Re_* = 1 \qquad (8.4\text{-}2)$$

folgt automatisch

$$\lambda D^{*} = 1 \qquad (8.4\text{-}3)$$

und damit

$$\lambda u_{*}^{2} = \lambda\rho'\lambda d \qquad (8.4\text{-}4)$$

und

$$\lambda\rho' = \lambda d^{-3} \qquad (8.4\text{-}5)$$

also

$$\lambda d = \lambda u_{*}^{-1} \qquad (8.4\text{-}6)$$

$$\lambda\rho' = \lambda u_{*}^{-3} \qquad (8.4\text{-}7)$$

Mit der Forderung $\lambda Fr_{*} = \lambda Re_{*} = 1$ lassen sich also die Forderungen $\lambda(\rho_S/\rho_F)/\rho_F = \lambda\ \rho' = 1$ und $\lambda\ (h/d) = 1$ nicht erfüllen. Damit werden die Fließwiderstände und die Geschwindigkeitsprofile in diesem Modelltyp automatisch nicht richtig abgebildet.

Die folgenden Überlegungen veranschaulichen dieses Ergebnis:

1. Die Geschwindigkeitsprofile gehorchen der Beziehung

$$\frac{u_{(y)}}{u_{*}} = 2{,}5 \ln \frac{y}{d} + c_1 \qquad (1.4.4\text{-}3)$$

Darin ist c_1 nach Gl. (1.4.7-6) nur eine Funktion von Re_{*}, also in Modell und Natur gleich groß. Werden nun y und d nicht im gleichen Maßstab verkleinert, so stimmen die Geschwindigkeitsprofile in Natur und Modell nicht mehr überein.

2. Abb. 8.4/1 gibt die Abhängigkeit des Fließwiderstandes von der Re-Zahl $u_m\ h/\nu$ und der relativen Rauhigkeit h/d schematisch wieder. Man sieht aus der Auftragung sogleich, daß die Widerstände in Natur und Modell unterschiedlich sind, wenn ähnliche Profile, also $\lambda h/d = 1$ verlangt werden. Hingegen kann durch richtige Wahl von λh und λd im Modell ähnliches Widerstandsverhalten wie in der Natur erreicht werden. Das führt jedoch auf glattere Modelle! Nach Gl. (8.4-6) werden die Modellsedimente hingegen gröber, während die Wassertiefen kleiner werden. Das Modell ist also stets rauher als die Natur. (Man sieht aus einer analogen Betrachtung für den hydraulisch rauhen Bereich in Abb. 8.4/1 auch, daß $\lambda h/d$ dort = 1 sein muß.)

Diese Probleme lassen sich durch eine Verzerrung oder Überhöhung des Modell teilweise beheben. Eine weitere bekannte Möglichkeit, um die zu große Modellrauhigkeit zu kompensieren, ist das Kippen des Modells. Abb. 8.4/2 erläutert die Begriffe des gekippten und überhöhten Modells.

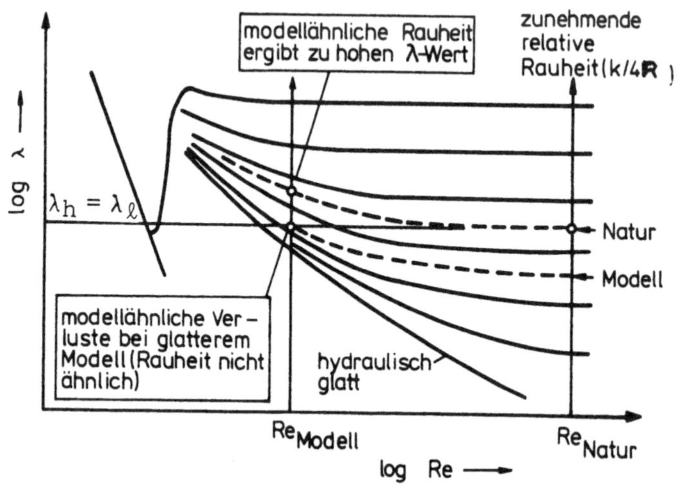

Abb. 8.4/1

Widerstände bei unterschiedlichen Re-Zahlen (schematisch)

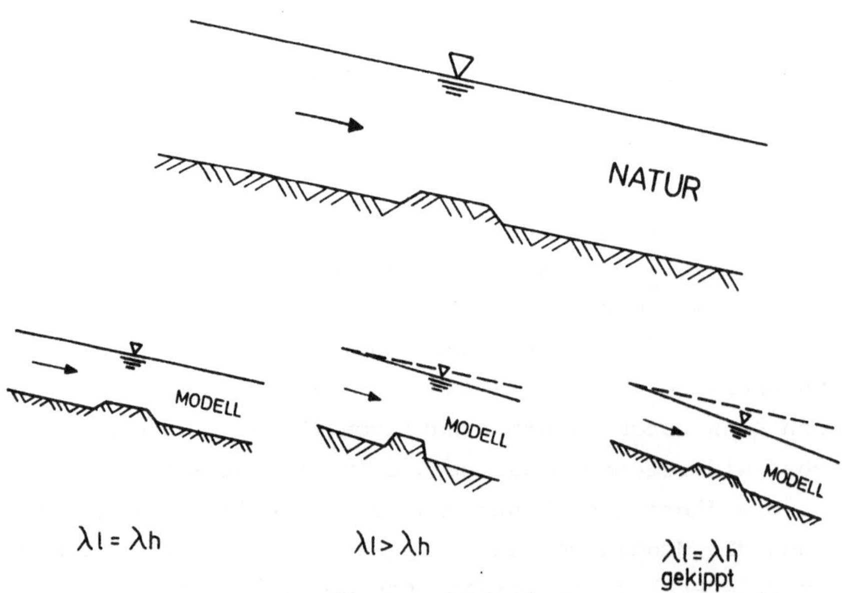

Abb. 8.4/2

Zur Erläuterung verschiedener Modelltypen

8.4.1 Allgemeine Kriterien für verzerrte Modelle

In einem verzerrten Modell werden die Längen in einem anderen Maßstab als die Höhen übertragen.

Bei den folgenden Ableitungen wird stets stillschweigend davon ausgegangen, daß

$$\lambda g = \lambda \nu = 1$$

da andere Maßstäbe dieser beiden Größen praktisch kaum ausführbar sind.

Mit der Grundgleichung

$$u_* = (ghJ)^{1/2} \qquad (1.2-4)$$

läßt sich ein Verzerrungsmaß n in die übrigen zu übertragenden Größen einbauen, wenn man

$$\lambda J = \lambda h / \lambda \ell = n^{-1} \qquad (8.4.1\text{-}1)$$

als Verzerrungsmaß ansetzt.

Es folgt dann

$$\lambda u_*^2 = \lambda h n^{-1} \qquad (8.4.1\text{-}2)$$

Aus der Bedingung $\lambda Fr_* \overset{!}{=} 1$ erhält man

$$\lambda \rho' \lambda d = \lambda h n^{-1} \qquad (8.4.1\text{-}3)$$

und aus der Bedingung $\lambda Re_* \overset{!}{=} 1$ erhält man

$$\lambda d = \lambda h^{-1/2} n^{1/2} \qquad (8.4.1\text{-}4)$$

Für verzerrte Modelle mit Sedimenttransport läßt sich daraus das folgende Gleichungssystem zusammenstellen:

$$\begin{aligned} &1. \quad \lambda u_* = \lambda h^{1/2} n^{-1/2} = \lambda h \lambda \ell^{-1/2} \\ &2. \quad \lambda d = \lambda h^{-1/2} n^{1/2} = \lambda h^{-1} \lambda \ell^{1/2} \\ &3. \quad \lambda \rho' = \lambda h^{3/2} n^{-3/2} = \lambda h^{3} \lambda \ell^{3/2} \end{aligned} \qquad (8.4.1\text{-}5)$$

8.4.2 Ansatz von GEHRIG

GEHRIG (1967/1978) hat Überlegungen über die Ausführungsbedingungen verzerrter Sedimentmodelle angestellt und hat dabei auf der Grundlage der STRICKLER-Gleichung die Bedingung

$$\lambda h = \lambda \ell^{0,7} \qquad (8.4.2\text{-}1)$$

gefunden.*

Damit sind die Modellgrößen für verzerrte Modelle aus drei Maßstabsbedingungen zu bestimmen:

1. aus $\lambda Fr_* \overset{!}{=} 1$ folgt

$$1 = \lambda \ell^{-1} \ \lambda h^2 \ \lambda d^{-1} \ \lambda \rho'^{-1} \qquad (8.4.1\text{-}3)$$

2. aus $\lambda Re_* \overset{!}{=} 1$ folgt

$$1 = \lambda h^{1/2} \ \lambda J^{1/2} \ \lambda d = \lambda h \ \lambda \ell^{-1/2} \ \lambda d \qquad (8.4.1\text{-}4)$$

3. Rauhigkeitsbedingung

$$\lambda h = \lambda \ell^{0,7} \qquad (8.4.2\text{-}4)$$

---

*YALIN (1960) hat ein etwas abweichendes Kriterium für Modellverzerrungen entwickelt. Danach ergibt sich das Verhältnis $\lambda h/\lambda \ell$ abhängig von der Größe der beiden Maßstäbe. Die Verzerrungen nach YALIN (1960) weichen jedoch nicht stark von den nach GEHRIG (1967/78) ermittelten Werten ab.

Aus diesem System bestimmt GEHRIG drei mögliche Wege, aus denen die Modellmaßstäbe je nach den Erfordernissen auf unterschiedliche Weise gewählt werden können:

Schema 1 (nur ein Maßstab wird frei gewählt):

gewählter Maßstab	$\lambda\ell$	λh	λd	$\lambda\rho'$
$\lambda\ell$	-	$\lambda h = \lambda\ell^{7/10}$	$\lambda d = \lambda\ell^{-1/5}$	$\lambda\rho' = \lambda\ell^{3/5}$
λh	$\lambda\ell = \lambda h^{10/7}$	-	$\lambda d = \lambda h^{-2/7}$	$\lambda\rho' = \lambda h^{6/7}$
λd	$\lambda\ell = \lambda d^{-5}$	$\lambda h = \lambda d^{-7/2}$	-	$\lambda\rho' = \lambda d^{-3}$
$\lambda\rho'$	$\lambda\ell = \lambda\rho'^{5/3}$	$\lambda h = \lambda\rho'^{7/5}$	$\lambda d = \lambda\rho'^{-1/3}$	-

Abb. 8.4.2/1
Schema zur Bestimmung der Maßstäbe

Schema 2 :

Ist bei einem Modellversuch mit Feststofftransport die exakte Wiedergabe der Gefälle oder der Wasserspiegellagen von geringerer Bedeutung- beispielsweise bei kurzen Modellen- , so kann auf die Einhaltung der Maßstabsbeziehung für die Rauheit verzichtet werden. Durch das Einhalten der übrigen Maßstabsbedingungen wird dabei der Beginn des Feststofftransportes und die Verteilung des Schwebstoffes in der Lotrechten richtig dargestellt.

Es ergeben sich dann nur noch zwei Gleichungen mit vier Veränderlichen. Dabei sind zwei Maßstäbe frei wählbar.

$$\lambda Re_* = 1 : \lambda\ell^{-1/2} \cdot \lambda h\, \lambda d = 1$$

$$\lambda Fr_* = 1 : \lambda\ell^{-1} \cdot \lambda h^2 \cdot \lambda d^{-1} \cdot \lambda\rho'^{-1} = 1$$

Die übrigen Maßstäbe bestimmen sich dann nach dem Schema Abb. 8.4.2/2

gewählter Maßstab		$\lambda\ell$	λh	λd	$\lambda\rho'$
$\lambda\ell$	λh	$\lambda\ell$	λh	$\lambda d = \frac{\lambda\ell^{1/2}}{\lambda h}$	$\lambda\rho' = \frac{\lambda h^3}{\lambda\ell^{3/2}}$
$\lambda\ell$	$\lambda\rho'$	$\lambda\ell$	$\lambda h = \lambda\ell^{1/2}\lambda\rho'^{1/3}$	$\lambda d = \frac{1}{\lambda\rho'^{1/3}}$	$\lambda\rho'$
λh	$\lambda\rho'$	$\lambda\ell = \frac{\lambda h^2}{\lambda\rho'^{2/3}}$	λh	$\lambda d = \frac{1}{\lambda\rho'^{1/3}}$	$\lambda\rho'$

Abb. 8.4.2/2

Schema zur Bestimmung der Maßstäbe bei Vernachlässigung der Rauhigkeitsbedingung

Schema 3 :

Wird der Feststoff hauptsächlich als Geschiebe transportiert und ist die Reynoldszahl des Kornes $Re_*>70$, so kann der Einfluß von Re_* vernachlässigt werden. Für die Bestimmung der Modellmaßstäbe ergeben sich dann wiederum zwei Gleichungen mit vier Veränderlichen, so daß zwei Maßstäbe gewählt werden können:

$\lambda Fr_* = 1$: $\lambda\ell^{-1} \cdot \lambda h^2 \cdot \lambda d^{-1} \cdot \lambda\rho'^{-1} = 1$

Rauhigkeitsbedingung: $\lambda\ell^3 \cdot \lambda h^{-4} \cdot \lambda d = 1$

Daraus ergeben sich die übrigen Maßstäbe nach Abb. 8.4.2/3

gewählte Maßstäbe		$\lambda\ell$	λh	λd	$\lambda\rho'$
$\lambda\ell$	λh	$\lambda\ell$	λh	$\lambda d = \frac{h^4}{\lambda\ell^3}$	$\lambda\rho' = \frac{\lambda\ell^2}{\lambda h^2}$
$\lambda\ell$	$\lambda\rho'$	$\lambda\ell$	$\lambda h = \frac{\lambda\ell}{\lambda\rho'^{1/2}}$	$\lambda d = \frac{\lambda\ell}{\lambda\rho'^2}$	$\lambda\rho'$
λh	$\lambda\rho'$	$\lambda\ell = \lambda h\lambda\rho'^{1/2}$	λh	$\lambda d = \frac{\lambda h}{\lambda\rho'^{3/2}}$	$\lambda\rho'$

Abb. 8.4.2/3

Schema zur Bestimmung der Maßstäbe bei Vernachlässigung von Zähigkeitseinflüssen

Auf Abb. 8.4.2/4 sind die Maßstabsbeziehungen für Feststofftransportmodelle mit Berücksichtigung der Rauhigkeitsbedingung nach GEHRIG grafisch dargestellt. Modellmaßstäbe und zugehörige Modellsedimente ergeben sich aus den Schnittpunkten zwischen Rauheitsbedingung und den Modellsediment-Dichten.

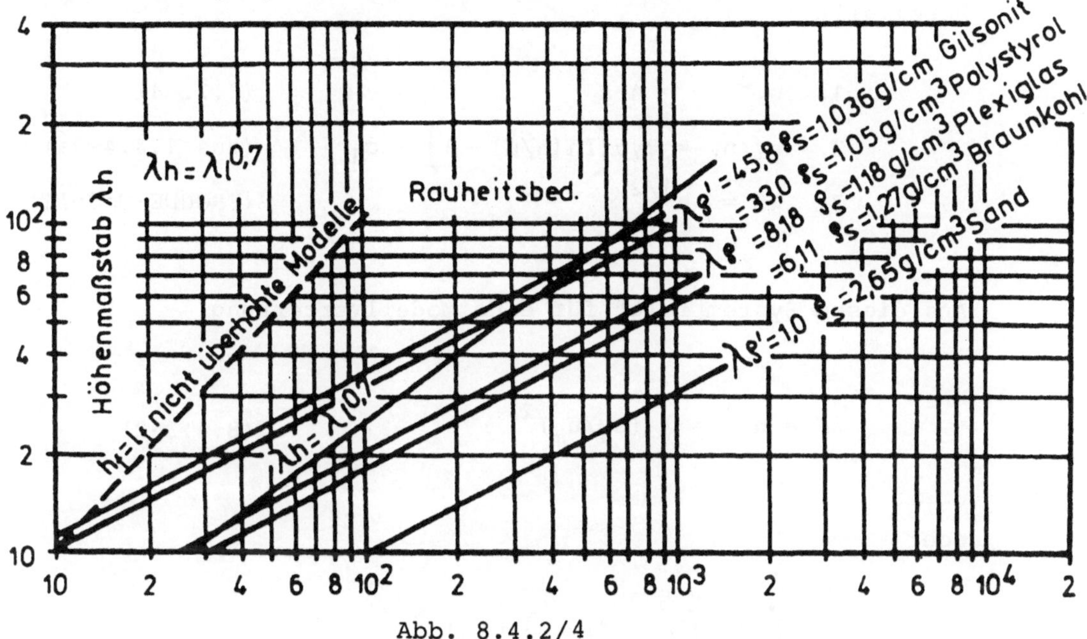

Abb. 8.4.2/4

Maßstabsbeziehung für Feststoffmodelle mit Berücksichtigung der Rauheitsbedingung (GEHRIG 1967/78)

GEHRIG folgend, sollen die zur Anwendung kommenden Modellgrößen wenigstens so gut es geht an diesen Schnittpunkten liegen. Eine vollständige Übereinstimmung ist nicht immer möglich, da nicht jedes beliebige Modellsediment beschaffbar ist und die Modellmaßstäbe oft auch den Zwängen aus der verfügbaren Laborfläche unterliegen.

8.4.3 Berücksichtigung der Rauhigkeit durch das logarithmische Gesetz

Die Widerstandsbeiwerte λ sind in einem zweidimensionalen Gerinne proportional dem Verhältnis u_*^2/u_m^2 (siehe Abschn.1). Dabei gilt

1. $u_*^2 = g\,h\,J$ (1.2.-4)
2. $u_m/u_* = 2,5\left[\ln(h/d) - 1\right] + c_1$ (aus 1.4.4-3a)
3. $\lambda u = \lambda h^{1/2}$ (FROUDE-Modell)

Aus diesem System folgt für eine Modellverzerrung

$$\lambda J = n^{-1} = \lambda\ (u_*/u_m)^2 \qquad (8.4.3\text{-}2)$$

oder

$$n = \left[\frac{\left(2,5\left[\ln(h/d) - 1\right] + c_1\right)_N}{\left(2,5\left[\ln(h/d) - 1\right] + c_1\right)_M}\right]^2 \qquad (8.4.3\text{-}3)$$

Dabei ist gemäß Gl. (8.4.1-5)

$$\lambda(h/d) = \lambda h^{1,5} n^{-0,5}$$

Die Frage läuft also darauf hinaus, den Wert von n so zu bestimmen, daß Gl. (8.4.3-3) erfüllt wird.
Da c_1 (Gl. 1.4.7-6) nur von Re_* abhängt, ist c_1 wegen der Bedingung $\lambda Re_* = 1$ in Natur und Modell gleich. Abb. 8.4.3/1 gibt das Ergebnis der Ausrechnung von Gl. (8.4.3-3) grafisch wieder. Dabei wurde mit $c_1 = 8,5$ gerechnet. Vergleichsrechnungen mit dem Maximalwert von c_1 nach Abb. 1.4.4/1 ergeben nur schwache Abweichungen mit der Tendenz zu etwas geringeren Verzerrungsmaßstäben.

Bemerkenswert ist an dieser Ableitung, daß sich in Abhängigkeit von der Rauhigkeit in der Natur unterschiedliche Verzerrungen ergeben. Zum Vergleich ist auf Abb. 8.4.3/1 noch der Ansatz von GEHRIG (1967/78) eingetragen. Im Vergleich zur vorstehenden Ableitung liefert der Ansatz von GEHRIG für relative Rauheiten $(h/d)_N$ bis etwa 1000 in den üblichen Maßstabsgrößen bis $\lambda h \simeq 200$ ähnliche Ergebnisse. Für Modelle von tiefen Flachland-Flüssen unterscheiden sich die Aussagen deutlich. (Bei großen Fließtiefen und kleinen Rauheiten ist die STRICKLER-Formel nicht mehr brauchbar).

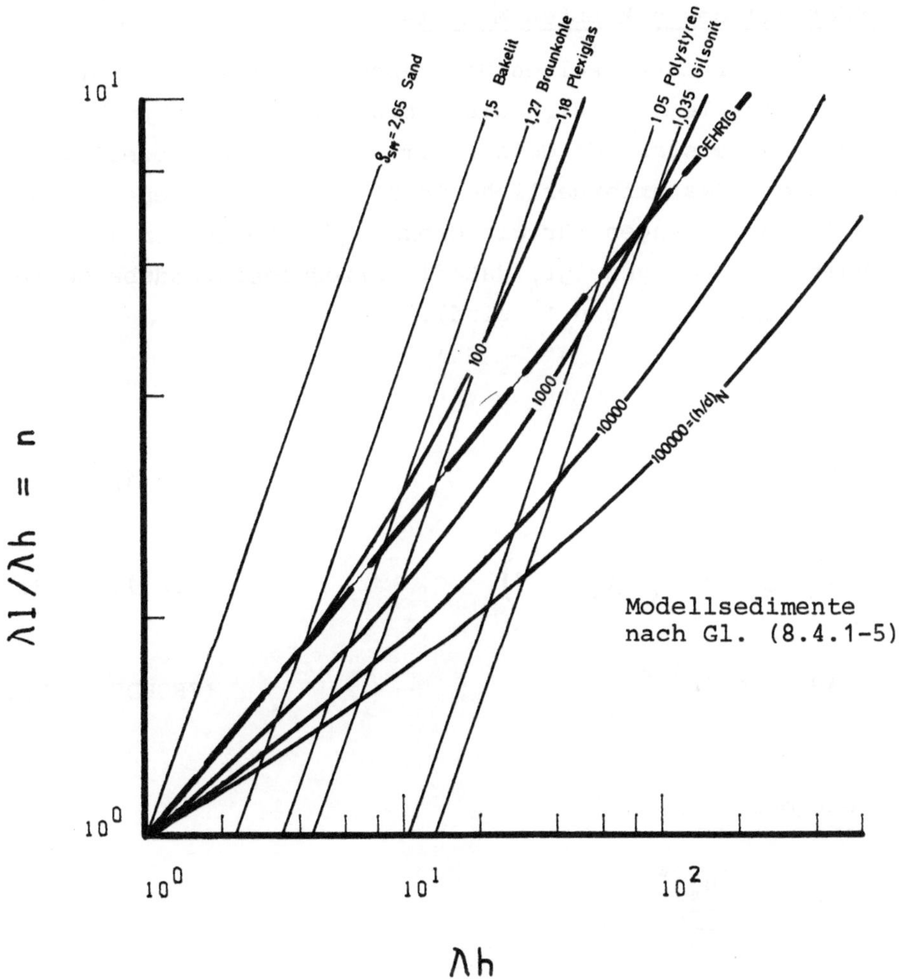

Abb. 8.4.3/1

Modellverzerrung nach dem Kriterium des logarithmischen Widerstandsgesetz

Die Bestimmung der Modellmaßstäbe geht nach dem vorstehend entwickelten Ansatz so vor sich, daß aus $(h/d)_N$ und den gewählten λh oder $\lambda \ell$ die Verzerrung ermittelt wird. Dann folgen die übrigen Maßstäbe aus dem System der Gl. (8.4.1-5).

Dabei ist als maßgebender Wert für $(h/d)_N$ die Größe im Hauptuntersuchungsgebiet anzusetzen. Randbereiche mit deutlich abweichenden Werten $(h/d)_N$ werden nicht richtig abgebildet.

8.4.3.1 Sonderfall des gekippten Modells

Anstelle der entwickelten Maßstabsbedingungen für verzerrte Modelle läßt sich die erhöhte Modellrauhigkeit auch durch ein verstärktes Gefälle im unverzerrten Modell kompensieren. Das erforderliche Gefälle läßt sich ebenfalls aus den Bedingungen für die Größe u_m/u_* herleiten. (In Abschnitt 1 wurde gezeigt, daß die Fließwiderstandsbeiwerte proportional zu $(u_*/u_m)^2$ sind).
Aus

$$u_* = \sqrt{g\,h\,J} \qquad (1.2\text{-}4)$$

$$u_m/u_* = 2{,}5\left[\ln\left(\frac{h}{d}\right) - 1\right] + c_1 \qquad (\text{aus } 1.4.4\text{-}3a)$$

$$\lambda u = \lambda h^{1/2} \qquad (\text{FROUDE-MODELL})$$

erhält man

$$\lambda J = \lambda\left(\frac{u_*}{u_m}\right)^2$$

$$\lambda J = \frac{1}{\lambda\left(2{,}5\left(\ln\left(\frac{h}{d}\right) - 1\right) + c_1\right)^2} \qquad (8.4.3.1\text{-}1)$$

Die Auswertung dieser Bedingung ist aus Abb. 8.4.3.1/1 zu entnehmen. Es ergeben sich Gefälleverstärkungen abhängig von der Rauhigkeit in der Natur und dem Modellmaßstab. Für glattere Naturverhältnisse ergeben sich kleine Gefälleverstärkungen. Außerdem sind dann auch größere Modellmaßstäbe λh möglich, weil mit $(h/d)_M \simeq 40$ eine Grenze erreicht wird, die nach SHIELDS (1936) nicht mehr unterschritten werden sollte, wenn nicht weitere Maßstabseffekte auftreten sollen.

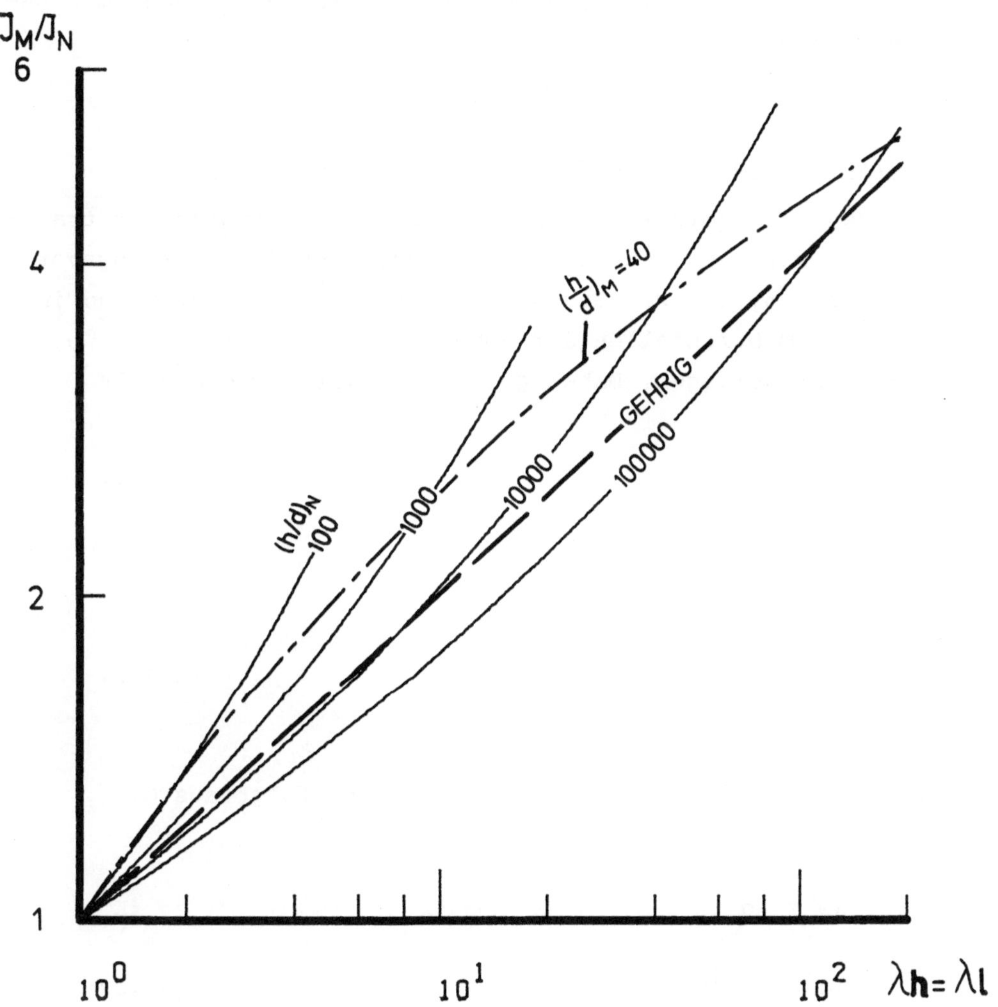

Abb. 8.4.3.1/1
Gefälleverstärkung für unverzerrte Modelle

Das gekippte Modell kann selten angewendet werden. Es arbeitet nur bei richtungskonstant durchflossenen Gerinneabschnitten. Seine Verwirklichung wird unmöglich, wenn in einem Modell auch Vorlandüberflutungen zu untersuchen sind. Dann nämlich gelten für den Abfluß bis "bordvoll" und den Hochwasserabfluß verschiedene Bedingungen. Ursache: Für Abfluß bis " bordvoll" muß die Flußachse gekippt werden. Somit wird das Hochwasserabflußbett falsch nachgebildet, da die Abflußrichtungen auf den Vorländern oft deutlich von denen im Flußbett abweichen.

8.5 Modelle mit vorwiegendem Transport in Suspension

Wenn der Feststoff in der Natur vorwiegend suspendiert transportiert wird, muß für ähnliche Erosions-und Ablagerungsvorgänge gelten, daß die Sinkstoffteilchen in der Natur und im Modell beim Durchfallen der Höhe h_N (h_M) entsprechende Wege ℓ_N (ℓ_M) zurücklegen. Dabei gilt für unverzerrte Modelle

$$\lambda w = \lambda u \qquad (8.5\text{-}1)$$

und für verzerrte Modelle

$$\lambda w = \lambda u \cdot n^{-1} \qquad (8.5\text{-}2)$$

Da mit $\lambda Fr_* = \lambda Re_* = 1$ auch $\lambda D^* = 1$ ist, folgt aus Gl. (4.1.3.3-8)

$$\lambda w = \lambda d^{-1} \qquad (8.5\text{-}3)$$

$$\lambda d = \lambda h^{-1/2} n \qquad (8.5\text{-}4)$$

und aus Gl. (8.4-5)

$$\begin{aligned} \lambda \rho' &= \lambda h^{3/2} n^{-3} \\ \lambda u_* &= \lambda h^{1/2} n^{-1} \end{aligned} \qquad (8.5\text{-}5)$$

Alle diese Bedingungen sind erfüllbar, nicht jedoch die Bedingung

$$\lambda u_*^2 = \lambda d \cdot \lambda J \qquad \text{(aus Gl. 1.2-4)}$$

Dann müßte nämlich

$$\lambda J \stackrel{!}{=} \lambda u_*^2 \; \lambda h^{-1} = n^{-2}$$

erfüllt werden. Definitionsgemäß ist aber $\lambda J = n^{-1}$.

Das Modell für für in Suspension transportierte Sedimente kann darum nur unverzerrt ausgeführt werden. Anderseits ist der quantitative Suspensionstransport aber auch von der Bewegung in Sohlennähe abhängig. Die Bewegung in Sohlennähe muß aber im verzerrten Modell nachgebildet werden. *)

In gewisser Weise dürfte ein Modell jedoch auch bei Suspensionstransport verwertbare Aussagen liefern, wenn beiden Bedingungen (Verzerren oder nicht Verzerren) in sofern näherungsweise genüge getan wird, indem das Verzerrungsmaß kleiner als nach Abb. 8.4.3/1 gewählt wird. (Die Zeitmaßstäbe sind dann nur noch aus historischen Versuchen bestimmbar).

8.6 Modelle mit Transportkörpern

Wenn die Bewegung und Ausbildung von Transportkörpern im Modell nachgebildet werden soll, darf das Modell nicht verzerrt werden. Eine entsprechende Ableitung hat YALIN (1971) durchgeführt. ZANKE (1976b) ist auf der Grundlage von empirischen Untersuchungen zum gleichen Ergebnis gekommen. Die Modellmaßstäbe für die Nachbildung von Transportkörpern sind auf Abb. 8.6/1 im Zusammenhang dargestellt.

In einem nach diesen Regeln gebauten Modell wird der Transport in Suspension ebenfalls richtig wiedergegeben, scheinbar eine Voraussetzung für die Ähnlichkeit der Bettformen.

*) Außerdem ist der Transportvorgang in Suspension in erheblichem Maße von den makroturbulenten Drehsystemen abhängig. Die Drehsysteme müßten in einem verzerrten Modell ebenfalls verzerrt werden. Kreisbahnen in der Natur müßten Ellipsen im Modell sein. Tatsächlich jedoch sind die makroturbulenten Drehsysteme auch in verzerrten Modellen etwa kreisförmig mit Durchmessern, die etwa der Wassertiefe entsprechen.

Natur/Modell	Übertragungsmaßstab	
	Fließvorgang	Geschiebebewegung
Höhen, Tiefen, Längen	λh	λh
Geschwindigkeiten	$\lambda h^{1/2}$	bewegte Sohlschicht $\lambda h^{1/2}$ Transportkörper λh^{-1}
Zeiten	$\lambda h^{1/2}$	Einzelkörner $\lambda h^{1/2}$ Feststofftransport λh^{2}
Abflußmengen oder Feststofftransportmengen je Zeit- und Breiteneinheit	$\lambda h^{3/2}$	1
Abflußmengen oder Feststofftransportmengen je Zeiteinheit	$\lambda h^{5/2}$	λh
Korndurchmesser		$\lambda h^{-1/2}$
relative Dichten des Geschiebes $(\frac{\rho'_N}{\rho'_M})$		$\lambda h^{3/2}$
Dichte der bewegten Sohlschicht		$\lambda h^{-3/2}$

Abb. 8.6/1
Maßstäbe für Transportkörpermodelle
(ZANKE 1976b)

Damit kommt für bestimmte Fragen, bei denen es um Stabilisierungseffekte der Sohle, wie sie von FÜHRBÖTER beschrieben wurden (s. Abschn. 7.4) kein verzerrtes Modell in Frage.

Wenn es hingegen nur um die Beurteilung quantitativer großräumiger Sedimentumlagerungen geht, kann das Modell trotz Existenz von Transportkörpern verzerrt ausgeführt werden, da diese Sohlkörper auf den quantitativen Transport über größere Strecken wenig Einfluß haben. Labormessungen zeigen beim Wechsel der Sohlenform keine deutliche Tendenz in der Änderung der verfrachteten Mengen (s. Abschnitt 5).

8.7 Zeitmaßstäbe

Die Zeitmaßstäbe, mit denen die Transportvorgänge vom Modell auf die Natur zu übertragen sind, ergeben sich aus den angesetzten Transportgleichungen.

Mit $\lambda Fr_* = \lambda Re_* = \lambda D^* = \lambda Re_w = 1$ folgt aus der Mehrzahl der in Abschnitt 5 aufgeführten Transportbeziehungen

$$\lambda g_* = 1 \tag{8.7-1}$$

und

$$\lambda q = 1 \tag{8.7-2}$$

Dabei ist q die transportierte Menge nach Volumen je Zeit- und Breiteneinheit.
Für die Zeitmaßstäbe folgt damit

$$\lambda T = \frac{\lambda A}{\lambda q} = \lambda h \; \lambda \ell \tag{8.7-3}$$

$$\lambda T = \lambda h^2 \cdot n^1 \tag{8.7-4}$$

8.8 Litorale Prozesse

GRIESSEIER und VOLLBRECHT (1957) haben in ihrer Arbeit "Zur Problematik der modellmäßigen Darstellung litoraler Prozesse" eine Analyse der Ableitung von POPOV über die Modellierung von wellenbewegtem Sediment vorgenommen. Die POPOVschen Ableitungen führen auf folgende Maßstabsbeziehungen

$$\lambda d = \lambda W^{-1/2} \tag{8.8-1}$$

$$\lambda \rho' = \lambda W^{3/2} \tag{8.8-2}$$

mit λW = Wellenabmessung_N / Wellenabmessung_M

Für ein unverzerrtes Wellenmodell ($\lambda W = \lambda h = \lambda \ell$) sind damit die Maßstabsbeziehungen für Wellenmodelle identisch mit denen für unverzerrte Strömungsmodelle (vgl. Gl.(8.4.1-5) für n = 1).

Wegen der Wichtigkeit und auch heute noch vollen Gültigkeit werden die Schlußfolgerungen von GRIESSEIER und VOLLBRECHT bezüglich litoraler Sedimentmodelle nachstehend weitgehend zitiert:

"Die POPOVsche Verallgemeinerung des FROUDE-REYNOLDschen Ähnlichkeitsgesetzes gilt nur für einzeln betrachtete Körner, die im Zustande der Suspension von laminaren Strömungen beeinflußt werden. Sie ist daher in der jetzigen Form nur bedingt als Grundlage für den Aufbau großräumiger Küstenmodelle geeignet, denn die morphologische Gestaltung des Meeresbodens ist nicht so sehr von dem Betragen einzelner Körner als vielmehr von dem Verhalten ganzer Suspensionsgemeinschaften abhängig.

Die von POPOV nicht berücksichtigten Turbulenz- und Austauscherscheinungen greifen mitbestimmend in die zu studierenden Vorgänge ein und müßten daher Bestandteile einer für litorale Verhältnisse erweiterten Modelltheorie werden. Inwieweit die Nichtlinearität der Beziehungen zwischen den einzelnen maßgebenden Elementen diese Erweiterung beeinträchtigt, ist im Augenblick nicht abzusehen. Es wird aber sicher gelingen, die Theorie allmählich in dem angedeuteten Sinne auszubauen.

In diesem Zusammenhang möchten die Verfasser auf einen Effekt hinweisen, der sich vermutlich der mathematischen Formulierung entzieht und daher schwer Eingang in die Theorie finden kann, obgleich er, wie jüngste Untersuchungen zeigen, für viele Erscheinungen im Litoral von höchster Bedeutung ist. Es handelt sich um den Prozeß der Abnutzung und der damit Hand in Hand gehenden Entmischung des Materials längs eines bestimmten Wanderweges.

Dieser Prozeß ist unter anderem im entscheidenden Maße verantwortlich für die Anordnung und Längserstreckung der Sandriffe, dieser wichtigen Transportbänder in der litoralen Zone: Das häufig zu beobachtende seewärtige Ausbiegen und gleichzeitige

Untertauchen der Riffe bzw. ihre damit verbundene Auflösung können nur durch die bis unter das erträgliche Maß gehende Verfeinerung des Materials erklärt werden.

Mit der Längsanordnung der Sandriffe ist gleichzeitig auch der Wanderweg des Materials vorgeschrieben: Er verläuft in Gebieten mit vorherrschender Windsee, wie z.B. in der südlichen Ostsee, unter spitzem Winkel vom Strand zur See, wobei sich dort, wo das Riff am Strand oder in Standnähe ansetzt, infolge des Materialentzuges eine Schwächezone des Strandes befindet.

Da es beim Modellversuch häufig gerade darum geht, derartige geschwächte Stellen nachzubilden und die günstigsten Maßnahmen zu ihrem Schutze zu finden, kommt es im Grunde genommen darauf an, den Entmischungsprozeß mit allen seinen Folgeerscheinungen wie Riffverlauf, Sandentzug am Stande und damit Schwächung desselben natur - ähnlich darzustellen.

Nach Kenntnis der Verfasser haben derartige Entmischungsvorgänge bisher bei Modellversuchen noch keine Berücksichtigung gefunden, vor allem wohl deswegen, weil sie bei dem gewöhnlich benutzten Sedimentmaterial oder bei den relativ kurzen Wanderwegen und Wanderzeiten einfach nicht auftreten können.

Um eine Naturähnlichkeit der Vorgänge im Küstenmodell zu erreichen, ist somit zusätzlich zu den zahlreichen übrigen Bedingungen offenbar auch noch eine maßstabsgerechte Nachbildung des Abnutzungs- bzw. Entmischungsfaktors zu fordern!

Im Hinblick auf die vielen Schwierigkeiten, die sich der naturähnlichen Abbildung sedimentologischer Prozesse in dreidimensionalen Küstenmodellen sowohl von theoretischer als auch praktischer Seite entgegenstellen, möchten die Verfasser das Modellversuchswesen zum gegenwärtigen Zeitpunkt in erster Linie zur Erforschung gewisser Einzelheiten der Küstensedimentation herangezogen wissen, da es vor Klärung dieser Einzelheiten keine quantitativen, sondern bestenfalls nur qualitative Aussagen über das Zusammenspiel der verschiedenen bewirkenden Faktoren in der litoralen Zone zu machen gestattet. Insbesondere könnte mit seiner Hilfe jener Problemkreis vollwertig studiert werden, der von dem küstenparallelen Längstransport unabhängig ist und der alle jene Probleme einschließt, die mit der Ausbildung des Gleichgewichtsprofils zusammenhängen. Eine Fülle von ungeklärten Fragen harrt hier der Beantwortung, von denen eine der wichtigsten, die Frage der Tiefwirksamkeit der Wellen, hier besonders hervorgehoben sei. Alle diese Versuche könnten in zweidimensionaler Anordnung durchgeführt werden, wobei sich häufig das begehrte Maßstabsverhältnis 1:1 verwirklichen lassen dürfte."

8.9 Zusammenfassung

Modellversuche sind in vieler Hinsicht ein unverzichtbares Hilfsmittel bei der Beurteilung wasserbaulicher Fragen. Um ein Modell so zu betreiben, daß es die erwarteten Aussagen liefern kann, muß es nach bestimmten Vorschriften gebaut werden, die sich aus den Modellgesetzen ergeben.

Für ein Modell mit Sedimenttransport sind dabei zwei Forderungen zu erfüllen:

1. die dynamisch-ähnliche Nachbildung der Flüssigkeitsbewegung
2. die dynamisch-ähnliche Nachbildung der Sedimentbewegung

Es versteht sich von selbst, daß die richtige Nachbildung der Flüssigkeitsbewegung eine Vorbedingung für die Modellierung der Feststoffbewegung ist.

Im wasserbaulichen Versuchswesen ist für die Nachbildung der Strömung im Modell in der Regel nach dem FROUDEschen Modellgesetz zu übertragen. Dabei werden die den Zähigkeitseinflüssen unterworfenen Vorgänge vernachlässigt. Nur in Ausnahmefällen müssen die Zähigkeitskräfte beim Sedimenttransport jedoch mitberücksichtigt werden, weil die Transportvorgänge von diesen mitbestimmt werden. Es ist also zu erwarten, daß das hydraulische Modell mit Nachbildung der Feststoffbewegung weiteren Einschränkungen unterliegt, als das reine Strömungsmodell.

Die im Abschnitt 8 abgeleiteten Modellgesetze oder besser "Modellregeln" dienen beim Betreiben von Feststofftransportmodellen im allgemeinen nur als erster Ansatz für die Maßstäbe des Modells. Dies gilt ganz besonders für den Zeitmaßstab, der, wenn möglich, aus dem Nachfahren historischer Zustände zu ermitteln ist. Bei Tidemodellen ist dies ohnehin die einzige Möglichkeit den Zeitmaßstab zu finden (VOLLMERS 1973).

Das Betreiben eines Sedimenttransport-Modells erfordert ungleich mehr Erfahrung als das rein hydraulische Modell. Es kann jedoch bei richtiger Handhabung wertvolle Ergebnisse liefern, die auf anderem Wege nicht erreichbar sind. Wegen der hohen Kosten, die ein solches Modell infolge seiner Komplexität verursacht, sollte es nur dann angewandt werden, wenn es unumgänglich ist.

Eine bessere Methode zur Lösung von Fragen über morphologische Abläufe, für die heute nur das empirische Feststoffmodell zur Verfügung steht, wäre die theoretische Berechnung dieser Abläufe. Hierzu sind jedoch noch erhebliche Vorarbeiten auf dem Gebiet der numerischen Modellierung erforderlich. Es ist für die Praxis des Ingenieurwesens darum dringend erforderlich, die Arbeiten in diesem Bereich verstärkt voranzutreiben.

9. STABILE FLÜSSE UND KANÄLE

9.1 Stabile Gerinne

Ein Gerinne, also ein Fluß oder ein Kanal kann auf zwei vollkommen unterschiedliche Weisen eine stabile Lage der Sohle haben. Eine Gewässersohle ist

statisch stabil, wenn kein Sediment bewegt wird und

dynamisch stabil, wenn die in einen Gerinneabschnitt hinein transportierten Massen die abgeführten Massen ausgleichen.

Für die Wasserbaupraxis und das Agraringenieurwesen ist der Entwurf von stabilen Gerinnen ein häufiger und wichtiger Anwendungsfall, z.B. bei Vorflutern und Be- und Entwässerungskanälen. Die Untersuchungen in den folgenden Kapiteln dieses Abschnittes gelten, soweit nicht anders vermerkt, für zweidimensionale Gerinne. Ein Gerinne kann annähernd als zweidimensional betrachtet werden, wenn entweder das Verhältnis der Breite zur Tiefe $b/h >$ rd. 5 ist, oder wenn die Rauhigkeit der Gerinne-Seitenwandungen deutlich geringer ist, als die der Sohle.

Die folgenden Berechnungen werden für Rechteckgerinne ausgeführt. Die Ergebnisse der Berechnungen für stabile Gerinne sind ohnehin nur Schätzwerte, die im Anwendungsfall noch mit einem Sicherheitsfaktor beaufschlagt werden sollten. Insofern können Trapezprofile, wenn die Böschungen nicht zu flach sind, wie Rechteckprofile behandelt werden. Dabei ist als Breite die mittlere Breite anzusehen.

9.1.1 Statisch stabile Gerinne

Die Berechnung eines statisch stabilen Gerinnes geht im allgemeinen von gegebenem Abfluß und gegebenem Sohlengefälle aus. Das Sohlenmaterial ist ebenfalls als bekannt anzusehen.

Gesucht wird die Breite b und die Wassertiefe h des Gerinnes.

Bei der Berechnung wird die theoretisch maximal mögliche Wassertiefe ermittelt, bei der die Sohle unter den vorgegebenen Bedingungen gerade noch stabil bleibt. Die Breite b folgt dann über den vorgegebenen Abfluß Q und die ebenfalls zu berechnende Strömungsgeschwindigkeit. Für den Anwendungsfall sollte sicherheitshalber eine etwas geringere Wassertiefe gewählt werden, als die Rechnung ergibt.

Sedimente mit $d < 0{,}6$ mm bilden sofort nach Überschreiten der kritischen Geschwindigkeit kleine Schuppen. Durch diese Schuppen wird an der Sohle zusätzliche Turbulenz erzeugt. Die kritische Geschwindigkeit wird dadurch vermindert, und es setzt deutliche Sedimentbewegung ein. Besonders für diese feinen Sedimente muß in jedem Falle sichergestellt werden, daß die kritischen Bedingungen auch kurzzeitig nicht überschritten werden.

Die Berechnung eines statisch stabilen Gerinnes kann auf verschiedenen Wegen durchgeführt werden. Nachfolgend werden zwei mögliche Verfahren angegeben:

1. a) Ermittlung von u_{m_c} (z.B. aus Gl. 4.2.3-2 oder aus Abb. 4.2.3/1)

   b) Ermittlung von A aus $A = \frac{Q}{u}$

c) nach STRICKLER mit geschätztem k-Wert Ermittlung des hydraulischen Radius R über $u = k \cdot R^{2/3}\, J^{1/2}$

d) Ermittlung des benutzten Umfanges U aus $U = \frac{A}{R}$

e) Ermittlung von h und b über $A = h \cdot b$ und $U = 2 \cdot h + b$

2. a) Ermittlung der kritischen Schubspannungsgeschwindigkeit u_{*c}

b) Ermittlung von h aus $u_* = (g\ h\ J)^{\frac{1}{2}}$ aus Gl.(1.2-4) (unter Annahme eines "breiten" Kanals)

c) Ermittlung des NIKURADSE-Beiwertes c_1 aus Gl.(1.4.7-6) oder aus Abb. 1.4./1

d) Berechnung von u_m aus Gl.(1.4.4-3a), Seite 46

e) Berechnung von b aus $u = Q/A$ und $A = b \cdot h$

Die gesuchten Parameter eines stabilen Kanals können über die o.a. Methoden hinaus auch durch eine geeignete Kombination beider Verfahren abgeschätzt werden.

Aus der Abb. 9.1.1/1 können die theoretisch maximalen Entwurfswassertiefen als Abhängige des Gefälles entnommen werden. Die Abbildung gilt für hinreichend stationären Abfluß und zweidimensionale Strömung.

Beispiel 9.1.1

Gegeben: $J = 5 \cdot 10^{-5}$

$Q = 1{,}5\ m^3/s$

$d_m = 0{,}5\ mm$

$\nu = 0{,}01\ cm^2/s$

Es wird angenommen, daß der Kanal erheblich breiter als tief wird und somit $h \approx R$ ist.

Abb. 4.2.5/1 :

$u_{*c} = 1{,}7\ cm/s$

Gl. (1.2-4): $h = 1{,}7^2/(5 \cdot 10^{-5} \cdot 981)$

$h = 59\ cm$

$Re_* = u_* d/\nu = Re_* = 1{,}7 \cdot 0{,}05/0{,}01 = 8{,}5$

Gl. (1.4.7-6): $c_1 = \frac{3{,}32}{0{,}4 \quad 8{,}5} \ln 8{,}5 - \frac{9{,}96}{8{,}5} + 8{,}5$

$c_1 = 9{,}4$

Gl. (1.4.4-3a):

$$u_m = \frac{1{,}7}{0{,}4} \left[(\ln \frac{59}{0{,}05}) - 1 \right] + 9{,}4$$

$u_m = 35\ cm/s$

$U = Q/F$: $b = 1{,}5/(h \cdot u)$

$b = 1{,}5/(0{,}59 \cdot 0{,}35) = \text{rd. } 7{,}3\ m$

Der Kanal muß eine Breite von rd. 7,3 m haben und hat dann eine Wassertiefe von rd. 0,6 m.

Vergleichsrechnungen mit geringerem Abfluß und sonst gleichen Ausgangswerten ergeben, daß die Gerinnebreite bei dem vorstehenden Rechengang linear von Q abhängt.

Erhält man als Rechenergebnis Verhältnisse, bei denen die Breite b deutlich geringer als rd. $b = 5 \cdot h$ ist, so darf das Gerinne nicht mehr in jedem Falle wie ein zweidimensionales Gerinne behandelt werden. Es ist dann anstelle von h mit R zu arbeiten. Im letzten Rechenschritt wird dann zunächst aus $u = Q/A$ der Wert von A ermittelt. Aus A und R folgt U. Mit U und A als Eingangsgrößen lassen sich h und b ermitteln:

$$R = 59 \text{ cm}$$

$$u_m = 35 \text{ cm/s}$$

$$A = 1{,}5/0{,}35 = 4{,}3 \text{ m}^2$$

$$U = A/R = 7{,}3 \text{ m}$$

$$A = h \cdot b \,; \quad U = 2h + b \,; \quad b = \frac{U}{2} + \left(\frac{U^2}{4} - 2\,A\right)^{1/2}$$

$$\underline{\underline{b = 5{,}8 \text{ m}}} \qquad \underline{\underline{h = 0{,}74 \text{ m}}}$$

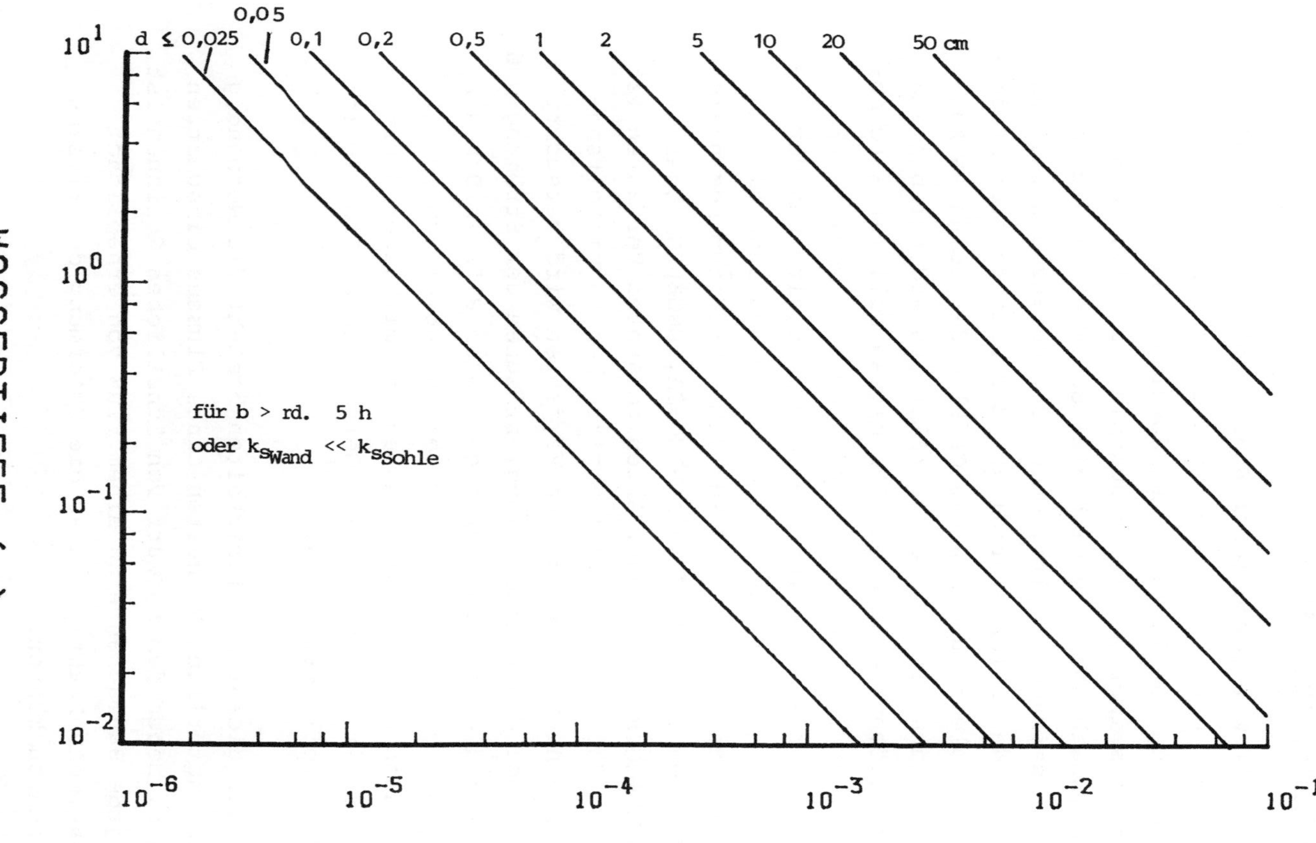

Abb. 9.1.1/1

Maximale Wassertiefen von statisch stabilen Gerinnen bei stationärer Strömung als Funktion der Sohlenrauhigkeit d

9.1.2 Dynamisch stabile Gerinne

In einem Bett mit beweglicher Sohle paßt ein Fluß oder ein Kanal bei genügend großer Strömungsgeschwindigkeit die Gestalt der Sohle seinen Randbedingungen an. Dieses Bett ist in seiner mittleren Höhenlage stabil, wenn in jeden Gerinneabschnitt gleich viel Sediment eingetrieben und hinausverfrachtet wird. Unter der Voraussetzung, daß das anstehende Sohlenmaterial auf der betrachteten Strecke unverändert bleibt und daß das Gefälle des Geländes konstant ist, kann ein solcher stabiler Zustand nur bei stationärer Strömung eintreten. Für diesen Fall ist eine Abschätzung der zugehörigen Gerinnegeometrie möglich. Zur Berechnung der Gerinnetiefe, der Gerinnebreite und der Strömungsgeschwindigkeit bei bekanntem Sohlengefälle und bekanntem Bettmaterial sind aus dem Schrifttum besonders die Verfahren von EINSTEIN-BARBAROSSA, ENGELUND oder LOVERA-ALAM-KENNEDY bekannt. Allen genannten Verfahren ist gemeinsam, daß sie auf einem empirischen Rauhigkeitsansatz aufbauen. D.h. bei diesen Verfahren wird versucht, Aussagen über die Rückkoppelung, zwischen der Strömung und evtl. durch die Strömung hervorgerufenen Riffeln/Dünen zu treffen. Das besondere Problem der variablen Rauhigkeit dieser Sohlenkörper ist auf das engste mit jeder Beurteilung eines Gerinnes verbunden. Gerade dieses Problem ist noch nicht voll verstanden.

Trotz aller dieser Schwierigkeiten besteht die Notwendigkeit, das natürliche Verhalten eines Flusses einschätzen zu können. Neben dem Entwurf von künstlichen Gerinnen ist es für jede Baumaßnahme an einem Fluß von erheblichem Interesse, die Reaktion, also die Umformung des Flusses abschätzen zu können.

Vergleichsrechnungen zwischen den o.g. Verfahren können, wie nicht anders zu erwarten, gegenseitige Abweichungen von 100 % und mehr ergeben.

Vor dem Hintergrund, daß Berechnungen, wie die o.a. keine sicheren Ergebnisse erwarten lassen, solange das Rauhigkeitsproblem "Transportkörper" nicht gelöst ist, ist der Ansatz der genannten z.T. umständlichen Verfahren nach Ansicht des Autors wenig sinnvoll.

Oftmals bessere Schätzwerte ergibt eine einfache Berechnung auf der Grundlage der in Abschnitt 1 ausführlich behandelten strömungsmechanischen Gesetzmäßigkeiten.

Wenn man die fast immer in natürlichen Gerinnen vorhandenen Riffel und Dünen im logarithmischen Geschwindigkeitsverteilungsgesetz als Rauhigkeiten behandelt, kann man grundsätzlich von hydraulisch rauhen Verhältnissen ausgehen. Mit Gl. (1.2-4) und Gl. 1.4.6-4 erhält man

$$u_m = 2{,}5\ (g \cdot h \cdot J)^{\frac{1}{2}}\ \ln 11\ \frac{h}{k} \qquad (9.1.2\text{-}1)$$

und daraus mit bekanntem Abfluß Q für die Gerinnebreite b

$$b = Q/(u_m \cdot h) \qquad (9.1.2\text{-}2)$$

Dabei ist für k, wenn Riffel oder Dünen vorhanden sind, die Höhe dieser Transportkörper in Ansatz zu bringen, ansonsten die Kornrauhigkeit.

Damit ergeben sich zwei Grenzfälle:

1. Die Sohle ist eben und nur die Kornrauhigkeit ist wirksam: $k = d$
2. Die Sohle bildet die größtmöglichen Transportkörper:

   $k = H_g$

   ($H_g = H_{max}$ = größte Transportkörperhöhe, tritt ein bei Grenzgeschwindigkeit, vgl. Abb. 7.2.2/3 und Abb. 7.3/2)

Ob einer diesen beiden Fälle eintritt, oder ein Zwischenzustand hängt von der Strömungsgeschwindigkeit ab, nämlich welche Transportkörperhöhen sich einstellen.

Aus Abb. 7.2.2/3 kann der Typ der Sohlenform abgeschätzt werden. Die gestrichelte Kurve in Abb. 7.3/2 gibt die mittleren maximalen Höhen H_{max} der Transportkörper an, deren zugehörige Eintrittsgeschwindigkeit wiederum auf Abb. 7.2.2/3 angegeben ist. Oberhalb und unterhalb dieser Kurve "Größte Transportkörperhöhe" hat man Werte $H < H_{max}$.

Auf den folgenden Abbildungen ist die Berechnung der wahrscheinlichen Flußgeometrie auf der Grundlage von Gl.(9.1.2.-1) für drei amerikanische Flüsse dem Ergebnis einer Berechnung nach EINSTEIN-BARBAROSSA gegenübergestellt. Bei allen drei Flüssen werden mit Gl.(9.1.2-1) bessere Ergebnisse erzielt (Die Abflußwerte erhält man aus der Berechnung, indem man einen Wert für die Wassertiefe h ansetzt und daraus aus u_m errechnet. Das Produkte $u_m \cdot h$ ist der Abfluß je Breiteneinheit).

Auf Abb. 9.1.2/1 sind die Strömungsgeschwindigkeiten mit angegeben. Damit kann die Abhängigkeit, die sich im Colorado-Fluß zwischen Abfluß und Wassertiefe einstellt noch weiter angenähert werden (Die Dünengrößen werden geschätzt).

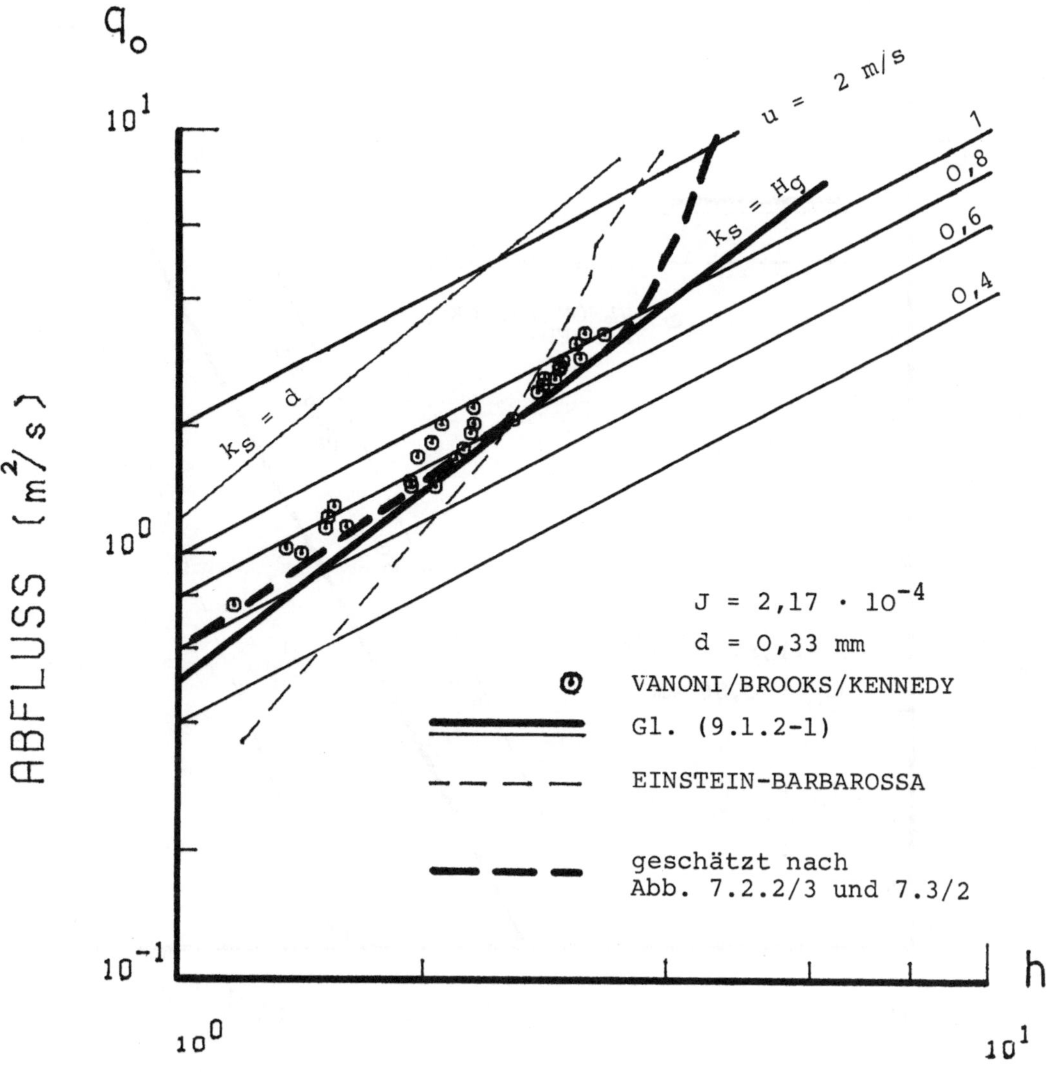

Abb. 9.1.2/1

Abflußverhältnisse im COLORADO-Fluß
im Vergleich zwischen Rechnung und Messung

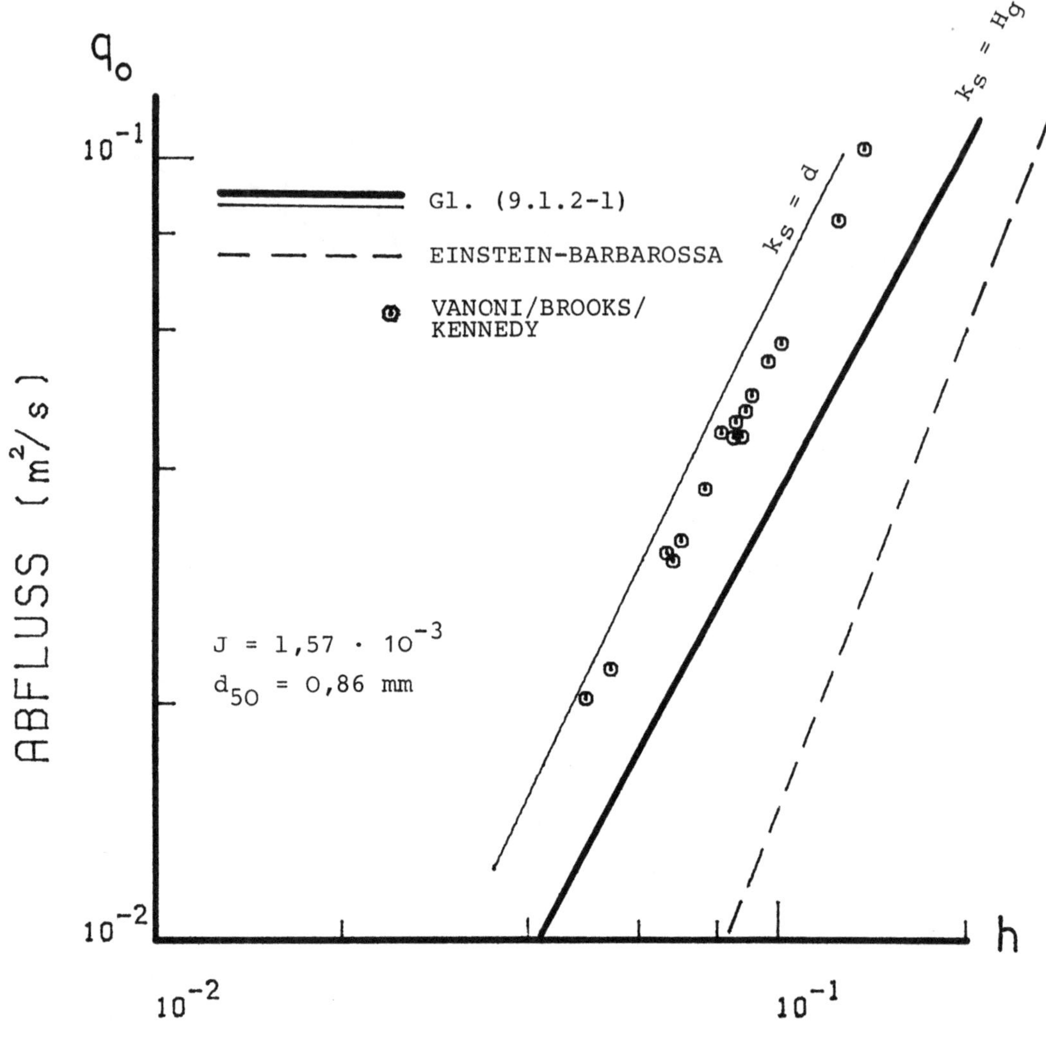

Abb. 9.1.2/2

Abflußverhältnisse im MOUNTAIN CREEK
im Vergleich zwischen Rechnung und Messung

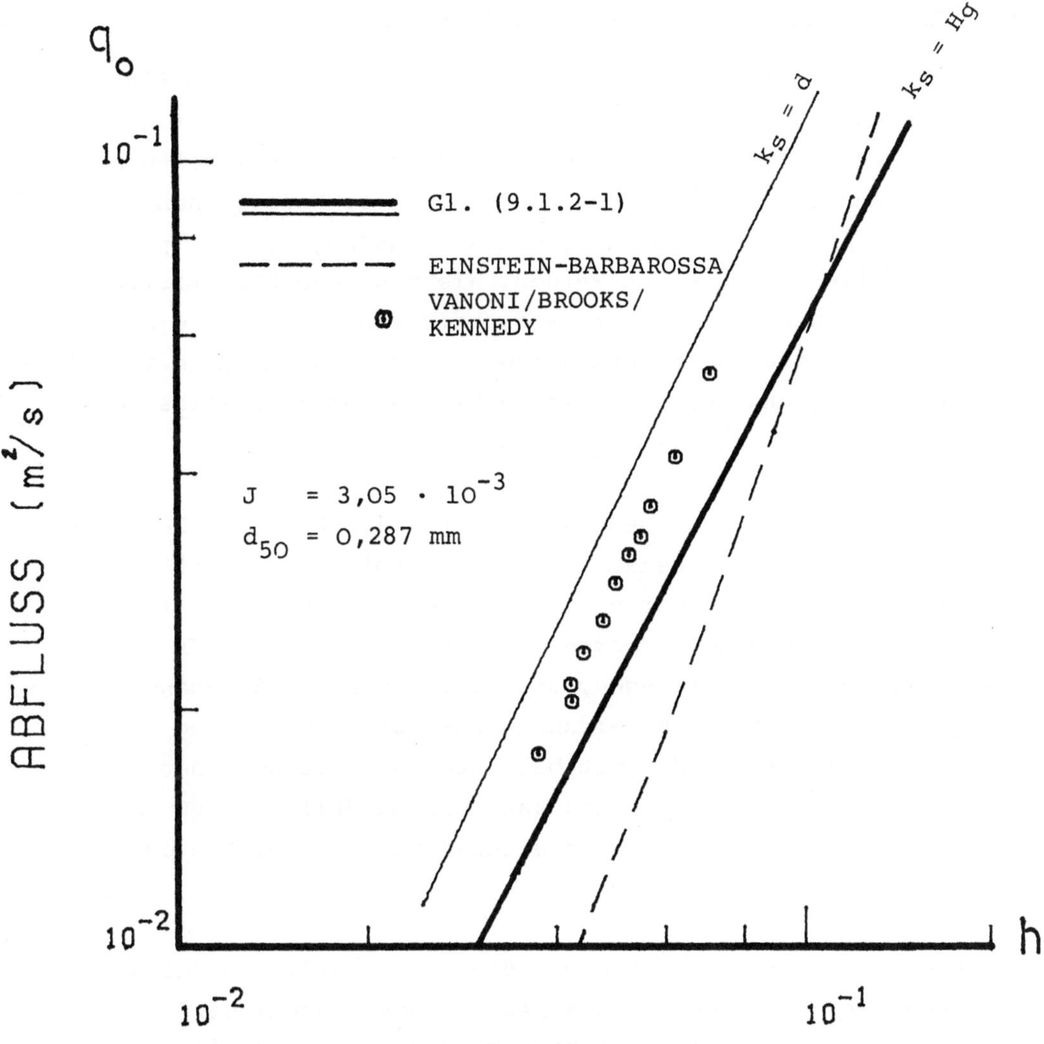

Abb. 9.1.2/3

Abflußverhältnisse im WEST GOOSE CREEK
im Vergleich zwischen Rechnung und Messung

9.1.3 Natürliche Gerinne mit erodierbaren Ufern

Bekanntlich findet der Abfluß in einem natürlichen Fluß nicht auf dem kürzesten Wege statt. Vielmehr windet sich nahezu jeder Fluß mehr oder weniger stark. In gewissen Grenzen kann dieses Verhalten mit den geomorphologischen und topografischen Gegebenheiten des Geländes, das der Fluß durchfließt, begründet werden. Wie man jedoch an vielen Flüssen auch in felsiger Landschaft sieht, bildet ein Fluß über die Jahrzehntausende seiner Existenz auch in felsigem Untergrund einen im wesentlichen vom Fluß selbst bestimmten Lauf aus (s.z.B. Grand Canon).

Das Rechenverfahren nach Abschnitt 9.1.2 kann die Gerinnegeometrie nur für bekannte Gefälle ermitteln. Damit kann es für künstliche Gerinne, die ihren Lauf nicht verlegen können, zu Prognosezwecken herangezogen werden. Für natürliche Flüsse hingegen, die i.a. einen mäandrierenden Lauf haben, wäre das Verfahren nur zur Nachrechnung des bestehenden Zustandes mit bekanntem Gefälle geeignet. Durch die Schleifenbildung kann der natürliche Fluß nämlich sein effektives Gefälle abweichend von dem Gefälle des Geländes selbst bestimmen.

Die physikalischen Ursachen, die zur natürlichen Selbstregulierung des Gefälles eines Flusses führen, sind noch nicht voll erkannt. Weitere Forschungsarbeiten sind auf auf diesem Gebiet erforderlich.

10. KOLKE

10.1. Allgemeines

Als Kolk bezeichnet man i.a. eine örtlich begrenzte Auswaschung der Sohle. Kolke entstehen überall dort, wo die Erosionswirkung und die Transportkapazität der Strömung örtlich erhöht sind.

örtlich erhöhte Erosionsintensitäten werden durch

a) erhöhte Strömungsgeschwindigkeit
b) erhöhte Turbulenz
c) Sekundärströmungen

und Überlagerung dieser Einflußgrößen hervorgerufen.

Diese Effekte treten z.B. in jedem Fluß in den Außenkurven auf. Dort sind Sekundärströmungen, die wiederum Folge des Quergefälles sind, das kolkerzeugende Moment (vgl. Bild 6). Jedes Bauwerk stellt in einem Strömungsfeld einen Störkörper dar. Die Folge dieser Störung ist je nach Ausbildung des Bauwerkes in der Regel eine am Bauwerk mehr oder weniger stark erhöhte Erosionsintensität. Kolke an Bauwerken können erhebliche Ausmaße erreichen. So erreichen z.B. Kolke hinter befestigten Sohlenabschnitten Tiefen vom Mehrfachen der Wassertiefe. An Pfeilern entstehen Kolke mit Tiefen bis zum 2,5-fachen Wert des Pfeilerdurchmessers.

Für den planenden Ingenieur ist mithin die Voraussage von Kolken sowie die Kenntnis ihrer zeitlichen Entwicklung von großer Wichtigkeit. Die absoluten voraussichtlichen Kolktiefen entscheiden über die Notwendigkeit einer Präventivmaßnahme (Kolkschutz). Die voraussichtliche Entwicklung entscheidet darüber, ob der Kolkschutz ggf. vor der eigentlichen Baumaßnahme errichtet werden muß.

Der klassische Modellversuch mit maßstäblicher Umrechnung von gemessenen Modellwerten auf Naturwerte ist in vielen Fällen überhaupt nicht durchführbar, abgesehen von Sonderfällen mit Maßstäben von höchstens 1:10 unverzerrt. Eine rein numerische Rechnung ist ebenfalls nicht ausführbar, da hierzu die physikalischen Voraussetzungen (Gleichungen) fehlen.

Ein gangbarer Lösungsweg wurde vom Verfasser in den Arbeiten (1978 b) für den zweidimensionalen Kolk und (1982) für den dreidimensionalen Kolk gezeigt. Dabei wird ein Transportansatz angewandt, in dem als Hauptunbekannte lediglich die bauwerksspezifische Erosionsintensität aus Laborversuchen erfaßt wird. Die so geeichten Gleichungssysteme erlauben dann weitere Rechnungen für geometrisch ähnliche Strukturen anderer Dimensionen. Die Grundzüge dieses Verfahrens und die wesentlichen Ergebnisse werden nachfolgend beschrieben.

Dieses Verfahren läßt brauchbare Ergebnisse erwarten, solange die erosionswirksamen Sekundärströmungen am Bauwerk im Bereich der Haupterosionszone nur von der Geometrie des Bauwerks, aber nicht von seiner absoluten Größe abhängen. Nach den o.a. Untersuchungen ist diese Voraussetzung über einen großen Variationsbereich der geometrischen Parameter erfüllt.

10.2 Berechnung der Kolkentwicklung

10.2.1 Zweidimensionaler Kolk

Für Erosionsvorgänge gilt allgemein die Differenzialgleichung

$$\partial H/\partial T = \partial q/\partial x \qquad (10.2\text{-}1)$$

oder

$$\partial T = \frac{\partial H \partial x}{\partial q}$$

mit H = Erosionstiefe

T = Zeit

q = Sedimenttransport nach Volumen je Zeit und Breiteneinheit

x = Länge

Vom Verfasser wurde Gleichung (10.2-1) in vereinfachter Form

$$T \sim \frac{F}{q_K} \qquad (10.2\text{-}2)$$

mit A = maßgebende Querschnittsfläche (wegen $L \sim H$) ist $F \sim H^2$ (MOSONY, 1968)

q_K = aus dem Kolk verfrachtete Sedimentmenge nach Volumen je Zeit- und Breiteneinheit

geschrieben.

Es ist q_K neben den Strömungsparametern im Anströmungsbereich zusätzlich noch von den besonderen Strömungen im Kolk abhängig. q_K ist damit mit der Kolktiefe veränderlich. Dieser Ansatz wurde auf den zweidimensionalen Kolk angewandt (ZANKE, 1978 b). Für den Sedimenttransport auf ungestörter Sohle wurde die vom Verfasser entwickelte Sedimenttransportgleichung in der für mittlere Geschwindigkeiten gültigen Form angesetzt (1978 a):

$$q = 1{,}4 \cdot 10^{-7} \, (u_o^2 - u_c^2)^2 \, \left(\frac{D*}{w}\right)^4 \nu \left(\frac{u_m}{u_s}\right)^4 \qquad (10.2\text{-}3)$$

Hierin wird berechnet (nach ZANKE, 1978 a)

$$u_c = \frac{u_m}{u_s} \left(2(\rho' g d)^{\frac{1}{2}} + 10{,}5 \, \frac{\nu}{d}\right) \qquad (10.2\text{-}4)$$

$$D* = (\rho' g/\nu^2)^{\frac{1}{3}} \, d$$

$$w = \frac{11\nu}{d} \left((1 - 0{,}01 \quad D*^3)^{1/2} - 1 \right)$$

$$\frac{u_m}{u_s} = \text{rd. } 1{,}4 \text{ für } h > 35 \text{ cm}$$

Die besonderen Strömungsbedingungen im Kolk werden durch entsprechende Veränderungen der maßgebenden Erosionsgeschwindigkeit berücksichtigt:

$$u_{maßg.} = \frac{u_o \cdot \omega}{1 + H/h_o}$$

Dabei beinhaltet ω die durch Sekundärströmungen und zusätzliche Turbulenz verursachten Einflüsse. Der Wert $1/(1 + H/h_o)$ resultiert aus der Kontinuitätsbedingung (wachsender Kolkquerschnitt entsprechend wachsender Wassertiefe am Bauwerk).

Damit lautet Gleichung (10.2-7) für den zweidimensionalen Kolk (ohne Sedimenteintrieb von oberstrom)

$$T = \frac{Zahl_1 \; H^2}{\left(\left(u_o \frac{Zahl_2}{1 + \frac{H}{h_o}} \right)^2 - u_c^{\,2} \right)^2 \left(\frac{D*}{w} \right)^4 \nu \; Zahl_3} \qquad (10.2\text{-}7)$$

mit u_o = mittlere Anströmgeschwindigkeit

u_c = mittlere kritische Geschwindigkeit

h_o = Anfangswassertiefe

$D*$ = sedimentologische Korngröße

ν = kinematische Zähigkeit

w = Sinkgeschwindigkeit der Sedimentteilchen

Dabei werden bestimmt:

$Zahl_1$ vom Längen-Tiefenverhältnis der Kolke

$Zahl_2$ von der relativen Kolktiefe und der Sohlenrauhigkeit und der Geometrie des Einbaues (Gründungskörper)

$Zahl_3$ von der Geometrie des kolkerzeugenden Einbaues in die Strömung

Die Zahlen 1 bis 3 werden vom Verfasser (1978 b) iterativ aus Versuchen bestimmt.

Die Zahlen $Zahl_1$ und $Zahl_3$ sind für einen gegebenen Fall nur von der Geometrie im Anströmbereich abhängig, während $Zahl_2$ sich mit der aktuellen Kolktiefe ändert.

$$Zahl_2 = f(H/h_o)$$

Anders ausgedrückt enthält der Ausdruck $\frac{Zahl_2}{1+H/h_o}$ den Unterschied der Erosionswirksamkeit der Strömung im Kolk gegenüber der ungestörten Anlaufströmung. $Zahl_2$ gleicht darüber hinaus auch noch diejenigen Fehler aus, die durch die o.a. Vereinfachung der Ausgangsdifferentialgleichung gemacht werden.

Es wurde gezeigt (ZANKE, 1978 b), daß die Gleichung (10.2-7) auf beliebige andere Fälle ansetzbar ist (z.B. auf den Kolkprozeß bei einem sohlennahen Strahl). Lediglich die Zahlen 1 bis 3 sind aus Versuchsergebnissen neu zu bestimmen. Liegen sie jedoch erst einmal vor, kann der zeitliche Verlauf für beliebige Strömungs- und Sedimentparameter vorausberechnet werden.

Abb. 10.2/1 und Abb. 10.2/2 geben die Arbeitsweise der Gleichung für den Fall des echten zweidimensionalen Kolks und eines dreidimensionalen Kolks hinter einem Kühlwasserstrahl wieder.

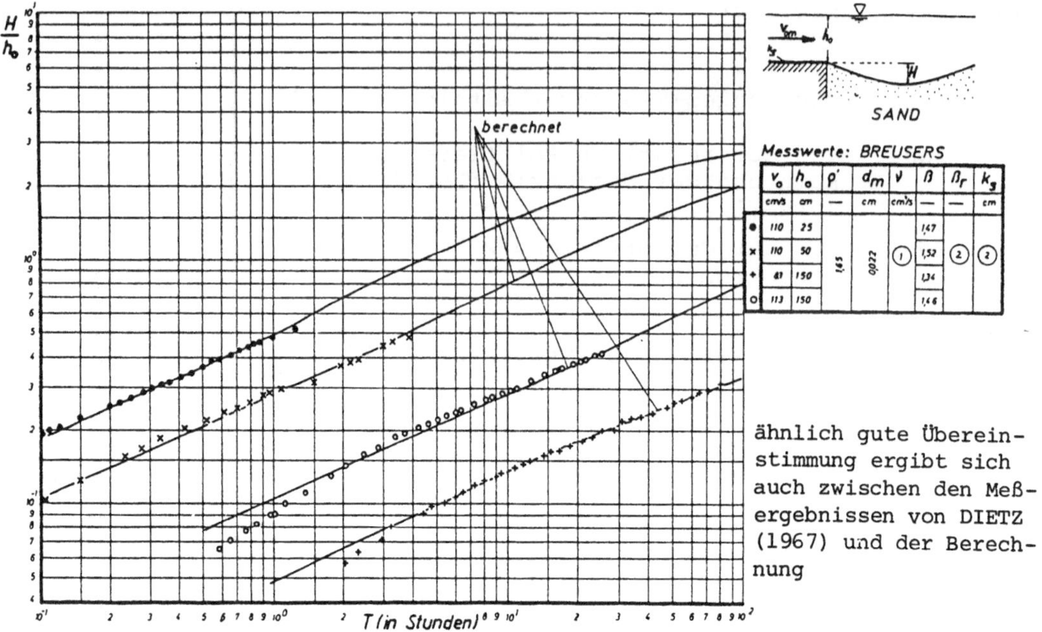

	v_o	h_o	ρ'	d_m	ν	β	β_r	k_s
	cm/s	cm	—	cm	cm²/s	—	—	cm
●	110	25	1,65	0,022	①	1,47	②	②
×	110	50				1,52		
+	81	150				1,34		
○	113	150				1,46		

ähnlich gute Übereinstimmung ergibt sich auch zwischen den Meßergebnissen von DIETZ (1967) und der Berechnung

Abb. 10.2/1

Entwicklung der Kolktiefe im Vergleich zwischen Messung und Berechnung (ZANKE, 1978b)

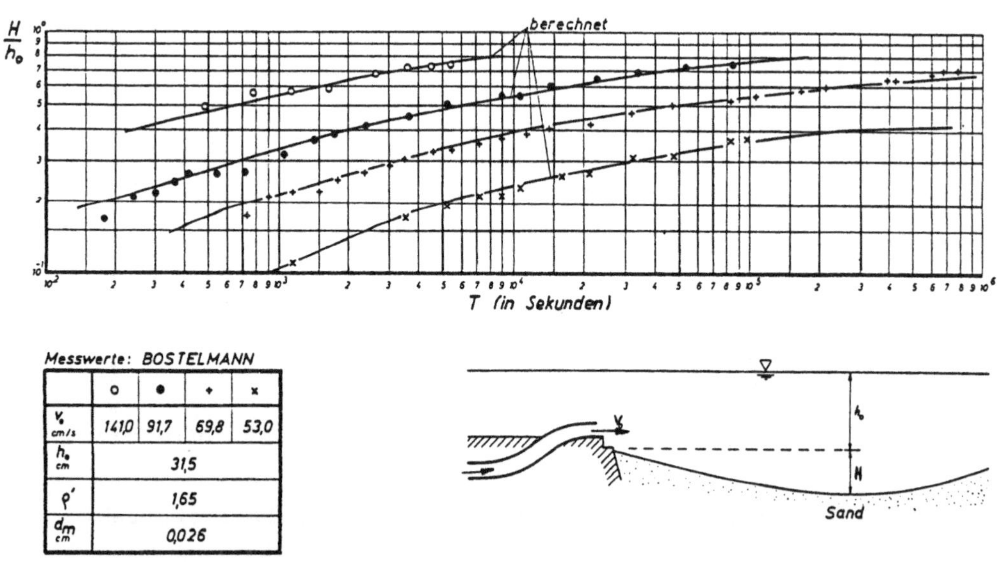

Messwerte: BOSTELMANN

	○	●	+	×
v_o cm/s	141,0	91,7	69,8	53,0
h_o cm	31,5			
ρ'	1,65			
d_m cm	0,026			

Abb. 10.2/2

Entwicklung der Kolktiefe im Vergleich zwischen Messung und Berechnung (ZANKE, 1978b)

10.3 Dreidimensionaler Kolk am Kreiszylinder

10.3.1 Zeitliche Entwicklung*)

Die Berechnung des dreidimensionalen Kolkes, der durch die Strömung um ein Bauwerk herum entsteht, kann ebenfalls mit dem o.a. Ansatz (in entsprechend abgewandelter Form) vorgenommen werden. Dies ist darum zu erwarten, weil der erfolgreich auf zweidimensionale Kolke angewandte Ansatz die wesentlichen physikalischen Vorgänge beschreibt und nur zu einem geringen Teil auf empirisch zu bestimmende Größen angewiesen ist. Diese letztgenannten Größen sind in erster Linie die heute noch nicht theoretisch berechenbaren sekundärströmungsbedingten erosionswirksamen Strömungsparameter im Kolk.

Nach den im internationalen Schrifttum vorliegenden Ergebnissen (zusammengefaßt z.B. bei BREUSERS, NICOLLET und SHEN, 1977) ist der *zeitlichen* Entwicklung der Kolke an Pfeilern bislang praktisch keine Aufmerksamkeit gegeben worden. Vielmehr wird fast ausnahmslos die Endkolktiefe betrachtet.

Eine Ausnahme bilden die Untersuchungen von ETTEMA (1980). Allerdings behandelt ETTEMA nur die Fälle $u_*/u_{*c} = 0,9$ und $u_*/u_{*c} = 0,95$, also Kolke ohne allgemeine Sedimentbewegung.

Der dreidimensionale Kolk um ein Bauwerk herum kann näherungsweise wie ein zweidimensionaler Kolk behandelt werden, wenn die Entwicklung seiner Querschnittsfläche und seines Volumens einander proportional sind. Da dies nach Messungen beim Kolk am Pfeiler der Fall ist, kann der Pfeilerkolk mit Gleichung (10.2-7) berechnet werden. Dabei sind zwei Fälle zu unterscheiden, nämlich

1. ohne Sedimenteintrieb von oberstrom ($u_o < u_c$)

$$T \sim \frac{H^2}{q_K} \qquad (10.3.1\text{-}1)$$

---

*) Die vorliegenden Ergebnisse beziehen sich auf die Kolktiefe am oberstromigen Fuß des Zylinders. Dort ist der Kolk in den meisten Fällen am tiefsten.

2. mit Sedimenteintrieb von oberstrom ($u_o > u_c$)

$$T \sim \frac{H^2}{q_k - q_o} \qquad (10.3.1\text{-}2)$$

q_o = von oberstrom eingetriebene Sedimentmenge

q_K = aus dem Kolk erodierte Sedimentmenge

Die so gefundene Lösung lautet: *)

$$T = \frac{1{,}94\ H^2}{\left\{\left[\left[\left(\frac{u_o\ \omega}{1 + H/D}\right)^2 - u_c^2\right] \frac{u_o}{u_c}\right]^2 - (u_o^2 - u_c^2)^2\right\} \left(\frac{D^*}{w}\right)^4 \nu} \qquad (10.3.1\text{-}3)$$

Diese Lösung gilt übergangslos von der ersten Kolkentstehung bei u/u_c gleich rd. 0,5 bis hin zu sehr großen Geschwindigkeiten (gemessen bis zu u/u_c = 8,8). Für Wassertiefen h <rd. 35 cm muß der Einfluß der Wassertiefe gesondert berücksichtigt werden.

Wegen der nicht anders möglichen Trennung der Variablen wird aus Gleichung (10.3.1-3) diejenige Zeit T berechnet, die erforderlich ist, um einen Kolk der Tiefe H bei gegebenen Strömungs- und Sedimentsparametern (u_o, u_c, D*, w, ν und gegebenen geometrischen Größen H, D) zu erzeugen. Der von H/D abhängende Wert von ω bestimmt sich aus Abb. 10.3.1/1.

Die folgenden Abbildungen 10.3.1/2 bis 10.3.1/4 geben Meß- und Rechenergebnisse für verschiedene Ausgangswerte von Sediment, Pfeiler und Strömung wieder. Die jeweils gültigen Werte sind auf den Abbildungen angegeben. Die Übereinstimmung zwischen Messung und Berechnung ist voll zufriedenstellend.

*) Für die Anwendbarkeit des Ansatzes nach Gl. (10.3.1-3) spricht auch die Tatsache, daß die aus Meßwerten rückgerechneten Werte ω, also die bauwerks- und kolkbedingte zusätzliche Erosionsintensität, prinzipiell die gleiche Abhängigkeit von H/D aufweisen, wie u_y/u_o auf Abb. 10.3.1/1. Daraus ist auch zu schließen, daß die vor dem Pfeiler wie ein Strahl in Richtung auf die Sohle abgelenkte Flüssigkeit wesentlich zur Kolkbildung beiträgt.

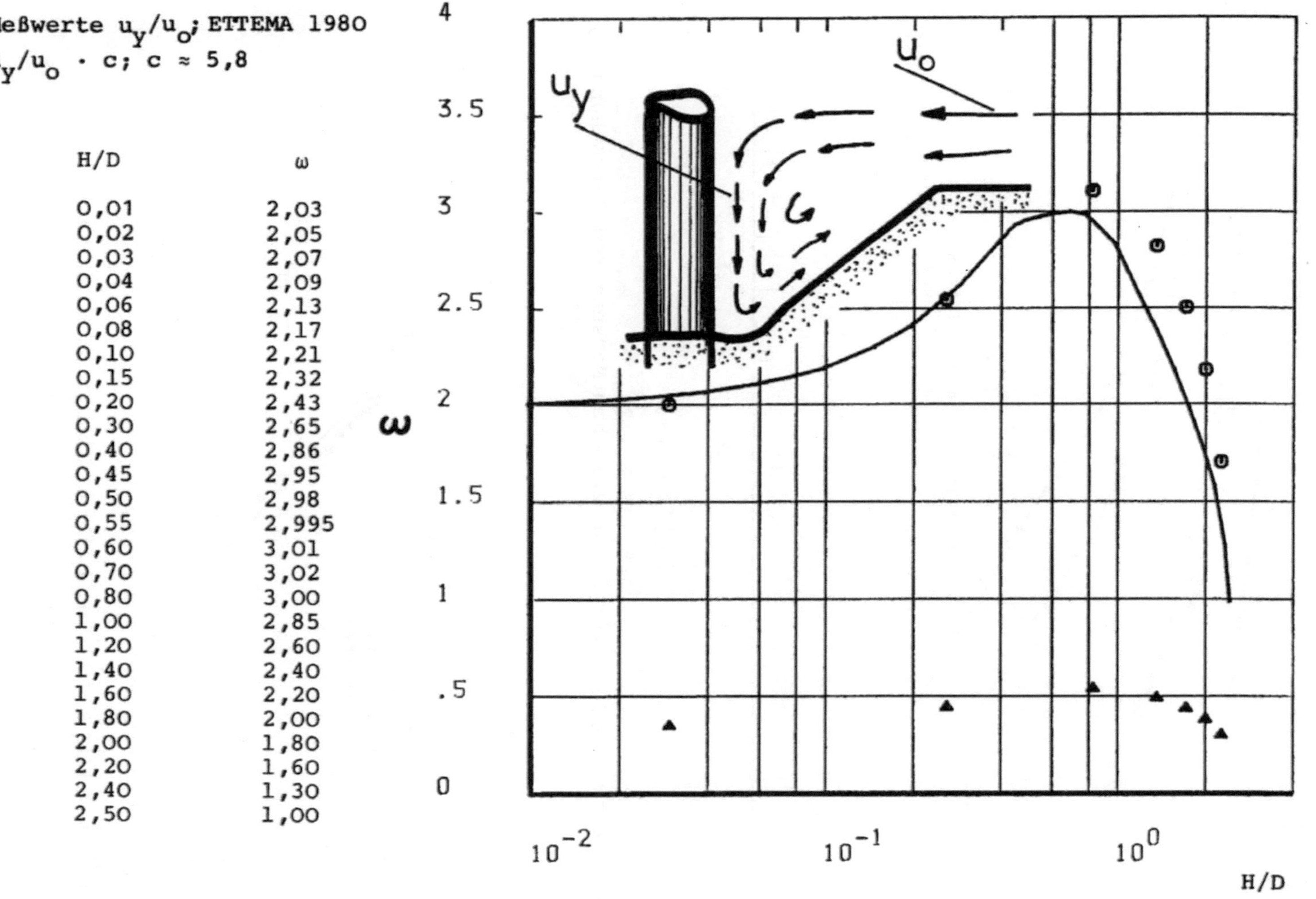

H/D	ω
0,01	2,03
0,02	2,05
0,03	2,07
0,04	2,09
0,06	2,13
0,08	2,17
0,10	2,21
0,15	2,32
0,20	2,43
0,30	2,65
0,40	2,86
0,45	2,95
0,50	2,98
0,55	2,995
0,60	3,01
0,70	3,02
0,80	3,00
1,00	2,85
1,20	2,60
1,40	2,40
1,60	2,20
1,80	2,00
2,00	1,80
2,20	1,60
2,40	1,30
2,50	1,00

Abb. 10.3.1/1

Zur Ermittlung der erosionswirksamen Geschwindigkeit am Pfeiler

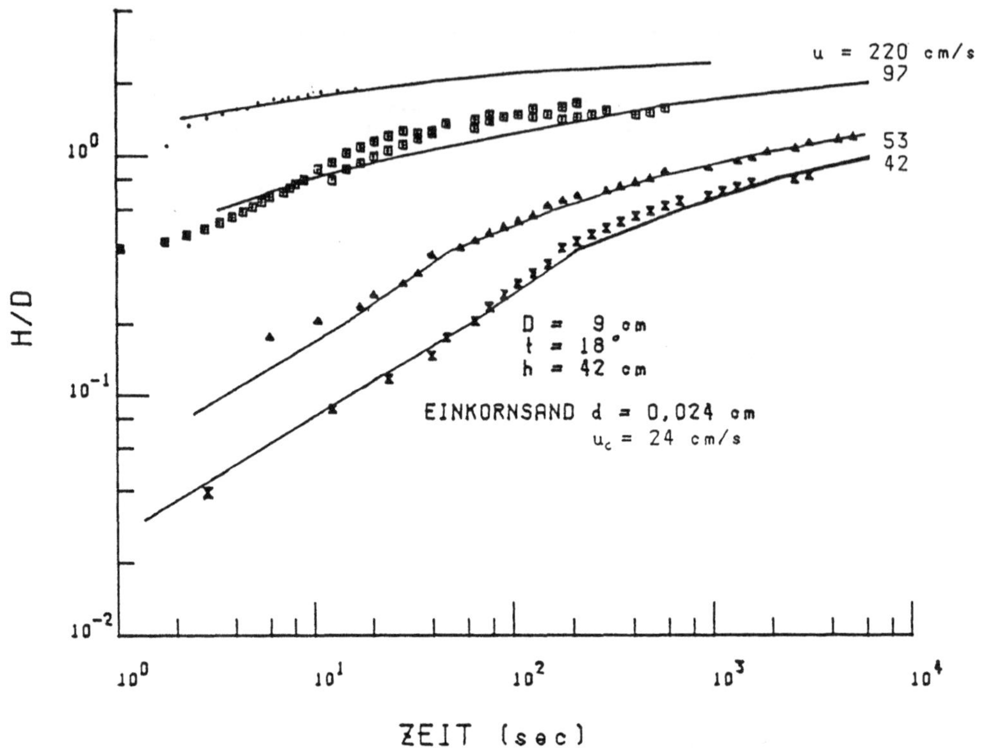

Abb. 10.3.1/2
Kolktiefe am Pfeiler, Vergleich zwischen Messung und Berechnung

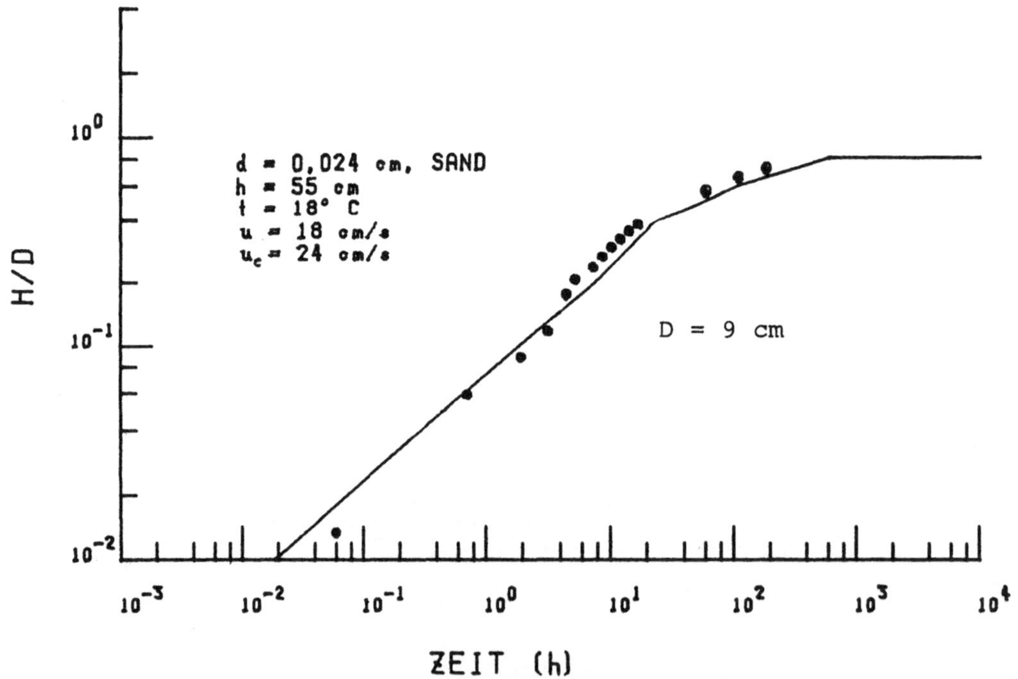

Abb. 10.3.1/3
Kolktiefe am Pfeiler, Vergleich zwischen Messung und Berechnung

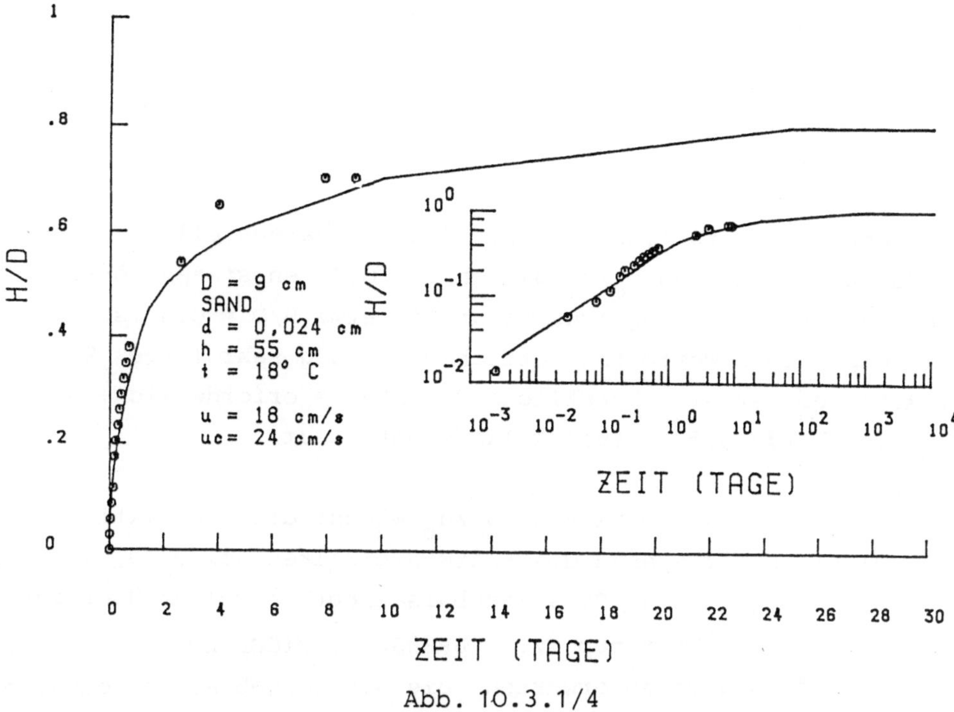

Abb. 10.3.1/4

Zeitliche Kolkentwicklung im Vergleich bei linearer und logarithmischer Auftragung

10.3.2 Endkolktiefen

Die Endkolktiefe ergibt sich aus Gleichung (10.3.1-3), wenn auch eine unendliche lange Zeit T keine Vergrößerung der Kolktiefe H bewirkt. Anders gesagt, der Nenner der Gleichung muß zu Null werden.

Dabei sind zwei Fälle zu unterscheiden:

1. $u_o < u_c$ *(sog. Klarwasserkolk) oder* $q_o = o$

Daraus folgt:

$$\left[\left(\frac{u_o\ \omega}{1 + H/D}\right)^2 - u_c^2\right] \frac{u_o}{u_c} = 0 \qquad (10.3.2\text{-}1)$$

oder

$$(\frac{H}{D})_{max} = \frac{u_o}{u_c}\,\omega - 1 \qquad (10.3.2\text{-}2)$$

Das Ergebnis ist grafisch in Abb. 10.3.2/1 dargestellt. Es sagt aus, daß Kolke etwa ab u_o/u_c gleich rd. 0,48 entstehen können und daß die kleinste mögliche Kolktiefe etwa H/D = 0,4 ist. Jedoch treten diese Werte theoretisch erst nach sehr langer Zeit auf. Außerdem ist eine künstliche Störstelle erforderlich. Ab u_o/u_c gleich rd. 0,52 treten Kolke spontan auf.

Mit größer werdendem Verhältnis u_o/u_c wächst die Endkolktiefe und erreicht an der Grenze des Klarwasserkolkes bei $u_o/u_c = 1$ den Wert $(H/D)_{max} = 1{,}4$. Dies Ergebnis liegt in voller Übereinstimmung mit dem Schrifttum (z.B. BREUSERS, NICOLLET/SHEN, 1977). Das ist insofern auch zu erwarten, als die hergebrachte Versuchstechnik für den Klarwasserkolk relativ problemlos ist.

2. *$u_o > u_c$ (Kolk mit allgemeinem Sedimenttransport)*

$$\left(\left(\frac{u_o\,\omega}{1 + H/D}\right)^2 - u_c^2\right)\frac{u_o}{u_c} = u_o^2 - u_c^2 \qquad (10.3.2\text{-}3)$$

oder

$$(\frac{H}{D})_{max} = \frac{\omega}{\left[\frac{u_c}{u_o} + \frac{u_c^2}{u_o^2} - \frac{u_c^3}{u_o^3}\right]^{\frac{1}{2}}} - 1 \qquad (10.3.2\text{-}4)$$

Die Lösung dieser Gleichung ist in der folgenden Abbildung 10.3.2/1 grafisch wiedergegeben. Es zeigt sich, daß die Zunahme der Endkolktiefe mit der Zunahme von u_o/u_c oberhalb $u_o/u_c = 1$ abgeschwächt verläuft. Die theoretisch maximal auftretenden Endkolktiefen liegen bei etwa H/D = 2,5.

Auf Abb. 10.3.2/1 ist ferner der sich theoretisch aus der Kolkentwicklungsgleichung (10.3.1-3) ergebende Verlauf für $u_o/u_c > 1$ jedoch ohne Sedimenteintrieb von oberstrom dargestellt (gestrichelte Kurve).

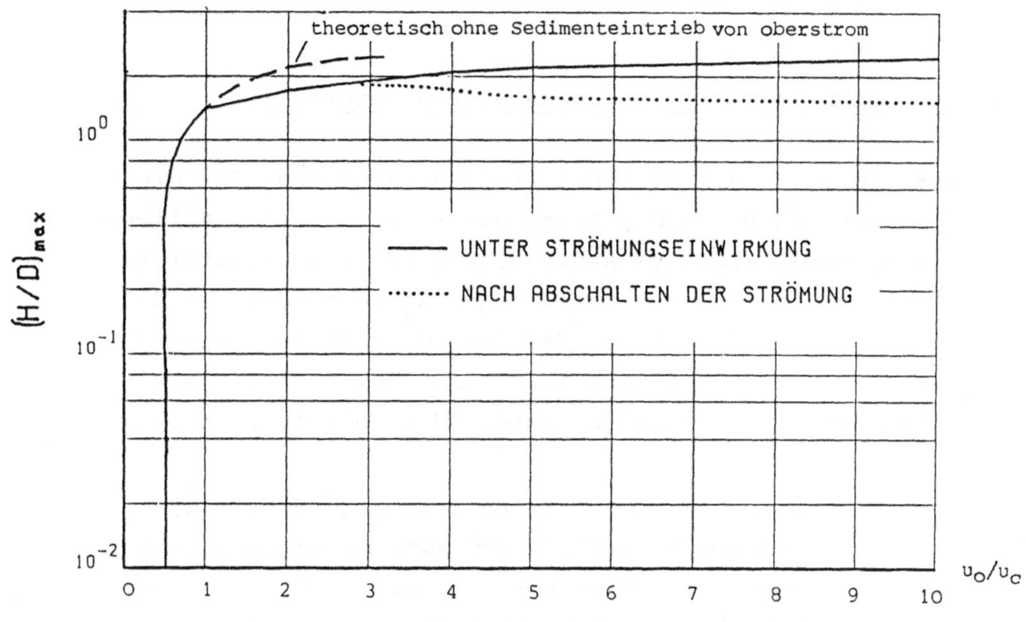

Abb. 10.3.2/1
Maximale Kolktiefen für $u_o/u_c > 1$

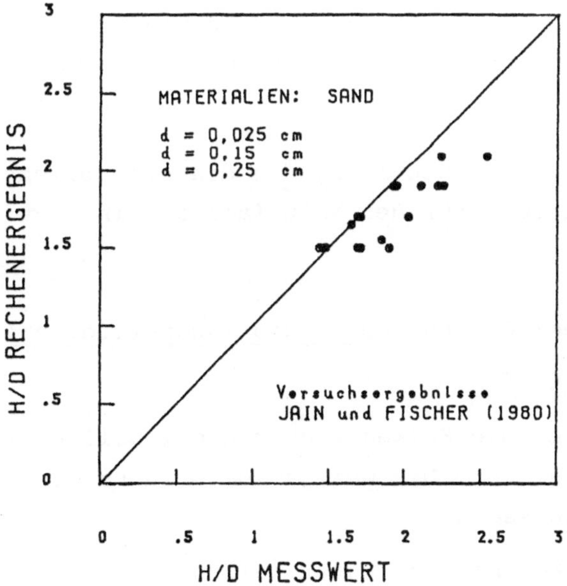

Abb. 10.3.2/2

Maximale Kolktiefen nach Gleichung (10.3.2-4) und nach den Meßergebnissen von JAIN und FISCHER (1980)

Die Rechenergebnisse für die Endkolktiefen stimmen gut mit den Ergebnissen von JAIN und FISCHER (1980) überein. Für diese Messungen wurde ebenfalls eine Methode angewandt, die Fehlinterpretationen weitgehend ausschaltet.

10.3.3 Hochrechnung auf einen angenommenen Naturfall

Abb. 10.3.3/1 das Ergebnis einer Hochrechnung für einen Zylinder von D = 100 m Durchmesser bei unterschiedlichen Geschwindigkeiten. Vorausgesetzt wird eine Wassertiefe von mehr als 2 D. Die angegebenen Werte gelten für den theoretischen Idealfall, daß die vorgegebene Geschwindigkeit vollkommen gleichbleibend ist. Bei u_o = 25 cm/s wären dabei z.B. nach 30 Jahren 10 m Kolktiefe erreicht.

Da eine Strömung im praktischen Anwendungsfall jedoch niemals gleichbleibend stark und auch nicht richtungskonstant ist, sind praktisch stets kleinere Kolktiefen zu erwarten.(Der Kolk schüttet sich bei Richtungswechsel wieder zu.)

Zwar liegen keine Meßdaten zur Prüfung der Kolkfunktion für derart große Naturabmessungen vor, dennoch ist festzustellen, daß die errechneten Werte im Bereich anzunehmender Größenordnungen liegen.

Auf jeden Fall wird deutlich, daß die oft üblichen Angaben einer Endkolktiefe für den Naturfall allein ohne Wert sind.

10.3.4 Kolkbildung bei Wellen (kurz- und langperiodisch)

10.3.4.1 Maximale Kolktiefen

Ergebnisse über die Kolkentwicklung bei Wellen liegen im Schrifttum kaum vor. Die wenigen Untersuchungen haben widersprüchliche Aussagen:

- Fast keine Kolkbildung unter Wellen
  (NIELSEN/JOHANSEN, 1977)

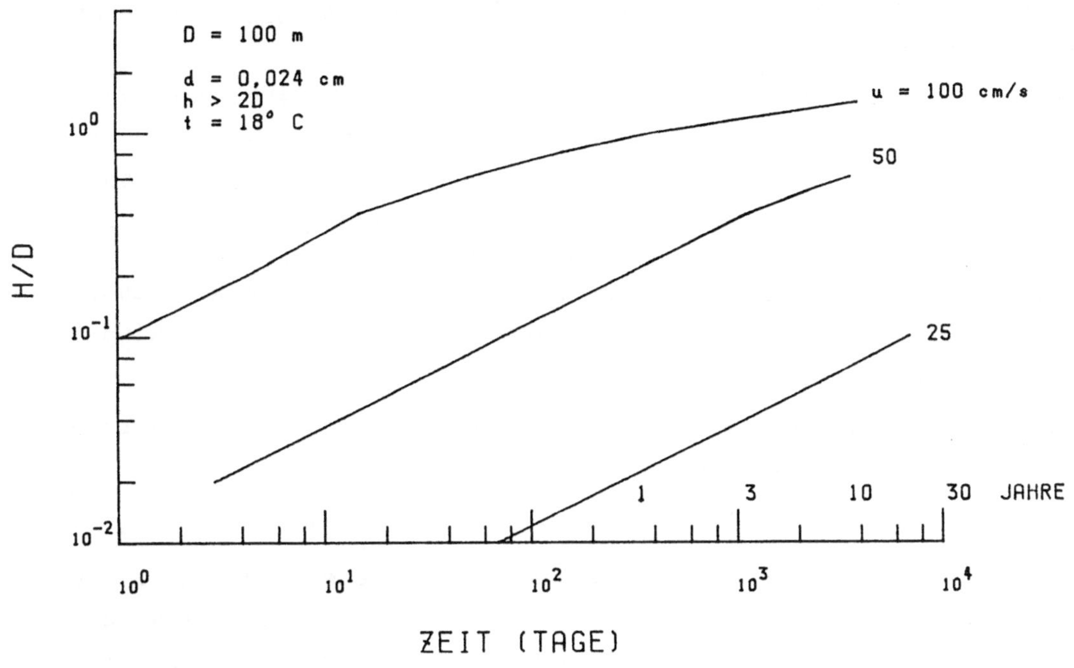

Abb. 10.3.3/1
Hochrechnung der Kolkentwicklung für einen angenommenen Fall mit D = 100 m

- Wellen mit einer Strömung überlagert verkleinern die Kolktiefe (BREUSERS, 1972; NINOMYA/TAGAYA/MURASE, 1971)

Systematische diesbezügliche Untersuchungen wurden nach Kenntnis des Verfassers nicht ausgeführt.

Um die Kolkentwicklung unter Welleneinfluß überhaupt mit der Kolkbildung bei gleichmäßiger Strömung vergleichen zu können, ist die Wahl eines geeigneten Parameters erforderlich. Ein solcher Parameter ist der Wert von d_o / D. Dabei ist d_o die absolute Weglänge, die ein Strömungsteilchen in Bodennähe bei Durchgang einer Welle durchmißt. Ein unendlicher Wert für d_o/D entspricht dann einer stationären Strömung.

In einer großen Zahl von Versuchen sowohl mit einem Wellenerzeuger (kurzperiodisch alternierende Strömung) als auch mit periodisch umgesteuerten Pumpen (langperiodisch alternierende Strömung) konnte ein weiter Bereich von d_o/D abgedeckt werden.

Die Ergebnisse sind in Abb. 10.3.4.1/1 zusammenfassend dargestellt. Sie haben folgende Aussage:

Je nach Strömungsgröße u_o/u_c (bei Wellen wurde als u_o der Maximalwert der Geschwindigkeit am Boden gewählt) haben die Kolke für $d_o/D = \infty$, also stationäre Strömung, eine den voranstehenden Abschnitten entsprechende Endtiefe. Erst bei $50 < d_o/D < 100$ beginnt die Maximaltiefe merkbar abzufallen. Unterhalb etwa $d_o/D = 10$ liegt die Maximaltiefe nicht mehr an der Front (Fußkolk), sondern an den vorderen Seiten des Zylinders. Der Frontkolk verschwindet etwa ab $d_o/D < 2$.

Naturmessungen aus dem Tidebereich liegen voll im Gültigkeitsbereich der Laboruntersuchungen (s. Abb. 10.3.4.1/1).

Die Kurve $u_o/u_c = 3$ bildet etwa die obere Grenzkurve.

Anzumerken ist noch, daß die global angedeutete Trennung in die Bereiche "Wellen" bzw. "Langperiodisch alternierende Strömung" von den Abmessungen des Gründungskörpers abhängt. Im gleichen Strömungsklima liegt ein kleiner Zylinder im Bereich "langperiodisch", ein großer Zylinder hingegen im Bereich "Wellen". Dadurch kann die Kolktiefe an einem großen Gründungskörper bei gleichem Strömungsklima absolut kleiner sein als bei einem kleineren Gründungskörper:

gegeben $u_o/u_c = 3$; $d_o = 200$ cm

1. $D_1 = 10$ cm; $d_o/D = 20$

$\rightarrow (\frac{H}{D})_{max} =$ rd. 1,2; $H = 12$ cm

2. $D_2 = 100$ cm; $d_o/D = 2$

$\rightarrow (\frac{H}{D})_{Front} =$ rd. 0,01; H_{Front} praktisch nicht vorhanden

$\rightarrow (\frac{H}{D})_{Seite} =$ rd. 0,1; $H_{Seite} =$ rd. 10 cm

Die im Seebau vorliegenden Größenordnungen d_o/D liegen im allgemeinen im Bereich $d_o/D < 10$, mithin in einem Bereich, in dem wenig Versuchsergebnisse vorliegen. Aufgrund der physikalischen Grenzen kleiner Modelle ist es unmöglich, für kleine Werte d_o/D Ergebnisse zu liefern. Bahnlängen im Zentimeterbereich bei ausreichend hohen Geschwindigkeiten sind nicht erzeugbar. Außerdem sind derartige Versuchsparameter an der Grenze des Durchführbaren.

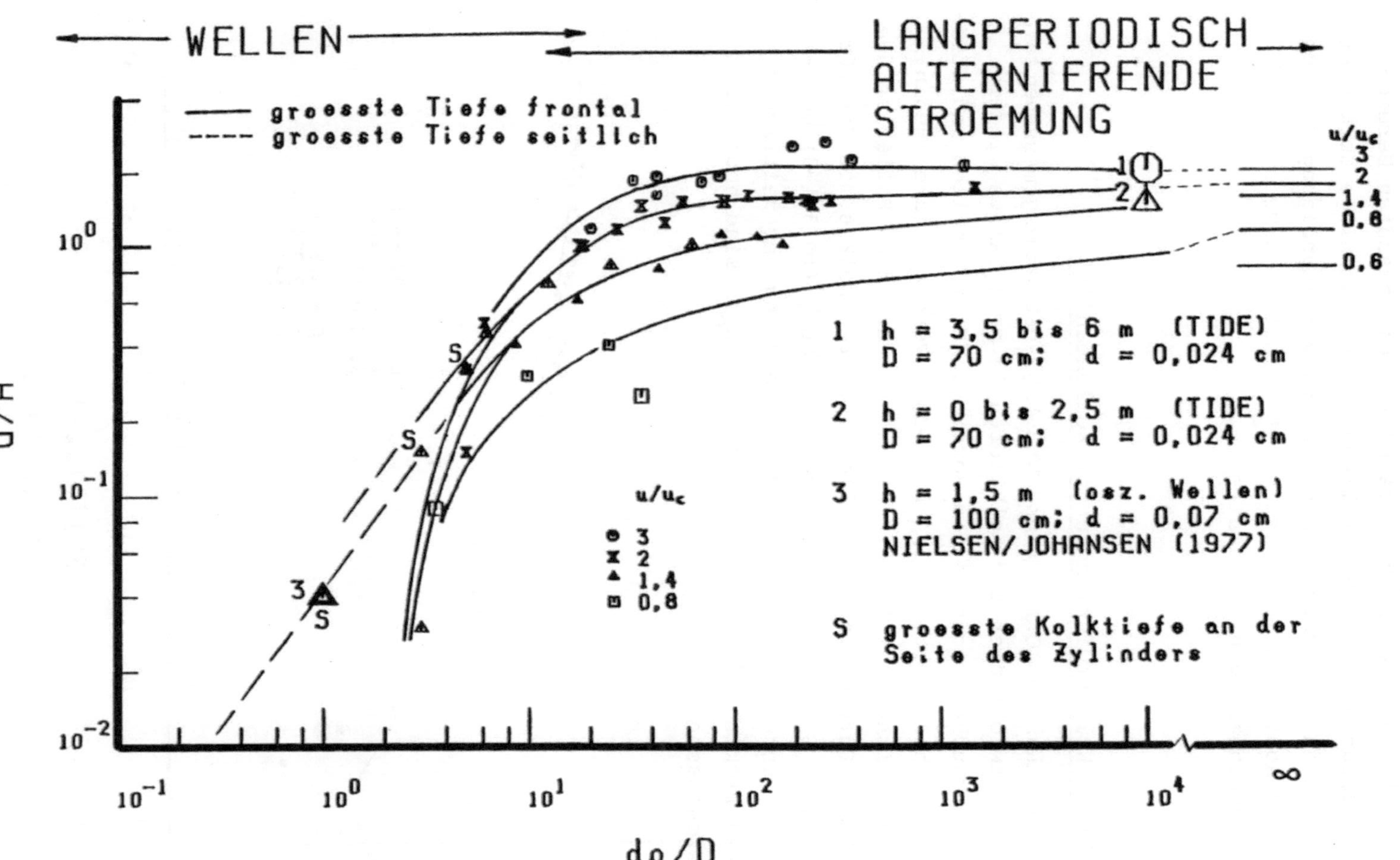

Abb. 10.3.4.1/1
Maximale Kolktiefen H/D unter Wellen,
langperiodisch alternierenden Strömungen und stationären Strömungen

Im für die Ingenieurpraxis besonders interessanten Bereich können darum nur in einer Wellengroßversuchsanlage Kolkuntersuchungen durchgeführt werden. Die Vervollständigung der Aussage von Abb. 10.3.4.1/1 ist somit zukünftigen Messungen in Großversuchsanlagen vorbehalten.

10.3.4.2 Zeitliche Kolkentwicklung unter Welleneinfluß

Die folgenden Abb. 10.3.4.2/1 und 10.3.4.2/2 geben die gemessenen zeitlichen Entwicklungen der Kolktiefen in zwei Fällen wieder. Beide Versuche liegen in dem Bereich, der für Wellen und Strömungen nach Abb. 10.3.4.2/1 bei sonst vergleichbaren Bedingungen gleiche Endkolktiefen liefern. Für diese Fälle ist die zeitliche Entwicklung des wellenerzeugten Kolkes mit der für stationäre Strömung entwickelten Gleichung (10.3.1-3) berechenbar. Untersuchungen über die Berechnung der zeitlichen Kolkentwicklung für kleinere Werte von d_o/D sind noch nicht abgeschlossen.

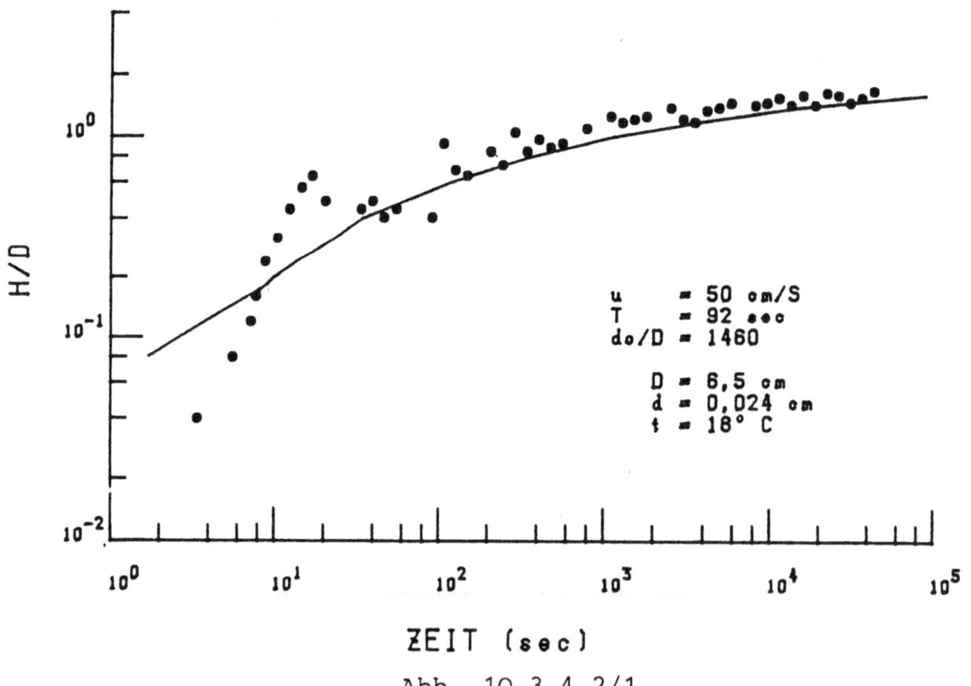

Abb. 10.3.4.2/1

Zeitliche Entwicklung unter Welleneinfluß im Vergleich zwischen Messung und Berechnung

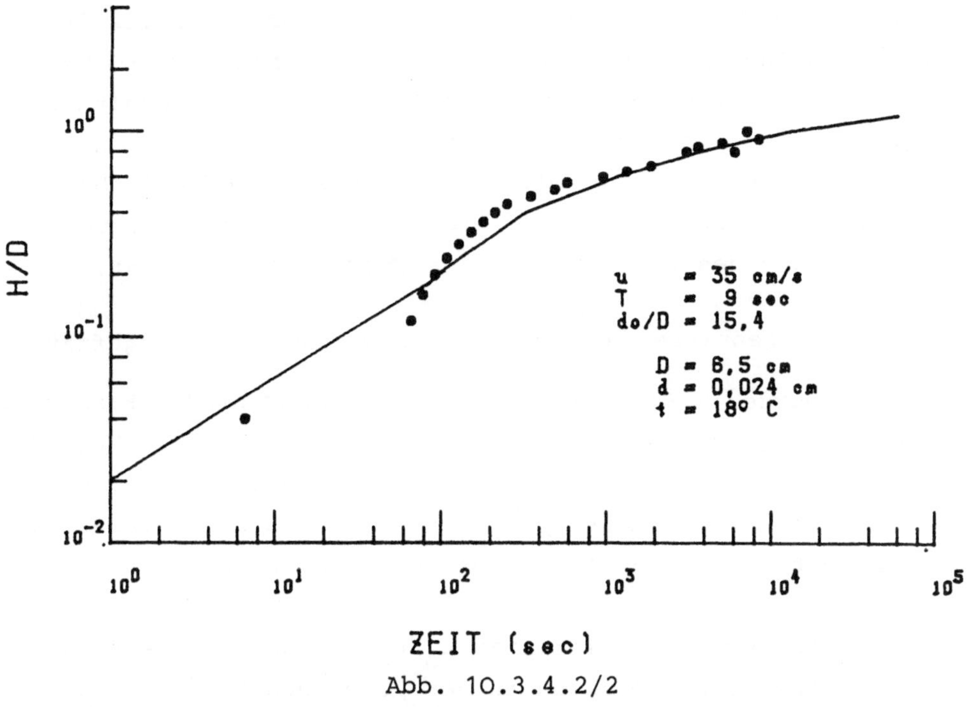

Abb. 10.3.4.2/2

Zeitliche Entwicklung unter Welleneinfluß im Vergleich zwischen Messung und Berechnung

10.3.4.3 Einfluß des wellenbedingten Druckgradienten im Boden auf Kolke

J.A. KRUIJT (1976) hat Untersuchungen über den Einfluß des wellenbedingten Druckgradienten im Boden ausgeführt. KRUIJT kommt zu dem Ergebnis, daß der Einfluß des Druckgradienten auf die kritische Geschwindigkeit (und damit auf den Sedimenttransport und damit auf den Kolk) gering ist. Dies gilt für strömungs- (auch wellenströmungs-)verursachte Kolke. Bei besonderen Bauwerken, nicht jedoch bei den bislang untersuchten tiefgegründeten Zylindern besteht die Möglichkeit, daß es bauwerksspezifische Zonen gibt, in denen der Druckgradient größeren Einfluß gewinnt. Entsprechende Aussagen lassen sich auch aus der Arbeit von WEDEMANN (1977) über den "Einfluß von Sickerströmungen auf den Geschiebetransport" ableiten.

Der Einfluß von Liquefaktionserscheinungen wurde bereits in einigen Versuchen mit dem leicht beweglichen Material HOSTYREN prinzipiell untersucht. Weiträumige Liquefaktionserscheinungen haben stets eine Einebnung bestehender Kolke zur Folge. Sie bedeuten für die Gründung jedoch einen anderen gefährlichen Lastfall. Dieser Lastfall wurde hier nicht weiter untersucht, da er außerhalb des zu bearbeitenden Themenkreises liegt.

Wesentliche Ergebnisse der Untersuchungen sind zusammengefaßt:

- Bislang wurde im Schrifttum als einzig maßgebender Parameter für den Pfeilerkolk dessen Endtiefe eingesetzt. Die Untersuchungen haben aber gezeigt, daß die theoretische Endtiefe besonders bei großen Konstruktionen im Seebau mit wechselnden Strömungsbedingungen oft bei weitem nicht erreicht wird.

- Für Strömungsgeschwindigkeiten $u_o/u_c > 1$ werden die Kolke erheblich tiefer als bislang in der Regel angenommen wurde.

- Bezüglich wellenerzeugter Kolke hängt die Kolktiefe besonders vom Verhältnis der Bahnlänge d_o der Strömungsteilchen an der Sohle während eines Wellendurchgangs zum Zylinderdurchmesser D ab ($H/D = f(d_o/D)$). Besonders die praxisrelevanten Größenordnungen d_o/D können nur in Großversuchsanlagen untersucht werden.

- Für $d_o/D >$ rd. 15 bis 20 kann die zeitliche Entwicklung wellenerzeugter Kolke wie bei stationärer Strömung entstehenden Kolken berechnet werden.

- Die bisherigen Ergebnisse lassen erwarten, daß auch andere Strukturen als Kreiszylinder nach der vorgestellten Methode berechenbar sind.

10.4. Kolkschutz

10.4.1 Allgemeines

Prinzipiell können verschiedene Techniken zum Verhindern des Entstehens von Kolken angewandt werden, wie z.B.

Steinschüttungen
Kolkschutzmatten
künstliche Gräser (stehend oder hängend)
Unterwasserbeton oder -asphalt

Die Hauptprobleme bei der Konstruktion einer Kolkschutzmaßnahme sind in erster Linie die Bemessung der Schutzschicht und die Konstruktion des Überganges von der geschützten zur ungeschützten Sohle.

Am häufigsten wird eine Steinschüttung als Kolkschutzmaßnahme vorgenommen. Die Bemessungsgrundlagen für Steinschüttungen werden nachfolgend kurz angesprochen.

Besonders zum Themenbereich Kolkschutz wird für weitergehende Information auf das Buch "Kolkerscheinungen und ihre Verhinderung bei Offshore-Plattformen" von STEIN (1981) verwiesen.

10.4.2 Steinschüttungen als Kolkschutz

Nach Gl. (4.2.2.2.1-8) ist die Grenze zwischen Ruhe und Bewegung an der Sohle erreicht, wenn

$$u_* = 0{,}2\ (\rho' g d)^{1/2} \qquad (4.2.2.2.1\text{-}8)$$

oder $$d = \frac{25\ u_*^2}{\rho' g}$$

ist. Für einen Erosionsschutz aus Steinschüttungen des Durchmessers d_o gilt somit

$$d_o = S \cdot \frac{25\ u_*^2}{\rho' g}$$

mit S = Sicherheitsfaktor.

Auf der Grundlage von mittleren Geschwindigkeiten folgt

$$d_o = S \left(\frac{u_*}{u_m}\right)^2 \frac{25\, u_m^2}{\rho' g} \qquad (10.4.2\text{-}1)$$

Es wird empfohlen, den Sicherheitsfaktor nicht kleiner als rd. S = 3 für eingebettete und S = 6 für locker gelagerte Steine zu wählen. Für Schüttmaterial mit $\rho_s = 2{,}65\ \mathrm{g/cm^2}$ in Wasser vereinfacht sich Gl. (10.4.2-1) dann unter der Annahme $u/u_* \approx 14$ zu

$$d_o = 2{,}4 \cdot 10^{-4}\, u_m^2 \qquad \text{eingebettet}$$

$$(10.4.2\text{-}2)$$

$$d_o = 4{,}8 \cdot 10^{-4}\, u_m^2 \qquad \text{locker gelagert}$$

Die so errechneten Schüttsteingrößen stimmen gut mit den Angaben von COX (1958) überein (Abb.10.4.2/1). Nach dem Diagramm von COX können neben den Angaben über horizontale Steinschüttungen auch geneigte eingebaute Schutzflächen bemessen werden.

Im Vergleich mit Gl. (4.2.2.2.1-8) ergeben sich für ebene Sohle aus dem Diagramm von COX als Sicherheiten

$$S = 0{,}0147 \left(\frac{u_m}{u_*}\right)^2 \qquad \text{eingebettet}$$

$$S = 0{,}0294 \left(\frac{u_m}{u_*}\right)^2 \qquad \text{locker gelagert}$$

Der Sicherheitsfaktor wird damit nach COX $S \leq 1$, wenn für eingebettete Steine $u_m/u_* < 8{,}25$ und für locker gelagerte Steine $u_m/u_* < 5{,}83$ wird.

Man sieht daraus, daß das Diagramm von COX auf nicht zu geringe Wassertiefen und das Fehlen von besonderer bauwerksbedingter Turbulenz abgestimmt ist.

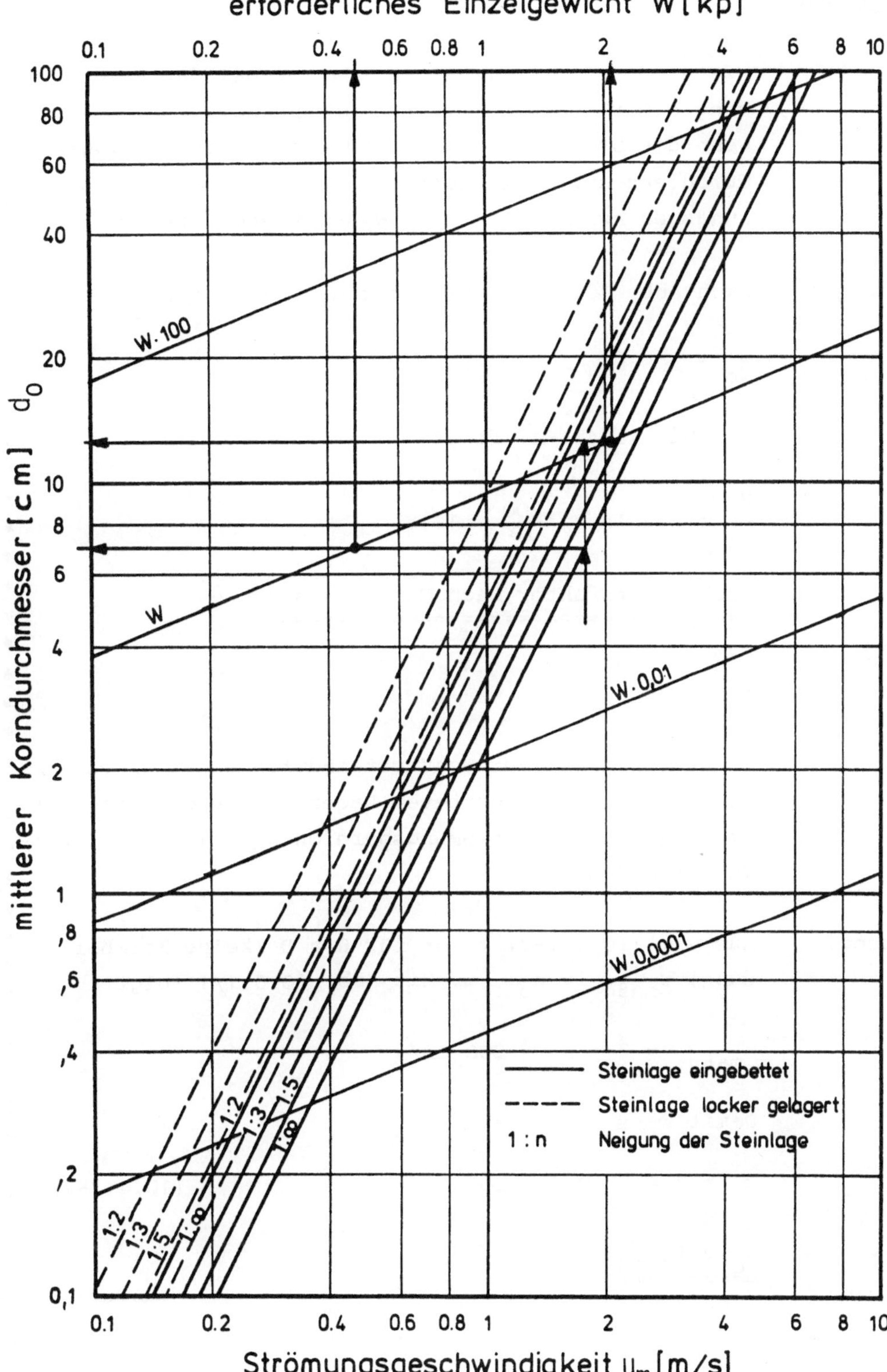

Abb. 10.4.2/1
Nomogramm zur Ermittlung des Einzelgewichtes der Blöcke (nach COX 1958)

Beispiele

Aufgabe 1: Wie groß ist der Sicherheitsfaktor bei der Bemessung einer lockeren Steinschüttung nach COX, wenn die Strömung keine besondere bauwerksbedingte Turbulenz aufweist, wenn u_m = 210 cm/s die Bemessungsgeschwindigkeit ist (Wassertiefe 2 m).

Lösung: Nach Abb. 10.4.2/1 folgt für u_m = 210 cm/s

$$d_o \approx 20 \text{ cm}$$

Aus Gl. (1.4.6-4) folgt

$$\frac{u_m}{u_*} = 2{,}5 \ln 11 \frac{200}{20} = 11{,}8$$

Sicherheitsfaktor nach COX: S = 4,1

Aufgabe 2: Zu bemessen ist der Schüttsteindurchmesser an einem Pfeiler bei eingebetteter Lagerung. Geschwindigkeit im ungestörten Anströmungsbereich u_o = 100 cm/s, Wassertiefe 3 m.

Lösung: Aus Gl. (10.3.1-3) folgt für H = 0 (keine Kolkbildung) $u_{maßg.} = u_o \cdot \omega$. Mit Abb. 10.3.1/1 folgt

$$u_{maßg.} = 2 \cdot u_o = 200 \text{ cm/s}$$

Damit

$$d_o = 2{,}4 \cdot 10^{-4} \cdot 200^2 \qquad (10.4.2\text{-}2)$$

$$d_o \approx 10 \text{ cm}$$

Kontrolle: $\frac{u_m}{u_*} = 14,6$ (COX)

nach Gl. (10.4.2-1) folgt

$$d_o = 3 \left(\frac{1}{14,6}\right)^2 \frac{25 \cdot 200^2}{1,65 \cdot 981} = 8,7 \text{ cm}$$

Da am Bauwerksfuß Sekundärströmungen (Hufeisenwirbel) wirksam sind, wird u_m/u_* ungünstiger als über ebener Sohle. Es wird daher d_o = 10 cm gewählt.

11. ABKÜRZUNGEN

G = Gewicht

M = Masse

L = Länge

T = Zeit

a = Beschleunigung

			Dimension
A	=	Fläche	L^2
C	=	Suspensionskonzentration	L^3/L^3
C_y	=	Konzentration in einer Höhe y über der Sohle	L^3/L^3
C_a	=	Referenzkonzentration in der Höhe a über der Sohle	L^3/L^3
c_1	=	Integrationskonstante des universellen Geschwindigkeitsgesetzes	-
c_f	=	$2\,(u_*/u)^2$ = Widerstandsbeiwert = $f/4 = \lambda/4$	-
c_D	=	Widerstandsbeiwert umströmter Körper	-
D	=	Rohrdurchmesser	L
d	=	Korngröße	L
d_g	=	mittlerer Korndurchmesser (s.Abb. 2.1.4.4/3)	L
d_m	=	maßgebende Korngröße	L
d_i	=	Korndurchmesser, für den i Prozent Gewichtsanteil eines Gemisches kleinere Durchmesser haben	L
D*	=	$(\rho' g/\nu^2)^{\frac{1}{3}}\, d$ = Sedimentologischer Korndurchmesser nach BONNEFILLE	-
d_o	=	Orbitaldurchmesser an der Sohle	L
d_o	=	Mindestkorn (-block)-Durchmesser für Erosionsschutz	L
F	=	Kraft	M·a
Fr	=	FROUDE-Zahl	
	=	$\left(\frac{\text{Geschwindigkeit}^2}{\text{Erdbeschl. x Länge}}\right)^n$	
	=	Verhältnis von Trägheits- zu Schwerekräften	-

			Dimension
Fr	=	$u/(gh)^{0,5}$	-
Fr_*	=	$u_*^2/(\rho' gd)$ = FROUDE-Zahl des Kornes	-
Fr_{*c}	=	Korn-FROUDE-Zahl bei Bewegungsbeginn	-
$Fr_{*\ell}$	=	Korn-FROUDE-Zahl bei Suspendierungsbeginn	-
f	=	Reibungsbeiwert der Sohle $= \lambda = 4\ c_f$	-
G'	=	scheinbares zusätzliches Gewicht von Körnern infolge Adhäsion; nur wirksam, solange Kontakt zu Nachbarkörnern	G
G_*	=	dimensionslose Transportkennzahl (s. Abschnitt 3)	-
g_*	=	dimensionslose Transportkennzahl (s. Abschnitt 3)	-
g	=	Koeffizient der Erdbeschleunigung	L/T^2
H	=	Höhe von Transportkörpern (Riffel, Dünen)	L
H	=	Wellenhöhe	L
H	=	Kolktiefe	L
h	=	Wassertiefe, i.a. Wassertiefe über den Rauhigkeitselementen	
$\bar{h}$	=	mittlere Wassertiefe	L
h_o	=	Wassertiefe im ungestörten Anströmungsbereich	L
J	=	Gefälle	-
Ip	=	Plastizitätsindex eines bindigen Bodens	-
k_s	=	äquivalente Rauhigkeitshöhe	L
k_s'	=	äquivalente Rauhigkeit der laminaren Unterschicht	L
L	=	Transportkörperlänge	L
L	=	Wellenlänge	L
LL	=	Fließgrenze bindiger Böden	-
ℓ	=	κy = PRANDTLscher Mischungsweg	L
l, ℓ	=	Längenmaß	L
M	=	Ungleichförmigkeits Koeffizent nach KRAMER (Abb. 2.1.4.4/2)	-
n	=	Verzerrungsmaß $= \lambda\ell/\lambda h$	-

			Dimension
p	=	$\frac{\text{Volumen Probe ohne Hohlräume}}{\text{Volumen Probe einschl. Hohlräumen}}$	-
P	=	Luftdruck (mb)	
P_o	=	1013 mb	
PL	=	Plastizitätsgrenze eines bindigen Bodens	-
ΔP	=	prozentualer Anteil einer Kornfraktion am Gesamtgemisch	-
Q	=	Abluß	L^3/LT
Q_c	=	Abfluß bei dem Sedimentbewegung einsetzt	L^3/LT
Q_o	=	Oberwasser	L^3/LT
q	=	Gesamt-Sedimenttransport $= q_G + q_S$ = transportiertes Volumen je Zeit-und Breiteneinheit	L^3/LT
q'	=	Transport nach Gewicht je Zeit- und Breiteneinheit $= q \cdot \gamma_S \cdot p$	G/LT
q''	=	Transport nach Gewicht unter Auftrieb je Zeit- und Breiteneinheit $= q' \frac{\rho S - \rho F}{\rho S}$	G/LT
q_k	=	Aus dem Kolk erodierte Sedimentfracht	$L^3/(L \cdot T)$
q_o	=	Sedimenttransport im Anströmungsbereich	$L^3/(L \cdot T)$
q_G, q_G', q_G''	=	analog zu q, q', q'' (für Geschiebe)	
q_S, q_S', q_S''	=	analog zu q, q', q'' (für Suspension)	
$\tilde{q}_S$, $\tilde{q}_S'$, $\tilde{q}_S''$	=	analog zu q, q', q'' (für maximal mögl. Suspensionstransport)	
q_{SE}, q'_{SE}, q''_{SE}	=	analog zu q, q', q'' (für Suspensionstransport bei Einkornsediment)	

			Dimension
R	=	hydraulischer Radius	
	=	A/U	L
Re	=	REYNOLDS-Zahl	
	=	$\frac{\text{Geschwindigkeit x Länge}}{\text{kinem. Zähigkeit}}$	
	=	Verhältnis von Trägheits-zu Zähigkeitskräften	-
Re	=	$u \cdot h/\nu$	
Re_*	=	$u_* \cdot h/\nu$	-
Re_*	=	$u_* \cdot d/\nu$ oder $u_* k_s/\nu$	-
	=	Re_*-Zahl des Kornes	
Re_{*c}	=	Re_*-Zahl bei Transportbeginn	-
Re_w	=	wd/ν	-
r	=	Rohrradius	L
S_v	=	Flügelscherfestigkeit eines bindigen Bodens	$M \cdot a/L^2$
T	=	Wellenperiode	T
t	=	Temperatur	^oC
T	=	Zeit	T
U	=	Umfang	L
u	=	Geschwindigkeit	L/T
u_m	=	mittlere Geschwindigkeit über die Gerinnetiefe	L/T
u_B	=	Orbitalgeschwindigkeit an der Sohle	L/T
u_c	=	Geschwindigkeit beim Beginn der Sedimentbewegung	L/T
u_{cm}	=	mittlere (über die Tiefe) Geschwindigkeit bei Beginn der Sedimentbewegung	L/T
u_{cs}	=	Geschwindigkeit an der Sohle bei Beginn der Sedimentbewegung	L/T
u_∞	=	ungestörte Außengeschwindigkeit außerhalb der Grenzschicht	L/T
u_T	=	Wandergeschwindigkeit von Transportkörpern	L/T
u_*	=	Schubspannungsgeschwindigkeit	
	=	$(\tau_o/\rho)^{o,5}$	L/T
u_{*c}	=	u_* bei Beginn der Sedimentbewegung	L/T
$u_{*\ell}$	=	u_* bei Beginn der Suspendierung von Sediment	L/T

			Dimension
u'	=	Schwankungsgeschwindigkeit in Strömungsrichtung	L/T
V_p	=	Porenvolumen $=(\rho_F/(\rho_S W)+1)^{-1}$	-
v	=	Geschwindigkeit	L/T
W	=	Widerstand	M·a
W	=	Wassergehalt eines bindigen Bodens (definiert wie W_S)	-
W_S	=	Wassergehalt eines feuchten Sandes (s. Gl. 4.2.2.2.5/1)	-
W_L	=	Luftfeuchte (%rel)	-
w	=	Sinkgeschwindigkeit	L/T
w'	=	Schwankungsgeschwindigkeit senkrecht zur Hauptströmung und senkrecht zur Sohle	
x	=	Lauflänge	L
y	=	Höhe über der Sohle	L
α	=	Böschungswinkel der oberstromseitigen Kolkböschung	°
β_F	=	Beiwert für Transportkörperformen (für Dreiecke 1/2, für Parabelform 0,6)	-
γ	=	spezifisches Gewicht	G/L^3
γ_S	=	spezifisches Gewicht des Sediments	G/L^3
γ_F	=	spezifisches Gewicht des Fluids	G/L^3
δ	=	Dicke der Grenzschicht	L
δ_*	=	Verdrängungsdicke(s. Gl. 1.3.4-1)	L
ε_W	=	turbulenter Austauschkoeffizient des Wassers	L^2/T
ε_S	=	turbulenter Austauschkoeffizient des Sediments	L^2/T
ζ^o	=	Zeta-Grad = $-\lg(d/d_o)$; d_o = 2 mm	-
κ	=	VON KARMAN-Konstante; für Reinwasser und ebene Sohle $\kappa = 0,4$	-
ν	=	kinematische Zähigkeit (s. Gl. 4.1.3.3-10)	L^2/T
ν_o	=	ν bei 0°C Wassertemperatur	L^2/T
μ	=	dynamische Zähigkeit	M/LT
λ	=	Länge von wellenförmigen Störungen der Grenzschicht	L
λ	=	Maßstab = $\frac{\text{Wert Natur}}{\text{Wert Modell}}$	-
λ	=	Widerstandsbeiwert $= 8\,(u_*/u_m)^2 = 4\,c_f = f$	-
ρ	=	Dichte	M/L^3
ρ_B	=	eff. Dichte eines bindigen Bodens einschließlich Wassergehalt	M/L^3

			Dimension
ρ_F	=	Dichte des Fluids	M/L^3
ρ_S	=	Dichte des Sediments	M/L^3
ρ_{SS}	=	scheinbare zusätzliche Dichtewirkung beim Anheben der Bodenteilchen infolge Adhäsion; wird zu Null, wenn der Kontakt unterbrochen wird	M/L^3
ρ'	=	relative Dichte	
	=	$(\rho_S - \rho_F)/\rho_F$	-
ρ'_S	=	$\rho' + \rho_{SS}/\rho_F$	-
τ	=	Schubspannung	
	=	je Flächeneinheit parallel zur Wand wirkende Kraft	Ma/L^2
σ	=	$\sqrt{d_{84,1}/d_{15,9}}$, Ungleichförmigkeitsmaß	-
τ_c	=	Schubspannung beim Beginn der Sedimentbewegung	Ma/L^2
τ_o	=	Schubspannung an der Sohle	Ma/L^2
$\tau_{(y)}$	=	in der Höhe y übertragene Schubspannung	Ma/L^2
τ_L	=	Schubspannung infolge Zähigkeitskräften	Ma/L^2
τ_T	=	Schubspannung infolge Wirbelviskosität	Ma/L^2
τ_*	=	$\dfrac{\tau_o}{(\gamma_S - \gamma_F)\, d} = Fr_*$	-
ω	=	Einfluß der bauwerksnahen Sekundärströmungen	-
			-

12. SCHRIFTTUM

ABDEL-RAHMAN,N.M.: The Effect of Flowing Water on Cohesive Beds. Mitteilungen der VAW Zürich, Nr. 56,1963

ALGER,G.R. und SIMONS,D.B.: Fall Velocity of Irregular Shaped Particles. Proc. ASCE, Vol.94, HY 4,1968

ALLEN,J.R.L.: The Nature and Origin of Bed-Form Hierarchies. Sedimentology 10,1968

ALLEN,J.R.L.: Current Ripples, Their Relation to Pattern of Water and Sediment Motion. Amsterdam, 1968b

ALLEN,J.R.L.: Studies in Fluvial Sedimentation. Sedimentology, 3, 1964

ALLEN,J.R.L.: A Quantitative Model of Grain-Size and Sedimentary Structures in Lateral Deposits. Geol. Journ.,7, 1970

ASCE: Sediment Transportation Mechanics: Introduction and Properties of Sediment. ASCE, Journal of the Hydraulics Division, HY 4, Juli 1962

ASCE: Sediment Transportation Mechanics: Initiation of Motion. ASCE, Journal of the Hydraulics Division, HY 2, März 1966

ASCE: Erosion of Cohesive Sediments. ASCE, Journal of the Hydraulics Division, Vol 94, HY 4, Juli 1968

BAGNOLD,R.A.: Motions of Waves in Shallow Water: Interaction between Waves and Sand Bottoms. Proc. Roy.Soc.London,Serie A,187, 1946

BAGNOLD,R.A.: The Physics of Blown Sand and Desert Dunes. Methuen u. Co.,London, 1954

BAGNOLD,R.A.: Mechanics of Marine Sedimentation. In KOMAR,P.D.: The Transport of of Cohesionsless Sediments on Continental Shelves. aus STANLEY/SWIFT 1976

BATEL,W.: Einführung in die Korngrößenmeßtechnik. Springer Verlag, 1960

BAYAZIT,M.: Free Surface Flow in a Channel of Large Relative Roughness. IAHR, Journal of Hydraulic Research, Vol.14,No.2,1976

BECHTELER, W.: Stochastische Modelle zur Simulation des Transports suspendierter Feststoffe. Die Wasserwirtschaft, 70. Jg., Heft 5, 1980

BECHTELER, W.: Modelle zur Beschreibung des Schwebstofftransports. 2. DVWK Fortbildungslehrgang für Technische Hydraulik, Sedimenttransport in offenen Gerinnen. München 1981

BELLY, P.-Y.: Sand Movement by Wind. Techn. Memorandum, U.S. Army Coastal Engineering Research Center, Jan. 1964

BODECHTEL und GIERLOFF-EMDEN: Weltraumbilder der Erde. List-Verlag, München 1969

BOGARDI,J.: Journal Geophys.Research, Vol. 66, 1961 (in ALLEN 1968 b)

BOGARDI,J.: Sediment Transport in Alluvial Streams. Akademiai Kiado, Budapest, 1974

BONNEFILLE,R.: Essais de synthese des lois de d'entrainement des sediments sous l'action d'un courant en regime continu. Bull. du CREC, Nr.5, Chatou 1963

BONNEFILLE,R.: Essais de synthese des lois de debut d'entrainement des sediments sous l'action d'un courant en regime uniforme. Bull. du CREC, Nr.5, Chatou 1963

BONNEFILLE, R. und PERNECKER, L.: Le debut d'entrainement des sediments sous l'action de la houle. Bull. du CREC, Nr.15, Chatou 1966

BOSSELMANN, O.: Sandwanderung in Tideflüssen. Diplomarbeit, Franzius-Institut der TH Hannover, 1969, unveröffentlicht

BRAHMS, A.: Die Anfangsgründe der Deich- und Wasserbaukunst. Aurich, 1754/57

BRAUER, H.: Grundlagen der Einphasen- und Mehrphasenströmungen. Verlag Sauerländer, 1971

BREUSERS, H.N.C.: Local scour near offshore structures. Proc. Symp. on Offshore Hydrodynamics, Wageningen, 1971

BREUSERS, H.N.C. NICOLLET, G. SHEN, H.W.: Local scour around cylindrical piers. Journal IAHR, Vol. 15, Nr. 3, 1977

BRUK, S. und MILORADOV, W.: Bed Deformation due to Silting of Non-Uniform Sediments in Backwater affected Rivers. 14. Kongreß IAHR, Paris, 1971

BRUK, S.: Basic Bed-Load Functions IAHR New-Dehli, 1973

BURZ, J.: Beitrag zur Klassifikation der Feststoffe. Deutsche Gewässerkundl. Mitt. 8, H. 2, 1964

CECEN, K. und SÜMER, M.: Longitudinal Distribution of Matters Settling to the Bed in a Settling Basin. 14. Kongreß IAHR, Paris, 1971

CHABERT, J. und CHAUVIN, J.L.: Formation des dunes et des rides dans les modeles fluviaux. Bull. du CREC, Nr. 4, Chatou, 1963

CHEPIL, W.S.: Dynamics of Wind Erosion II: Initiation of Soil Movement. Soil. Sci. , Vol. 80, Baltimore 1945 (In GISZAS, H.1970)

CHIEN, N.: The Present Status of Research on Sediment Transport. Proc. ASCE, Vol 80, 1954 (aus GRAF 1971)

COLBY, B.R.: Discharge of Sand and Mean Velocity Relationships in Sand Bed Streams. Prof. Paper, U.S. Geol. Survey, Dept. of Interior, Paper 462-A, 1964

COX, R.G.: Velocity Forces on Submerged Rocks. Misc. Paper No 2-265, U.S. A.C.E, Vocksburg, 1958

DEUTSCHER NORMENAUSSCHUSS: DIN 4022
DIN 4188

DIETZ, J.W.: Kolkbildung in feinen oder leichten Sohlmaterialien bei strömendem Abfluß. Diss. TU Karlsruhe, 1968

DILLO, H.G.: Sandwanderung in Tideflüssen. Mitt. des Franzius-Instituts der TH Hannover, Heft 17, 1960

DOU GO-ZEN : Theorie de l'entrainement des particeles sedimentaires. Scientia Sinica, Vol.XI, Nr. 7, Trad. 1314 CREC, 1962 (aus VOLLMERS, H. 1973)

DU BOYS, M.P.: Le Rhone et le Rivieres a Lit affouillable. Mem. Doc. Ann. Pont et Chaussees, Ser. 5, Bd. XVIII, 1879 (aus GRAF 1971)

DU BUAT, P.: Principes d'Hydraulique. 2. Ausg., De L'Imprimerie de Monsieur, Paris, 1786 (aus Graf 1971)

DUBS,F.: Aerodynamik der reinen Unterschallströmung. Birkhäuser-Verlag, Basel/Stuttgart, 1966, 2. Aufl.

DUNN, I.S.: Tractive Resistance of Cohesive Channels. Journal of the Soil Mechanics and Foundations Division, ASCE, Nr. SM3, Juni 1959

DVWW: (Hrsg. H. KOBUS) Wasserbauliches Versuchswesen. Mitteilungsheft des Deutschen Verbandes für Wasserwirtschaft, Heft 4, 1978

EGIAZAROFF, I.V.: Calculation of Non-Uniform Sediment Concentrations. ASCE, Vol. 91, HY4, Juli 1965

EINSTEIN, H.A.: The Bed-Load Function for Sediment Transportation in open Channel Flows U.S. Dept. of Agri. Techn. Bull. 1026, 1950

ELATA, C. u. IPPEN, A.T.: The Dynamics of Open Channel Flow with Suspensions of Neutrally Bouyant Particles. M.I.T. Hydrodynamics Laboratory. Technical Report No. 45,Jan. 1961.

ENGELUND, F.: A Criterion for the Occurance of Suspended Load. Notules Hydrauliques, La Hoille Blanche, Nr. 6, 1965

ENGELUND, F. und HANSEN, E.: A Monograph on Sediment Transport in Alluvial Streams, Kopenhagen, 1967

ENGELUND, F, und HANSEN, E.: Proc. ASCE, HY 2, 1966 (aus ALLEN 1968)

ERKEK, C.: Beitrag zur Berechnung des Geschiebetriebes in offenen Gerinnen mit beweglicher Sohle unter besonderer Berücksichtigung der Flachlandflüsse. Mitt. des Leichtweiss-Instituts der TH Braunschweig, Heft 17, 1967

ERTEL,H.: Kinematik und Dynamik formbeständig wandernder Transversaldünen. Monatsberichte der Deutschen Akademie der Wissenschaften zu Berlin, Band 8, Heft 10, 1966

ESPEY, W.H.: A new Test to Measure the Scour of Cohesive Sediments. (in ASCE 1968)

ETTEMA, R.: Scour at Bridge Piers. Univ. Auckland, N.Z., Dept. of Civil Eng., Rep. 216

EXNER, F.M.: Zur Physik der Dünen. Sitzungsberichte der Akademie der Wissenschaften in Wien, Abt. IIa, Band 129, 1920

EXNER, F.M.: Über die Wechselwirkung zwischen Wasser und Geschiebe in Flüssen. Sitzungsberichte der Akademie der Wissenschaften in Wien, Abt. IIa, Band 134, 1925

EXNER, F.M.: Zur Dynamik der Bewegungsformen auf der Erdoberfläche. Ergebnisse der kosmischen Physik, 1. Band, 1931

FLAXMAN, E.M.: Channel Stability in Undisturbed Cohesive Soils. ASCE, Journal of the Hydraulics Division, Vol. 89, HY 2, 1963

FORCHHEIMER, P.: Hydraulik. Bg. Teubner, Leipzig/Berlin, 1939

FRITZ, A.
HOLZ, K.P.: Finite Element Model of Far-Field Morphological Changes in an Estuary. 4. Int. Conf. on Finite Elements Water Res., Hannover 1982

FÜHRBÖTER, A.: Über die Förderung von Sand-Wasser-Gemischen in Rohrleitungen. Mitt. des Franzius-Instituts der TH Hannover, Heft 13,1961

FÜHRBÖTER, A.: Zur Mechanik der Strömungsriffel. Mitt. des Franzius-Instituts der TH Hannover, Heft 29, 1967

FÜHRBÖTER, A.: Strombänke (Großriffel) und Dünen als Stabilisierungsformen. Mitt. des Leichtweiß-Inst., TU Braunschweig, Heft 67, 1980

FÜHRBÖTER A.
u.a.: Sandbewegung im Küstenraum. DFG Forschungsbericht 1979

FULLER, W.B. und
THOMPSON, S.E.: The Laws of Proportioning Concrete. Trans. Americ.Soc. Civ. Eng., Bd. 59, 1907

GARBRECHT, G.: Erfahrungswerte über die zulässigen Strömungsgeschwindigkeiten in Flüssen und Kanälen. Zeitschrift Wasser und Boden, Nr.5, 1961

GARDE, R.J. und
RANGA RAJU, K.G.: ASCE, Journal of the Hydraulics Division, Vol 89, HY 6, 1966 (in ALLEN 1968b)

GEHRIG, W.: Über die Frage der naturähnlichen Nachbildung der Feststoffbewegung in Modellen. Mitt. des Franzius-Instituts der TH Hannover, Heft 29, 1967

GEHRIG, W.: Flußmodelle mit beweglicher Sohle. (in DVWW 1978)

GESSLER, J.: Der Geschiebetrieb bei Mischungen untersucht an natürlichen Abpflästerungserscheinungen in Kanälen. Mitt. der VAW, ETH Zürich, Heft 69, 1965

GESSLER, J.: Self Stabilizing Technics of Alluvial Channels. ASCE, Journal of the Waterway and Harbours- Division, WW 2, Mai 1970

GILBRICH, W.H.: Sandwanderung in Tideflüssen. Diplomarbeit, Franzius-Institut der TH Hannover, unveröffentlicht, 1961

GILL, M.A.: Height of Sand Dunes in Open Channel Flows. Proc. ASCE, Vol 97, HY 12, 1971

GISZAS, H.: Beitrag zur Frage des Sandtransportes durch Wind. Hamburger Küstenforschung, Heft 16, 1970

GRAF, W.H.: Hydraulics of Sediment Transport. McGraw-Hill Book Comp., 1971

GRIESSEIER, H. und VOLLBRECHT, K.: Zur Problematik der modellmäßigen darstellung litoraler Prozesse. Mitt. des Franzius-Instituts der TH Hannover, Heft 11, 1957

GRISSINGER, E.H. und ASMUSSEN, L.E.: Diskussion zu FLAXMAN,E.M.: Channel Stability in Undisturbed Cohesive Soils. ASCE, Journal of the Hydraulics Division, Vol. 89, Nov. 1963

GÜNZEL, W.: Modelle geschiebeführender Flüsse mit hydraulisch rauher Sohle. 150. Arbeit aus dem Theodor-Rehbock- Flußbaulaboratorium, Karlsruhe, 1964

GUY, H.P. und SIMONS, D.B. und RICHARDSON, E.V.: U.S. Geological Survey Prof. Paper 462-1, 1966 (in ALLEN 1968 a)

HÄNGER, M.: Geschiebetransport in Steilgerinnen. Mitt. der VAW, Zürich, 1979

HAILS, J. und CARR, A.: (Herausgeber) Nearshore Sediment Dynamics and Sedimentation. John Wiley u. Söhne, 1975

HARDTKE, P.G.: Anfachung von Störschwingung in einer turbulenten Kanalströmung bei nachgiebiger Sohle. SFB 80/E/35, Univ. Karlsruhe, 1974

HELLEY, E.J.: Field Measurement of the Initiation of Large Bed Particle Motion in Blue Creek. U.S. Geol. Survey Prof. Paper 562-G, 1969

HINZE, J.O.: Turbulence. Mc.Graw-Hill Book-Company, 1959

HJULSTRÖM, F.: Studies of the Morphological Activity of Rivers as Illustrated by the River Fyris. Bulletin of the Geological Institute of the University of Upsala, 1935

HORIKAWA, K. und SHEN, H.W.: Sand Movement by Wind Action. Beach Erosion Board, Techn. Memo. Nr. 119, 1960

HORIKAWA, K. und WATANABE, A.: A Study on Sand Movement due to Wave Action. Proc.10. Conf. Coastal Eng., 1967

HORIKAWA, K.: Present State of Coastal Sediment Studies. Mitt. des Leichtweiß-Inst. der TU Braunschweig, Heft 56, 1977

HÜBBE, H.: Von der Beschaffenheit und dem Verhalten des Sandes im Wasser. Zeitschrift für Bauwesen, 1861

INDRI, E.: Sulla forza di trascinamento delle correnti liquide. L'Energia Elettrica XI, 1934

JAIN, S.C. FISCHER, B.E.: Scour around bridge piers at high flow velocities. Proc. ASCE, Vol. 106, HY 11, Nov. 1980

JONSSON, I.G.: Wave Boundary Layers and Friction Factors. Proc. 10. Conf. Coastal Eng., 1967

KADIB, A-L.: Sand Transport by Wind- Studies with Sand C (0.145 mm Diameter). Addendum II zu BELLY, P-Y.: Sand Movement by Wind. 1964

KALINSKE, A.A.: Movement of Sediment as Bed-Load in Rivers. Transact. Am. Geophys. Union, Vol. 28, 1947 (in GEHRIG 1967)

KAMPHUIS, J.W.: Determination of Sand Roughness for Fixed Beds. IAHR, Journal of Hydraulic Research, Vol. 12, No. 2, 1974

KAMPHUIS, J.W.: Coastal Mobile Bed Model- Does it Work ? 2. Annual Symp. of Waterways, Harbours and Coastal Eng., ASCE, San Francisco, 1975

KARASEV, I.F.: The Regimes of Eroding Channels in Cohesive Material. Soviet Hydrology: Selected Papers, Amer. Geophys. Union, Nr.1, 1964

KAUFMANN, H.: Rhythmische Phänomene der Erdoberfläche. Verlag Vieweg und Sohn, Braunschweig, 1929

KAWAMURA, R.: Study on Sand Movement by Wind. Report of the Institute of Science and Technology, Univ. Tokio, Bd.5, 1951

KAZANSKIJ, I.: Über theoretische und praxisbezogene Aspekte des hydraulischen Feststofftransportes. Mitt. des Franzius-Instituts der Universität Hannover, Heft 52, 1981

KENNEDY,J.F.: The Mechanics of Dunes and Antidunes in Erodible-Bed Channels. Journal of Fluid Mechanics, Vol.16, Teil 4, 1963

KERSSENS, P.J.M., van RIJN, L.C. und WIJNGAARDEN, N.J.: Model for Non-Steady Suspended Sediment Transport. 17. Kongreß IAHR, Baden-Baden, 1977

KNAPP, F.H.: Ausfluß, Überfall und Durchfluß im Wasserbau. Braun- Verlag, Karlsruhe, 1960

KNOREZ, W.S.: The Influence of Macro-Rugosity of the Channel on the Hydraulic Resistance. Istwestia WNIIG, Nr.62, 1959

KOBUS, H.: Grundlagen (wasserbaulicher Modelle) (in DVWW 1978)

KOMAR, P.D. und MILLER, M.C.: Sediment Threshold Under Oscillatory Waves. Proc.14. Conf.Coastal.Eng.,1975

KOMAR, P.D.: The Transport of Cohesionsless Sediments on Continental Shelves. (in STANLEY/SWIFT (Hrsg.) 1978)

KOZENY, J.: Hydraulik Springer- Verlag, 1953

KRAMER, H.: Modellgeschiebe und Schleppkraft. Berlin 1932

KRAMER, H.: Sand Mixtures and Sand Movement in Fluvial Models. Transactions ASCE, 1935

KRESSER, W.: Gedanken zur Geschiebe- und Schebstofführung der Gewässer. Österr. Wasserwirtschaft 16 (1964), H. 1/2

KRUIJT, J.A.: On the influence of seepage on incipient motion and sand transport. River and Habour Laboratory, Tech. Univ. of Norway, Trondheim, 1976

LAUNDER, B.E. und SPALDING, D.B.: Mathematical Models of Turbulence. Academic Press, London, 1972

LEOPOLD, L.B. und MADDOCK, T.: The Hydraulic Geometry of Stream Channels and Some Physiographic Implications. U.S. Geol. Survey Prof. Paper 252, U.S. Dept. of the Interior, 1953

LEOPOLD, L.B.: Ephemeral Streams- Hydraulic Factors and their Relations to the Drainage Net. U.S. Geol. Survey Prof. Paper 282-A, U.S. Dept. of the Interior, 1956

LEOPOLD, L.B. und WOLMAN, M.G.: River Channel Patterns. U.S. Geol. Survey Prof. Paper 282-B, U.S. Dept. of the Interior, 1957

MADSEN, D.S. und GRANT, W.D.: Quantitative Description of Sediment Transport by Waves. Proc. 15. Coastal Eng. Conf., Honululu, Vol. II, 1976

MAHMOOD, K.: Mathematical Modelling of Morphological Transients in Sandbed Canals. 16. Kongreß IAHR, Sao Paulo, 1975

MANOHAR, M.: Mechanics of Bottom Sediment Movement Due to Wave Action. Beach Erosion Board, Techn. Memo., Nr. 75, 1955

MANTZ, P.A.: Incipient Motion of fine Grains and Flakes by Fluids- Extended Shields-Diagram. ASCE, Journal of the Hydraulics Division, Vol. 103, HY 6, Juni 1977

MAVIS, F.T. und LAUSHEY, L.M.: A Reappraisal of the Beginning of Bed Movement- Competent Velocity. IAHR, Stockholm, 1948

MEYER: Meyers Tabellenbuch. Bibliographisches Institut, Mannheim, 1967

MEYER-PETER und MÜLLER,R.: Formulas for Bed-Load Transport. IAHR, Stockholm, 1948

MEYER-PETER,E. und MÜLLER,R.: Eine Formel zur Berechnung des Geschiebetriebes. Schweizer Bauzeitung, 67. Jg., Nr. 3, 1949

MOORE,D.G.: Reflection Profiling Studies of the California Continental Boaderland. Geol. Soc. Am. Spec. Papers,107 1969

MOSONY, E. SCHOPPMANN, B.: Ein Beitrag zur Erforschung von örtlichen Auskolkungen unter geneigten Befestigungsstrecken in Abhängigkeit der Zeit. Mitteilungen des Theodor-Rehbock-Flußbaulaboratoriums, Universität Karlsruhe, 1968

MUHS, H.: Die Prüfung des Baugrundes und der Böden. Springer-Verlag, 1957

NASNER, H.: Über das Verhalten von Transportkörpern im Tidegebiet. Mitt. des Franzius-Instituts der TU Hannover, Heft 40, 1974

NIELSEN, S.A. JOHANSEN, A.F.: Local scour. VHL Rapport, Nr. b01146.6, 1977, River and Habour Laboratorium, Techn. Univ. of Norway, Trondheim, 1977

NIESPODZINSKA, L.: Eolian Tranport of Beach Material. Hydrotechnical Transactions, Poln. Akad. der Wissenschaften, Heft 41, Danzig, 1980

NINOMYA, K. TAGAYA, K. MURASE, Y.:	A study on suction breaker and scouring of a submersible offshore structure. OTC, Paper Number 1445, 1971
NORDIN, C.F.:	Aspects of Flow Resistance and Sediment Transport Rio Grande near Bernalillo, New Mexico. U.S.Geol. Survey, Water Supply Paper 1498H, 1964
NORDIN, C.F. und ALGERT, J.A.:	Geometrical Properties of Sand Waves: A Discussion. Proc. ASCE, Vol. 81, HY 5, 1965
O'BRIEN, M.P.:	Review of the Theory of Turbulent Flow and its Relation to Sediment Transportation. Am. Geophys. Union, Vol. 14, 1933
PARTHENIADES, E.:	Erosion and Deposition of Cohesive Soils. ASCE, Journal of the Hydraulics Division, Vol. 91, HY 1, Jan. 1965
PARTHENIADES, E. und PAASWELL, R.E.:	Erodibility of Channels with Cohesive Boundary. ASCE, Journal of the Hydraulics Division, Vol.96, HY 3, März 1970
PRANDTL, L. und OSWATITSCH, K. und WIEGHARDT, K.:	Führer durch die Strömungslehre. Verlag Vieweg und Sohn, Braunschweig 1963
PULS, W.:	Numerical Simulation of Bed form Mechanics. Mitt. des Instituts für Meereskunde der Universität Hamburg, Heft 24, 1981
RANCE, P.J. und WARREN, N.F.:	The Threshold Movement of Coarse Material in Oscillatory Flow. Proc. 11. Conf. Coastal Eng., 1968
RANGA RAJU, K.G. und SONI, J.P.:	Geometry of Ripples and Dunes in Alluvial Channels. IAHR, Journal of the Hydraulic Research, Vol. 14, Nr. 3, 1976
RAUDKIVI, A.:	Loose Boundary Hydraulics. Pergamon Press, 1967
RAUDKIVI, A.:	On Sediment Transport in Coastal Regions. Mitt. des Leichtweiß-Inst. der TU Braunschweig, Heft 56, 1977

RAUDKIVI, A.: Grundlagen des Sedimenttransports. SFB 79, Univ. Hannover, 1981

READING, H.G.: Sedimentary Environments and Facies. Blackwell Scientific Public.,1978

REINECK, H.E. und SINGH, I.B.: Depositional Sedimentary Environments. Springer-Verlag, 1973

REKTORIK, R.J. und SMERDON, E.T.: Critical Shear Stress in Cohesive Soils from a Roating Shear Apparatus. (in ASCE 1968)

RHODE, H.: Eine Studie über die Entwicklung der Elbe als Schiffahrtsstraße. Mitt. des Franzius- Instituts der TU Hannover, Heft 36, 1971

RIJN, van L.C.: The Development of Concentration Profiles in a Steady Uniform Flow without Initial Sediment Load. Delft Hydraulics Lab., Publ. Nr. 255, 1981

ROUSE, H.: Modern Concptions of the Mechanics of Turbulence. Transactions ASCE, Vol. 102, 1937

SCHLICHTING, H. und ULRICH, A.: Zur Berechnung des Umschlages laminar-turbulent. Jahrbuch der Deutschen Luftfahrtforschung I, 1942

SCHLICHTING, H.: Grenzschicht- Theorie. Verlag G. Braun, Karlsruhe, 1958

SCHMIDT, W.: Der Massenaustausch in freier Luft und verwandte Erscheinungen. Probleme der kosmischen Physik, Bd. 7, Hamburg, 1925

SCHOKLITSCH, A.: Handbuch des Wasserbaus. Springer-Verlag, 1950

SCHOKLITSCH, A.: Der Geschiebetrieb und Geschiebefracht. Wasserkraft und Wasserwirtschaft, 29. Jg., Heft 4, 1934

SCHUBAUER, G.B. und SKRAMSTAD , H.K.: Laminar Boundary Layer Oscillations and Stability of Laminar Flow. National Bureau of Standards, Journal of the Aeronautical Sciences, Vol. 14, Nr. 2, 1947

SHIELDS, A.: Anwendung der Ähnlichkeitsmechanik und der Turbulenzforschung auf die Geschiebebewegung. Mitt. der Preussischen Versuchsanstalt für Wasser-, Erd- und Schiffbau., Heft 26,1936

SHINOHARA, K. und TSUBAKI, T.: On the Characteristics of Sand Waves Formed upon the Beds of the Open Channel and Rivers. Res. Inst. f. Applied Mech., Vol.VII, 1959

SILVESTER, R. und MOODRIDGE, G.R.: Reach of Waves to the Bed of the Continental Shelf. Proc. 12. Conf. on Coastal Eng., 1971

SIMON, W.G.: Beobachtungen an Strombänken auf trockenfallenden Gebieten im Gezeitengebiet der Elbe 1950/56. Abhandlungen und Verhandlungen des Naturwissenschaftlichen Vereins in Hamburg, Bd. III, 1958

SIMONS, D.B. und RICHARDSON, E.V.: A Study of Variables Affecting Flow Characteristics and Sediment Transport in Alluvial Channels. Proc. Fed. Interagency Sedim. Conf. U.S. Dept. of Agric., Misc. Publ. 970, 1963 (aus Graf 1971)

SMERDON, E.T. BEASLEY, R.P.: The Fractive Force Theory Applied to Stability of Open Channels in Cohesive Soils Res. Bull. 715, Univ. Missouri, Columbia, 1959

SMERDON, E.T. und BEASLEY, R.P.: Critical Tractive Forces in Cohesive Soils. 1961 (in ASCE 1966)

STANLEY, D.J. und SWIFT, D.J.P.: Marine Sediment Transport. Verlag John Wiley u. Sons, 1976

STEHR, E.: Grenzschichttheoretische Studie über die Gesetze der Strombank- und Riffelbildung. Hamburger Küstenforschung, Heft 34, Hamburg 1975

STEIN: Kolkerscheinungen und ihre Verhinderung bei Offshore-Plattformen. Glückauf-Verlag, Essen, 1981

STÜCKRATH, T.: Die Bewegung von Großriffeln an der Sohle des Rio Parana. Mitt. des Franzius- Instituts de TH Hannover, Heft 32, 1969

SÜMER, M.: Turbulent Dispersion of Suspended Matters in a Broad Open Channel. 14. Kongreß IAHR, Paris, 1971

TOLLMIEN, W.: Über die Entstehung der Turbulenz. 1. Mitt. Nachr. Ges. Wiss. Göttingen, Math.Phys. Klasse, 1929

VANONI, V.A.: Measurements of Critical Shear-Stress for Entraining Fine Sediments in a Boundary Layer. W.M. Keck Lab., Cal. Inst. of Techn., Report Nr. KH-R-7, Mai 1964

VANONI, V.A.: Sedimentation Engineering. ASCE Manual and Reports on Engineering Practice, No. 54, 1975/77

VANONI, V.A. BROOKS, N.H. und KENNEDY, J.F.: Lecture Notes on Sediment Transportation and Channel Stability. W.M. Keck Lab., CALTEC, Pasadena,1961

VELIKANOW, M.A.: Dynamics of Alluvial Streams. State Publishing House for Theor. and Techn. Lit., Bd. II, Moskau, 1955 (in YALIN 1972)

VELIKANOW, M.A.: Alluvial Process (Fundamental Principles). State Publishing House for Theor. and Techn. Lit., Moskau, 1958 (in YALIN 1972)

VOLLMERS,H. und PERNECKER, L.: Neue Betrachtungsmöglichkeiten des Feststofftransportes in offenen Gerinnen. Die Wasserwirtschaft, 55. Jg., 1965

VOLLMERS, H. und WOLF, G.: Sohlenumbildungen im Bereich der Unterelbe. Die Wasserwirtschaft, 59. Jg., 1969

VOLLMERS, H. und GIESE, E.: Diskussion zu Instability of Flat Bed in Alluvial Channels. Proc. ASCE, HY 6, 1970

VOLLMERS, H.: und PERNECKER, L.: Beginn des Feststofftransportes für feinkörnige Materialien in einer richtungskonstanten Strömung. Die Wasserwirtschaft, Heft 6, 1967

VOLLMERS, H.: Sediment-Transport. Lecture, Nato Advanced Study Institute on Estuary Dynamics, Lissabon, 1973

VOLLMERS, H.: Tidal Models with Movable Bed. Seminar, Nato Advanced Study Institut on Estuary Dynamics, Lissabon, 1973

WALGER, E.: Korngrößenverteilungen von Einzellagen sandiger Sedimente und ihre genetische Bedeutung. Geol. Rundschau, Bd. 51, 1961

WALGER, E.: Zur Darstellung von Korngrößenverteilungen. Geol. Rundschau, Bd 54, 1964

WASSER-UND SCHIFFAHRTS-DIREKTION BREMEN: Strömungmessungen in der Weser. unveröffentlicht, 1965

WASSER-UND SCHIFFAHRTS-DIREKTION BREMEN: Mittlere Strömungsgeschwindigkeiten in der Unterweser für die Oberwassermengen Q_o = 100 m^3/s, Q_o= 282 m^3/s und Q_o= 600 m^3/s bei mittlerer Tide. unveröffentlicht, 1972

WASSER-UND SCHIFFAHRTS-AMT BREMEN: Strömungsmessungen in der Unterweser. unveröffentlicht, 1975

WEDEMANN, K.-E.: Einfluß von Sickerströmungen auf den Geschiebetransport. Mitt. aus dem Th.-Rehbock-Flußbaulaboratorium, Univ. Karlsruhe, Heft 166, 1977

WHITE, S.J.: Plane Bed Thresholds of Fine Grained Sediments. Nature, Vol. 228, Okt. 1970

WIEDENROTH, W.: Untersuchungen über die Förderung von Sand- Wasser- Gemischen durch Rohrleitungen und Kreiselpumpen. Diss. TH Hannover, 1967

YALIN, M.S.: Über die dynamische Ähnlichkeit der Geschiebebewegungen. Die Wasserwirtschaft, 50. Jg., Heft 8/9, 1960

YALIN, M.S.: Geometrical Properties of Sand-Waves. Proc. ASCE, Vol. 90, HY 5, 1964

YALIN, M.S.: Theory of Hydraulic Models. Macmillan, Kingston, Kanada,1971

YALIN, M.S.: Mechanics of Sediment Transport. Pergamon Press, Braunschweig, 1972

YALIN, M.S. und FINLAYSON: On the Development of the Distribution of Suspended Load. 17. Kongreß IAHR, Istanbul, 1973

YALIN, M.S. und KARAHAN, E.: Inception of Sediment Transport. ASCE, Journal of the Hydraulics Division, Vol. 105, HY 11, Nov. 1979

YANG, C.T.: Incipient Motion and Sediment Transport. Proc. ASCE, Journal of the Hydraulics Division, Vol. 99, HY 10, Okt. 1973

YUNG, Pang H.: Abhängigkeit der Geschiebebewegung von der Kornform und der Temperatur. Mitt. der Preussischen Versuchsanstalt für Wasser-, Erd- und Schiffbau, Heft 37, Berlin, 1937

ZANKE, U.: Über den Einfluß von Kornmaterial, Strömungen und Wasserständen auf die Kenngrößen von Transportkörpern in offenen Gerinnen. Mitt. des Franzius- Instituts der TU Hannover, Heft 44, 1976a

ZANKE, U.: Über die Naturähnlichkeit von Geschiebeversuchen bei einer Gewässersohle mit Transportkörpern. Mitt. des Franzius- Instituts der TU Hannover, Heft 44, 1976b

ZANKE, U.: Berechnung der Sinkgeschwindigkeiten von Sedimenten. Mitt. des Franzius- Instituts der Univ. Hannover, Heft 46, 1977a

ZANKE, U.: Neuer Ansatz zur Berechnung des Transportbeginns von Sedimenten unter Strömungseinfluß. Mitt. des Franzius- Instituts der Univ. Hannover, Heft 46, 1977b

ZANKE, U.: Zusammenhänge zwischen Strömung und Sedimenttransport. Mitt. des Franzius- Instituts der Univ. Hannover, Heft 47, 1978a

ZANKE, U.: Zusammenhänge zwischen Strömung und Sedimenttransport.
Teil 2: Berechnung des Sedimenttransportes hinter befestigten Sohlenstrecken
- Sonderfall zweidimensionaler Kolk -
Mitteilungen des Franzius-Instituts der Universität Hannover, Heft 48, Hannover 1978b

ZANKE, U.: Über die Abhängigkeit der Größe des turbulenten Diffusionsaustauschkoeffizienten von suspendierten Sedimenten.
Mitt. des Franzius- Instituts der Univ. Hannover, Heft 49, 1979a

ZANKE, U.: Über die Anwendbarkeit der klassischen Suspensionsverteilungsgleichung über Transportkörpern.
Mitt. des Franzius- Instituts der Univ. Hannover, Heft49, 1979b

ZANKE, U.: Konzentrationsverteilung und Kornzusammensetzung der Suspensionsfracht in offenen Gerinnen.
Mitt. des Franzius- Instituts der Univ. Hannover, Heft 49, 1979c

ZELLER, J.: Flußmorphologische Studie zum Mäanderproblem.
Mitt. aus der VAU Zürich, Heft 74, 1967

ZINGG, A.W.: Portable Wind Tunnel and Dust Collector Developed to Evaluate the Erodibility of Field Surfaces.
Agron. Journ., Vol. 43, Madison 1951 a

ZINGG, A.W.: Calibration of a Portable Wind Tunnel for the Simple Determination of Roughness and Drag on Field Surfaces.
Agron. Journal, Vol. 43, 1951b

ZINGG, A.W.: Wind Tunnel Studies of the Movement of Sedimentary Material.
Proc. 5. Hydraul. Conf., 1952 (in BELLY 1964)

ZNAMENSKAJA, N.S.: Morphological Principle of Modelling of River-Bed Processes.
Proc. 13. Kongr. IAHR, Kyoto, Vol 5.1, 1969

ZNAMENSKAJA, N.S.: Soviet Hydrology, Selected Papers, 1965

13. NAMENVERZEICHNIS

14. STICHWORTVERZEICHNIS

H.-R. Langguth
R. Voigt

Hydrogeologische Methoden

Hochschultext

1980. 156 Abbildungen, 72 Tabellen. XI, 486 Seiten
DM 48,–
ISBN 3-540-10174-8

Inhaltsübersicht: Größen und Einheiten in der Hydrogeologie. – Durchlässigkeit und Transmissivität. – Speicherkoeffizient und nutzbarer Porenraum. – Pumpversuche. – Graphische und analytische Auswertung der stationären Strömung im Aquifer. – Bohrbrunnen und Pegel. – Pumpen und Rohrleitungen. – Statistische Auswerteverfahren. – Fachwortverzeichnis (deutsch-englisch-französisch). – Literatur. – Autorenverzeichnis. – Sachverzeichnis.

Das Buch beschreibt ausgewählte hydrogeologische Methoden, deren Darstellung im deutschen Schrifttum bisher nur unzureichend war. Es befaßt sich mit den physikalischen Grundlagen und vor allem mit deren Anwendung zur Erkundung eines Aquifers hinsichtlich der Wassergewinnung und -nutzung. Die Kapitel über Bohrbrunnen, Pegel, Pumpen, Rohrleitungen und statistische Verfahren werden erstmals aus hydrogeologischer Sicht „aufbereitet". Verständliche Ableitungen, Rechenbeispiele und informative Abbildungen machen den Text gut nachvollziehbar. Studierenden der Geowissenschaften, des Bauingenieurwesens und der heute eigenständigen Hydrologie sowie allen Praktikern wird es ein zuverlässiges Hilfsmittel bei der Lösung ihrer Probleme sein.

Springer-Verlag
Berlin
Heidelberg
New York

D. Henningsen

Einführung in die Geologie für Bauingenieure

Hochschultext

1982. 37 Abbildungen, 5 Tabellen. VIII, 88 Seiten
DM 19,80. ISBN 3-540-11309-6

Inhaltsübersicht: Geologie und ihre Bedeutung für das Bauingenieurwesen. – Erkundung und Aufschließung des Untergrundes. – Lockergesteine als Baugrund. – Festgesteine als Baugrund. – Eigenschaften und Verhalten der Gesteine aus den verschiedenen geologischen Zeitabschnitten (Systemen). – Geologische Probleme beim Talsperren-, Tunnel und Kavernenbau. – Fest- und Lockergesteine als Baumaterial. – Rohstoffe für die Baustoff- und Keramik-Industrie. – Hydrogeologie. – Wer führt geologische Untersuchungen und Beratungen durch? – Weiterführende Literatur. – Sachverzeichnis.

Das Buch ist eine kurzgefaßte Einführung in geologische Prozesse und Erscheinungsformen, die für den Tätigkeitsbereich eines Bauingenieurs wichtig werden können. Der Autor strebt mit diesem Buch keinen umfassenden Abriß der Geologie an, sondern zeigt anhand von Einzelbeispielen, bei welchen Aufgaben des Bauwesens bestimmte geologische Vorgänge berücksichtigt werden müssen. Im Literaturverzeichnis sind außerdem weiterführende Schriften zur Geologie und Ingenieurgeologie zusammengestellt.

Der einfach geschriebene Text setzt keine geologischen Vorkenntnisse voraus. Er ist vor allem zur Ergänzung von geologischen Grundvorlesungen für Studierende des Bauingenieurwesens an Universitäten und Fachhochschulen gedacht, und wird jedem werdenden Bauingenieur die fehlenden Kenntnisse vermitteln.

Springer-Verlag
Berlin
Heidelberg
New York